U0347199

基于知识工程的多学科
设计优化

Multidisciplinary Design Optimization
Supported by Knowledge Based Engineering

〔美〕Jaroslaw Sobieszczanski-Sobieski

〔英〕Alan Morris   著

〔荷〕Michel van Tooren

赵良玉　林蔚　任珊珊　荆家玮　译

国防工业出版社

·北京·

著作权合同登记　图字:军-2019-029 号

图书在版编目(CIP)数据

基于知识工程的多学科设计优化/(美)雅罗斯拉夫·
索比桑斯基·索比斯基等著;赵良玉等译. —北京:
国防工业出版社, 2020. 10
书名原文: Multidisciplinary Design
Optimization Supported by Knowledge Based
Engineering
ISBN 978-7-118-12020-2

Ⅰ. ①基… Ⅱ. ①雅… ②赵… Ⅲ. ①知识工程–最
优设计　Ⅳ. ①TP182

中国版本图书馆 CIP 数据核字(2019)第 297434 号

Multidisciplinary Design Optimization Supported by Knowledge Based Engineering by Jaroslaw Sobieszc-zanski-Sobieski, Alan Morris, Michel J. L. van Tooren, Gianfranco La Rocca, Wen Yao
978-1-118-49212-3

※

国防工业出版社 出版发行
(北京市海淀区紫竹院南路 23 号　邮政编码 100048)
三河市腾飞印务有限公司印刷
新华书店经售
*
开本 710×1000　1/16　插页 4　印张 23　字数 442 千字
2020 年 10 月第 1 版第 1 次印刷　印数 1—1500 册　定价 158.00 元

(本书如有印装错误,我社负责调换)

国防书店: (010)88540777　　　书店传真: (010)88540776
发行业务: (010)88540717　　　发行传真: (010)88540762

译 者 序

　　20世纪80年代提出的多学科设计优化方法有助于考虑各个学科间的耦合效应,已在航空航天、舰船、兵器、汽车等领域的复杂产品设计中得到了广泛应用。从借鉴和重用已有专家知识和工程经验角度提出的知识工程技术,也正在全世界范围内迅速发展成为一门十分重要的交叉学科。

　　Multidisciplinary Design Optimization Supported by Knowledge Based Engineering 一书的作者均是多学科设计优化领域的著名学者,具有丰富的理论知识和实践经验。其中,第一作者 Jaroslaw Sobieszczanski-Sobieski 是美国 NASA 兰利研究中心的顶级科学家,同时是多学科设计优化方法的奠基者之一,在航空航天飞行器的先进设计方法领域享有极高的声望。本书是目前唯一一本将多学科设计优化和知识工程直接联系起来的专著,涵盖了多学科设计优化及知识工程的诸多前沿研究成果,提供了一个从基础优化方法到多学科设计优化再到基于知识工程的多学科设计优化的完整脉络。同时,本书还将基于知识工程的多学科设计优化理论与美国及欧洲等真实的先进航空航天设计案例相结合,相信对于提高我国复杂产品的总体设计水平,进而提高我国武器装备的作战能力具有重要的推动作用。

　　译者衷心感谢原著作者和 WILEY 出版社的信任,衷心感谢原著作者 Alan Morris 在知悉我们翻译其著作时,第一时间发来了他修订后的第 6 章,这给了我们很大的鼓舞。感谢国防工业出版社从版权引进到正式出版整个过程的大力支持。

　　在翻译本书的过程中,北京理工大学飞行器控制系统实验室的研究生马晓平、金瑞、张铎、马乾才、薛奎举、陈成、叶俊杰、焦龙吟、姜心淮、程喆坤、石忠佼、朱叶青、郝晓兵、张雨诗、阚冰等做了大量基础性工作,在此对他们的付出表示感谢。

　　译者能有机会翻译此书,十分荣幸。但由于水平有限,书中难免有疏漏和不妥之处,欢迎读者批评指正。

译 者

2019 年 12 月

前　　言

15 世纪时,菲利波·布鲁涅列斯齐(Fillippo Brunelleschi)单凭一己之力就完成了佛罗伦萨圣母百花大教堂宏伟穹顶的设计工作。19 世纪时,即使像伊桑巴德·金德姆·布鲁内尔(Isambard Kingdom Brunel)这样伟大的工程师,也已经需要在工作中借助小型助理团队的力量。到了设计波音 747 飞机的时候,乔·萨特(Joe Sutter)的工程师团队则由开始的几百人发展到最终的 4500 人。事实上,如果将那些致力于为飞机提供动力的发动机设计团队也包含在内的话,波音 747 设计团队的规模远不止这个数字。随着所设计产品及设计过程的日益复杂,涉及的人力资源需求也在不断增长。正如格言"一切影响一切"所述,一个现代产品的设计过程错综复杂,产品系统的各个部分之间以及它们隐含的抽象数学模型之间均存在着非常复杂的交互耦合。时至今日,任何一个大型产品的设计,如空客 A380 和伦敦碎片大厦(London Shard)那样的建筑物,都是由分布在全球各地的团队共同完成的,而这种分布式的设计模式又进一步增加了产品设计过程的复杂度。

在认识到有必要发展一些工具来辅助完成设计任务和设计过程之后,工程界为此付出了巨大努力。这也直接引领了产品设计相关学科的蓬勃发展,如结构分析、空气动力学分析和热分析等一系列的计算分析方法。一个全新设计理应提升既往产品的性能,这就要求每个设计工程师或设计工程师团队有能力将上述计算分析方法及其他辅助设计工具通过优化策略联系起来,并形成一个探寻产品更优设计方案的有效手段。此外,技术的快速变革削弱了历史数据的参考价值,进一步增大了设计任务的难度,为了充分考虑各种物理现象和工程学科之间的交互耦合,工程师们不得不采用一些新的设计方法。以多学科设计优化(Multidisciplinary Design Optimization, MDO)和知识工程(Knowledge Based Engineering, KBE)为代表的先进设计方法应运而生,这两种方法也正是本书主题所在。

本书的主要研究对象 MDO 起源于结构优化,当然也可能产生于结构-气动组合优化,其在过去的 30 年间蓬勃发展已硕果累累。就其目前工作方式而言,MDO主要针对那些无法分开或单独处理的学科及设计要求,通过高度交互的方式将优化方法和学科自身的分析工具结合起来,以达到优化设计的目的。最近,总体设计任务的复杂化使一些新工具和新方法崭露头角,相比于 MDO 范畴内的工具和方法,它们能够支持更广范围内的设计活动,如对设计数据和设计过程的捕获、存储、检索以及处理。KBE 前景广阔,其涵盖设计过程的同时也包括了计算设计工具的具体应用,可为那些非专业的工程师们应用 MDO 方法提供巨大帮助。

本书的主要目标是通过基本概念的全面介绍,使读者深刻理解构成 MDO 技术基础的优化方法。第 2~6 章涵盖了这部分内容,熟悉优化方法和优化理论的读者可略读或有选择地阅读这些章节。本书通过 3 章内容来介绍 MDO 的核心知识:第 7 章阐述了解决假设问题的灵敏度分析方法;第 8 章介绍了当下最先进的 MDO 框架范例;第 11 章提供了减少计算量的方法和途径。由于成功的设计案例均考虑了变量的不确定性,所以第 10 章介绍了一些典型的致力于控制不确定性的适用工具。

以上章节构成了本书的主体,鉴于 KBE 已开始在 MDO 方法的应用中起到重要作用,本书在第 9 章和附录 A 中对该内容进行了介绍。在这部分内容中,读者可以了解到如何在设计过程中将 KBE 和其他分析工具融合使用,并借助 MDO 设计方法找到最优的设计结果。此外,本书还突破了传统 KBE 及 MDO 的局限性,介绍了如何通过 KBE 将更宽泛的设计因素纳入计算设计过程,读者可藉此形成一种扩展 KBE 应用范畴的理念,即 KBE 可在 MDO 起关键作用的复杂产品设计过程中管理主要设计工作。

目　　录

第1章 绪 论

1.1 背景知识

一个多世纪以来,工程师们通常采用对比备选方案优劣并选取最佳组合的方式来完成复杂的设计过程,优化方法的出现使这一古老的试差法得到了规范化。试差法起初是通过手工计算的方式来完成的,并随着现代设计环境的发展逐渐引入了较为先进的计算机数值算法。无论是通过手工计算,还是借助先进的计算机程序,其蕴含的设计步骤并无二致。优化从本质上来说是一个寻求最优解的过程,即从最初的猜测值开始并经过反复迭代以寻找到更好的设计方案,迭代过程中的每一个设计方案都由设计问题的一些可变特征参数来定义。如果以成本最小进行设计,则这些参数为成本因素;如果以重量最小进行设计,与结构、材料、体积相关的结构参数就成了关注重点。这些参数就是设计目标所对应的设计变量,如制造成本是依据经济成本因素定义的,总的结构重量需要依据结构尺寸来定义。通过试差法流程的智能化应用,一套计算机算法或一位工程师在进行试验质量评估之后,即可决定下一步应该做什么。计算机的使用,使得工程师可以密切参与到数值计算过程中,并将计算数值方法的强大功能用于产品设计,通过设计约束条件下的反复迭代,改变设计变量值的同时进一步修正设计目标值。按照上述流程进行下去,算法会逐渐逼近给定设计约束下的最优设计值。但当工程师们本能地采用计算机来辅助他们进行设计时,我们更需要牢记,最有创新性的计算机正是人类的大脑,最好的设计总是最先源于工程师的灵感而后由计算机辅助完成。

现实世界中的工程系统庞大而复杂,例如,设计一架飞机、一艘舰船或一辆车,不仅会涉及本学科子系统范畴内的权衡对比,同时还可能涉及多个学科之间的交叉耦合,这种情况下的优化就变成了多学科设计优化(Multidisciplinary Design Optimization,MDO)。现代系统的复杂性通常包括组成的复杂性、行为的复杂性、建模的复杂性和评估的复杂性等。其中:组成的复杂性表现在设计过程中包含大量的系统元素及它们之间的关联性,如果将制造成本、结构重量、动态响应等考虑在内的话,这些因素将相互影响并需要引入诸多专门的软件工具;行为的复杂性源于影响产品性能的因素众多,如格言"一切影响一切"所述,这些影响往往正是设计者孜孜以求或努力加以避免的;建模的复杂性与复杂的物理现象有关,在采用如结构分析程序、计算流体力学软件等存在交联的学科工具分析系统行为时需要充分考虑;当不同的设计目标或不同的设计属性之间需要进行权衡选择时,评估的复杂性就凸显出来了。

许多实用的设计优化方法起源于运筹学,但运筹学旨在优化现有系统的运行方式,而 MDO 则将这一理念拓展到了工程系统的设计过程,这也正是 MDO 中 D 的具体含义。然而,正如本书第 2 章所述,优化原理和优化方法实际上经历了一个漫长的发展过程,并在这个过程中逐渐从数学领域演化到工程设计范畴,后续章节将详细介绍这些内容。

MDO 可定义为一个方法、流程和算法的组合体,这里的算法是指寻找复杂工程问题最优设计解的搜索策略,当然,这些复杂工程问题的物理行为往往受一些交叉耦合学科的约束。在充分考虑产品的组成、成本、经济效益和市场竞争性等商业因素的情况下,这些设计将由分布在整个国家甚至全球范围内的工程师团队,通过一定的组织方式和设计流程将其变为现实。在这种设计环境和设计条件下,将不可避免地存在不确定因素,而在诸多领域已广泛应用和广泛研究的优化方法却并不能直截了当地解决这个问题。同时,在不确定性存在的情况下,产品设计就必须考虑并保证其可靠性和鲁棒性,正是为了解决这些广泛存在交叉耦合和不确定性的设计问题,MDO 应运而生。

知识工程(Knowledge Based Engineering,KBE)旨在建立一个知识体系,即将构建 MDO 系统所需要的各学科知识集合起来成为一个供工程师们查询的计算机知识库。通过将知识内化于 MDO 系统发展和应用的各个阶段,就可以用来支持那些愿意采用 MDO 方法的工程师们,毕竟我们不能苛求每一位工程师都是一项设计任务的全能专家。目前,KBE 工具发展迅猛,随着时间的推移,它必将因为对复杂产品最优设计方案的成功支撑而与 MDO 直接相连。

1.2 本书宗旨

本书旨在为构建一个理解和应用现代 MDO 方法及其工具的逻辑思路提供基础,同时介绍 KBE 技术用于支撑 MDO 的背景知识。这是一个宏伟远大的目标,但绝不是表示本书将系统完整地涵盖此项研究领域的全部内容。相反地,本书将带领读者开启这个飞速发展的领域之门,逐步吸纳相关知识并希望形成新的知识。事实上,本书更愿意提供一个知识平台,希望读者在工程设计中充分利用这些技术。对一个初次接触 MDO/KBE 技术的新人而言,本书可望提供一个扎实的起点。对于在产品设计中娴熟应用优化工具的工程师来说,我们希望本书能够帮助他更深入地了解一些新的优化技术和支撑工具，以更好地解决复杂设计问题。

为了实现本书愿景，在开始应用十分复杂的 MDO 系统开展设计工作之前，我们有必要循序渐进地学习一些关键的背景知识。如在学习多学科设计的章节内容之前，本书首先介绍和阐述了优化的基本原理和解决单学科最优设计问题的方法。之前提到的基础优化方法可有效帮助读者但却并不是必需的，因为在我们逐步走向复杂方法的学习之路上会伴随着对必备原理知识的回顾。对优化基本原理和优化方法熟悉的读者可能希望跳过前几章内容，但对于大多数人来说，总会时不时忘记之前学过的东西，考虑这种情况的话，前几章内容就可作为读者不时之需的参考。至于先修知识，我们认为读者在学习本书之前，已经掌握了向量、矩阵运算等在大学工科课程学习阶段常用的分析方法。

近年来，计算机技术的快速发展引领计算能力和计算速度大幅提高，这一提高已被证明对大部分应用尤其是工程设计问题大有裨益。对 MDO 领域来说，一个特别重要的进步就是大规模并发数据处理（Massively Concurrent Data Processing，MCDP）技术的出现，即众所周知的并行计算。因此，我们希望通过本书再次指出 MCDP 为解决优化设计问题提供了更强大的计算能力，而并非像之前所认为的难以管理。

我们的目标很简单：为读者提供足够的信息以了解 MDO 的基本原理和流程，得益于计算机技术的快速进步，MDO 已广泛植根于工程设计实践；同时向读者展示如何处理不确定性，以及 KBE 工具如何支撑 MDO 设计系统的具体实现等。

1.3　工程师的职责

值得一提的是，因为设计空间是设计问题初始化和设计本质的内在体现，所以尚没有任何优化过程可以使我们跨越设计空间的藩篱。在本书中，我们会说优化是一个还原主义者。比如，从双翼飞机开始的飞行器优化可能会演化为采用下单翼、中单翼或上单翼的单翼飞机，但双翼飞机却不大可能从类似于单翼飞机的布局结构上进化而来。因此，在强调初始设计理念重要性的同时，还要强调工程师在可预见的未来仍将持续扮演设计者的角色，而 MDO 则继续保持它的附属作用。

一旦选定了一个初始设计配置，工程师的主要任务就是建立优化体系并将其用于寻找更好的设计方案。这里有一个美好的设想，即将 MDO 的应用简化为在第 8 章所述的一系列 MDO“方法”中选出一种，并以第 9 章介绍的适用 KBE 工具为支撑。实际上应该时刻摒弃这种念头，因为每一个复杂设计问题都不是这些先入为主的方法可以轻而易举解决的。因此，工程师要做的是提供一种能够反映设计问题特质的解决方案。在构建 MDO 系统时，读者应该谨记，本书所述均是当前主流

3

MDO 应用中最适用也是最常用的方法。同时,MDO 作为一个重要的研究领域,必然会在未来发展中形成新的方法。

1.4　本书内容

大多数专业技术书籍并不像小说那样,读者需要从第 1 章阅读到最后一章,而是可以根据需要有针对性地选择一些与所关心技术问题相关的部分。为了帮助读者识别并精准定位相关信息,现将本书各个章节的主要内容简要介绍如下。

1.4.1　第 2 章:现代设计与优化

1.4.1.1　目的

介绍 MDO/KBE 方法在现代设计环境中所起到的作用,这个设计环境中的产品可能十分复杂,且需要分布式的设计团队共同创建完成。

1.4.1.2　内容概述

本章在简要介绍全书后续章节内容的基础上,介绍了现代化的设计环境,讨论了 MDO 在此环境中的定位和主要作用,包括设计过程的本质和检验优化在提升设计方案中的作用。本章首先重点讨论仅涉及单一学科的优化设计问题,然后讨论涉及多学科的优化设计问题,同时指出 KBE 工具在实现 MDO 系统时起到的支撑作用。

1.4.2　第 3 章:约束设计空间搜索

1.4.2.1　目的

介绍解决真实优化问题时所用到的基本数学原理。

1.4.2.2　内容概述

任何 MDO 系统的核心均是逐步将设计过程引向优化设计点的算法,在了解这些算法之前,我们需要讨论并详细阐述优化设计点所处设计空间的性质及特点。本章内容覆盖的领域较为广泛,且可以作为后续章节所介绍优化策略的基础。本章内容虽不十分完美和系统化,但涵盖了解决约束优化问题时所需要用到的基本原理和方法,其中就包括一些优化方法的数学原理,这有助于真正地理解它们如何被用来解决实际的设计问题。

库恩-塔克(Kuhn-Tucker)约束优化条件与对偶和双边界同生共长,拉格朗日乘子与主动和被动约束紧密联系。熟悉非线性优化基本原理和优化基础理论的读者可能更希望直接阅读后续章节,但本章涵盖的一些知识和内容可能会成为那些具有丰富优化设计经验的工程师们的辅助资料。

1.4.3 第 4 章:单目标优化设计问题的直接搜索法

1.4.3.1 目的

介绍解决单目标函数优化问题的方法。

1.4.3.2 内容概述

本章希望向读者提供足够多的信息,以使其理解单一目标优化的不同方法以及梯度、算式更新等术语。基于这些信息,工程师可以针对实际的 MDO 设计系统选择合适的优化工具。本章无意对这类软件进行整体的系统性介绍,对此感兴趣的读者可查阅本章结尾所附参考文献。本章首先介绍具有线性或非线性设计目标的无约束优化问题,接着对一系列的约束优化问题解决方法进行综述,并通过引入影子价格的概念,展示优化目标函数如何随约束边界的改变而改变。和第 3 章一样,在优化算法方面具有丰富经验的工程师可跳过此章,或将其作为一个有益的参考资料。

1.4.4 第 5 章:启发式随机搜索和网络技术

1.4.4.1 目的

讨论如何利用遗传算法和人工神经网络解决优化问题。

1.4.4.2 内容概述

在第 4 章中提到,通过梯度或准梯度信息可以确定一个搜索方向,目前也有很多种方法通过避免沿这个确定的方向搜索以获得全局最优解。重复的方向性搜索已不再常用,取而代之的是要么寻求设计变量的随机变化,要么通过网络学习避免设计变量的直接变化。前者称为启发式随机搜索技术,本章以遗传算法为例介绍这类最优解搜索方法。后者称为基于学习的方法,这类方法通过训练可以找出超复杂问题的最佳设计方案。针对这部分内容,本章主要讨论基于网络的学习方法,尤其是人工神经网络。如同第 4 章所述,本书无意对这些算法进行面面俱到的系统讲解,因为已有海量且系统的参考文献做到了这一点。本书要做的是让读者充分理解,当这些技术用于 MDO 系统的时候,它们是如何工作并做出智能决策的。

1.4.5 第 6 章:多目标优化问题

1.4.5.1 目的

讲述解决多目标函数优化问题的方法。

1.4.5.2 内容概述

实际工程中遇到的优化设计问题往往不止一个目标函数,本章将向读者介绍解决这类多目标优化问题的方法。在多目标优化的情况下,设计工程师往往需要在多个且可能是互相冲突的设计需求之间进行权衡选择。本章内容涵盖了帕累托(Pareto)最优解、帕累托前沿、目标规划和加权求和法,及第5章所述搜索算法在解决此类复杂优化设计问题时的具体应用等内容。

1.4.6 第7章:灵敏度分析

1.4.6.1 目的

介绍了获得单层和多层系统灵敏度信息的数学方法和步骤,这些方法和步骤同样适用于简单及复杂的设计问题。

1.4.6.2 内容概述

在应用 MDO 方法解决具有多目标函数的复杂工程问题时,灵敏度分析就成了设计尤其是优化的一个必备工具。本章介绍了基于解析微分法的灵敏度分析基本原理,包括最近兴起的利用复分析计算实函数导数的方法,它实质是通过伴随法来求取导数的同时减少计算量。最先在第4章中出现的影子价格会在本章中再次提及,通过引入高阶导数,阐述了最佳设计方案和设计参数之间的灵敏度。此外,本章还介绍了复杂且存在内部耦合的系统灵敏度求取方法。

1.4.7 第8章:多学科设计优化架构

1.4.7.1 目的

介绍大型工程系统的优化设计方法,这些工程系统的目标函数和设计约束均可能存在学科或子系统间的耦合,同时可能需要由分布在不同组织或地域的工程师团队来共同完成。

1.4.7.2 内容概述

本章将详细解读 MDO,并给出解决这类优化问题的常用方法,这也是本书的核心所在。为更全面地讨论 MDO,本章对前面章节提到的一些术语、符号和方法进行了扩展。本章介绍了如何将一个庞大而复杂的工程系统设计任务分解为一系列小规模且简单的设计任务,分解后的设计任务可以在并行计算技术和规范的数据管理系统辅助下,由分布在不同地域的设计团队进行处理。接着,本章展示了一个实用的工程系统优化方法,和传统往往只能得到一个可接受或次优设计结果的序列设计方法相比,基于 MDO 的设计方法不仅有希望找到最优解,而且可以减少设计成本和设计过程耗时。书中所说 MDO 是"敏捷设计",就是指它具备根据下游所获新信息快速修改原设计决策的能力。本章总结了MDO 的重要组成部分和关键特征,评估了行业现状及其优缺点,并对未来发展趋势进行了预测。

1.4.8　第 9 章:知识工程

1.4.8.1　目的
介绍 KBE 在 MDO 方法应用方面起到的支撑作用。

1.4.8.2　内容概述
本章介绍了 KBE 的基本原理,并阐述了 KBE 如何支持并赋能复杂产品的多学科设计优化。在给出 KBE 定义的基础上,讨论了其在工程设计方面的应用和对MDO 应用的支撑,介绍了 KBE 系统的工作原则和主要特征,尤其是它们的嵌入式编程语言。这个语言是 KBE 系统的核心组成部分,用于对复杂工程产品建模必备设计知识的捕获和重用。本书最重要的内容之一是介绍如何提供自动完成准备多学科分析过程的能力。书中介绍了可嵌入 KBE 应用的主要设计规则,举例说明了KBE 与传统基于规则的设计系统尤其是传统计算机辅助设计(CAD)工具之间的主要差别。结尾部分讲述了 KBE 的主要发展阶段及其在更广阔 CAD 领域的发展趋势。

1.4.9　第 10 章:不确定性多学科设计优化

1.4.9.1　目的
介绍考虑不确定性情况下的 MDO 解决方案。

1.4.9.2　内容概述
本章将系统讲述不确定性多学科设计优化(Uncertainty-based Multidisciplinary Design and Optimization,UMDO)理论,并简要介绍典型的 UMDO 方法。书中没有对UMDO 的最新研究进展进行系统综述,而是更注重 UMDO 的基础理论和通用方法。本章的结构是首先介绍 UMDO 的预备知识,包括相关的基本概念和解决 UMDO 问题的一般步骤。接下来详细讲解 UMDO 的关键技术,包括不确定性分析和考虑不确定性的优化。最后通过一个案例来具体阐述 UMDO 方法的应用。

1.4.10　第 11 章:控制和降低优化计算成本和计算时间的方法

1.4.10.1　目的
介绍减少应用 MDO 进行工程设计时所需计算成本和计算时间的方法。

1.4.10.2　内容概述
本章综述了诸多可用于控制和降低单学科或多学科设计优化计算量的途径与方法,这里提到的计算量并非由单一标准来衡量。本章在讲述加速计算过程或削减计算成本时,就用了包括中央处理器(CPU)时间、数据传递时间、数据存储、处理器个数等多种标准。降低或控制计算成本的多种途径和方法都不同形式地与这些衡量标准相关,并不同程度上都采用了并行计算技术。

1.4.11　附录 A:KBE 在 MDO 系统中的应用

1.4.11.1　目的

概述 KBE 系统的实施情况,并介绍它在创建一个有效 MDO 系统时的支撑作用。

1.4.11.2　内容概述

本附录提供的知识有助于融合商业或内部 MDO 框架下的多模型生成器。它覆盖了从分析设计问题到创建工作框架的必要步骤,包括基础设计知识的捕获、产品知识的汇编和其对构建工程设计引擎(Design and Engineering Engine,DEE)的支撑,每个阶段均通过简单的例子进行说明。

1.4.12　附录 B:MDO 应用指南

1.4.12.1　目的

以工程设计引擎(DEE)为例,介绍了实现一个有效 MDO 系统的基本框架和必要流程。

1.4.12.2　内容概述

本附录主要介绍如何构建一个可以支撑 DEE 并将其付诸实现的 MDO 框架。从流程的角度来说,为了达到这一目的,需要对覆盖从需求定义到设计工具整个设计序列的数据进行有效处理、使用和管理。因此,本附录重点关注将第 8 章所述 MDO 基本知识转化为一个有效 MDO 系统时的软件及其他需求。

第2章 现代设计与优化

2.1 引 言

本章从探索现代设计问题的本质开始,介绍其对优化方法的应用需求,引出MDO所起到的重要作用,目的是为后续介绍现代产品设计中用到的多学科设计与优化方法及技术铺平道路。需要强调的是,本书主要介绍和开发支撑大型复杂工程产品设计的 MDO 系统方法及模型,但并不提倡在具体应用中僵化地严格遵循所提到的任何一种 MDO 方法及其流程。在选用或开发适合的设计方法时,设计问题的本质才是需要考虑的核心因素,这就是常说的"物尽其善,人尽其能"。一些特定的设计优化问题也许直接采用后续章节介绍的现成方法就可以较好地解决,但也还有一些设计优化问题则不在此范畴。针对后一种情况,读者可采用"选择组合"策略,即从若干现成方法中选择相关部分组合生成适合的 MDO 系统来解决所面对的问题。更进一步发展下去,读者可采用"选择增加"策略,即在所介绍现成方法的基础上,增加一些为所需要解决问题专门开发的新方法。对于这种需要新方法的情况,上述"选择增加"策略看上去是一条令人兴奋的途径,但在这个速度为王的时代,工程师在选择这个策略时一定要精心论证,以免公开享受高级管理层喋喋不休的批评。

本章主要是作为后续章节内容的序曲。审视现代设计环境,讨论 MDO 系统在此环境中的定位及其发挥的作用。本章将首先从探索设计流程的内在本质开始,然后考察优化方法在发现改进设计方案中所发挥的作用。

2.2 现代设计的本质

诸如飞机、汽车、舰船和电厂等大型复杂工程系统的设计,可由一系列的"假设"问题进行描述,而要回答这些"假设"问题,不仅需要基础研究、实验研究和信息技术的支撑,还会涉及一系列的人力、计算和制造资源等。支撑这一设计机制的基础是需要找到一套符合设计需求的解决方案,其中的某些需求本身可能就是最

9

优目标,比如要求重量或成本最小。原则上来说,设计师必须开发出一套设计和计算架构,并借此创造出满足需求的产品。解决一个设计问题时,可序贯性地利用不同分析工具创建出一系列备选的设计方案,将这些设计方案的性能与产品期望性能进行对比,二者之间的差异可通过设计架构的迭代更新而不断减少直至消失。在实际的设计环境中,搜索最佳方案所用的时间和计算成本也是需要考虑的因素,一个虽非最佳但却是可行的设计方案有时候也可以接受。

参与设计任务的一个或多个团队可能在单个的组织机构中工作,但在今天的工程设计环境中,他们更可能分布在多个相互之间具有合作关系的组织机构中,其中有一些还可能是规模很小但高度专业化的组织机构。如 2.3.1 节所述,随着设计阶段的推进及复杂程度的增加,这些分布式团队迟早需要在同一个设计流程中工作。MDO 渴望成为该流程中底层方法和数学模型的开发者,并提供用于计算和数据处理的基础设施保障。为了实现这一目标,MDO 必须符合工程师们工作的真实世界。

现在我们需要了解一下如何将这些真实世界映射到 MDO 过程中,下面以关键词或术语的形式罗列出一个有效 MDO 系统的重要组成部分。这些关键词或术语涵盖了现代设计流程的多学科本质,如引入分布式的设计团队,并随着设计过程的逐步深入,所覆盖的信息也逐渐增加和扩展等。本节所讨论的一些问题将在本章后续内容及本书后续章节中进行更详细描述。读者应该始终谨记,本书介绍的方法均强调以计算机架构或基础设施保障的形式为设计工程师提供支持,绝不是为了替代人类的智慧和创造力。

(1)多学科。当今世界大型复杂产品的设计均涉及学科之间的交互,而不是将学科互相割裂开来。这其中包括看似很传统的学科,如结构、空气动力学等,同时包括制造、管理、处置和相关的经济商业因素等。通常情况下,不是所有学科都需要考虑同等复杂水平的细节,所以在 MDO 的设计流程中,一个关键的问题就是决定一个学科需要考虑什么层级的细节,可以忽略什么层级的细节。

(2)多目标函数。过去,设计师们经常试图把每个设计属性看作一个独立的函数。现在,诸如性能、质量、制造成本、重量、安全性等属性必须综合起来一起考虑,以便获得现实意义上的最佳设计,并在必要的时候告知设计者如何进行权衡。很多情况下,上述设计属性的信息来源还会随保真度、置信度和完整性的不同而变化。

(3)多学科多团队参与。现代基于计算机的设计辅助程序(如 FE、CFD 和材料设计程序等)日益复杂,意味着这些工具的使用必须由独立的专家或专家团队来承担。这些专家可能会期望有权选择自己的工具并在其领域做出设计决策,而仅仅是作为分析师而存在。

(4)分布式设计团队。现代设计通常是多个团队共同努力的结果,他们全球分布,共同处理一个大型复杂的 MDO 问题。这些团队的组成会随着设计流程的推进而改变。如前所述,设计细节的增加会反映在团队的构成上,设计团队通常从一个全才主导的小工作组发展成为较大规模的专家组。同时,随着复杂程度的增加,团队所使用的设计工具也必须不断地变化。此外,在产品设计的任何一个阶段,所获得的相关信息必须快捷地为设计团队的所有成员所用。参与的专家组有权判断和使用来自任何渠道的任何信息,有权干预计算过程甚至覆盖之前获得的计算信息。对于分布式团队来说,在所有合作站点自由地查看全部结果的能力同样至关重要。但对于大型复杂设计产品来说,如飞机、舰船或桥梁等,通常不可能使所有的设计团队都在设计变量的层级上相连,这就要求必须采用其他手段来避免设计方案的分歧。一般可通过系统工程或程序管理技术来解决上述问题,但在实践中,设计需求和跨团队更新解决方案之间一般会存在相当大的差异。

(5)领先时间主导。市场竞争压力总是要求设计团队尽快给出一个令人满意的设计方案。然而,这必须与团队在设计过程后期才有可能发现的新信息进行权衡,一旦出现不匹配,则可能需要进行大规模的修订甚至返回到早期设计状态。当然,基于这些新信息的修改是应该鼓励和采纳的,因为其有助于使最终的设计方案具有最高质量。此外,将先前的设计方案以一定的逻辑方式进行存储也非常重要,这有利于快速检索到较早的"最佳"设计。

考虑到这些现实,我们现在同样可以采用主题词的形式,进一步讨论优化设计的主要方面,以及其在过去几十年间的扩展情况。

2.3　现代设计与优化

本节将 2.2 节中描述的设计流程与优化方法的应用联系起来,用以支撑搜索最佳的、改进的或至少是可行的设计方案。为了更好地理解这一点,我们首先回顾一下优化思想在早期工程设计中的使用情况。在像现代这样应用优化方法之前,人们实质上是在使用变分法。值得注意的是,这个主题有着悠久的历史,一些当时最伟大的数学家都曾为其发展做出了贡献。本书中讨论的许多方法都是基于这些工作,但是采用了矩阵方法和计算机算法,这些方法和算法对于该领域最早的工作者来说要么是未知的,要么当时尚未出现,对此感兴趣的读者可以参考 Isaac Todhunter(1861)[①]的经典著作。实际上,用于解决设计问题的现代优化方法,其发

---

① Isaac Todhunter 综述了 Poisson 和 Ostrogradsky 在这方面的贡献,主要是研究了多自变量函数偏微分系数的变化情况。这部分内容将在第 8 章进行讨论,同时借助矩阵方法的优势来解决复杂问题。欧拉也研究过这个问题,但他犯了一个错误导致其解决方案是无效的。这传递给我们两个信息:第一,在这方面的工作,必须非常小心地进行推进;第二,如果连伟大的欧拉都会犯错误的话,那么即使我们犯了错误也是可以原谅的!

展遵循着与早期研究者相同的路径,从涉及单一学科和单一设计目标的问题开始,在取得初步的成功之后转而考虑更多的复杂性,当这些复杂性和工程产品的设计流程融合以后,就需要考虑更多方面并涉及多个学科。在讨论基于计算的设计优化流程之前,有必要概述一下设计任务。

2.3.1 设计流程概述

设计问题通常可以表述为需求列表或需求规范的形式,这些需求一般可以分为三类:功能需求、性能要求和约束。功能需求定义了设计应该做什么;性能要求定义了设计的效果如何;约束定义了设计空间的边界,设计方案无论什么原因都不应该跨越这些边界。构建上述需求时通常需要反映商业因素和设计目标,并由负责设计团队的高级管理团队进行设置。在复杂产品设计流程的开始阶段,不大可能完全定义其设计需求,即可能存在一些不完整和非固定的设计需求,也可能并不代表高级团队的愿望("愿望们")。随着设计时间线的推移,这些需求将变得可能可行也可能不可行,可能确定也可能仍然不确定。MDO 设计流程必须能够处理这种情况,那些随着设计流程深入而新增加或不确定的需求,要么被抛弃,要么转变为固定的需求。同时,产品如影随形的不确定性才真正是大型复杂产品设计者需要面临的现实问题,我们将在第 10 章讨论这种情况。

根据这些需求,设计团队可以确定一组设计目标并寻求其最小值[①]。过去通常采用单个的设计目标,如要求飞行器的结构重量最小等,但在现代设计环境中,设计目标则可能是许多因素的交叉组合。以购买和使用汽车所涉及的全部财政支出最小为例,其设计目标将综合取决于初始购买价格、燃油消耗和服务成本等,这些因素同时又是互相关联的,比如减少燃油消耗可以通过减轻重量来实现,但这可能对制造成本造成重大影响,特别是在需要引入新材料或需要采用昂贵制造手段以最小化材料体积的情况下影响尤其严重。

因此,在试图设置降低总成本的设计问题时,选用的设计目标除了需要考虑传动系统的燃油效率之外,至少还需要包含制造和重量因素。通常,优化设计问题必须借由一组参数进行定义,并通过改变这些参数来获得满足设计需求的设计方案。当然,这些参数的变化会受到设计约束的限制,设计约束由设计需求确定并可用设计空间的概念进行表述,设计参数必须在设计空间内移动并受其严格约束。

性能要求通常是约束的主要来源之一,因为其对设计方案的行为响应设置了限制,而行为响应又对设计参数的允许变化范围设置了限制。上述行为响应通常可从一些分析模块的输出中获得,如:结构变形从结构分析模块的输出中提取,空

---

① 设计问题可能涉及最小化或最大化设计目标,在本书中,我们坚持最小化设计目标的假设,因为寻求最大值等价于寻求其负值的最小值,也就是说,最大化 $f(x)$ 需要最小化 $-f(x)$。

气动力来源于空气动力学分析模块等。这些模块可以使用任何手段,包括分析响应所用的简单公式以及大规模的复杂计算方法等,同时还可以作为描述待设计真实系统的计算组件进行彼此交互。

前序段落本质上定义了一个流程,这个流程映射出一个具有通用架构的设计框架,虽然其模块会因为适应特定的应用而不同,但这个架构却适用于所有设计问题,也就是说用于舰船设计的架构和用于汽车设计的架构是相同的,可通过变换不同的模块进行相互移植。在上述框架下,设计问题可以定义为一组在设计空间中通过搜索算法确定的可变参数,设计空间受到约束限制,搜索就是为了优化单个或多个设计目标。实际上,这个设计过程比之前讨论的更宽泛,因为设计问题还可能涉及一组产品甚至是一族产品系列,其变化将引起参数值定义下的通用概念变化。值得注意的是,尽管实际中纯粹的单一学科设计问题并不存在,但如果某个学科很明显地主导分析过程的话,工程师就可以采用单学科优化。

大型复杂产品的设计通常是一个序贯过程,因为设计的复杂度如此之高,使得它必须沿着复杂度逐渐增加的时间线推进。在初始设计阶段,分析模块可以采用相对简单的计算模型,在进行到中间设计阶段时采用更为复杂的分析模块,到设计结束阶段则可能需要采用最复杂的计算分析方法。设计流程的这些阶段并不是精确定义的,它们的边界可能会比较模糊,甚至在不同的工业公司和产品线上也不同。按照许多行业常见的策略,我们可以将三个阶段定义如下:

阶段1:将需求转化为总体方案和一系列的备选方案;大范围地检查其设计权衡性,包括它们对需求的依赖性。

阶段2:从选择一个独立的设计方案开始,进行全面的分析和优化,辅以任何可以获取其他有用数据的测试,直到主要设计变量冻结的时候结束。

阶段3:覆盖全部细节水平的组件设计,包括所有现成产品的详细说明,即装配设计和制造过程及相关的工具、器材、设备、主要部件的测试和最终性能估计等。

在某些行业,特别是飞机工业领域,上述三个阶段分别称为概念设计、初步设计和详细设计(Torenbeek,2013)。虽然这一分类方法有着悠久的传统,但相对于本书中讲述的设计方法而言,它充其量只是起点和背景知识。当下大规模并发计算技术的出现有可能显著影响以前的阶段定义及每个阶段的工作描述,希望这将有助于更快地进行更详细的分析,使设计保持更长久的可修改性,并且便于处理设计流程后期获得的相关信息,即使它意味着需要返回设计上游并修改先前已经做出的决策(在本书后续章节,我们将该能力称为"计算和设计敏捷性")。

无论可供我们自由支配的计算能力如何,从概念设计到详细设计的过程都需要使用分层分析模块,随着设计过程在时间线上的不断推进,分析模块的复杂度和详细水平会越来越高,设计早期阶段所产生设计方案的质量问题会开始逐步暴露。

13

随着设计时间线的推进,细节的层级随着需求列表的增加而增加,使得当新的需求加入稍后的设计阶段时,对于初始需求列表有效的解决方案可能变得无效。尽管我们总是希望从早期模型中得出的结论不会与后期分析的结果相矛盾,但显然无法保证一直不出现这种情况。正因为如此,尽可能早地将更复杂的分析模块引入设计流程并使其发挥作用以避免上述冲突,是推动 MDO 方法发展的主要因素之一。然而,在进行大型复杂产品设计时,现实世界远比我们想象的更复杂,应用具有高保真度分析模型的 MDO 方法也不是灵丹妙药,工程师的判断和经验依然会起到关键性作用。

2.3.2 设计任务的数学建模

在 2.3.1 节中,我们概述了希望在一个或一组程序中解决并封装的设计流程,并希望这些程序可以产生高质量的设计方案。就高质量而言,我们的意思是这种设计方案能够在使用中表现出令人满意的能力,并与预期目的相适合。为了谈论如何解决这类问题,我们需要介绍一些本书后续章节中经常提到的术语和概念。本质上,我们是把 2.3.1 节讨论设计流程时用到的术语映射到使用它们的经典优化领域,本节并未过多提及的数学细节会在后续章节中加以讨论。

2.3.1 节中讨论的设计参数实际就是设计变量,也就是用于改变设计方案的变量。它们作为参数输入相关函数,并通过一些支撑 MDO 流程的分析模块对这些函数进行评估。如果这些函数对于设计变量是可微分的,就称它们是连续的,否则,就称它们为离散的。在离散变量的大类中,还存在一个称为准离散变量的子类,其在参与分析时表现为连续变量,但其取值却只能从一组离散的商业计量标准中来选择,就像工程师必须从制造商的产品目录中来选择板材厚度一样。在这种情况下,可以通过在连续解的附近选择一个可用的计量数值作为近似解,并相应得到一个可行的目标值。如果可用集合相对密集,则该近似解通常差强人意,否则,就像 Fox 讨论的那样,连续近似解和离散解之间的差异可能是巨大的,当然,Fox 同时也讨论了用于找到离散解的其他方法。

与连续变量和准离散变量相比,离散变量是不可微分的,其变化往往可能会引起已有设计方案的定性变化,其取值也往往需要从映射成正整数的有序离散列表中选取,如考虑飞行器上的发动机个数或桥梁构造类型是桁架或悬架支撑件等情况时就是这样的例子。我们将在第 8 章重新讨论这个主题。

那些被优化的因素,也就是我们之前提到的设计目标,现在统称为目标函数,通过之前的讨论,我们知道它可以是单个目标,也可以是多个目标的集合,其中的一些目标还可能存在冲突,这就需要一个解决冲突的机制。设计变量明显地会全部覆盖我们前面介绍的设计空间,即设计空间中没有任何部分是设计变量所不能定义的。当然设计空间并不是完全开放的,同样会受到某些限制,这主要是因为设计方案必须满足由需求集合所定义的那些约束,这限制了设计者在生成新的解决方案时可用的选项范围,这个可用范围就是可行区间或可行域。

因此,设计新产品的过程实际上就是针对指定的工程问题,在设计空间中寻找"最佳"或最优解。值得停下来思考一下的是,尽管我们通常将优化搜索得到的结果称为最优设计,但在实践中往往并不完全需要这样做,因为工程师可能只需要一个改进的设计方案甚至仅仅是可行的设计方案。

接下来要介绍的属性是状态变量,也称为行为变量或因变量,它们是以设计变量为变量的函数所输出的典型响应量。对于重量优化的问题,状态变量可以是单独结构组件中的应力或应变,也可以是在指定节点处的位移。在"优化世界"中,状态变量是被选择用来表示性能要求的量,当然也受到设计约束限制。这些可能是单边限制,但不是所有的状态变量都直接受限于这种约束,也可能是因其与直接受约束的另一变量相关联而被间接限制。例如,在一个设计问题中,结构温度可能在优化过程中是直接起作用的状态变量并受到指定的限制,但对于另一个设计问题来说,因温度变化而在结构中引起的应力水平受直接约束,温度因此受到间接限制,但其本身并不受直接约束。在第一种情况下,温度是受直接约束的状态变量,在第二种情况下,热诱导应力是受直接约束的状态变量,温度是通过应力的约束而被间接限制的状态变量。

至此,我们已经知道了优化设计问题的特征,下一个要回答的是,优化设计问题该如何解决?为了回答这个问题,我们需要有一个可自由支配的搜索引擎,可以借此在可行的设计空间中以合理的方式筛选出可用的设计选项,并努力找到一个最佳的解决方案。搜索引擎的核心是搜索算法,该算法要能依据一定的流程并通过有限数量的迭代步骤来解决优化问题,因为每个迭代步骤通常会涉及分析模块的多次重复操作。对于某些搜索算法来说,这意味着需要不断地在设计空间中找到趋近最优点位置的搜索方向,然后沿着这些方向搜索,直到找到最小值点。多数情况下,这个过程借助目标函数的梯度信息来实现,但对于一些目标函数或设计约束因数学结构而不易获取或无法获取其直接信息的问题,就需要使用不基于定向数值搜索的算法。不管使用什么样的搜索工具,假设我们已经得到了约束最小值,也就是设计问题的最优点,如果所有的约束在这个点都满足,那么在不放宽目标函数值或不违反约束的情况下就没有办法将其抛弃。在本书第 3 章中,我们会将这里的非规范描述正式定义为一个已获证明的数学定理,即库恩–塔克条件。

2.3.3　单一优化

本书将逐步向读者介绍 MDO 的复杂性,首先考虑仅涉及单目标函数和单学科分析的单一优化设计问题,希望通过只有一个目标函数的设计问题,在最基本的层面上向读者阐明优化问题的本质。当然,这个单一优化问题可能包含大量的设计变量和约束条件,而且目标和约束的行为函数可能非常难以建立数值模型。

在进入任何优化流程之前,都需要一个设置阶段,主要是为了依据设计需求设定目标函数和设计变量。设计需求可以包括多个常值参数,其中一些和设计对象的物理性质相关,比如材料属性,顾名思义这些参数将在整个优化流程中保持不变。同时,性能要求将通过一组参数来表征操作环境,这些参数以强迫函数的形式施加于产品并获得相关响应,以结构分析为例,这些参数就是施加的载荷集。此外,状态变量起到的作用是,通过单个学科的分析将这些外部强迫函数转换为设计产品的行为响应,如在优化结构的情况下,状态变量就可以是结构分析输出的应力和位移,当然状态变量会受到性能需求的设计约束。

单一优化设计问题需要一组基本的工具或模块,以得到最佳的、"更好的"或可行的设计方案,其中包括:

一个用于在给定设计变量的情况下进行分析并能够通过计算获得状态变量的学科模块。根据搜索模块采用的算法(见下一部分)不同,这个学科模块可能需要提供状态变量相对于设计变量变化的变化率。生成梯度信息的必要性及其方法将在第 7 章介绍灵敏度分析时进行讨论。

一个致力于改变设计变量值,进而改进目标函数值的搜索模块,当然这些改进的目标函数值并不违反约束限制。实际上,有一系列的搜索算法既可以用来改进目标函数值,又同时能够满足约束限制,这部分内容将在后续章节中讨论。在执行搜索任务时,该模块需要与前述学科模块进行定期通信,特别是需要梯度信息的搜索算法更应如此。

一个确保解决方案不违反设计约束的约束满足模块。实际上,通常情况下并不存在一个专门的独立模块来保证设计方案满足约束,但会从设计流程上确保约束满足。搜索算法的主要任务之一就是通过改变设计变量,进而改善目标函数并避免其超出可行域。但是,搜索算法并没有办法保证在优化设计过程中不出现不可行的设计点,因为不可行设计点的出现是再正常不过的事。当这种情况发生时,搜索和学科模块会心照不宣地携手把设计点拖回可行域,当然后续可能还会出现更多的不可行点。

现在重点介绍单一优化问题的一些操作和特点,并将一些具体细节留到后续章节讨论。

首先要做的是设定优化问题,包括选定一组设计变量、目标函数和约束,这也是定义设计问题所需要的。

当这个设定阶段完成后,我们就有了一组初始设计变量,其值将提供给目标函数和约束。

　　调用并执行包含该学科特定算法的学科模块对设计变量进行分析操作,得到状态变量值和其他所有基于学科的信息,比如搜索模块需要的梯度信息等。其中,对于学科模块来说,如果不需要知道其特定算法的细节,我们就可以称其为“黑箱”(Black Box,BB)。

　　步骤 1:检查分析模块的输出结果,如果设计点不可行,则进行标记。

　　步骤 2:调用搜索模块,从当前一组设计变量开始,使其逐步搜索设计空间并寻求减小后的目标函数值。如果该函数值已经被设置了违反约束标志,则必须采取措施进行处理。理想情况下,所采取的措施应在降低约束违反程度的同时,进一步减少目标函数值,但是,不可能每个实际应用中都能实现这一点。那么在这种情况下,约束满足应是优先选项,所采取的措施就是使设计重新回到可行域。当所有约束条件都满足的时候,这当然可能需要付出增加目标函数值的代价来实现,接下来的工作就是在保证可行性的前提下,继续保持搜索并努力减少目标值。实际上,如何精确地实现约束满足,这取决于封装在搜索模块中的算法以及程序开发团队的偏好,关于约束满足的问题将在后续章节重点介绍。

　　步骤 3:假设搜索过程的输出已经提供了一个可行的设计点,则检查目标函数是否是最优的。如果答案为“是”,则优化过程停止;如果问题的答案为“否”,则优化过程返回到步骤 2 并更新设计变量值。

　　虽然上述 3 个步骤大大简化了找到最佳设计方案的优化流程,但它确实涵盖了寻找最佳方案过程中所采取的主要行动,而且原则上适用于第 9 章和第 10 章描述的 MDO 方法。

　　为了更具体地描述单一优化问题,我们使用图 2.1 所示的案例来说明参数、设计变量、目标函数和约束等基本概念。从功能需求的角度,这是一个找到方孔截面立柱最小壁厚的设计问题,其中立柱长度固定为 $L = 1\text{m}$,承受 $p = 100\text{kN}$ 的压力载荷,要求在这种情况下最小化立柱横截面的结构壁面积。由此,定义设计空间的设计变量是图 2.1 所示的边长 b 和壁厚 t。从功能规范上来说,还包括立柱的材料是铝合金,其允许的法向应力 $\sigma_a = 100\text{MN/m}^2$,弹性模量 $E = 70.60\text{GN/m}^2$,

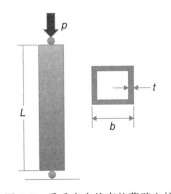

图 2.1　受垂直力约束的薄壁立柱

泊松比 $\upsilon = 0.3$。从制造的角度来说,功能规范的最后一部分约束了壁厚的最小值为(称为最小规格)$t_0 = 0.8$。那些具有固定值的参数需要存储在数据库中,以备需要时调用。

现在可以来看看性能规范,要求该立柱必须能够承受施加的载荷 p 且不超过其应力极限 σ_a,即在简支模式下的细长立柱不应该出现屈曲(称为欧拉屈曲(Timoshenko,1961)),并同时防止出现平板式的侧壁翘曲。最后的要求是,假设立柱侧壁是一个较长的长方形平板,其翘曲模式和一排仅仅沿着边缘简单支撑的方形平板翘曲一样,相关理论同样可参考 Timoshenko(1961)文献。应该说,在这个阶段,一个不是结构专家的读者没有必要关注屈曲情况的细节,它们的存在主要是为了提供真实的分析方程。

当进入分析模式时,我们就可以转向由学科模块执行的任务:

- 读取设计变量 b 和 t 及参数 L 和 E 的输入值。
- 计算横截面积 $A = 4bt$ 的值(相对于后面提到的 I,这里使用了薄壁结构的典型简化方程)。
- 计算应力值 $\sigma = p/A$,其中 p 从数据库中提取。
- 计算欧拉屈曲载荷 $p_{cr} = \pi^2 EI/L^2$(其中 $I = 2b^3 t/3$)。
- 计算横截面外形轮廓上的施加载荷 $N = p/(4b)$。
- 计算侧壁屈曲载荷 $N_{cr} = 4\pi^2 D/b^2$(其中 $D = Et^2/(12(1-\nu^2))$ 是平板刚度系数)。

该模块同时还计算约束的值,对于我们讨论的问题给出如下:

$$g_1 = 1 - \left(\frac{t}{t_0}\right) \leqslant 0 \text{ 最小计量约束;}$$

$$g_2 = \left(\frac{\sigma}{\sigma_a}\right) - 1 \leqslant 0 \text{ 过应力约束;}$$

$$g_3 = \left(\frac{p}{P_{cr}}\right) - 1 \leqslant 0 \text{ 欧拉屈曲约束;}$$

$$g_4 = \left(\frac{N}{N_{cr}}\right) - 1 \leqslant 0 \text{ 壁板翘曲约束。}$$

将上述信息提供给搜索模块,搜索引擎计算目标函数值并采用后续章节中讨论的搜索算法来确定优化点的估计值和设计变量的优化值。原则上,搜索模块需要设计变量的初始值,但是聪明的读者或许已经注意到这个优化问题仅仅包含 2 个设计变量,我们完全可以将 2 个约束方程联立求解来"搜索"最优值,实际上就省去了对初始值的要求。例如,取约束 g_2 和 g_3 联立求解可得到 $t = 0.085$cm、$b = 29.3$cm,这时的目标函数 $A = 10$cm^2,但 $g_4 = 45.47$ 违反约束。如此将 4 个约束中任意选取 2 个约束两两组合,在将所有 6 个这样的组合分别检查完毕后,发现约束组合 g_3 和 g_4 确定的设计变量值为 $t = 0.27$cm、$b = 20$cm,此时 $A = 21.55$cm^2,且所有约束均满足。这是唯一的所有约束都满足的设计点,故可认为其就是结构重量最优的设计方案。

上述例子中用到的对约束函数组合交叉点或者说顶点进行分析以获取最优点的特殊技术,将随着约束个数的增加导致组合数量爆炸式增长而很快地失去效用,同时,求解多变量非线性方程组的困难会进一步放大这个数量。因此,本书剩余部分将着重于介绍不受上述困难限制的搜索方法。

前面的讨论集中在可用于优化涉及单目标函数和单学科设计问题的单一优化方法,这在设计方案的生成方面已被证明是一种非常有效的工具,和那些通过试错法得到的简单初步计算结果相比,该方法得到的解决方案明显更优。实际上,通过对设计问题的巧妙解释,单一优化求解方法已被扩展应用到更广阔的设计环境。例如,一个纯结构优化问题可以含有从非结构学科获得的形状、尺寸及应力等多种约束,板材的最小厚度可以通过制造过程设定,最小体积可能与如燃油储量的功能需求相关,构造类型也可能源于经济因素的考虑等。因此,单学科设计问题可以考虑系统中存在的其他学科,只是需要将它们表述成不通过优化算法直接处理的约束条件,当然,它们仍然需要与优化流程相融合。

2.4　从优化到现代设计:MDO 的作用

本节将结合前面几节介绍的内容,展示 MDO 系统是如何从现代设计的需求中脱颖而出的。首先,优化流程必须能够处理一些由现代设计本质所决定的复杂问题,现将其描述如下:

(1)事实上,可能存在一些必须优化但又互相矛盾的目标函数。如在车辆优化问题中,最小化车辆重量、最小化制造成本和最小化环境影响等目标函数都不能忽视,但彼此之间又可能互相矛盾。

(2)在早期应用中,可能仅仅需要处理一个单一的行为学科,现在则可能需要处理很多个且相互之间存在交叉耦合的学科。举例来说,在一个航空器或汽车设计问题中,均存在彼此相互影响的结构和空气动力学响应。

(3)在现代应用中,通常会面对多个不在同一地点的设计团队协同工作的问题。因此,优化流程必须能够在分布式的设计环境中运行,通常采用协同技术和多处理器计算机来实现。

(4)与结构和行为建模及分析相关的设计复杂性会随着系统部件数量的增加而增加,并进一步增大了工程师所面临的任务难度。此外,日益广泛使用的嵌入式子系统(即大系统中的小系统)和控制系统以及因控制系统诱导的受迫响应,都将会产生额外的复杂性。最后,现代设计必须有能力应对在设计流程中代替实际物理模型而广泛使用的虚拟样机。另外,大量的利益相关方可能会要求互相冲突甚至完全不同的设计目标。

（5）除了复杂性以外，包括常值参数和设计变量在内的数据量会急剧增加。造成这一现象的部分原因是对计算精确性和结果细节期望过高，另一部分原因则是由于计算机技术的爆炸性进步，使得数据量和数据处理效率均大幅上升，而计算成本却不断下降。

（6）设计师将 CAD 技术作为主要辅助工具广泛使用，以在不断演变的设计过程中生成数字制造样机。

上述因素要求一个创建设计环境的策略，以能够组织有效的优化流程来解决这些问题。这需要将基本的 MDO 架构描述与学科、产品模型等联系起来并形成一个交互式的优化流程，这里仅给出该流程的概述，后续章节将详细介绍。

2.4.1 工程系统优化问题示例

在后续章节中，我们将走进一个有效 MDO 系统的细节及与其相关的数学基础知识，但现在重要的是向读者概要讲述后续章节的主要内容。因此，首先举例说明解决 MDO 问题所涉及的一些关键技术，随着后续章节内容的逐步展开，直至第 8 章对 MDO 方法进行的完整描述，相信读者会捕捉到本书终极目标的一些基本要义。

现在通过一个工程系统案例（简化的飞机模型）来帮助我们走进工程师们的心理世界，看看他们如何回答我们在本章开始部分提到过的"假设"问题。该案例和飞行器的设计相关，关注的问题是如果主机翼的翼展增加，则飞行器的飞行距离将如何变化。本节的目的是阐明支撑 MDO 优化流程的一些决策，MDO 具体的优化流程将在后续章节中讨论，这里基本上就是一个场景设置练习。

图 2.2 是以常规程式化格式绘制的飞机前视图，考虑到这个问题的示意性目的，忽略了尾翼布局（水平和垂直稳定器，或称为平尾和垂尾）所起的作用，但在图中示出了其存在性。实际上，主机翼的改变需要充分考虑尾翼结构和作为升力面的机身作用，但对于当前这个简单的问题来说，这些因素可以先置之不理。如

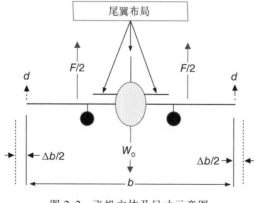

图 2.2　飞机主体及尺寸示意图

图 2.2所示,飞机安装有两台翼下发动机,并假设二者提供的功率可变,因为只有这样才能考虑飞机性能的变化。

很显然,在由升力面提供的升力和飞机结构的总重量之间存在着动态平衡,且无论对飞行器的外表面尺寸做如何的改变都必须保持该平衡。翼展的初始值已知并在图中表示为 b,假设机翼可变形且翼尖的偏转量用 d 表示。作用在机翼上的空气动力表示为 F,如图 2.2 所示,F 平均分配在主翼左右对称的两部分。需要说明的是,这里的 F 并不是飞机所受的全部升力,而是只考虑当飞机结构任何物理部件变化时引起升力变化的那部分。作为指定的行为变量,飞机的飞行距离用 R 表示。

因此,就这个工程系统的例子而言,可以将飞机机翼问题简化为一个包含三个学科的系统,分别是空气动力学、结构和飞机性能,飞机的其他相关部分视为已知且固定不变。希望解决的问题(后文称为主要问题)是:

如果在保持翼面积 S 不变的情况下,翼展 b 增加 Δb,如图 2.3 所示,则飞机的飞行距离 R 将发生什么变化?

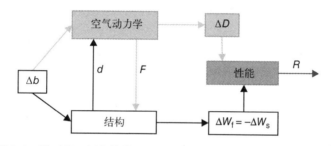

图 2.3　翼面积 S 固定的情况下翼展 b 增加 Δb 对飞行距离 R 的影响

我们寻求定性的答案并得出一般意义上的结论,供后续章节讨论。

我们需要从设计环境中主要参数的基准数据开始,为此,定义:

- L_0 =升力,翼升力 F 是其中一个分量;
- D =阻力,施加在飞机结构上的空气阻力;
- W_f =起飞时的燃油重量;
- W_s =结构重量;
- W_p =有效载荷重量;
- W_{ml} =其他杂项重量。

将各种重量加在一起,总的起飞重量可由下式给出:

$$W_0 = W_f + W_s + W_p + W_{ml} \tag{2.1}$$

通过由三个学科相互连接构成的网络来说明解决"假设"问题的逻辑关系,如图 2.3 所示,用箭头表示网络中的数据传输,回顾前文我们知道,d 表示弹性变形,F 表示主翼承载的空气动力。

箭头表明了从 Δb 变化到其对飞行距离 R 产生影响的因果链,为了使用专业术语进行描述,我们将这个因果链称为"影响通道",并对其进行详细分析。

从空气动力学角度,我们发现,在其他条件都相同的情况下,对于翼面积 S 保持不变的亚声速飞机来说,一个正的 Δb,气动阻力 D 将减小 ΔD,因为机翼展弦比的增加会伴随诱导阻力的相应减小(S 不变使得黏性阻力部分保持不变)。与此同时,Δb 对结构的影响是增加 ΔW_s 的结构重量。

通常,结构学科中内嵌的最小重量优化算法会努力使 ΔW_s 尽可能小。两个增量($-\Delta D$ 和 ΔW_s)的计算会涉及空气动力和结构两个学科的耦合,表现为空气动力学负载和弹性变形的交叉影响,如图 2.3 所示的 F 和 d,F 由结构的变化 d 进行计算,而 d 又同时取决于 F,用公式可表示为 $F = F(d(F))$ 和 $d = d(F(d))$[①]。

对于静态气动弹性问题,这种循环依赖性可以通过一组联立的线性方程组来解决。对于在一个或多个学科中存在非线性的情况,则需要进行迭代求解。虽然有可能对这些学科进行解耦并继续进行求解,但一般来说,考虑耦合效应的话会使 ΔD 和 ΔW_s 的计算结果精度更高,这是为什么我们会遵循这个路径以及为什么学科耦合是 MDO 关键特征的原因。

为了在飞机性能分析中评估飞行距离 R,我们采用一个定义飞行距离的标准公式,这个公式称为 Breguet 方程(Von Mises,1959),基于之前选择的参数可将其写为

$$R = (\text{const.})\left(\frac{L}{D}\right)\ln\left(\frac{W_0}{W_0 - W_f}\right) \qquad (2.2)$$

引入燃油重量比 $r = W_f / W_0$,式(2.2)转化为

$$R = (\text{const.})\left(\frac{L}{D}\right)\ln\left(\frac{1}{1-r}\right) \qquad (2.3)$$

如何将两个变化量 ΔD 和 ΔW_s 引入式(2.3),取决于 ΔW_s 在飞机设计中是如何计算的,这里提供两个选择:

(1)选择 1:W_0 保持恒定,同时以相等的数量减少机载燃油重量,使得 $\Delta W_f = -\Delta W_s$,这将使得 r 变为 $r_1 = (W_f - \Delta W_s)/W_0$。

(2)选择 2:保持 W_f 不变,让 W_0 上升 ΔW_s,则 r 变为 $r_2 = W_f/(W_0 + \Delta W_s)$。

需要注意的是,一般来说存在 $r_1 < r$ 和 $r_2 < r$,即两个选项都将减少燃料比,但由于 $r_1 < r_2$,使得选择 1 预测的 R 稍大。

在上述任一选项下,两个变化量 ΔD 和 ΔW 均通过方程式(2.3)进入 R 的计算公式,通过减小 $-\Delta D$ 的阻力 D 来增加 R,而燃料比 r 的减小则会减小 R。因此,Δb

---

① 通过将机翼构建为抵消变形的"型架外形",可以在一定程度上减轻这种相互依赖性,但考虑这个问题,还需要一些超出本示例范围的知识细节。

对 R 的最终影响可能是正的,也可能是负的,这取决于哪种影响更严重。

机翼结构可以通过不涉及 Δb 变化的方式进行加强,这就提出了另外一个"假设"问题。由于气动弹性耦合效应,机翼结构的加强会导致结构重量增加 ΔW_s、阻力变化 $-\Delta D$,进而如图 2.3 中的影响通道所示,通过 D 和 ΔW_s 来改变 R。

这两个"假设"问题告诉我们,一个学科内部的变化可能会由于耦合效应而通过其他学科扩散并影响系统行为。考虑这种相互作用是 MDO 设计中的关键组成部分(在第 7 章中将给出其数学基础),且随着设计产品复杂性的增加而变得越来越重要。

2.4.2　关于机翼示例的一般性结论

这个简化的例子给出了一些多学科系统设计的一般性结论:

● 即使是单个设计变量的变化也可能触发一个因果链,这个链可能包含了涉及不同物理性质的多个影响通道,需要不同学科的参与。学科间的耦合使系统中的影响通道交织在一起。

● 由于存在多个影响通道,对系统行为响应中特定指标的最终影响效果也就可能是多重影响效果的综合,由于学科间耦合的影响,这些影响效果的值可能不同,甚至符号也可能不同。

● 因此,最终影响效果可能是大量影响效果综合之后的小差异,且其可能受分析精度的影响,同时还需要识别通道之间的耦合程度并将其包含在系统分析中。

● 尽管人类的直觉和判断在问题的概念设计阶段至关重要,也非常有效,但当面对这些复杂耦合的问题时同样需要现代设计方法的帮助。由影响通道数量、设计变量、交叉耦合和分析准确性决定的设计问题规模,会因此扩展几个数量级并需要大批工程师。

为了从这个例子中获得更多的信息,我们推荐读者对式(2.2)或式(2.3)进行微分,得到解析形式的 R 关于 Δb 的导数,从而量化分析飞行距离变化的影响(请大胆地使用自己已有的理论知识来完善任何缺失的数据、函数关系或缺少的信息),相关详细信息请参阅第 7 章。

2.5　MDO 对软件工具的需求关系

值得在此场景设置章节中强调的是,优化流程的一些基本特性需要调用大量的软件包和数据通信工具。到目前为止,本章还着重于从方法和流程的角度来阐述优化如何在现代产品设计中使用,而且就优化而谈优化。实际上,优化方法的实施需要涉及一些,有时甚至会涉及大量的软件工具和软件包,如附录 B 中所述,这些软件工具的引入会带来严重的工程实现问题。

为了深入讨论一些关键问题，考虑单一优化案例，并将其分析过程限定为仅涉及结构分析一个学科。在这种情况下，与搜索模块通信的学科模块（或 BB）将是有限元程序包。设计变量的更新对应着结构物理参数往往是尺寸变化的新值，物理形状的改变会通过搜索模块传递到有限元模块（FEM），这就要求一个以几何建模器形式存在的结构输入接口模块，其可以接受原始的设计变量数据并将其转换为有限元程序的直接输入数据。

当执行分析任务时，需要一组优化输入接口模块，它可以采集 FEM 的输出数据并将其转换为优化任务的输入数据，这包含约束数据和因需而在的梯度信息。作为结构工程师的读者很容易意识到，将会面对数据膨胀的难题，因为哪怕是面对规模相对不大的结构设计问题，其中也可能存在数以千计的设计变量、无数的结构实体（也就是单独的有限单元）和数百个加载工况。在第 11 章，将会讨论如何应对海量数据的问题。

转向多学科设计问题，所需接口模块的数量必然会显著增加。例如，如果我们将纯粹基于结构的设计问题扩展到还涉及空气动力学的设计问题，则优化任务通常需要由计算流体动力学模块（CFDM）提供的空气动力学数据。CFDM 所需的数据形式与 FEM 所需的数据形式通常不同，这就需要第二组接口模块：一组允许 CFDM 与优化器及其他接口交互的模块集、一个允许 CFDM 和 FEM 之间进行数据交互的结构和空气动力学接口模块。如果再增加一个学科，比如制造成本，必然还需要附加更多的接口模块。正如在 2.2 节中指出的那样，对于一个大型复杂产品的设计问题，所涉及的团队可能根本不在同一个位置，而且还可能存在专门从事某一个专业学科的单独专家团队。在这种情况下，必须要有相应的软件工具来允许这些单独团队有能力和权限操作他们的具体模型，同时允许其他团队在受控条件下直接访问他们的数据。

前面的段落告诉我们，当 MDO 涉及的学科范围增加时，相关的软件工具和软件包数量将会如何增长。这不是故事的全部，我们还需要在设计优化流程中的任何给定阶段均可以保持设计实例的产品模型，同时还需要可视化工具，以便所有参与 MDO 设计的团队都可以根据需要查看数据模型，这当然也不是结束！本节虽短但其目的是提醒读者，在进入优化方法和 MDO 结构的细节之前，简单地尝试将设计问题与特定的优化工具集相匹配只是故事的一部分，如何回答"MDO 方法的实施给软件和编程带来什么影响"具有同等重要的地位。

2.5.1　知识工程

回答上一个问题的一种方法是从知识工程（KBE）工具的应用中寻求支持。

KBE 覆盖广泛的工程应用领域,提供了根据需要捕获和重用产品及流程知识的方法,以生成 MDO 环境中设计人员或模块所需求的信息及数据。KBE 系统和基于规则的推理、面向对象的建模及几何建模之间的强耦合关系,允许其捕获并自动地执行 MDO 流程中的许多步骤。如本章所述,MDO 流程要求一系列的分析、优化及其他模块和代码之间直接进行协作,以便将一组设计变量转化为改进的产品。

知识捕获和重用工具通过自适应的修改能力生成鲁棒的参数模型,使得优化模块创建的变化可以在各学科之间传递并联通其数据模型。此功能的一个强大特性是随着设计时间线的推进,从一系列的分析工具中集合生成同质模型,并允许数据流和设计信息流从低保真分析模型到高保真分析模型平滑传递。此外,它还有助于整合并连接 MDO 环境中自行开发和商业购入的软件工具,随着数据和设计信息的扩展,允许它们在日益复杂的数据结构要求及复杂数据交互的情况下协同工作。

本书第 9 章将详细介绍 KBE,读者可以更深入地了解该学科如何有助于控制与 MDO 实现相关的一些问题。KBE 并没有减少先前所描述的 MDO 复杂性,但它确实提供了使实施路径更容易上手的解决方案。因为这对于大部分读者来说可能是一个全新的领域,所以本书特意在附录 A 中提供了关于如何实施 KBE 的详细介绍。

参 考 文 献

Fox, R. L. (1971). *Optimization Methods for Engineering Design*. Reading, MA: Addison-Wesley.

Timoshenko, S. P. (1961). *Theory of Elastic Stability*. New York: McGraw-Hill.

Todhunter, I. (1861). *A History of the Progress of the Calculus of Variations (Modern ed.; Elibron Classics (www.elibron.com) ed.)*. London: Macmillan.

Torenbeek, E. (2013). *Advanced Aircraft Design*. Chichester: John Wiley & Sons, Ltd.

Von Mises, R. (1959). *Theory of Flight*. New York: Dover.

第3章　约束设计空间搜索

3.1　引　　言

寻找设计过程最优解的搜索算法是每一个多学科设计优化系统的核心。在介绍这些算法之前，我们需要讨论并详细说明最优设计点所在空间的一些特征和性质。同时，还将和最优准则一起来回顾若干概念及符号，以便使我们（或某些算法）能够正确识别系统确定的最优状态。一方面，本章涵盖的领域较广，可视为对第5章和第7章所讨论最优策略的铺垫。另一方面，本章所介绍的内容并非面面俱到，因为已有众多专著（Avriel，1976；Nocedal&Wright，1995；Sundaram，1996）对非线性规划的基本原理进行了详细讨论。本章旨在为读者提供一份不时之需的参考，因此熟悉非线性优化及最优化理论的读者可直接跳到后续章节。

我们在第2章中引入了设计变量的概念，其实质为设计空间中的坐标点，而目标函数和约束则为设计变量在设计空间中的函数。我们把位于约束允许范围内的设计空间称为可行域，对于任意一组设计变量而言，只要其定义的设计点落在可行域内，即为可行设计。我们在可行域内处理单目标函数时，如果存在一个可行设计使目标函数具有最大值或最小值，则称其为最优设计，这个位于设计空间中的设计点往往将其简称为最优点，通常情况下此最优点为最小值点，但在此我们将同时使用最大值和最小值。如第2章所述，我们将在不失一般性的情况下考虑目标函数的最小化问题。由于通常不存在同时适用于所有目标函数的最优解，所以求解包含多目标函数的问题将会更复杂。本章重点关注最优化的基本原理，故为方便计只考虑单目标函数问题，关于多目标函数的优化问题将放到第6章来介绍。现在我们需要考虑如何将单目标函数设计问题转换到适合的数学框架中，从而为开发第4章所介绍的求解算法提供必备之需。

在任何寻找约束最小值点的设计过程中，均具有唯一一点使目标函数取得绝对最小值，这个点称为全局最小值或全局最优解。在大型复杂工程设计问题中，可行域内可能存在使目标函数值大于全局最小值但小于附近其他目标函数值的点，这样的点称为局部最小值或局部最优解。图3.1简单说明了全局最优解和局部最优解之间的区别。在实际情况中，一个设计问题通常涉及两个以上的设计变量，这意味着我们需要处理难以具象化的多维空间,好在本书所述应用于二维空间的一些原理也同样适用于多维空间。

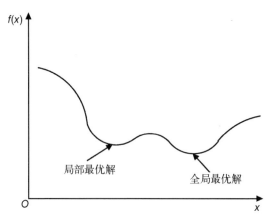

图 3.1　局部最优解与全局最优解

本书中涉及的优化问题通常需要借助复杂的计算机程序来解决。这就产生了一个层级系统,现在引入定义该层级系统术语的词汇,如过程、方法等,计算机程序就处于该层级系统的最底层。由于本书所关注的重点并不在编程优化器,所以我们从算法层这样一个更高级别的抽象层入手,例如在求解线性方程组中用到的高斯消元法等。过程由算法构成,且算法可能组合成为在可行域内试图定位最优点的最优搜索算法。方法是用于实现特定目标的流程,其可能利用若干过程来处理复杂的设计问题,而这些问题则可能需要分布在全球各地的多个设计组一起协同工作。方法论通常用来描述为实现特定目标而将方法、过程、算法和实践汇聚在一起形成的内聚体。

3.2　优化问题定义

假设一个设计问题包含 n 个设计变量 $x_i(i=1,2,\cdots,n)$,关于设计变量的目标函数 $f(x)$ 受多个约束限制。目标函数和约束条件均可以通过线性、非线性或线性与非线性组合的函数形式进行描述。

在前面所讨论的假设是默认函数在设计变量范围内连续,但正如 2.3.2 节中所解释的那样,当必须从供应商的离散列表中选择设计变量或必须选择来自不连续函数的参数时,它们也可能不连续。也就是说在基于设计的优化问题中有时必须处理离散变量,这虽然没有改变本章要讨论的重点,但确实会对下一章要讨论的求解方法产生影响。值得一提的是,使用不连续的设计变量可能会影响 MDO 系统中运行的其他模块。例如,任何结构或空气动力学分析中都可能需要处理发生在形状或厚度上的不连续性跳跃,而不仅仅是处理连续设计变量下的平滑变化。

现在用数学术语来定义第 2 章中简要介绍的优化问题。该问题由一组设计变量定义,这些变量通过一组设计约束建立起一个受一定范围限制的设计空间。那些采用限制设计行为或设计变量容许值形式的约束,通常称为边界约束。如果设计问题没有规定容许范围的限制,则通常需要一些约束来确保求解过程中的数值稳定,在这种情况下,通常称其为移动约束。由此,设计问题可以表征为找到设计变量$(x_1, x_2, \cdots, x_n)$的特定值,从而最小化目标函数

$$f(\boldsymbol{x}) \tag{3.1}$$

且满足一组不等式约束:

$$g_j(\boldsymbol{x}) \leqslant 0 \quad j = 1, 2, \cdots, m \tag{3.2}$$

和一组等式约束:

$$h_j(\boldsymbol{x}) = 0 \quad j = 1, 2, \cdots, p \tag{3.3}$$

及一组移动约束:

$$\boldsymbol{x}^{\mathrm{u}} \geqslant \boldsymbol{x}_i \geqslant \boldsymbol{x}^{\mathrm{l}} \tag{3.4}$$

为了避免数值计算上的困难,我们需要确保不同的约束位于同样的$[0,1]$区间内,以使它们具有相同的数量级。这样就确保了当最优化问题呈递给一个求解算法时,所有的约束都已经标准化到相同的数量级上。为了明确标准化的过程,考虑式(3.2)定义的约束不等式组,为简单起见,我们假设一个结构问题,其结构应力函数$\boldsymbol{\sigma}(\boldsymbol{x})$受上限约束,必须小于向量$\tilde{\boldsymbol{\sigma}}$给出的一组值。有经验的结构工程师读者可能已经意识到,该上限也可能是设计变量的函数,因此,为了规范,我们将这些约束写作$\tilde{\boldsymbol{\sigma}}(\boldsymbol{x})$。考虑到这些因素,我们可以把应力约束标准化为单位约束,写作$g(\boldsymbol{x}) = \boldsymbol{\sigma}(\boldsymbol{x}) / \tilde{\boldsymbol{\sigma}}(\boldsymbol{x}) - 1$。必须对问题中所有的约束进行类似的标准化处理。如果设计问题只包含一个学科,标准化过程相对容易实现。而在基于 MDO 的设计中往往存在多个学科的同时作用,利用约束限制进行简单的划分可能已不再适用,因此约束标准化过程需要格外注意。如果正在使用一个商业 MDO 系统,它通常会预装一个标准化算法来避免某个约束的优先级高于其他的设计约束。如果设计问题只有一个目标函数,比如质量,则对目标函数进行标准化处理是相对简单的,但是当问题中引入多类型的目标函数,如在结构质量和空气阻力或制造成本之间寻求平衡时就需要格外注意。

最后一段术语介绍涉及完整定义优化问题时所创建的设计空间。n 个设计变量定义一个 n 维设计空间,但并不是因此就接受所有的变量值,那些违反了不等式约束(3.2)及(3.4)或等式约束(3.3)的变量值因为超出了设计范围,就无法应用。我们首先考虑不等式约束,为了便于解释清楚,仅以式(3.2)为例。位于设计约束

集合中的特定约束必然处于两种状态之一,并具体取决于设计点 $x_i(i=1,2,\cdots,n)$ 的位置;要么该设计点不在约束禁止的范围内,称其为非主动或被动约束,或者它位于约束禁止的范围内,称其为主动约束。更确切地说,一个给定的约束 $g(\boldsymbol{x})$ 如果位于可行域内,则认为是被动约束,即 $g(\boldsymbol{x})\ll 0$。如果违反,则认为是主动约束,这意味着 $g(\boldsymbol{x})>0$,或者它位于靠近可行域边缘的邻域内,如果此时将约束标准化为数值 1,则有 $g(\boldsymbol{x})+\varepsilon>0(\varepsilon\ll1)$。可以看出,等式约束可视为始终表现为主动的不等式约束的特例。在讨论表征最优的 3.3.4 节中,将进一步把等式约束重新纳入讨论范畴。

回顾之前由式(3.1)、式(3.2)、式(3.3)和式(3.4)所定义的完整优化问题,可以从上一段描述中推断出设计空间是被分区的。一部分是不违反式(3.2)、式(3.3)和式(3.4)所定义约束的设计变量组合,而另一部分则是违反一个或多个约束的设计变量组合。那些不违反约束的变量值落在可行域[1]内,而那些导致约束违反的变量值则不在可行域内。因此下面,为简单起见,忽略容许限制的存在,只考虑式(3.4)定义的约束。

继续我们的讨论,我们还要求由式(3.1)和式(3.2)所定义设计问题中的函数 $f(\boldsymbol{x})$ 和 $g(\boldsymbol{x})$ 是可微的(或近似为可微函数),其中 $f(\boldsymbol{x})$ 是凸函数,而 $g(\boldsymbol{x})$ 为凹函数。凸函数和非凸函数的概念如图 3.2 所示,这表明沿着穿过非凸域的直线移动,可进入、离开、再进入该域多次,而在凸域的情况下,只能进入和离开一次。

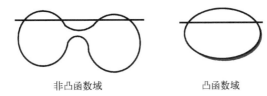

非凸函数域　　　　　　凸函数域

图 3.2　非凸函数域和凸函数域

对于凸函数的概念有一个简单的几何解释,即凸函数的切线总是位于其函数图下方,如图 3.3 中的单变量函数所示。

如果函数的二阶导数存在,当且仅当海森(Hessian)矩阵[2] $\boldsymbol{H}(\boldsymbol{x})$ 为半正定时它是凸函数。当且仅当对任意向量 $\boldsymbol{y}$,满足 $\boldsymbol{y}^{\mathrm{T}}\boldsymbol{H}\boldsymbol{y}\geq 0$ 时,函数是半正定。我们知道如果函数 $-f(\boldsymbol{x})$ 为凸函数,则函数 $f(\boldsymbol{x})$ 为凹函数。实际上,函数并非需要是严格凸函

---

① 可行域在优化文献中有时也被称为域或子空间。

② 海森矩阵为函数的二阶矩阵,即对于函数 $f(x_1,x_2)$,其海森矩阵 $\boldsymbol{H}(\boldsymbol{x})=\begin{bmatrix}\dfrac{\partial^2 f}{\partial^2 x_1} & \dfrac{\partial^2 f}{\partial x_1\,\partial x_2}\\[3mm]\dfrac{\partial^2 f}{\partial x_2\partial x_1} & \dfrac{\partial^2 f}{\partial^2 x_2}\end{bmatrix}$。

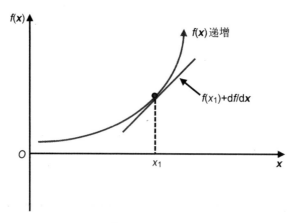

图 3.3　凸函数的切线位于其函数图下方

数或严格凹函数,也可以是准凸函数或准凹函数,即它们可以是在最优点附近的局部凸函数或局部凹函数。

3.3　最优解特性

在后续章节中,将逐步解释如何使用计算机算法来找到最优解。首要一步是能够在发现最优解时识别出最优解。反过来说,这要求我们有一组可用的方程式来表征最优解。由于本章只作为一份不时之需的参考,所以对这些方程组不做深入研究,若想要更详细地了解这些方程的基础理论,读者可参考有关优化方法和优化理论的文献。但是,这些优化条件的主要特征可以通过相对简单的几何解释来概述。用于解决多学科优化问题的数值方法,将为找到最优解而对整个可行域进行搜索,且该搜索存在三种可能的终止方式:

● 一是约束曲率限制了搜索过程,优化器的任何可行移动都会导致目标函数值的增大。

● 二是两个或以上的约束条件相交形成顶点,这就导致搜索引擎在试图降低目标函数值时的任何进一步移动,都会违反至少一个位于顶点处的约束。

● 三是在混合情况下,在最优解处形成顶点的主动约束数量不足以阻止搜索引擎继续进行,但是这些主动约束的曲率提供了限制搜索过程进行的最终约束。

现在使用简单的例子来依次分析这些情况,然后归纳汇总以定义一组用来描述约束最优的通用最优性条件。顺便提示一下,上述三个条件可简单表述为:"约束最小值点的任何移动,必须建立在违反约束或使目标函数增大的情况下"。

3.3.1　曲率约束问题

考虑这样一个优化问题,它定义为最小化式(3.1)描述的函数,受到形如式(3.2)中单个约束的限制,这里我们只处理单个设计变量的函数。因此,该问题可表示为

$$\begin{cases} \text{Min.}\ \ f(x) \\ \text{s.t.}\ \ g(x) \leqslant 0 \end{cases} \tag{3.5}$$

该问题的几何形式如图 3.4 所示,横轴为设计变量 x,纵轴为目标函数 $f(x)$ 和约束条件 $g(x)$。直线 A 经过点 $x=x_1$,且有 $g(x)=0$;对该点左侧的变量 x 均有 $g(x)>0$,即此区域为设计空间中的不可行域;相对地,该点右侧均有 $g(x)<0$,即为可行域(对于一维问题,所谓域只是 x 轴的一部分)。如果我们从可行域内位于直线 B 所在位置的点 x_2 处开始搜索最优解,则约束为非主动或被动约束,我们可以自由地减小 $f(x)$ 的值,在无约束阻碍的情况下沿着浅灰色曲线下滑。当下滑至直线"A"时,约束变为主动,我们无法在不违反约束的情况下继续减小 $f(x)$,即该点为最优解。

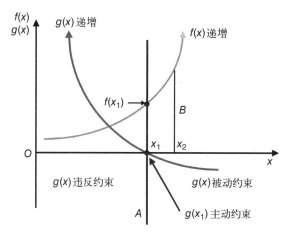

图 3.4　单约束条件下的目标函数

在最优解处,目标函数变为约束的函数,约束项的变化会引起目标函数最小值的变化[①]。因此,目标函数和约束的导数之间是相关的,即它们的斜率符号必然相反,这样约束才能阻止 $f(x)$ 进一步减小或继续沿着浅灰色曲线向下滑动;但是,这

---

① 考虑最小化目标函数 $f(x)=x^2$,约束 $g(x)=1-x \leqslant 0$ 的情况,很容易看出 $x^*=1$ 为其最优解,此时 $f(x^*)=1$;若改变约束条件使 $g(x)=1/2-x \leqslant 0$,此时最优解变为 $x^*=1/2$,且有 $f(x^*)=1/4$。因此,改变约束条件将可能使目标函数也发生改变,这表明目标函数的最优解一定程度上受约束控制。

并不要求它们的斜率一定相等。因此,这两个导数之间将存在以下关系:

$$\frac{\partial f(x)}{\partial x}=-\lambda\,\frac{\partial g(x)}{\partial x} \qquad (3.6)$$

或

$$\frac{\partial f(x)}{\partial x}+\lambda\,\frac{\partial g(x)}{\partial x}=0 \qquad (3.7)$$

如图 3.4 所示,新变量 λ 的引入使得两斜率的大小并不一定相等,这是由意大利/法国数学家和科学家约瑟夫·路易斯·拉格朗日(Joseph Louis Lagrange)最先提出,因此称为拉格朗日乘子。式(3.7)显然在最优点处完全适用,但对于可行域内的其他点又有怎样的规律呢?

如果目标函数在非主动约束的区域内存在最小值点,则可以说最优解是无约束最优解,使 $\partial f(x)/\partial x=0$ 并采用常规方式就可以找到最优解,即通过设置 $\lambda=0$ 从而消去了式(3.7)中的约束项。如果解不是无约束的,那么针对单约束问题的情况,约束或目标函数都将在设计空间中表现为曲线状,以阻止任何搜索过程向着无约束目标函数下降的方向移动。为了说明该问题,可以考虑一个具有两个设计变量的优化问题,如图 3.5 所示,目标函数和约束均为曲线。当目标函数的最小值处于主动约束点(即等于 0)时,有 $\partial f(\boldsymbol{x})/\partial \boldsymbol{x}\neq0$,且乘子 λ 必须取为非零值,以允许式(3.7)中的 $\partial g(\boldsymbol{x})/\partial \boldsymbol{x}$ 项在定义最优点位置的过程中起作用。图 3.5 同样表明了这一点,即在最优解处,目标函数和主动约束具有用"V"表示的公共切向量。由此可以看出,当出现以下几何配置之一时,将停止搜索约束最小值:

(1)目标函数和临界约束的轮廓线具有符号相反的曲率;

(2)如果目标函数为线性的(即轮廓线为直线),那么约束必须为非线性,即轮廓线为如图 3.5 所示的曲线状,反之亦然。但也存在例外,这点我们将在 3.3.4 节中讨论。

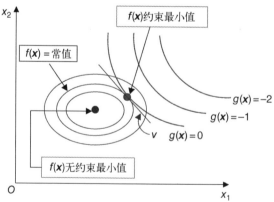

图 3.5　通过约束曲率求最小值

3.3.2　顶点约束问题

如图 3.6 所示,约束最小值可以出现在两个或多个约束相交形成的顶点处;在这种情况下,式(3.2)所定义"m"个约束中的"n"个变为主动约束。值得注意的是,"n"不仅定义了设计变量的个数,也同时定义了问题所在超空间的维数。图 3.6 中给出了一个简单问题的顶点解,其涉及两个设计变量,$n=2$ 且 $m=3$,即目标函数 $f(\boldsymbol{x})$ 受三个约束条件 $g_i(\boldsymbol{x}) \leqslant 0(i=1,2,3)$ 的限制。图中 $g_1(\boldsymbol{x})$ 和 $g_2(\boldsymbol{x})$ 均为主动约束,二者形成顶点以阻止目标函数值的减小,即该点为约束最优解,表示为 $\boldsymbol{x}^*$。为了形式紧凑,将 $\partial f(\boldsymbol{x})/\partial \boldsymbol{x}$ 写作 $\nabla f(\boldsymbol{x})$,类似于约束梯度。

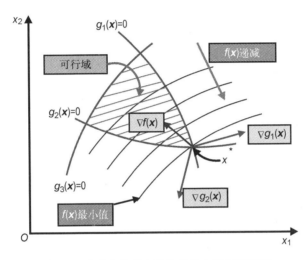

图 3.6　出现在约束交点处的最小值(见彩图)

在图 3.6 中,位于点 $\boldsymbol{x}^*$ 处的两个主动约束的梯度向量由两个红色箭头直线表示,可以将其投影到代表目标函数梯度向量的蓝色箭头直线上作为梯度合成向量,该梯度合成向量与目标函数梯度向量并不一定相等[①]。现在如果将这两个梯度向量分别乘以两个独立无关的权重,即拉格朗日乘子 λ_1、λ_2,则可以通过调整权重值使梯度合成向量与目标函数梯度向量相等。注意到这两个梯度彼此方向相反,我们可以用图 3.6 所示的术语来表示目标函数:

$$\nabla f(\boldsymbol{x}) = -\lambda_1 \nabla g_1(\boldsymbol{x}) - \lambda_2 \nabla g_2(\boldsymbol{x}) \tag{3.8}$$

---

① 两个向量可以具有如下关系:(ⅰ)相等,它们的模(箭头长度)相同且指向相同的方向;(ⅱ)共线,即它们指向同一方向但模不一定相同,数学上描述为 $|v_1| = \lambda |v_2|$;(ⅲ)方向和模均不同;(ⅳ)模相同但方向不同。此外,当两个向量间的夹角在区间 $(0°,90°)$ 时可以互相正投影,当夹角在区间 $(90°,180°)$ 时可以互相负投影,如图 3.6 中的布局所示。

考虑之前的标准形式,该等式可以通过简单操作重写为两个方程,即令 i 分别取值 1 和 2:

$$\frac{\partial f(\boldsymbol{x})}{\partial x_i} + \sum_{j=1}^{2} \lambda_j \frac{\partial g_j(\boldsymbol{x})}{\partial x_i} = 0 \tag{3.9}$$

考虑到非主动约束的拉格朗日乘子为零这一事实,上式可以写为

$$\frac{\partial f(\boldsymbol{x})}{\partial x_i} + \sum_{j=1}^{3} \lambda_j \frac{\partial g_j(\boldsymbol{x})}{\partial x_i} = 0 \quad \lambda_1, \lambda_2 \gg 0, \ \lambda_3 = 0 \tag{3.10}$$

这提供了一个拉格朗日乘子作用在顶点最优点处的几何解释。需要注意的是,在最优点处,式(3.10)表明,如果拉格朗日乘子的关联约束为主动约束,那么它必须严格为正且非零,如果为非主动约束,则需严格为零。

3.3.3　曲率和顶点约束问题

如图 3.7 所示,当存在非线性约束或曲率足够大的约束阻止算法向无约束最小值移动时,则可能发生约束最小值的混合情况。图 3.7 说明了这样一种情况,即存在 3 个设计变量,但只有 2 个约束是主动约束,即 $g_1(\boldsymbol{x}) = 0$ 和 $g_2(\boldsymbol{x}) = 0$。因此最优解位于图 3.7 所示的顶点相交曲线(顶点线)上。

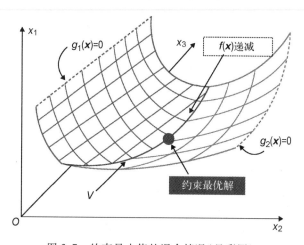

图 3.7　约束最小值的混合情况(见彩图)

由式(3.8)定义的加权梯度约束和顶点处目标函数间的关系,同样适用于本情况。图 3.7 所示相交曲线是两个主动约束相交形成的顶点线,式(3.8)关于这条线上的所有点均成立。如果该顶点线是位于三维设计空间中的倾斜直线,则总是可以沿着使目标函数值更小的方向移动。在这种情况下,无法定位受约束的最小值,

因为它并不存在。为了使约束最小值存在,必须引入第三个约束曲面与另外两个约束曲面相交,以形成一个完整的顶点,或者前述相交顶点线必须为曲线且在某个点上与具有常量目标函数值的平面相切。这种情况如图 3.7 所示,函数可以沿着相交顶点线移动以寻找更小的目标函数值,直到约束最小值所在的红色圆点处与目标函数相切。我们所观察到的顶点线曲率,补偿了缺失的第三个主动约束 $g_3(\boldsymbol{x})=0$,这使得约束最小值存在于一个非完整的顶点处。尽管这种情况比 3.3.2 节中所述的情况更为复杂,但所用方程式却与式(3.10)相同。

3.3.4　库恩-塔克条件

现在可以将前面讨论的最优解情况推广到更为一般的形式,对于由式(3.1)和式(3.2)定义的优化问题来说,即为一阶库恩-塔克必要条件(通常简写为库恩-塔克条件)或最优准则。由这两组方程所定义的最优解问题,涉及 n 个设计变量和 m 个拉格朗日乘子,每个约束有且仅有一个对应的乘子。对于我们关心的设计问题,库恩-塔克条件代表了式(3.10)的推广,由下式给出:

$$\begin{cases} \dfrac{\partial f(\boldsymbol{x})}{\partial x_i} + \sum_{j=1}^{m} \lambda_j \dfrac{\partial g_j(\boldsymbol{x})}{\partial x_i} = 0 & i=1,2,\cdots,n \\ \lambda_j g_j(\boldsymbol{x}) = 0 & j=1,2,\cdots,m \\ \lambda_j \geqslant 0, g_j(\boldsymbol{x}) \leqslant 0 & j=1,2,\cdots,m \end{cases} \tag{3.11}$$

式(3.11)中的第二行和第三行是最优解成立的两个重要附加条件,因此如果取变量值 $x_i(i=1,2,\cdots,n)$ 和 $\lambda_j(j=1,2,\cdots,m)$ 分别为设计变量和拉格朗日乘子的最优值,则必须满足这两个重要的附加条件。显然,这组变量也必须满足式(3.11)中的第一个微分方程,且约束和拉格朗日乘子必须满足第二行和第三行。第二行的条件表明,设计变量的最优值必须位于可行域内,以保证最优点并没有违反约束,这也表明在最优点处的主动约束应具有正的拉格朗日乘子,否则应取零值。

式(3.11)仅用于解决含有不等式约束的情况,而目标函数式(3.1)在约束式(3.2)和式(3.3)定义下的完整优化问题,则直接包含等式约束。注意,式(3.4)中定义的移动约束可看作不等式约束。考虑到等式约束,式(3.11)所定义的库恩-塔克条件变为

$$\begin{cases} \dfrac{\partial f(\boldsymbol{x})}{\partial x_i} + \sum_{j=1}^{m} \lambda_j \dfrac{\partial g_j(\boldsymbol{x})}{\partial x_i} + \sum_{k=1}^{p} \mu_k \dfrac{\partial h_k(\boldsymbol{x})}{\partial x_i} = 0 & i=1,2,\cdots,n \\ \lambda_j g_j(\boldsymbol{x}) = 0 & j=1,2,\cdots,m \\ \lambda_j \geqslant 0 \quad g_j(\boldsymbol{x}) \leqslant 0 & j=1,2,\cdots,m \end{cases} \tag{3.12}$$

式中:μ_k为等式约束下的拉格朗日乘子,注意此处并没有要求它们为正。

值得提醒的一点是,这些特征方程不允许在最优解处有比设计变量更多的主动约束。如果约束个数多于设计变量,则其中一些约束在最优解状态下将是多余的。用户需要谨记,当优化算法达到最优设计时,应该检验该点处的主动约束个数是否比设计变量更多,如果是,就代表某些地方出现了错误。值得注意的是,根据定义等式约束总是为主动约束,如果它们的数量等于设计变量的个数,则不需要不等式约束。显然,如果设计者在问题中引入了比设计变量更多的等式约束,即在过约束情况下,那么问题将可能无解。

注意,在定义这些特征最优准则方程时,并没有特别区分局部最小值和全局最小值。原因很简单,在求解全局最优解的背景下,没必要为获取局部最优解再建立一套不同的最优准则,即式(3.11)可同时表征局部最优解和全局最优解。因此,在具有多个局部最优解的设计空间中,不可能创建一套最优算法来保证找到全局最优解。

虽然我们不希望引入额外的高阶最优准则,但需要强调的一点是,如果可以求解二次可微函数来考虑设计问题的目标及约束条件在约束最小值附近的曲率,则可以扩展式(3.11)中的库恩-塔克条件,由此得到的高阶方程组就构成了二阶库恩-塔克必要条件。

一阶和二阶库恩-塔克条件都可以用来提供一组充分的最优准则。然而,我们并不需要在本书中深入了解这些准则,因为在解决 MDO 问题时所使用的搜索算法或方法,均是在将一阶库恩-塔克必要条件应用于所有约束最优解的基础上生成的。

在结束这一节内容之前,需要指出的是,还存在满足库恩-塔克必要条件但并非最优解的情况。考虑如下一个简单的问题:

$$
\begin{cases}
\text{Min. } f(\boldsymbol{x}) = (x_1-1)^2 + x_2^2 \\[2mm]
\text{s. t. } g(\boldsymbol{x}) = x_1 - \dfrac{x_2^2}{\alpha} \leqslant 0
\end{cases}
\tag{3.13}
$$

式中:α 可取任意正整数。该问题的库恩-塔克条件可由下式给出:

$$
\begin{cases}
2x_1 - 2 + \lambda = 0 \\[2mm]
2x_2 - \dfrac{2x_2\lambda}{\alpha} = 0 \\[2mm]
\lambda\left(x_1 - \dfrac{x_2^2}{\alpha}\right) = 0
\end{cases}
\tag{3.14}
$$

式中:λ 是与单个主动约束相关联的拉格朗日乘子,$\lambda \geqslant 0$。在点 $x_1 = x_2 = 0$ 处,对于任意 $\alpha > 1$ 的正整数,式(3.14)明显满足并取到最优解。但是对于 $\alpha = 1$ 的情况,

$x_1 = x_2 = 0$ 并不是其最优解,最优解实际位于点 $x_1 = 0.5$、$x_2 = 0.7071$ 处,这种情况如图 3.8所示。可以看出,对于 $\alpha = 1$ 的情况,主动约束的曲线允许它穿过目标函数值下降的曲线。

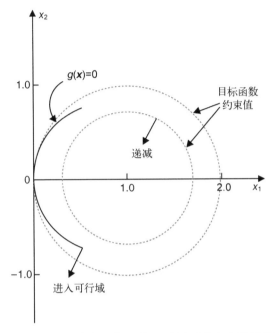

图 3.8　库恩–塔克条件的多重满足(观察到约束在目标轮廓内
弯曲,该弯曲是此种情况的特征)

3.4　拉格朗日函数和对偶性

为复杂工程问题寻找最优解的过程,需要采用包含最优搜索算法的求解方法。搜索算法从初始设计开始,在设计空间中移动,直到找到一个最优解。然而,确定这样的一个点确实是最优解并非易事,而且很难确定何时应该停止该算法。我们可以在迭代的基础上检查设计变量和目标函数的灵敏度,并使用这些信息来决定是否停止该算法,但这很可能是具有欺骗性的。当搜索算法(无论何种类型)接近一个可能的最优解时,与这两组灵敏度参数相关的变化会明显减缓,这表明附近确实存在一个最优解。然而,该算法可能只是在设计空间中遍历了一个"平点",并可能在越过该区域时再次加速。因此我们需要一个更鲁棒的方法来提供可靠的证据,以明确是否真正接近了最优解。

为了构建一个可靠的算法来准确识别最优点,有必要引入两个新概念:对偶性和拉格朗日函数。如果梯度信息可用,我们就可以创建一个称为对偶问题的优化替代公式,它是与设计问题直接相关的最大化问题。为了区分这个新公式和式(3.1)、式(3.2)及式(3.4)中定义的原始公式,我们将后者重命名为原始问题。虽然我们认为有必要从数学层面更严谨地来介绍这个主题,但读者可能更倾向于采用附录3.A的形式,基于工程学给出有关拉格朗日函数和拉格朗日乘子方面的解释。当然,一旦认为已经找到某个最优解,就会发现库恩-塔克条件已然得到了满足。

3.4.1 拉格朗日函数

为了了解如何使用这种对偶性原则,我们需要认识到每个设计优化问题均具有一个相关的拉格朗日函数。借助同样由约瑟夫·路易斯·拉格朗日创立的拉格朗日函数,可以将目标函数、约束和拉格朗日乘子组合成一个函数。让我们审视一下拉格朗日函数在这里考虑的问题类型,为方便起见,我们以下面的形式重新定义原始问题(也称为原问题,primal problem):

$$\begin{cases} \text{Min. } f(\boldsymbol{x}) \\ \text{s. t. } 0 \geqslant g_j(\boldsymbol{x}) - \hat{g}_j \quad j = 1, 2, \cdots, m \end{cases} \quad (3.15)$$

式中:$\hat{g}_j$ 为显式出现的约束限制,在引入影子价格后的式(3.18)中会详细解释,而设计变量 $\boldsymbol{x}$ 的向量具有我们通常说的"n"项。在此式中,所有设计约束(包括对设计变量的任何特定限制)均包含在集合 $\hat{g}_j(\boldsymbol{x})$ 中。式(3.15)所定义问题相关的拉格朗日函数 $L(\boldsymbol{x}, \boldsymbol{\lambda})$ 由下式给出:

$$L(\boldsymbol{x}, \boldsymbol{\lambda}) = f(\boldsymbol{x}) + \sum_{j=1}^{j=m} \lambda_j (g_j(\boldsymbol{x}) - \hat{g}_j) \quad (3.16)$$

可以看到,式(3.11)中库恩-塔克条件的微分部分,可以通过拉格朗日函数对设计变量进行偏微分并使其等于零得到,即

$$\frac{\partial L(\boldsymbol{x}, \boldsymbol{\lambda})}{\partial x_i} = 0 \quad i = 1, 2, \cdots, n \quad (3.17)$$

通过进一步研究拉格朗日函数,可以证明拉格朗日乘子的一个重要性质[①],即在最优解处,如果设计变量和乘子的值分别为 $\boldsymbol{x}^*$ 和 $\boldsymbol{\lambda}^*$,那么目标函数 $f(\boldsymbol{x}^*)$ 的最优值相对于主动约束限制的导数变化率可由下式给出:

$$\frac{\partial f(\boldsymbol{x}^*)}{\partial \hat{g}_j} = \lambda_j^* \quad j = 1, 2, \cdots, m \quad (3.18)$$

当用于估计该变化率时,通常称拉格朗日乘子为影子价格。我们将会在第7

---

① 式(3.A.2)是式(3.17)的替代版本。

章详细讨论这个主题。

引入等式约束,回到式(3.1)、式(3.2)式(3.3)给出的优化问题定义,拉格朗日函数变为

$$L(\boldsymbol{x},\boldsymbol{\lambda},\boldsymbol{\mu}) = f(\boldsymbol{x}) + \sum_{j=1}^{m} \lambda_j g_j(\boldsymbol{x}) + \sum_{k=1}^{p} \mu_k h_k(\boldsymbol{x}) \qquad (3.19)$$

并且可以类比式(3.17)生成库恩-塔克条件:

$$\frac{\partial L(\boldsymbol{x},\boldsymbol{\lambda},\boldsymbol{\mu})}{\partial x_i} = 0 \qquad (3.20)$$

然而,在拉格朗日乘子 $\mu_k(k=1,2,\cdots,p)$ 与等式约束相关的情况下,并不存在类似于式(3.18)的可比较方程组。

3.4.2　对偶问题

为了适用这里所讨论的方法,设计域必须为凸域,但我们知道对于实际设计问题来说,情况通常并非如此。然而,对于诸多工程设计来说,在任何最优解的邻域内,设计域往往是局部凸域。

将式(3.15)中的设计问题定义为我们的原始问题,则存在一个相关的对偶问题:

$$\begin{cases} \text{Max.} \ L(\boldsymbol{x},\boldsymbol{\lambda}) \\ \text{s.t.} \ \dfrac{\partial L(\boldsymbol{x},\boldsymbol{\lambda})}{\partial x_i} = 0 & i=1,2,\cdots,n \\ \lambda_j \geq 0 & j=1,2,\cdots,m \end{cases} \qquad (3.21)$$

注意,在式(3.21)中应用微分等式条件意味着设计变量是关于拉格朗日乘子的函数,即 $\boldsymbol{x}=\boldsymbol{x}(\boldsymbol{\lambda})$,因此该问题的拉格朗日乘子,仅作为与图3.9所示相关的简单问题中的自由变量[①]。原始问题和对偶问题基本上算是同一枚硬币的不同侧面。原始问题总是从"上方"接近最优解,也就是说 $f(\boldsymbol{x})$ 可行值总是大于最优值。另一方面,对偶问题从"下方"逼近最优值,这意味着 $L(\boldsymbol{x}(\boldsymbol{\lambda}),\boldsymbol{\lambda})$ 的可行值,总是通过生成小于最小约束目标函数的拉格朗日函数值来逼近最优解。在最优解处,$f(\boldsymbol{x}^*)=L(\boldsymbol{x}(\boldsymbol{\lambda}),\boldsymbol{\lambda})$,其中 $\boldsymbol{x}^*$ 和 $\boldsymbol{\lambda}^*$ 分别为设计变量和拉格朗日乘子的最优值。因此,取任何满足式(3.15)的可行非最优设计变量集 $\boldsymbol{x}$,对应的非最优目标函数值为 $f(\boldsymbol{x})$,然后可以从式(3.21)中找到拉格朗日乘子 $\boldsymbol{\lambda}$ 的相关值[②]。将这些值代入拉格朗日函数,我们发现:

---

① 式(3.A.4)给出了 $\boldsymbol{x}=\boldsymbol{x}(\boldsymbol{\lambda})$ 的一个实例。

② 当然,在现实世界中,事情并非那么简单,对偶值必须借助算法迭代结束时得到的设计变量值,并通过计算对偶表达式中的微分方程来得到,并同时需要计算对偶间隙。

$$f(x) \geq f(x^*) \geq L(x(\lambda), \lambda) \tag{3.22}$$

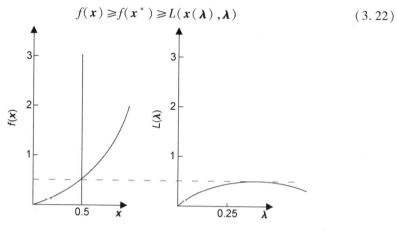

图 3.9　原始问题和对偶问题

引入对偶的概念看似有些深奥,但式(3.22)为最优点的界定提供了基础,这将在后续的章节中讨论。大多数最优算法在原始空间上为目标函数 $f(x)$ 生成可行值。如果可以为函数 $L(x(\lambda), \lambda)$ 生成可行值,则式(3.22)表明这两个值之间将存在间隙,称为对偶间隙。如果该间隙很小,则可以假设最优算法收敛于局部或可能的全局最优解。当工程师认为对偶间隙,即 $f(x)$ 和 $L(\lambda)$ 值之间的差异足够小时,就可以停止该算法。

读者可能会注意到,我们再次将等式约束排除在对偶问题的描述之外。如果约束为等式,则不存在对偶间隙,因为该约束在任何迭代寻优的过程中都应该得到同样的满足。当然,有可能用两组形如 $+h_k \geq 0$ 和 $-h_k \leq 0$ 的不等式约束来替代等式约束,但这并不是一个有益的改动①。一般来说,等式约束比不等式约束具有更多限制,因为需要找到位于超曲面上的点,而不是位于超曲面两侧半边空间中的点。

为了阐明这一过程,我们采用一个非常简单的单变量优化问题来解释,其原始问题形式为

$$\begin{cases} \text{Min.} \ f(x) = \dfrac{x^2}{2} \\ \text{s.t.} \ \ 1 - 2x \leq 0 \end{cases} \tag{3.23}$$

该问题的拉格朗日函数为

$$L(x, \lambda) = f(x) + \lambda(1 - 2x)$$

通过式(3.21)来推导对偶问题,得

---

① 我们将在第 4 章进一步讨论这种处理等式约束的方法。

$$\begin{cases} \text{Max.} \quad L(x,\lambda)=\dfrac{x^2}{2}-\lambda(2x-1) & (3.24) \\ \text{s. t.} \quad x-2\lambda=0,\lambda\geqslant 0 & (3.25) \end{cases}$$

将式(3.25)代入式(3.24),可以将问题重写为

$$\begin{cases} \text{Max.} \quad \lambda-2\lambda^2 \\ \text{s. t.} \quad \lambda\geqslant 0 \end{cases}$$

图 3.9 以双视图的形式来显示原始及对偶这两个问题,其中只显示了 $L(\lambda)$ 位于正数域中的部分。现在可以看到如何用对偶函数监控在原始域中运行的最优搜索算法的性能。考虑一个沿图 3.9 中左侧曲线逐步向下滑动的算法,可以确定在 $x=0.5$ 处得到约束最优解。而且,上述每一步都会在原始空间中产生一个可行点。与此同时,如果我们可以在表示对偶曲线的右侧曲线上找到对应点,那么就可以认为找到了最优解。当工程师认为对偶间隙即 $f(x)$ 和 $L(\lambda)$ 值之间的差异足够小时,就可以停止该算法[①]。

本章讨论了最优解的一些基本属性,第 5 章和第 7 章将以这些信息为基础,进一步阐述一些使用最优算法来解决 MDO 设计问题的相关知识。

附录 3. A

由于本书面向工程问题,因此对拉格朗日乘子法的数学描述较少。现在,我们从工程角度来研究最优问题,当在 4.5 节中引入罚函数法时,会回到该问题继续讨论。为了简单起见,我们使用由式(3.5)所定义的最优问题。解决这个问题的一种实用方法是通过引入一个权重因子将目标函数和约束组合成一个单一的函数,这样问题就变成了

$$\text{Min.} \quad \phi(x)=f(x)+\eta g(x) \tag{3.A.1}$$

为了解决这个无约束优化问题,对于指定的 η 值,可以通过对式(3.A.1)两边进行微分,并使其等于 0,得到

$$\frac{\partial \phi(x)}{\partial x}=\frac{\partial f(x)}{\partial x}+\eta\frac{\partial g(x)}{\partial x}=0 \tag{3.A.2}$$

可以看出,其形式与式(3.7)完全相同。当然 η 并不是直接已知的,需要借助于选定初值的迭代过程重新计算,其变化取决于重复应用式(3.A.1)得到的值。

为了演示此过程的工作原理,考虑以下简单问题,该问题会产生一个受约束的解决方案:

---

① 附录中给出了基于工程的对偶边界视图。

$$\begin{cases} \text{Min.} \ f(x) = x^2 \\ \text{s. t.} \ 0 \geqslant g(x) = 1 - x - x^2 \end{cases} \qquad (3.\text{A}.3)$$

运用式(3.A.2),变量 x 成为权重函数的函数:

$$x = \frac{\eta}{2(1-\eta)} \qquad (3.\text{A}.4)$$

选择初值 $\eta = 0.9$,表 3.A.1 列出了其部分迭代过程。

表 3.A.1　加权函数约束优化迭代过程

迭　代	选择值(η)	值(x)	目标(x^2+2)	约束($g(x)$)	值($\phi(x)$)
1	0.9	4.5	20.25	−23.75	1.125
2	0.7	1.167	1.361	−1.528	0.292
3	0.5	0.5	0.25	0.25	0.378
4	0.55	0.611	0.373	0.015	0.382
5	0.553	0.619	0.383	−0.001	0.382

表 3.A.1 中显示的结果表明,这里采用的计算过程是迭代求解与式(3.7)相同的式(3.A.2),从中可以清楚地看到,η 起到了拉格朗日乘子的作用,也同时证明了拉格朗日乘子是一个变量,并在优化求解过程中起着关键作用。可以注意到随着 $g(x) \to 0$,η 收敛至 0.553,这也直接说明了拉格朗日乘子在主动约束的最优点处取正值的事实。对于使用对偶函数跟踪算法如何收敛到最优点感兴趣的读者,可以发现表 3.A.1 中的最后一列等价于 3.4.1 节中介绍的拉格朗日函数。将设计变量 x 和权重系数 η 的值插入 $\phi(x)$ 项中,就可以在不出现违反约束点的情况下给出目标函数 x^2 的最优值下限。

需要提及一点,即在最优解处约束不是主动的情况,我们再次以一个非常简单的例子进行说明,当相关约束为非主动约束时拉格朗日乘子为零这一事实。将上一问题中的目标函数和约束稍加变化为

$$\begin{cases} \text{Min.} \ f(x) = x^2 + 2 \\ \text{s. t.} \ 0 \geqslant g(x) = -1 - x + x^2 \end{cases} \qquad (3.\text{A}.5)$$

同样应用式(3.A.2)中设计变量 x 权重函数 η 的表达式:

$$x = \frac{\eta}{2(1+\eta)} \qquad (3.\text{A}.6)$$

通过设置 $\eta = 1.0$ 开始求解过程,然后调整该值直到最优解,该过程如表 3.A.2 所列。从中可以看到,起拉格朗日乘子作用的权重函数 η,对于最优点处的非主动约束取零值。表格的第 6 列还说明了 $\phi(x)$ 关于显式权重值和目标函数值的行为,并展示了反映原始问题曲线的对偶曲线。

表 3. A. 2　加权函数无约束优化迭代过程

步　　骤	选择值(η)	值(x)	目标(x^2+2)	约束($g(x)$)	值($\phi(x)$)
1	1.0	0.25	2.062	-1.187	0.875
2	0.5	1.167	2.027	-1.139	1.458
3	0.25	0.1	2.01	-1.0	1.737
4	0.0	0.0	2	-1	2

参 考 文 献

Avriel, M. (1976) *Nonlinear Programming*. Englewood Cliffs, NJ: Prentice-Hall Inc.

Nocedal, J., & Wright, S. (1995) *Nonlinear Optimization*. Berlin: Springer Verlag.

Sundaram, R. K. (1996). *A First Course in Optimization Theory*. Cambridge University Press.

第4章 单目标优化设计问题的直接搜索法

4.1 引　　言

诚如第3章所言,搜索算法是任何一种MDO系统的核心,可藉此在从设计需求中得出的一系列约束条件下优化目标函数。因此,了解这些算法的功能以及它们对为特定应用所配置MDO系统其他软件模块的要求,对于工程师而言就显得非常重要。这不仅需要对算法的优势和局限性有基本的了解,更重要的是要知道具体的算法需要从系统其他模块得到什么,这个模块可能比较复杂且可能包括多个基于具体学科的子模块,但只有这样才能做出恰当的选择。例如,一些优化算法需要梯度信息,如果没有这些信息,就无法直接使用该算法。

本章的目的是使读者了解各种单一优化方法,以及该算法需要从梯度、更新公式(也称修正公式或算式)等方面得到什么信息。有了这些信息,工程师可以在实际的优化设计系统中游刃有余地选择合适的优化工具。和其他章节一样,我们无意为这些涵盖诸多软件工具的优化方法提供一套全面系统的介绍,有兴趣深入了解这类优化方法的读者可参考本章结尾处所附的参考文献。同时需要指出的是,熟悉第3章内容将为理解本章内容提供良好的前提条件。

4.2 基 本 算 法

正如第2章所述,定位一个设计问题最优解的过程,从本质上讲是一个序贯搜索过程,n个设计变量在这个过程中不断发生变化,直到发现最优或"最佳"的设计点。由此,优化问题的解决方案可以通用方式定义:我们希望通过一定的逻辑顺序来改变设计变量$x_i(i=1,2,\cdots,n)$的值,以尽量减少函数$f(x)$的值直到找到其所需的最小值。对于这个寻求最优解的过程,有一个可供用户参考的基本模板将会很有帮助,我们称之为基本算法,其描述可见准备步骤后的六步过程。

准备:在算法执行前,需要选定一系列的设计变量x、一个目标函数$f(x)$和约束集$g(x)$。

第一步:选取约束满足条件下设计变量的一组初始向量 $\boldsymbol{x}^{(0)}$ 作为起始值。设置 $y^{(0)} = f(\boldsymbol{x}^{(0)})$ 作为目标函数的初始值。选取停止准则 $B(\boldsymbol{x})$ 及其对应的 ε 值。

第二步:令 $k = 0$,对迭代过程进行计数。

第三步:令 $k = k+1$。

第四步:令 $\boldsymbol{x}^{(k+1)} = A(\boldsymbol{x}^{(k)})$,在满足约束 $\boldsymbol{g}(\boldsymbol{x})$ 的情况下更新 $\boldsymbol{x}$ 以减小 $f(\boldsymbol{x})$,计算 $y^{(k+1)} = f(\boldsymbol{x}^{(k+1)})$。

第五步:如果 $B(\boldsymbol{x}^{(k+1)}) < \varepsilon$,转到第六步;否则,转到第三步。

第六步:令 $\boldsymbol{x}^* = \boldsymbol{x}^{(k+1)}$,即为优化点的设计变量值,令 $f(\boldsymbol{x}^*) = y^{(k+1)}$,即为目标函数的约束最小值。

该算法主要包括两个组成部分。一个是更新公式 $A(\boldsymbol{x}^{(k)})$,它允许该算法使用现有的一组设计变量值来产生新的设计变量值,从而减少目标函数 $f(\boldsymbol{x})$ 的值,并以此作为从一个迭代到下一个迭代的算法步骤。这个过程中必须确保满足约束 $\boldsymbol{g}(\boldsymbol{x})$,如果违反,则必须采取措施以恢复约束满足。另一个是使用计算停止准则 $B(\boldsymbol{x}^{(k+1)})$,来保证算法获得已定位到的最优设计点。通常,在 B 中使用的内容是从一个迭代到下一个迭代的设计变量变化率,或对应的目标函数变化率。但是,正如 3.4.2 节所述,检查是否定位到最优解的更有效方法是生成对偶值。除了 B 中纯数学层面上的计算停止准则,用户还需要控制计算成本。因此,将迭代次数或 B 中所含已用机时作为实际的停止准则是个不错的选择。这也意味着,A 和 B 可能不只是简单的公式,可能还包括详细的算法。

在 3.2 节中,我们指出约束 $\boldsymbol{g}(\boldsymbol{x})$ 代表了特定工作条件下的设计响应限制。在结构力学的问题上,它们可能是基于材料最大允许应力或位移上限的结构应力限制,也可能是对可用设计选项的限制,例如,如果该设计必须采用现有生产线或工艺以特定的方式进行制造,就可能出现这种约束。约束 $\boldsymbol{g}(\boldsymbol{x})$ 可能包括设计变量 $\boldsymbol{x}$ 的上限和下限,也就是式(3.4)所示的边界约束。这些限制了算法搜索空间的约束,通常称为移动约束。使用这些约束有很多原因,包括阻止算法选择可能导致数值不稳定的设计变量值,如确保设计变量不过于接近零,或通过减小可行域的大小来降低计算成本,抑或保证分析的有效性等。在加载悬臂梁的优化问题中将其长度作为设计变量之一,就是后一种情况的典型代表。如果基于线性梁理论进行分析,那么长度变量的一个大变化则可能意味着线性理论不再有效,并可能导致错误的结果,所以有必要为长度设计变量设置上限。

如后续章节所述,$\boldsymbol{g}(\boldsymbol{x})$ 的类型和性质将对优化算法的选择造成显著影响。无约束优化算法在生成最优设计的过程中起着重要作用,因为它们是约束搜索算法的底层支撑,在如第 3 章附录所述将约束条件纳入增广目标函数的情况下,甚至可以直接用于求解约束问题。

在基本算法的框架内,选择 A 和 B 的适用函数及计算形式对构建有效且高效的优化方案至关重要。要想理解一个算法如何工作,必须对其采用的相关函数及其最优点搜索引擎的数学操作非常熟悉。而理解了一个算法如何工作,设计工程师就可以游刃有余地从商业 MDO 系统中选择合适的算法或有目的地选择相应算法融入其自有 MDO 系统。

4.3 初 步 决 策

在这一章中,我们重点考虑一些通过直接迭代搜索来找到最优点的算法,在这个过程中需要用到从每个迭代点处收集到的信息,并对下一个最优点位置做出最佳预测,同时受设计约束满足的限制。这是一个两阶段过程,该算法首先在起始点使用局部信息,获得最优点所在方向的最佳估计;然后沿着这个方向搜索,直到找到一个最小值。如果它不是一个局部最小值,即不满足库恩-塔克条件时,将该点作为新的起点,并重复上述过程。同时,必须考虑设计约束在搜索过程中的重要作用,因为其对搜索方向的选择及搜索局部最小点时的步长均有影响。

一个工程设计问题可能有很多约束,但通常情况下,在给定初始点或终止点的单线搜索过程中,并不是所有约束都会起作用。正如第 3 章所述,在搜索过程中的特定点处,影响搜索过程的约束称为主动约束,不产生影响的约束称为被动约束。

4.3.1 线搜索

为简化解释,我们仅讨论用于沿指定线定位最小点的方法,且搜索过程不涉及新的约束。也就是说,线搜索开始时的一组主动约束与搜索结束得到最小点位置时的约束相同。

从广义上讲,有两种方法可以进行线搜索:一是需要沿搜索线对目标函数进行多项式近似(4.3.2 节);二是沿搜索线选取离散点并求出每一个点的目标函数值(4.3.3 节)。

所有线搜索方法都依赖于所建立的一个不确定区间,并认为最优点位于其中。一旦建立了一个初始区间,线搜索将采用本节所述方法减少其大小,直到它位于一个预先定义的期望精准区间内。

4.3.2 多项式搜索

在图 4.1 中,给出了一个带有最小值点的线函数 $f(x)$,希望通过一个多项式近似找到其最小值点。因为这只是作为一个多项式搜索过程的演示,故在这个例子中仅采用二次多项式来寻找最小值点。第一步是建立由沿线三个点确定的初始不确定区间,如图 4.1 所示,$f(x_1)>f(x_2)$ 和 $f(x_2)<f(x_3)$ 给出了一个不确定区间,其中

$f(x_1)$ 和 $f(x_3)$ 是其边界。三个点满足了采用二次方程捕捉非线性的最低限度。第二步是选择一个精度水平 ε。通常情况下,这些阶段都隐藏在商业软件系统中,但用户通常可以自行设置精度水平。

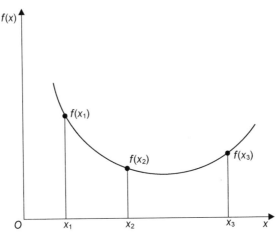

图 4.1　线搜索过程

多项式近似函数可由下述简单的表达式进行定义:

$$f(x) = a_1 + a_2 x + a_3 x^2 \tag{4.1}$$

常数项 a_1、a_2 和 a_3 的值,可通过将式(4.1)中的 $f(x)$ 与由 $(f(x_1), x_1)$、$(f(x_2), x_2)$ 和 $(f(x_3), x_3)$ 定义的三个点进行匹配得到,进而对式(4.1)两边求微分并使其导数等于 0 即可得到最优点,将 x 的最优值用 x^* 表示为

$$x^* = -\frac{a_2}{2a_3} \tag{4.2}$$

如果采用形如 $x_2 = x_1 + h$ 和 $x_3 = x_1 + 2h$ 的等距采样点,并令 $\mu = f(x_2) - f(x_1)$ 和 $\eta = f(x_3) - f(x_1)$,可以得到

$$x^* = -\frac{2\mu h + (2\mu - \eta)(2x_1 + h)}{2(\eta - 2\mu)} \tag{4.3}$$

在完成这个操作之后,如果有需要,搜索算法还可以把点 x^* 分解到更小的不确定区间。同时再次调用式(4.2)和式(4.3)就可以计算 x^* 的更佳估计,重复这个过程直到不确定区间小于预定义的精度水平 ε。

值得指出的一点是,采用多项式方程可以重构 $f(x)$ 的斜率和曲率,即仅仅利用 $f(x)$ 的自身取值,就可以从其零阶信息的重复计算中生成一阶及二阶梯度信息。

4.3.3　离散线搜索

离散线搜索方法的概念非常简单,它需要在沿着一条线的采样点处求出目标函数值,并通过预定义的精度水平选取最小值即得到最优值。接下来的问题是,如何选择采样点的位置?有很多方法可以回答这个问题,且无一例外地都采用了基于已有的迭代值,并通过迭代方式改变采样点位置的技术。

因为此处仅仅是为读者提供一些经典搜索算法的基本背景知识,所以我们只选择了一个例子,但是相信它可以充分解释这一计算过程采用的所谓块搜索方法。这个例子所采用的方法称为黄金分割法,该方法由古希腊人提出,其核心思想是将搜索线按一定规则进行分割。

现在来看看这个搜索算法如何工作。考虑图 4.2 所示的问题,它沿着图中起始于点 $x=x_1$、终止于点 $x=x_4$ 的曲线进行搜索。假设该问题在此之前已经进行了初步求解,并认为其最优点位于上述 x_1 和 x_4 两点之间。一个简单的实现方法是在 x_1 和 x_4 的中点处放置一个辅助点 x,若 $f(x)<f(x_1)$ 或 $f(x)<f(x_4)$,则其最小值位于 x_1 和 x_4 之间。其中 x_1 和 x_4 构成的区间依然是一个不确定区间,下一步则是根据一定的逻辑过程确定两个样本点 $x=x_2$ 和 $x=x_3$ 的位置。

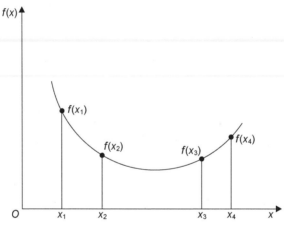

图 4.2 黄金分割法的样本点

黄金分割法根据下式定位样本点:

$$x_2 = x_1 + \frac{(\tau-1)}{\tau}(x_4 - x_1) \qquad (4.4)$$

$$x_3 = x_1 + \frac{(x_4 - x_2)}{\tau} \qquad (4.5)$$

式中

$$\frac{1}{\tau} = \frac{(\sqrt{5}-1)}{2} \cong 0.618 \qquad (4.6)$$

将式(4.4)、式(4.5)和式(4.6)翻译成描述性语言就是,黄金分割点将区间分为两部分,其中较长部分与总长之比等于较短部分与较长部分之比。

迈出了这一步之后,必须更新不确定区间,然后才能重新启动该流程。如果 $f(x_2) < f(x_3)$,则新区间变为 x_1 到 x_3。如果 $f(x_2) > f(x_3)$,则新区间变为 x_2 到 x_4。如果 $f(x_2) = f(x_3)$,则为 x_2 到 x_3。当选定新的不确定区间后,同样可通过式(4.4)和式(4.5)确定新的取样点。重复此过程直到达到要求的精度水平。值得一提的是,x_2 和 x_3 的分布需要保证下一步利用黄金分割法的点 x_5(假设)存在且保持黄金分割的性质,这样就避免了向左或向右的偏差。将线搜索过程的关键技术点说明如下:

▷ **说明 4.1　使用线搜索算法需要考虑的关键点**

1. 线搜索算法可能需要计算很多次目标函数值。对于许多 MDO 问题,如果计算精度要求较高,则需耗费大量计算时间。

2. 总体而言,块搜索方法较之多项式搜索方法更加耗费计算时间。然而大部分块搜索方法可以在前期不确定区间和期望精度水平已知的情况下,估算所需的迭代步数。这些信息通常并不会提供给 MDO 软件的商业用户,但如果你的问题非常复杂,且打算逐步完成 MDO 设计流程,则值得一试。

3. 已经介绍过的这些线搜索方法的基础是:在一个给定的搜索方向有一个潜在的最优点。但是对于复杂的设计问题,经常会存在多个最优点。在这种情况下,线搜索方法无法保证收敛到全局最优。如果线搜索算法可以突破已确定最优点所在的封闭区域,然后在之前没有搜索过的新区域重新启动,则在一定程度上可以缓解这个问题。商业优化系统通常不会提供这种策略,即使提供,可能也需要耗费大量的计算时间。

4.3.4　主动集策略和约束满足

定位一个最优设计需要采用一种搜索算法,来迭代性地寻找设计变量的最优值。在这个过程中,该算法将只尝试使用那些在最优点处可能变为主动(有效)的约束,由主动约束的定义可知,这些约束将限制目标函数值的进一步下降,而此时对搜索方向无影响的其他约束称为被动约束。毫无意外地,将那些在考虑问题时成为主动的约束系列称为主动集(也称为有效集)。

在目标函数和约束条件的梯度信息均已知的情况下,是否将一个约束置入主动集取决于其对应的拉格朗日乘子。如第 3 章所述,在优化过程中算法执行的每一步,都可以计算拉格朗日乘子的值。如果某约束在最后一步时对应的乘子为正,则该约束为主动约束,并认为其对算法产生影响,可以置入主动集或在其已存在的

49

情况下保持原样。如果计算得到的乘子有一个零值或接近零值,则算法可能假定该约束可以忽略。如果已存在于主动集中,则可以将其剔除。尽管这个方法相对简洁,但却可能在实际应用中遇到困难,系统通常会采用一种更加务实的策略。这种使用拉格朗日乘子或其他信息来决定是否应该放置某个约束进入主动集以控制搜索过程的机制称为主动集策略(也称为有效集策略)。所有优化代码均有主动集策略,即使不是显式地存在于用户手册中,它将对优化算法定位最优点的过程产生关键影响。

对于某些设计问题,如果从一个已被证明难以满足的特定约束开始搜索最优点,则搜索过程将可能受其阻碍。这种情况可能出现在航空设计及其他工程环境中。如颤振现象(通常是灾难性的自激性机翼振动)就提供了一个典型的"难以满足"的约束示例。不满足约束通常通过鹤立鸡群的方式来标示自己与其他满足约束的不同,在这种情况下,寻找一个满足所有约束的优化起始点优先于最小化目标函数。为了实现这一点,我们可以重写由式(3.1)、式(3.2)、式(3.3)和式(3.4)所定义的设计问题,从而将这样的不满足约束变为目标函数。

这个过程可分为两步。考虑由式(3.1)、式(3.2)、式(3.3)和式(3.4)所定义的优化问题,假设在 m 个不等式约束中存在不满足约束 $g_k(\boldsymbol{x})$,将其转化为目标函数后的待解决优化问题如下:

$$\begin{cases} \text{Min.} & g_k(\boldsymbol{x}) \\ \text{s.t.} & g_j(\boldsymbol{x}) \leqslant 0 \quad j=1,2,\cdots,m \quad j \neq k \\ & h_j(\boldsymbol{x}) = 0 \quad j=1,2,\cdots,p \\ & \boldsymbol{x}^u \geqslant \boldsymbol{x} \geqslant \boldsymbol{x}^l \end{cases} \tag{4.7}$$

同时附加约束如下:

$$f(\boldsymbol{x}) \leqslant f_u \tag{4.8}$$

$$g_k(\boldsymbol{x}) \geqslant g_l \tag{4.9}$$

对比式(3.1)、式(3.2)、式(3.3)和式(3.4)中的标准形式可以看出,目标函数替换为了不满足约束 $g_k(\boldsymbol{x})$,且将其从不等式约束集中剔除,同时新增了两个新的不等式约束,即式(4.8)和式(4.9)。使约束 $g_k(\boldsymbol{x})$ 最小化通常会使目标函数 $f(\boldsymbol{x})$ 的值增加,不等式(4.8)的作用就是试图控制这一增长。不等式(4.9)则是防止约束 $g_k(\boldsymbol{x})$ 偏离可行域太多。其中,约束限制 f_u 和 g_l 均是用户引入的判断量。

求解式(4.7)、式(4.8)和式(4.9)所定义的问题,期望得到约束 $g_k(\boldsymbol{x})$ 的可行值。如果此举失败,则尝试修改 f_u 和 g_l,即放宽限制直到搜索收敛至优化问题的合适起点为止。第一步在优化开始步骤前结束。第二步则是使用第一步的结果作为起始值,开始搜索式(3.1)、式(3.2)、式(3.3)和式(3.4)所定义的优化问题。

4.4　无约束搜索算法

如 4.1 节所述,本章旨在使用户熟悉 MDO 系统工作的基本搜索算法,这也是所有优化系统的核心所在。首先定义一个没有任何约束的优化问题,这样可以使我们专注于无约束最小化问题本身。为了说明直接搜索方法的工作原理,我们接下来将选择三个基本算法,前两个分别使用一阶和二阶梯度信息,第三个使用由低阶信息生成的二阶梯度信息。虽然这些只是多种潜在方法中的有限选择,但它们足以说明这类方法是如何工作的。

尽管工程设计问题几乎总有设计约束将设计域限制为可行域,但无约束优化方法在优化设计问题中仍可发挥重要作用。由第 3 章的附录知道,我们总是有可能利用 4.5 节介绍的罚函数法将约束问题转化为一个无约束问题。

一个特定算法的选择取决于其可利用的信息。在本节中,仅考虑需要梯度信息的方法,即那些需要一阶导数或一阶与二阶混合导数的方法。

4.4.1　无约束一阶算法或最速下降法

这种方法的基本假设是,目标函数可以合理使用线性化近似。因此,优化设计问题变为

$$\begin{cases} \text{Min. } f(\boldsymbol{x}) \\ x = x_i \quad i = 1, 2, \cdots, n \end{cases} \tag{4.10}$$

式中:目标函数 $f(\boldsymbol{x})$ 是关于一组设计变量 $x_i(x = 1, 2, \cdots, n)$ 的线性函数。采用最速下降法来寻找一个更小的目标函数值,所谓最速下降指的是标量函数减小速率最大的方向。因此,由起始点 $\boldsymbol{x}^k$ 开始的新搜索方向为

$$\delta \boldsymbol{x} = -\nabla f(\boldsymbol{x}^k) \tag{4.11}$$

确定了搜索方向后,需要了解应该沿此方向搜索多远。假设我们正在从第 k 次迭代移动到第 $k+1$ 次迭代,设计变量的递归关系如下:

$$\boldsymbol{x}^{k+1} = \boldsymbol{x}^k + \alpha \delta \boldsymbol{x} \tag{4.12}$$

式中:$\boldsymbol{x}^k$ 是当前迭代步开始时的设计变量向量;$\boldsymbol{x}^{k+1}$ 是更新步骤结束时的设计变量向量;α 是步长参数,其选择决定了搜索算法应该沿最速下降方向移动多远,以便最小化函数 $f(\boldsymbol{x}^k + \alpha \delta \boldsymbol{x})$。步长参数 α 的值可以使用 4.3 节中描述的任意一种线搜索方法得到。这套组合操作代表了 4.2 节所定义基本算法中的 $A(\boldsymbol{x}^k)$ 项。在更新步骤完成之后,必须检查目标函数的新值,并通过适当的函数 $B(\boldsymbol{x}^k)$ 来确定其是否已达到最小值点,如果没有,则重复上述迭代过程。

这种简单的下降方法,可以通过那些有效利用迭代过程中每个步骤所生成信

息的算法来增强。该信息可用于创建目标函数的二阶导数估计,将在后续章节对此进行概述。说明 4.2 给出了在考虑使用诸如最速下降法这类基于梯度的算法时需要考虑的关键点。在该说明中,我们使用术语"锯齿"来简单表示搜索算法在向最小值移动的过程中可能走 Z 字形路径。这种方法可能比较耗时,并且算法应该有能力防止其振荡。

⮞ 说明 4.2   采用无约束最速下降法时需要考虑的关键点

1. 目标函数是否连续且可微?
2. 设计问题的目标函数是否具有强非线性以至于不适合线性化?
3. 是否包含一个有效的停止准则以便将算法控制在最优点附近?
4. 算法中是否包含了抗锯齿程序?
5. 设计问题是否可以利用有效的线搜索并通过更新公式(4.11)控制一维搜索过程?

4.4.2   应用牛顿步长的无约束二次搜索方法

在 4.1.1 节中,假设只有目标函数的一阶导数可用于搜索算法,下面我们讨论二阶导数可用的情况。同样以式(4.10)定义的最小化目标函数为例,现在推导二阶搜索算法。

对于最速下降法,假设搜索开始于第 k 次迭代后,此时设计变量为 x^k,目标函数为 $f(x^k)$,期望在第 $k+1$ 次迭代后找到一个更好的最优点估计值,并求出更新后的设计变量 x^{k+1} 和目标函数 $f(x^{k+1})$。假设目标函数的一阶和二阶导数均已知,我们可以构造目标函数的二阶近似表达式,将更新步骤后的目标函数值展开为

$$f(x^{k+1}) = f(x^k + \delta x) = f(\delta x) \approx f(x^k) + \delta x^{\mathrm{T}} \nabla f(x^k) + \frac{1}{2} \delta x^{\mathrm{T}} H(x^k) \delta x \quad (4.13)$$

这是一个关于更新向量 δx 的二次函数,因此要得到其最优点,我们只需对 $f(\delta x)$ 进行微分并使之为零即可:

$$\frac{\mathrm{d} f(\delta x)}{\mathrm{d} \delta x} = \nabla f(x^k) + H(x^k) \delta x = 0 \quad (4.14)$$

式中:$\nabla f(x^k)$ 和 $H(x^k)$ 两项为第 k 次迭代后计算获得的目标函数一阶及二阶函数导数值。由式(4.14)得到更新公式如下:

$$\delta x = -H(x^k)^{-1} \nabla f(x^k) \quad (4.15)$$

式(4.15)为搜索二次函数最小值的牛顿法。如果目标函数是由二次函数严格定义的,则可利用上式,但对非二次型目标函数除外。在式(4.15)提供了一个搜索方向之后,目标函数的下一步更新值可以给出如下:

$$f(\boldsymbol{x}^{k+1}) = f(\boldsymbol{x}^k + \alpha\delta\boldsymbol{x}) \tag{4.16}$$

同样地,还需要通过最小化表达式 $f(\boldsymbol{x}^k+\alpha\delta\boldsymbol{x})$ 来确定 α 的值,因为其仅是 α 的函数。显然,建议进行精准最小化,因为这符合确保收敛的要求,但是大多数设计问题太复杂而无法执行精准的最小化,这样就需要求助于 4.3.1 节中所讨论的一些线搜索方法。在此过程中引入线搜索已经改变了由式(4.15)和式(4.16)所示的标准牛顿方法,有时将这个新流程称为限步牛顿法。

虽然由限步牛顿法生成的序列将在合理条件下收敛到目标函数的局部最小值,但该方法依然可能会失败。发生这种情况的概率随着目标函数复杂性的增加而增加。有很多方法可用于提高此算法的收敛性,但我们在本书中并没有讨论,感兴趣的读者可以参考 Avriel(1976)。然而,对于使用优化软件的用户来说,意识到此处讨论的方法可能会失败显得非常重要,并且应该将相应的计算流程与优化包相结合以避免发生这种情况。失败的一个原因可能是初始设计变量集并没有为该算法提供合适的起点,从而导致收敛困难。如果用户怀疑可能是这种情况导致的失败或者想要提高算法的安全性,那么使用线性收敛、鲁棒性强的最速下降法开始搜索,并在适当的时候切换至基于二次方程的搜索法可能是一个好策略。说明 4.3 给出了在部署此算法时需要考虑的一些相关注意事项。

▷ **说明 4.3** 采用无约束牛顿法时需要考虑的关键点

1. 目标函数是否连续,是否一阶和二阶可微?
2. 设计问题是否可以通过二次近似捕获其非线性?
3. 是否存在一个有效的停止准则可以将算法控制在最优点附近?
4. 设计问题是否可以通过设计有效的线搜索,以使用更新公式(4.15)控制一维搜索过程?
5. 软件中的限步牛顿法是否包含故障避免方法?

4.4.3　变尺度搜索方法

在 4.4.1 节和 4.4.2 节中介绍的搜索方法在迭代步骤的初始起点处获取目标函数信息,这一步执行过后信息即被丢弃。那么随之而来的问题是,在之前迭代步骤中一点上获取的信息是否可以在后续步骤中继续利用。特别是,在仅有一阶导数信息可用的情况下是否有可能得到二阶导数信息,从而使类似于牛顿方法的准二阶步长法在显式二阶导数不可知时仍可以得到应用。要回答这个问题,我们需要一种构造海森(Hessian)近似项的方法。

此过程首先考虑通过在迭代开始及结束时所得到的一阶导数所构造的海森近似项。因此有

$$\nabla f(x^{k+1}) - \nabla f(x^{k+1}) = H(x^{k+1})[x^{k+1} - x^k] + \Delta \tag{4.17}$$

式中,随着 $x^{k+1} \to x^k$,$\Delta \to 0$。这可以理解为一种通过一阶导数的有限差分计算二阶导数的多维方法。

现在引入一些新的术语:

$$\begin{cases} z^k = \nabla f(x^{k+1}) - \nabla f(x^k) \\ s^k = x^{k+1} - x^k \end{cases} \tag{4.18}$$

省略 Δ 可以将式(4.17)简写为

$$z^k \approx H(x^{k+1})s^k$$

将海森矩阵的逆矩阵(逆海森矩阵)用 S 表示,则上式可以写为

$$S^{k+1}z^k \approx s^k \tag{4.19}$$

假设 S^{k+1} 为逆海森矩阵的近似,它可由修正项 ΔS^k 计算得到,即 $S^{k+1} = S^k + \Delta S^k$,其中 ΔS^k 取决于 s^k、z^k 和 S^k。通过这种方法,逆海森矩阵 S^k 的近似可采用当前迭代步获得的信息来更新得到下一迭代步的新值。因为矩阵 S^k 在每个迭代步中的变化相当于改变了该迭代步中的更新矩阵尺度,因此这种方法称为变尺度方法。这里描述的方法是按次序更新逆海森矩阵,所以该方法仍然可以视为一个牛顿型方法,称为拟牛顿法。

还有一系列在更新过程中使用共轭梯度的方法也可视为变尺度方法。此处"共轭梯度"的意思是,该方法构造一组相互共轭的梯度信息,搜索算法沿着这些梯度方向进行移动。与拟牛顿法类似,共轭梯度法需要顺序构建和设计变量个数一样多的梯度方向。考虑到本章只是为读者提供相关的背景知识,故不在此深入讨论共轭梯度方法,实际上,理解了牛顿法也就掌握了共轭梯度法的基本原理。

目前部分商业优化软件已经内嵌了几种在已发表文献里出现过的拟牛顿法和共轭梯度法。为了展示这类方法的工作过程,我们以 Davidon-Fletcher-Powell(DFP)方法为例进行说明。DFP 方法是由 Fletcher 和 Powell 在 Davidon 早期所提出算法的基础上进行改进而得到的,其更新公式可以定义为

$$S^{k+1} = S^k + \frac{s^k (s^k)^T}{(s^k)^T z^k} - \frac{S^k z^k (z^k)^T S^k}{(z^k)^T S^k z^k} \tag{4.20}$$

此项进一步可生成更新向量:

$$\delta x = -S^{k+1} \nabla f(x^{k+1}) \tag{4.21}$$

式中:$\delta x = x^{k+1} - x^k$。与牛顿法一样,这种方法通过采用线搜索技术最小化函数 $f(x^{k+1} + \alpha \delta x)$ 来获得控制参数 α,并由此形成完整的更新步骤。

该算法启动时设置 $k=0$,同时为设计变量选择一组初始值 $x_i^1(i=1,2,\cdots,n)$,计算 $\nabla f(x^1)$,然后为逆海森矩阵选择一组初始估计值,通常是单位矩阵,即 $S^1 = I$。接着通过式(4.21)获得 $x_i^2(i=1,2,\cdots,n)$ 的值,进而将这些量首次代入式(4.20)。

如果在每次迭代过程中均可以通过执行精确的最小化操作来找到控制参数 α 的值,则该方法应在 n 次迭代后收敛到目标函数的最小值,此时 S^{n+1} 与目标函数的逆海森矩阵应具有相同的项。实际上,对于复杂的目标函数,找到精确的最小值并不容易,有必要使用一种或多种 4.3.1 节中讨论的线搜索方法。这就导致了该方法可能无法在 n 步后收敛的问题,往往需要重新启动计算过程以继续向最小值点所在的方向搜索。其他问题可能与标准牛顿法遇到的问题类似,并且大多数使用这类方法的商业软件系统应该都包含了失败避免算法,许多参考文献也给出了应用这些方法的典型案例(如 Avriel,1976)。

4.5 序贯无约束极小化方法

虽然无约束搜索方法看上去似乎与解决标准优化问题没有什么相关性,更别提多学科设计优化问题,但它们却形成了解决约束优化设计问题的基本算法。此外,如果可以像第 3 章的附录那样,将约束合并成为一个增广目标函数,它们还可以用于解决约束优化问题。这种类型的方法可用标准术语称为序贯无约束极小化方法(Sequential Unconstrained Minimization Techniques,SUMT)。

SUMT 方法广泛用于解决非线性约束最优化问题。本章下一节讨论的方法,可以非常有效地处理线性约束问题。真正的挑战是在 4.6 节中讨论的非线性问题搜索技术,它需要算法能够沿着非线性边界进行线搜索。SUMT 方法尽可能避免那些耗时的或沿非线性约束边界跟踪及移动的复杂搜索过程,如果需要,则保持在可行设计域内。此外,其不需要假设定义所设计问题的函数为凸函数之类的特殊性质。这些定位约束最优解的方法,其效率取决于所使用的无约束最优化算法,如 4.4 节所述,它们要么需要梯度信息,要么需要海森矩阵的信息。

这些方法的基本原则是,如果一个算法进入不可行域,则需要付出代价。将约束合并到一个搜索算法的一种方式是,使用罚函数法将约束最优化问题转化为一个无约束最优化问题。通常有三种类型的罚函数法:第一种称为内点罚函数法,通过构造一个最小值无约束且位于可行域内的辅助函数实施;第二种称为外点法,是使用一个无约束最小值位于不可行域内的辅助函数;第三种称为扩展二次罚函数法,是使辅助函数的最小值位于可行域内,但其过程既可以从可行域开始,也可以从不可行域开始。另外还包括在第 3 章中已讨论过的增广拉格朗日法。

可以实现此类功能的通用算法有很多,但本书只关注其中的三个:标准内点罚函数法、外点罚函数法和增广拉格朗日方法。如果读者理解了这三种方法的工作原理,且对于一个给定的应用而言,SUMT 算法可以发挥其优势,就拥有了足够多的信息供其在配置或购买 MDO 系统时游刃有余地做出正确选择。

4.5.1　罚函数法

对于工程问题来说,内点法颇受欢迎,因为其可以生成不违反约束的可用设计方案。它还是一种非常有"工程"味道的方法,通过直接将约束转化为目标函数,使求解算法为主动约束付出代价。Anthony Fiacco 和 Garth McCormick(1968)经典著作的出版,标志着这种方法在求解约束优化问题领域已发展成熟,所以我们也推荐愿意深入了解这类方法的读者参阅此书。考虑由式(2.1)和式(2.2)定义的优化问题:

$$\begin{cases} \text{Min. } f(\boldsymbol{x}) \\ \text{s. t. } g_j(\boldsymbol{x}) \leqslant 0 \quad j=1,2,\cdots,m \end{cases} \tag{4.22}$$

应用罚函数法所需的辅助函数写为

$$\phi(\boldsymbol{x},r)=f(\boldsymbol{x})+rB(\boldsymbol{x}) \quad r>0 \tag{4.23}$$

式中:$B(\boldsymbol{x})$就是构造的罚函数,且当存在趋近主动的约束时$B(\boldsymbol{x})$趋近无穷,因而需要一个系数r来控制其增长速度。显然,如果$r\to 0$,$B(\boldsymbol{x})$的增长可以忽略,使得当我们接近最优点时有可能减少约束值。控制参数r值的减小需要通过迭代得到,重复选定初始值并最小化目标函数这一过程,就可以序贯性地在每个迭代步减少系数r的值,直到得到式(4.22)所定义问题解决方案的良好估计。然而,有时为了保证求解过程的稳定性,通常需要在一些迭代步中保持r为常值。一些只在可行域内进行操作的技术称为内点法或障碍法,其他通常在不可行域中操作的方法称为外点法。有多种形式的内点法和外点法,我们选择两种,即每类选择一种,来说明罚函数法。此类 SUMT 方法仅适用不等式约束,若是等式约束,则需要进行特殊处理。很自然地可以将等式约束$f(\boldsymbol{x})=a$转换为一对"相反"的不等式约束$h_1=f(\boldsymbol{x})\geqslant a-\text{TOL}$和$h_2=f(\boldsymbol{x})\geqslant a+\text{TOL}$,其中容差 TOL 是$a$与一个小量的乘积,如 TOL$=0.001a$。遗憾的是,这种简单的技术处理几乎不起作用,因为它迫使搜索算法在宽度为 2TOL 的狭窄通道中操作,而不是让它在整个设计空间内自由移动。再说这个 2TOL 宽通道,除了其颇为狭窄之外,还可能在N维空间中呈现弯曲的状态,很容易可以理解,哪怕是很小的一步,也可能使搜索过程进入被 2TOL 宽通道分离所形成的两个不可行域中的一个。如何更有效地处理这种等式约束,建议参考11.5.2 节和 11.5.3 节。

内点法:从工程角度来看,内点法的优势在于其求解序列均在可行域内。此处采用一种常见的形式,其流程如式(4.26)和式(4.27)所示,并需要计算对偶边界。这种罚函数的形式为

$$rB(\boldsymbol{x})=-r\sum_{j=1}^{m}\ln(-g_j(\boldsymbol{x})) \tag{4.24}$$

这种类型的函数明显地将问题简化为无约束优化,其中约束条件隐含于最小

值的搜索过程。为了说明它的工作原理,考虑第 3 章中介绍的简单问题,即在 $1-2x \leqslant 0$ 的约束下寻找 $2x^2$ 的最小值。采用式(4.24)所示的罚函数形式,并将其代入式(4.23),得到罚函数:

$$\phi(x,r) = 2x^2 - r\ln(2x-1) \qquad (4.25)$$

该函数图像如图 4.3 所示,其中纵轴为式(4.25)的取值,对应于系数 r 取值为 1、0.5、0.25 的曲线,其表达式分别为 $f(x) = 2x^2 - \ln(2x-1)$、$g(x) = 2x^2 - 0.5\ln(2x-1)$、$h(x) = 2x^2 - 0.25\ln(2x-1)$,原目标函数为 $q(x) = 2x^2$,垂直加粗线的表达式为 $x = 0.5$。

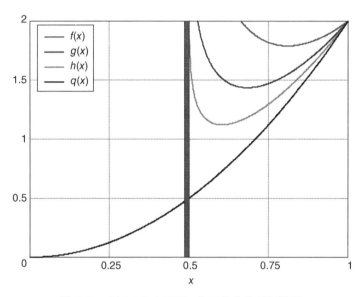

图 4.3　式(4.25)在不同 r 值下的曲线(见彩图)

图中注释的线条颜色对应于图中相同颜色的曲线。读者可能会注意到,对于 $r = 1$、0.5 和 0.25,变量 x 关于三个惩罚函数的"最优"值分别为 0.809、0.683 和 0.604。

为系数 r 选择合适的取值序列非常重要,如果选择不当会影响求解所需的计算量。其矛盾之处在于:最终 r 必须小到足以使 $x(r)$ 的最小值接近可行域边界,但又应大到足以最小化辅助函数 $\phi(x,r)$ 而没有过多的困难。读者往往不需要构建自己的罚函数法,任何商业代码都应该能有效地处理这个问题。

虽然这种类型的内点法提供了解决一般无约束问题的有效方法,但与所有优化算法一样,它也存在许多缺点。随着参数 r 减小并且 $x(r) \to x^*$,函数 $\phi(x,r)$ 变得更难以最小化。这一现象可以从图 4.3 中看出,当愈发接近约束障碍时,具有较小参数值 r 的函数曲线变得愈加陡峭。

比较由式(4.23)定义的罚函数和由式(4.24)定义的辅助函数,可以很容易地看到,与式(4.24)所包含约束相关的拉格朗日乘子可由下式给出:

$$\lambda_j(r) = \frac{r}{g_j(\boldsymbol{x}(r))} \tag{4.26}$$

我们注意到 $\lambda_j(r)$ 是迭代结束时的拉格朗日乘子,即已经将包含辅助函数式(4.24)的罚函数式(4.23)最小化。这为我们提供了足够多的信息来生成目标函数约束最优值的对偶约束。注意,根据式(3.20),可以通过拉格朗日乘子的最优值创建拉格朗日函数来计算对偶,即 $L(\boldsymbol{x}(\boldsymbol{\lambda}), \boldsymbol{\lambda})$,此时罚函数有

$$L(\boldsymbol{x}(\boldsymbol{\lambda}), \boldsymbol{\lambda}) = L(\boldsymbol{x}(\boldsymbol{\lambda}(r)), \boldsymbol{\lambda}(r)) = f(\boldsymbol{x}(r)) + \sum_{j=1}^{m} \lambda_j(r) g_j(\boldsymbol{x}(r)) \tag{4.27}$$

通过 $f(\boldsymbol{x}(r)) - L(\boldsymbol{x}(\boldsymbol{\lambda}(r)), \boldsymbol{\lambda}(r))$ 可以给出对偶间隙,这意味着对偶间隙是参数 r 的值。虽然这似乎是一种看上去非常简单的方法,因为我们可以在求解的过程中逐步寻找对偶,但实际上,它并不像4.5.4节中所述的说明性示例那么简单。

外点法:如果 MDO 系统的用户不要求沿寻找最优设计解路径所生成的设计方案必须可行,则可以使用仅位于不可行域中的罚函数项。对于这个新的方法,我们将式(4.24)中相关项替换即可得到

$$rB = \sum_{j=1}^{m} \frac{(g_j(\boldsymbol{x}))^2}{r} \tag{4.28}$$

使用式(4.25)所定义的简单问题,上式变为

$$\phi(x, r) = 2x^2 + \frac{(2x-1)^2}{r} \tag{4.29}$$

该函数图像如图4.4所示,其中纵轴为式(4.29)的取值,对应参数 r 分别取为1、0.5、0.25 的曲线,其表达式分别为 $f(x) = 2x^2 + 1.0\,(2x-1)^2/r$、$g(x) = 2x^2 + 0.5(2x-1)^2/r$、$h(x) = 2x^2 + 0.25\,(2x-1)^2/r$,原目标函数同样为 $q(x) = 2x^2$,垂直加粗线表达式为 $x = 0.5$。

显然,图4.4中每条曲线的最小值点均位于不可行域,尽管它们的形式比图4.3中的形式看上去更好。因为每条曲线的优化点均位于可行域之外,所以在每次搜索终止时,为特定的 r 值寻找对偶值将不再适用。

4.5.2　增广拉格朗日函数法

最后我们将目光转向 SUMT 列表里的另外一种方法,其试图将拉格朗日乘子和惩罚参数联系起来。此方法与罚函数法明显不同,因为它只能应用于具有等式约束的问题。这看上去似乎是一种过约束,因为大多数设计问题均包括不等式约束,但这种限制可通过有效使用主动约束策略来缓解,该策略确保在每次迭代时仅

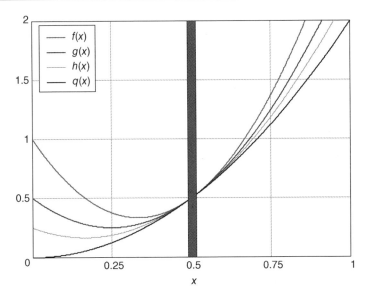

图 4.4   式(4.29)在不同 r 值下的曲线(见彩图)

使用主动约束。此类问题可描述为

$$\begin{cases} \text{Min.} \ f(\boldsymbol{x}) \\ \text{s. t.} \ h_j(\boldsymbol{x}) = 0 \quad j = 1, 2, \cdots, m \end{cases} \qquad (4.30)$$

为解决这类等式约束问题而需要最小化的增广函数为

$$\phi(\boldsymbol{x}, \boldsymbol{\lambda}, r) = f(\boldsymbol{x}) - \sum_{j=1}^{m} \lambda_j h_j(\boldsymbol{x}) + \sum_{j=1}^{m} \frac{(h_j(\boldsymbol{x}))^2}{r} \qquad (4.31)$$

同样地,该方法需要为参数 r 提供一系列值,但是在给出一组初始值之后,乘子的值可根据下式动态生成:

$$\lambda_j^{k+1} = \lambda_j^k - \frac{2h_j(\boldsymbol{x}^k)}{r^k} \quad j = 1, 2, \cdots, m \qquad (4.32)$$

式中:上标 k 表示在第 k 次迭代结束时特定项的值;式(4.32)左端项是下一次即第 $k+1$ 次迭代时使用的乘子值。尽管在使用该方法的情况下,等式约束问题的拉格朗日乘子可以取正值也可以取负值,前提是算法从可行域内逐步接近最终解,实际上乘子通常是正值并可以用于生成对偶边界。将该方法与有效的主动约束策略相结合,使得其可以应用于存在不等式约束的情况。在这种情况下,那些被追踪的约束将和被认为是主动的约束一起作为等式约束处理。

4.5.3   SUMT 的简单比较

为了对上述三种方法进行简单对比,我们选用第 3 章 3.4.2 节所介绍的简单

示例对各种方法进行一个背对背的评估。因为这是一个非常简单的问题,所以可根据以下公式计算每种方法的精确值:

内点法:

$$\phi(x,r)=2x^2-r\ln(2x-1),\quad x(r)=\frac{(1+\sqrt{1+4r})}{4},\quad \lambda=\frac{(1+\sqrt{1+4r})}{2}$$

外点法:

$$\phi(x,r)=2x^2+\frac{(2x-1)^2}{r},\quad x(r)=\frac{1}{(r+2)}$$

增广拉格朗日函数法:

$$\phi(x,r,\lambda)=2x^2-\lambda(2x-1)+\frac{(2x-1)^2}{r},\quad x(r,\lambda)=\frac{(r\lambda+2)}{(2r+4)}$$

更新的拉格朗日乘子可由式(4.32)给出。

使用本节中所介绍的三种方法求解这个问题,结果如表4.1、表4.2和表4.3所列。比较三种方法的相对收敛速度可以看出,对于这个问题来说,增广拉格朗日法很明显是最有效的。同时,它从可行域内接近最优点,便于计算对偶值并与原始值进行比较。

表 4.1 内点法计算结果

迭代次数	罚函数参数 r	罚函数 $\Phi(x,r)$	x 值	目标函数 $2x^2$	拉格朗日乘子 λ	对偶值
1	2	2	1	2.0	2	0
2	1	1.79	0.809	1.309	1.618	0.309
3	0.5	1.436	0.683	0.933	1.366	0.433
4	0.25	1.122	0.604	0.729	1.207	0.479
5	0.125	0.892	0.556	0.556	1.112	0.494
6	0.1	0.835	0.546	0.596	1.092	0.496

表 4.2 外点法计算结果

迭代次数	罚函数参数 r	罚函数 $\Phi(x,r)$	x 值	目标函数 $2x^2$
1	2	0.375	0.25	0.125
2	1	0.333	0.333	0.222
3	0.5	0.36	0.4	0.32
4	0.25	0.407	0.444	0.395
5	0.125	0.446	0.471	0.443
6	0.1	0.456	0.476	0.454

表 4.3　增广拉格朗日法计算结果

迭代次数	罚函数参数 r	罚函数 $\Phi(x,r)$	x 值	目标函数 $2x^2$	拉格朗日乘子 λ	对偶值
1	2	0.25	0.75	1.125	2	0.125
2	1	0.458	0.583	0.68	1.5	0.411
3	0.5	0.497	0.517	0.535	1.167	0.488
4	0.25	0.5	0.502	0.5	1.033	0.499
5	0.125	0.5	0.5	0.5	1.004	0.5
6	0.1	0.5	0.5	0.5	1.0	0.5

尽管前面介绍了三种基本的 SUMT 范式,但这仍然只是一个小样本,因为还有很多种这样的方法。这类方法还可以通过使用曲线拟合技术来预测下一迭代步的最优点位置进行加强,因为该预测技术可以加速搜索约束最优的过程。

4.5.4　算例

为了具体阐述 4.4.1 节和 4.4.2 节所讨论算法的工作原理,现在利用障碍法或内点罚函数法来求解一个相对简单却包含多个设计变量的约束优化问题,此处的内点罚函数法将分别采用一阶梯度和牛顿(二阶梯度)算法,这使得我们可以展示这个算法如何工作以及罚函数法的典型特征。将问题定义如下:

$$\begin{cases} \text{Min. } f(\boldsymbol{x}) = x_1^2 + 2x_2^2 \\ \text{s. t. } g(\boldsymbol{x}) = 10 - 3x_1 - 4x_2 \leqslant 0 \end{cases} \tag{4.33}$$

(1)最速下降法。应用对数罚函数,式(4.33)中定义的问题变为无约束最小化问题:

$$\phi(\boldsymbol{x}, r) = x_1^2 + 2x_2^2 - r\ln(3x_1 + 4x_2 - 10) \tag{4.34}$$

由可行的初始点 $\boldsymbol{x}^0 = \begin{bmatrix} x_1 \\ x_2 \end{bmatrix}$ 开始,其中 $x_1 = 3$、$x_2 = 3$,取系数 r 初值为 1。依照

4.4.1 节所讨论的优化流程,第一步是需要创建上述函数的梯度 $\nabla\phi(\boldsymbol{x}^0, r)$,有

$$\nabla\phi(\boldsymbol{x}^0, r) = \begin{bmatrix} 2x_1 - 3\,\dfrac{r}{(3x_1 + 4x_2 - 10)} \\ 4x_2 - 4\,\dfrac{r}{(3x_1 + 4x_2 - 10)} \end{bmatrix} = \begin{bmatrix} 5.727 \\ 11.636 \end{bmatrix} \tag{4.35}$$

若要使设计变量移动至下一个搜索点需要用到更新公式(4.11),代入可得

$$\delta\boldsymbol{x} = -\nabla\phi(\boldsymbol{x}^0, r) = \begin{bmatrix} -5.727 \\ -11.636 \end{bmatrix} \tag{4.36}$$

式中:"0"代表设计变量的初始值。式(4.36)定义了一个方向,搜索算法相信沿着

这个方向就可以找到设计问题的最优点。由 4.3.1 节可知,需要采用线搜索技术来找到目标函数在特定方向上能够达到的最小值点。假设采用多项式线搜索流程,且将步长固定为 h。考虑最小值点位于两个点 z_0 和 $z_2=z_0+2h$ 之间的情况,式(4.34)在中间点 $z_1=z_0+h$ 的函数值均大于其在点 z_0 和点 z_2 的值。由初始向量 $\boldsymbol{x}^0$ 出发,沿着式(4.36)定义的矢量方向,可以得到三个位置点,即 $\boldsymbol{t}_0=\boldsymbol{x}+z_0\delta\boldsymbol{x}$、$\boldsymbol{t}_1=\boldsymbol{x}+z_1\delta\boldsymbol{x}$、$\boldsymbol{t}_2=\boldsymbol{x}+z_2\delta\boldsymbol{x}$。将这些值依次代入式(4.34)得到三个值 $\varphi_i=\phi(\boldsymbol{t}_i,r)$,其中 $i=0,1,2$,由此得到式(4.3)中的 μ 和 η 项分别为

$$\begin{cases} \mu=\varphi_1-\varphi_0 \\ \eta=\varphi_2-\varphi_0 \end{cases} \tag{4.37}$$

如 4.3.2 节所述,搜索将从一个相对较宽的区间开始,即从位于 $\boldsymbol{t}_0$ 和 $\boldsymbol{t}_2$ 之间的不确定区间开始,然后随着迭代的进行,搜索区间逐渐减小直至达到所要求的精度。为篇幅计,我们此处没有必要显示中间步骤,直接跳到最后一步,得最终步长 $h=0.0001$,$z_0=1.70$,并有

$$\begin{bmatrix} z_0 \\ z_1 \\ z_2 \end{bmatrix} = \begin{bmatrix} 0.1700 \\ 0.1701 \\ 0.1702 \end{bmatrix} \begin{bmatrix} \varphi_0 \\ \varphi_1 \\ \varphi_2 \end{bmatrix} = \begin{bmatrix} 7.988 \\ 8.02 \\ 8.054 \end{bmatrix} \tag{4.38}$$

将式(4.38)第二步对应的值代入式(4.37)可得 μ 和 η 的值,由此利用式(4.3)得到

$$x^*=\frac{-(2\times0.032\times0.0001\times(2\times0.032-0.66)\times(2\times0.170+0.0001))}{2(0.066-2\times0.032)} \tag{4.39}$$

计算得 $x^*=0.168$,进而可以更新设计变量如下:

$$\boldsymbol{x}^1=\boldsymbol{x}^0+(z_0+2x^*h)\delta\boldsymbol{x} \tag{4.40}$$

计算得 $\boldsymbol{x}^1=\begin{bmatrix} 2.026 \\ 1.021 \end{bmatrix}$,代入式(4.33)得到原问题的解为 $f(\boldsymbol{x}^1)=6.192$、$g(\boldsymbol{x}^1)=0.164$,由式(4.34)得到更新后的罚函数值为 $\phi(\boldsymbol{x}^1,1)=7.999$。此时的对偶值原则上可以从公式 $f(\boldsymbol{x}^1)-r$ 计算得出,当 $r=1$ 时,对偶值为 5.192。但是,回想一下我们之前的介绍,这可能并不是一个准确的对偶值,因为我们没有重复其迭代过程直至收敛,而是直接将其设置为了单位值 1 且保持不变。

在实际应用中,将继续采用该过程以逐渐减少参数 r 值直至收敛。此时需要注意,因为当约束或实际设计问题中的约束变得接近满足时,可能会出现问题。为了说明这一难点,请考虑图 4.3 中的曲线,该曲线仅显示了位于可行域中的罚函数。实际上,线搜索可以进入不可行域,这种情况下的对数罚函数项将具有由 $i\pi$ 给出的虚部(一般取 $i=\sqrt{-1}$),尽管从数值计算上来说,移动到可行域之外带有虚部的计算域是可行的,但搜索算法却不允许这样做。

（2）二阶梯度法（牛顿法）。我们现在再看一下，当使用二阶方法和相同的对数罚函数项一起来解决式（4.33）所定义的问题时，将会发生怎样的变化。其遵循的求解过程如 4.4.2 节所述，我们同样使用 $x^0 = \begin{bmatrix} 3 \\ 3 \end{bmatrix}$ 和 $r=1$ 开始求解过程，并使用式（4.15）给出的二阶更新公式开始搜索过程。表达式 $\nabla f(x^0)$ 的第二项由式（4.35）给出，且海森矩阵如下：

$$H = \begin{bmatrix} 2 + \dfrac{9r}{(3x_1^0 + 4x_2^0 - 10)^2} & \dfrac{12r}{(3x_1^0 + 4x_2^0 - 10)^2} \\ \dfrac{12r}{(3x_1^0 + 4x_2^0 - 10)^2} & 4 + \dfrac{16r}{(3x_1^0 + 4x_2^0 - 10)^2} \end{bmatrix} = \begin{bmatrix} 2.074 & 0.099 \\ 0.099 & 4.132 \end{bmatrix} \quad (4.41)$$

应用更新公式（4.15）得到 $\delta x = \begin{bmatrix} -2.629 \\ -2.753 \end{bmatrix}$；该过程同样要求我们进行线搜索，根据采用线搜索过程的情况，我们最后一步得到 $h=0.02$ 和 $z_0 = 0.52$。使用式（4.37）、式（4.38）、式（4.39）和式（4.40）所示的操作序列，我们发现 $x^1 = \begin{bmatrix} 1.576 \\ 1.509 \end{bmatrix}$。将其与先前基于梯度的搜索算法获得的 x^1 值进行比较，可以看出二阶更新过程的效率低于简单基于梯度的搜索算法。然而，如果我们提供了完整的历史迭代过程，就可以看出，在优化过程的下一个迭代步中，基于二阶梯度法将超过基于一阶梯度的算法。顺便说一下，使用这种二阶算法的增广拉格朗日法只需要两步就可以找到一个收敛解。

4.6 约束优化算法

在讨论过如何将约束优化问题转换成无约束问题进行求解之后，本节将主要讨论一类可用于更直接求解约束优化问题的算法。其基本原理仍然是沿着通过 4.4 节所述算法生成的无约束搜索方向移动，但要受到约束条件的干预，换句话说，最优化过程可以看作将无约束搜索方向投影到主动约束上。我们可以想象一个人在大雾弥漫的山村中行走的场景，为了不至于迷失方向，他将沿最陡下降路径行走以求尽快下山。但在一些地方，他可能会发现一道从雾霭中冒出来的石墙截断了其下山的首选路径。此时明智的做法是沿着该石墙继续下行，即他将自己的最速下降路径投影到了主动约束（石墙）的边界上。本节所讨论算法与我们在 4.5 节中所讨论算法的关键区别在于，约束将会显式地纳入求解过程。

目前有大量算法采用显式的目标函数和约束条件，其操作均使用几乎相同的基本原理，即将目标函数近似为一个线性或二次函数的形式，约束则是线性或近似线性函数的形式。在某些特殊情况下，需要将设计问题定义为严格的线性函数，即目标函数和所有设计约束均为严格线性。在这种情况下，设计团队应该庆幸自己可以使用线性规划（Linear Programming，LP）方法，因为线性规划程序鲁棒性好，易于理解，且可应用于单处理器或多处理器计算机上运行的大规模设计问题。许多优化领域的文献资料已对此进行过充分讨论，故在此不再赘述。我们将在后续章节中接触到，线性规划还可以序贯性地求解通过线性形式近似表示的设计问题。该方法不需要任何导数信息即可运行，但通常并不推荐用其解决复杂的 MDO 问题。

我们首先通过最速下降法，来介绍如何将多个约束纳入搜索过程。然后类似地考虑一种基于二阶梯度法的搜索算法，其同样涉及约束条件的线性近似。对于存在非线性约束的情况，线性近似可能导致搜索过程收敛于不可行域。如果搜索没有偏离可行域太多，一些方法可以自行纠错。如果偏离过多，其自我修正机制则可能失效，需要算法在距离约束很远的地方重启下一步迭代并将设计点拉回可行域，这也使得某种形式的约束满足步骤成为必需。目前存在很多选择可以实现这一过程，其中很多需要生成一个设计空间中的向量，使得算法可以沿着此向量将设计点拉回到可行域。

本节所述解决方法均假设搜索由可行域上的点开始，但实际应用中常见的情况是起始点位于不可行域，而且很难找到一个可行的解决方案。所以第一步是找到一个可行的设计点，在这一步中，我们可能不得不接受目标函数值的上升。一旦找到一个可行的解决方案，我们就可以应用 4.6.1 节描述的方法在满足约束条件的情况下降低目标函数的值。4.6.2 节将对约束满足的方法进行介绍。

和本章所有介绍的算法一样，我们并无意对此进行面面俱到的系统描述，而是提供一些使用或开发 MDO 系统时所需的算法知识，以帮助用户了解优化模块需要从学科分析模块中得到什么信息，如计算结构力学和空气动力学模块等。

4.6.1　约束最速下降法

现在考虑将约束融入 4.4.1 节所介绍的最速下降法，设需要求解的问题定义如下：

$$\begin{cases} \text{Min. } f(\boldsymbol{x}) \\ \text{s. t. } g(\boldsymbol{x}) \leqslant 0 \end{cases} \tag{4.42}$$

假设由设计变量值为 $\boldsymbol{x}^k$ 的初始点开始，在一个迭代步结束的时候，我们希望得到一组更靠近最终最优点的设计变量 $\boldsymbol{x}^{k+1}$。由于最速下降法是一阶方法，可以对式（4.42）所定义的问题近似表示为

$$\begin{cases} \text{Min. } f(\boldsymbol{x}^{k+1}) = f(\boldsymbol{x}^k) + \delta \boldsymbol{x}^{\mathrm{T}} \nabla f(\boldsymbol{x}^k) \\ \text{s. t. } g(\boldsymbol{x}^{k+1}) = g(\boldsymbol{x}^k) + \boldsymbol{N}^{\mathrm{T}}(\boldsymbol{x}^k) \delta \boldsymbol{x} \end{cases} \tag{4.43}$$

式中：δx 为设计变量的更新向量；$N(x^k)$ 为该初始点迭代步之后（即 $g(x^{k+1})=0$）所有主动约束的梯度矩阵（雅克比矩阵）；目标函数的梯度 $\nabla f(x^k)$ 也同时在初始点处进行计算。

与无约束的情况一样，这种方法试图利用梯度信息 $\nabla f(x^k)$，使搜索过程沿着一个目标函数值不断减小的方向移动。然而，上述移动必须以这样的方式来完成，即该下降方向不需要算法进入不可行域并违反相应的主动约束。因此，下降方向需要投影到主动约束上来避免这个问题。这显然存在一个缺点，通过注意由式（4.43）所描述的约束方程可以很容易地发现，此处使用了约束的线性化形式。对于大多数工程设计问题而言，约束通常是非线性的，它们的曲率通常意味着，在给定迭代步结束的时候，发现存在违反约束条件的情况。因此需要启动约束满足步骤以将设计变量带回到可行域，这部分内容将在下面讨论。

对于大部分包含主动约束的搜索算法而言，其数学基础均是在基本算法流程中构造新的 $A(x^k)$，并逐步强化第 3 章所介绍的库恩-塔克条件。我们从构建这个问题的拉格朗日函数开始，根据主动约束的拉格朗日乘子及设计变量的更新向量 δx，有

$$L(\delta x, \lambda) = f(x^k) + \delta x^{\mathrm{T}} \nabla f(x^k) + \lambda^{\mathrm{T}}(g(x^k) + N^{\mathrm{T}}(x^k)\delta x) \tag{4.44}$$

式中：λ 是由式（4.43）所定义优化问题的当前主动约束所对应的拉格朗日乘子。然后，对拉格朗日函数关于更新向量求微分并将其设置为零即可生成库恩-塔克条件，即 $\partial L(\delta x, \lambda)/\partial(\delta x)=0$。第一步是确保满足这些最优条件，由此得出

$$\nabla f(x^k) + N(x^k)\lambda = 0 \tag{4.45}$$

由于 $N(x^k)$ 不可逆，对式（4.45）两边乘以其转置 $N(x^k)$，可以得到拉格朗日乘子的值：

$$\lambda = -(N^{\mathrm{T}}(x^k)N(x^k))^{-1} N^{\mathrm{T}}(x^k)\nabla f(x^k) \tag{4.46}$$

更新向量 δx 本质上是受约束的最速下降搜索方向，即已经将目标函数的最速下降方向投影到了主动约束上。我们现在可以接受设计空间中的当前位置不是最优，即式（4.42）不满足，因此搜索过程包含两个组成部分：一个是使用最速下降等于 $-\nabla f(x^k)$ 的无约束步骤；另一个是需要移动 $-N(x^k)\lambda$ 以将迭代步带回到主动集上，由此得到更新向量为

$$\delta x = -N(x)\lambda - \nabla f(x^k) \tag{4.47}$$

将式（4.46）代入式（4.47）并做整理，得到最速下降更新向量为

$$\delta x = -\{I - N(x^k)(N^{\mathrm{T}}(x^k)N(x^k))^{-1} N^{\mathrm{T}}(x^k)\}\nabla f(x^k) \tag{4.48}$$

式中：I 为单位矩阵。

与无约束最速下降法的更新方式一样，将设计变量从第 k 迭代步更新到第 $k+1$ 迭代步的计算公式为

$$x^{k+1} = x^k + \alpha \delta x \tag{4.49}$$

上式所需的 α 值同样通过沿更新向量 δx 进行搜索得到。实质上,更新公式(4.49)正是基本算法中的 $A(x^k)$ 项。从几何学上讲,该更新相当于沿着最接近目标函数梯度方向的约束边界切线,即最接近最速下降的方向,向目标函数的下降方向滑动。

4.6.1.1 约束最速下降法算例

作为一个演示约束最速下降法如何工作的简单算例,考虑以下问题(前面曾将其用于介绍 SUMT 方法):

$$\begin{cases} \text{Min.} \ f(x) = x_1^2 + 2x_2^2 \\ \text{s. t.} \ g(x) = -3x_1 - 4x_2 + 10 \leqslant 0 \end{cases} \tag{4.50}$$

这个问题的示意图如图 4.5 所示,其中,二次目标函数表示为椭圆曲线,约束方程表示为直线,可行域为直线右上方区域。所需要的目标函数及单个约束的梯度信息为

$$\nabla f(x) = \begin{bmatrix} 2x_1 \\ 4x_2 \end{bmatrix} \tag{4.51}$$

$$N(x) = \begin{bmatrix} -3 \\ -4 \end{bmatrix} \tag{4.52}$$

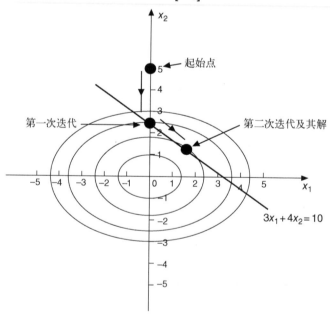

图 4.5 带线性约束的二次目标函数

从点$(x_1^1 = 0, x_2^1 = 5)$开始搜索(见图 4.5)。由于该设计点处无主动约束,在遭遇约束之前,第一步可以先沿未修正的最速下降方向搜索,通过将起始值代入式(4.51)即可找到该方向,这意味着我们只需要目标函数的梯度信息。在遇见约束之前,都可以沿着这个方向前进。因此,设更新后的设计变量为x_1^2、x_2^2,则其更新公式可写为

$$\begin{bmatrix} x_1^2 \\ x_2^2 \end{bmatrix} = \begin{bmatrix} 0 \\ 5 \end{bmatrix} - \alpha \begin{bmatrix} 0 \\ 20 \end{bmatrix} \tag{4.53}$$

标量α可通过直至约束边界上的迭代步长进行计算得到其值为 0.125,最终,修正公式(4.53)变为

$$\begin{bmatrix} x_1^2 \\ x_2^2 \end{bmatrix} = \begin{bmatrix} 0 \\ 5 \end{bmatrix} - 0.125 \begin{bmatrix} 0 \\ 20 \end{bmatrix} \tag{4.54}$$

这将在第一个迭代点处产生一组新的设计变量值,如图 4.5 所示,$x_1 = 0$,$x_2 = 2.5$。

因此,我们优化过程的第一步是移动到点$x_1 = 0$、$x_2 = 2.5$,该点正是x_2轴和方程$3x_1 + 4x_2 - 10 = 0$的交点。现在我们遇见了一个主动约束,那么必须修改从这一点开始的任何下降步骤,以便可以沿着约束(临界约束)线向下"滑动",这需要使用式(4.48)给出的更新公式,其中目标函数梯度如下:

$$\nabla f(\boldsymbol{x}) = \begin{bmatrix} 0 \\ 10 \end{bmatrix}$$

由式(4.48)可得更新向量为

$$\delta(\boldsymbol{x}) = \begin{bmatrix} 4.8 \\ -3.6 \end{bmatrix}$$

同样地,项δx代表一个搜索方向,现在必须确定我们需要沿着这个方向搜索多远才能找到最优点。在 4.3.1 节中,介绍了两个如何进行此类搜索的案例。因为当前问题具有二次目标函数,故应该选择二次线搜索作为定位约束最优点的最佳选择。现在引入一个步长参数α,这样更新后的设计变量x_1^3和x_2^3就可以向量的形式通过以下方程组给出:

$$\begin{bmatrix} x_1^3 \\ x_2^3 \end{bmatrix} = \begin{bmatrix} x_1^2 \\ x_2^2 \end{bmatrix} + \alpha \begin{bmatrix} 4.8 \\ -3.6 \end{bmatrix} \tag{4.55}$$

重新回到式(4.50)所定义的目标函数形式,由第二迭代步的设计变量起始值可以得出一个关于步长参数的二次函数:

$$f(\alpha) = (4.8\alpha)^2 + 2(2.5 - 3.6\alpha)^2$$

考虑到最优点应满足下式:

$$\frac{\mathrm{d}f(\alpha)}{\mathrm{d}\alpha} = 0$$

进而求得 $\alpha = 0.368$,并确定最优点位于 $x_1 = 1.765$、$x_2 = 1.176$ 处。

虽然使用了二次多项式线搜索过程,但鼓励读者使用黄金分割搜索算法来解决这个问题。使用这种方法时,可能需要更多的步骤才能定位到最优点,而且搜索成功与否取决于所采用的策略。说这些只是想强调一点,针对特定设计问题选择合适的搜索技术是解决复杂设计问题的关键因素,不恰当或者说不匹配的选择可能极大地抑制 MDO 系统发现高质量设计方案的能力。

4.6.2 带非线性约束的线性目标函数

在本节中,考虑一个目标函数同样可由线性函数近似但约束却为非线性的问题,并将介绍两个应用最速下降法且使用线性约束假设及更新步骤修正的特定解算流程。对于第一个而言,其约束满足步骤使用的是约束最速下降方向,但发现这种方法不能很好地沿非线性约束进行搜索,故需要纠正措施。而第二个则是通过修正后的最速下降方向,使得更新后的结果保持在可行域内,换句话说,它试图寻找一个可用的可行方向。

4.6.2.1 约束满足

图 4.6 为一个非线性目标函数 $f(x_1, x_2)$ 和单个非线性主动约束 $g(x_1, x_2)$。同样如图中所示,在迭代起始点处的最速下降向量为 $-\nabla f(x_1, x_2)$,相当于在起始点处将非线性约束线性化为其切线。通过 4.6.1.1 节介绍的流程,沿线性约束执行一个"优化"过程,即沿着黑色切线箭头方向移动到图中所示的黑色圆点。这个结束点显然位于不可行域,且和图中表示最优点的红点之间具有一定的距离。在对第二次最小化搜索初始化之前,必须在主动约束的边界上找到一个合适的点来表示一个改进的起点。实现这一目标的过程如图 4.6 所示的系列绿色曲线及其对应点,其中包括两个相互关联的约束满足或修复步骤,一个是沿着约束的最速下降方向移动有限的距离到绿色圆点,然后沿着约束的法线方向移动到非线性约束的边界位置。接着,搜索过程从该边界上的新位置重新开始。

在实际应用中,MDO 问题往往有很多的主动非线性约束,约束满足步骤就会比图中所示更复杂。和我们演示的单约束问题一样,这个过程需要沿着一个与线性化约束边界正交的方向移动,线性化的点就是搜索算法上一个迭代步的终止点。在约束满足过程中,目标函数并没有参与,但所有主动约束均有参与。考虑到约束是非线性的,就像我们案例中展示的那样,不大可能只通过一步就能回到可行点,而是往往需要一系列的迭代插值才能找到主动约束边界。

当工程师在复杂 MDO 环境中实际应用投影梯度法时,往往需要考虑许多因

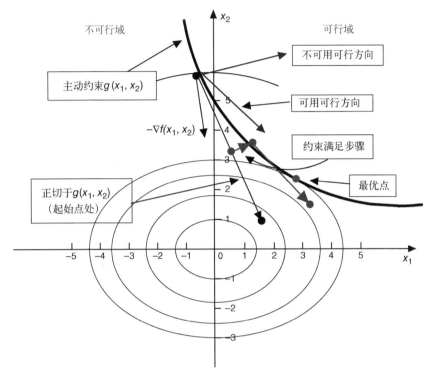

图 4.6　约束满足和可用的可行方向(见彩图)

素。在每次迭代中由搜索终点移动到可行域内的点所需的时间,取决于非线性约束的数量及其复杂程度。同时也与搜索终点到最近的满足所有约束之点的距离有极大关系,如案例所示应用移动限制方法可有效减少这种问题的影响。如果需要大量的迭代才能找到最优设计点,且每次迭代均需要冗长的约束满足步骤,则找到最终设计方案的总时间花费将会极大增加。

4.6.2.2　可用的可行方向

允许投影梯度法沿着立即进入不可行域的路径进行跟踪的替代方案,是选择一个既减小目标函数值又使其保持在可行域内的搜索方向。这意味着我们希望由一个可行的起始点 x^k 开始更新迭代,然后移动到一个新的依然位于可行域内的点 x^{k+1},其更新公式为

$$x^{k+1} = x^k + \alpha s \quad \alpha \geqslant 0 \tag{4.56}$$

此式正是更新公式(4.49)的替代者。式(4.56)所确定的搜索方向保持在可行域内,故称其为可行方向。在图 4.6 中,存在两个这样从迭代起始点出发的可行方向。其中一个明显地向着目标函数值减少的方向移动,即 $s^{\mathrm{T}} \nabla f(x) \leqslant 0$,而另一个则相反。这个减少目标函数值的方向可用于改进设计,因此称其为可用的可行方

69

向,图4.6采用了同样的命名方式。相应地,另一个就是不可用的可行方向,之所以这么命名是因为其会增加目标函数值。

可行方向法同样是一个两步过程,且必须从一个可行设计点开始执行。也就是说,其首要一步是必须找到一个可行的方向,然后通过沿该选定方向最小化目标函数值来计算合适的步长 α。目前,已经提出了多种具有不同测向策略的可行方向法,但无一例外地都会对整个搜索过程增加额外的复杂度。例如,Zoutendijk(1960)曾提出了一个比较流行的方法,其通过求解一个额外的LP问题来寻求一个合适可用的可行方向。无论采用哪种方法来确定合适的搜索方向,确定计算步长都是很有挑战性的任务。在非线性约束的情况下,不仅需要一个好的主动集策略,还必须能够避免出现锯齿现象。

4.6.2.3 序贯线性规划法

也许解决非线性问题最简单的方法,是首先对目标函数和约束条件进行线性近似,然后序贯性地使用 LP 方法。这需要解决一个目标函数为 $f(\boldsymbol{x})$、约束为 $g_j(\boldsymbol{x})(j=1,2,\cdots,m)$ 的近似问题:

$$
\begin{cases}
\text{Min.} \left[f(\boldsymbol{x}^k) + (\boldsymbol{x}-\boldsymbol{x}^k)\nabla f(\boldsymbol{x}^k) \right] \\
\text{s. t. } g_j(\boldsymbol{x}^k) + (\boldsymbol{x}-\boldsymbol{x}^k)\nabla g_j(\boldsymbol{x}^k) \leqslant 0 \quad j=1,2,\cdots,m
\end{cases}
\tag{4.57}
$$

式中:$\boldsymbol{x}^k$ 是目标函数和约束在每一个迭代步开始时进行线性化的特征点,且上一个迭代步的解即是下一个迭代步的起始点。

为简洁清晰计,举例来解释该方法的工作原理。考虑以下非线性问题:

$$
\begin{cases}
\text{Min. } f(\boldsymbol{x}) = -2x_1^2 - x_2^2 \\
\text{s. t. } g_1(\boldsymbol{x}) = x_1^2 + x_2^2 - 25 \leqslant 0 \\
\quad\quad g_2(\boldsymbol{x}) = x_1^2 - x_2^2 - 7 \leqslant 0 \\
\quad\quad 5 \geqslant x_1 \geqslant 0 \\
\quad\quad 10 \geqslant x_2 \geqslant 0
\end{cases}
\tag{4.58}
$$

式(4.58)所定义问题的非线性约束示于图4.7。第一步是选择初始点,此处选择如图中黑点所示的 $x_1=2$、$x_2=2$ 点,由此得到的线性问题为

$$
\begin{cases}
\text{Min. } \hat{f}(\boldsymbol{x}) = 12 - 8x_1 - 4x_2 \\
\text{s. t. } \hat{g}_1(\boldsymbol{x}) = 4x_1 + 4x_2 - 33 \leqslant 0 \\
\quad\quad \hat{g}_2(\boldsymbol{x}) = 4x_1 - 4x_2 - 7 \leqslant 0 \\
\quad\quad 5 \geqslant x_1 \geqslant 0 \\
\quad\quad 10 \geqslant x_2 \geqslant 0
\end{cases}
\tag{4.59}
$$

式中:$\hat{f}(\boldsymbol{x})$、$\hat{g}_1(\boldsymbol{x})$ 和 $\hat{g}_2(\boldsymbol{x})$ 三项代表了式(4.58)所定义非线性目标函数及约束条

件的线性化情况,第一个线性问题的约束条件同样示于图 4.7。求解这个原汁原味的 LP 问题可得 $x_1 = 5$、$x_2 = 3.25$,虽然它满足式(4.59)所定义问题的约束,但却违反了由式(4.58)所定义的原非线性问题约束,如图 4.7 所示。因此需要一种移动限制策略来限定搜索区间,并将其应用于每一次违反非线性约束的迭代过程。第三次迭代的约束如图 4.7 所示,同样可以看到此次迭代依然需要移动限制的干预,因为其顶点解略微超出可行域。重复此迭代过程,可得到最终解为 $x_1 = 4.002$、$x_2 = 3.0$,对应的 $\hat{f}(\boldsymbol{x}) = -41$、$\hat{g}_1(\boldsymbol{x}) = 0$,$\hat{g}_2(\boldsymbol{x}) = 0$,$f(\boldsymbol{x}) = -41.04$、$g_1(\boldsymbol{x}) = -0.02$、$g_2(\boldsymbol{x}) = -0.02$,这是一个原非线性问题可接受的解决方案。

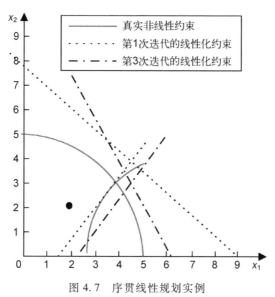

图 4.7　序贯线性规划实例

这个例子表明,序贯线性规划(SLP)法是一种解决非线性优化问题的相对简单且较为鲁棒的方法。它易于实现,可以解决较大规模的设计问题,因而在实际工程中得到广泛应用。此外,LP 算法不断发展,其应用领域也不断扩展,很多已超出了工程领域范畴。SLP 同样也可以从这些发展中受益,如经常可以改进和提升 LP 求解器的性能。当然,此方法也有局限性,严格说来,它只能获得顶点型的解决方案,因为非顶点型的解决方案将导其在顶点之间振荡。虽然移动限制可以在一定程度上克服这个问题,但可能会导致收敛速度过慢。

4.6.3　基于牛顿法的序贯二次规划

在 4.6.2.3 节中,说明了在目标函数和约束梯度信息均可用的情况下,如何采用序贯线性规划方法来求解一个基本的优化问题。如果目标函数二阶导数信息可用,则可以将其近似为二次函数,进而使用同样的方法进行求解。自然地,将此方法称为序贯二次规划或 SQP 方法。若使用涉及二阶导数的高阶约束近似,将导致计算代价高昂,使得其并不受欢迎,故而不再赘述。

考虑式(4.42)中定义的优化问题,假设目标函数可以进行二阶近似,则式(4.43)所定义的问题可以写为

$$\begin{cases} \text{Min. } f(\boldsymbol{x}^{k+1}) = f(\boldsymbol{x}^k) + \delta \boldsymbol{x}^{\mathrm{T}} \nabla f(\boldsymbol{x}^k) + \dfrac{1}{2} \delta \boldsymbol{x}^{\mathrm{T}} \nabla \boldsymbol{H}(\boldsymbol{x}^k) \delta \boldsymbol{x} \\ \text{s. t. } g(\boldsymbol{x}^{k+1}) = g(\boldsymbol{x}^k) + \boldsymbol{N}(\boldsymbol{x}^k) \delta \boldsymbol{x} \end{cases} \tag{4.60}$$

式中:$\boldsymbol{x}^k$ 为迭代开始时的设计变量值。$\boldsymbol{N}(\boldsymbol{x}^k)$ 和 $\nabla f(\boldsymbol{x}^k)$ 项具有与 4.6.1 节中相同的含义。同样,假设式(4.60)中的约束在第 k 迭代步后变为主动约束,$\boldsymbol{H}(\boldsymbol{x}^k)$ 为目标函数二阶微分。定义该问题关于主动约束拉格朗日乘子和设计变量更新项 $\delta \boldsymbol{x}$ 的拉格朗日函数如下:

$$L(\delta \boldsymbol{x}, \boldsymbol{\lambda}) = f(\boldsymbol{x}^k) + \delta \boldsymbol{x}^{\mathrm{T}} \nabla f(\boldsymbol{x}^k) + \frac{1}{2} \delta \boldsymbol{x}^{\mathrm{T}} \boldsymbol{H}(\boldsymbol{x}^k) \delta \boldsymbol{x} + \boldsymbol{\lambda}^{\mathrm{T}} [g(\boldsymbol{x}^k) + \boldsymbol{N}^{\mathrm{T}}(\boldsymbol{x}^k) \delta \boldsymbol{x}]$$

$$\tag{4.61}$$

对等式两边关于 $\delta \boldsymbol{x}$ 求微分,并使其等于 0,得到

$$\nabla f(\boldsymbol{x}^k) + \boldsymbol{H}(\boldsymbol{x}^k) \delta \boldsymbol{x} + \boldsymbol{N}(\boldsymbol{x}^k) \boldsymbol{\lambda} = 0 \tag{4.62}$$

进而得到

$$\delta \boldsymbol{x} = -\boldsymbol{H}^{-1}(\boldsymbol{x}^k) [\boldsymbol{N}(\boldsymbol{x}^k) \boldsymbol{\lambda} + \nabla f(\boldsymbol{x}^k)] \tag{4.63}$$

将此式代入式(4.60)中的约束方程,经处理得到

$$\boldsymbol{\lambda} = -(\boldsymbol{N}^{\mathrm{T}}(\boldsymbol{x}^k) \boldsymbol{H}^{-1}(\boldsymbol{x}^k) \boldsymbol{N}(\boldsymbol{x}^k))^{-1} \boldsymbol{N}^{\mathrm{T}}(\boldsymbol{x}^k) \boldsymbol{H}^{-1}(\boldsymbol{x}^k) \nabla f(\boldsymbol{x}^k) + (\boldsymbol{N}^{\mathrm{T}}(\boldsymbol{x}^k) \boldsymbol{H}^{-1}(\boldsymbol{x}^k) \boldsymbol{N}(\boldsymbol{x}^k))^{-1} g(\boldsymbol{x}^k) \tag{4.64}$$

用上式代替式(4.63)中的拉格朗日乘子,得到设计变量的更新公式为

$$\delta \boldsymbol{x} = -[\boldsymbol{I} - \boldsymbol{H}^{-1}(\boldsymbol{x}^k) \boldsymbol{N}(\boldsymbol{x}^k) (\boldsymbol{N}^{\mathrm{T}}(\boldsymbol{x}^k) \boldsymbol{H}^{-1}(\boldsymbol{x}^k) \boldsymbol{N}(\boldsymbol{x}^k))^{-1} \boldsymbol{N}^{\mathrm{T}}(\boldsymbol{x}^k)] \boldsymbol{H}^{-1}(\boldsymbol{x}^k) \nabla f(\boldsymbol{x}^k) - \boldsymbol{H}^{-1}(\boldsymbol{x}^k) \boldsymbol{N}(\boldsymbol{x}^k) (\boldsymbol{N}^{\mathrm{T}}(\boldsymbol{x}^k) \boldsymbol{H}^{-1}(\boldsymbol{x}^k) \boldsymbol{N}(\boldsymbol{x}^k))^{-1} g(\boldsymbol{x}^k) \tag{4.65}$$

新的设计变量值可由下式给出:

$$\boldsymbol{x}^{k+1} = \boldsymbol{x}^k + \delta \boldsymbol{x} \tag{4.66}$$

上述更新公式由两部分组成:第一项将牛顿步骤投影到线性化主动约束的平面中,如果更新步骤从不在此平面上的点开始并需要其将更新带回到此平面上,则是第二项的功劳。然而,约束满足迭代步仅当进行线性近似的非线性约束不过分偏离线性的情况下才成立。在很多 MDO 应用程序中,此假设并不适用,这就需要从 4.6.2 节所述约束满足步骤中选取一个合适的类型。为了融合适当的约束满足,更新公式(4.66)写为以下形式:

$$\boldsymbol{x}^{k+1} = \boldsymbol{x}^k + \alpha \delta \boldsymbol{x} \tag{4.67}$$

这表示使用式(4.62)的方向信息,但使用线搜索而不是式(4.63)来决定沿该方向的搜索距离。

4.7　小　　结

本章讨论的所有方法在面对涉及多设计变量和约束条件的非线性问题时,均存在收敛到最优点的困难。因此,如果一个由非线性函数定义的设计问题出现收敛方面的困难时,读者对此不应感到惊讶。但是,大多数方法在陷入严重的收敛困难之前都会取得一些进展。如果一个设计师或者设计团队正在寻找一个改进设计,而不是一个绝对的最优设计,那么本章描述的方法将通常可以提供比初始设计更好的解决方案。

尽管我们已经独立地描述了一些流行的优化算法,但常见的做法是使用多种方法的组合形式。应用这一策略,将使用一种假设适合该问题的特定方法来搜索其最优解,如果出现收敛困难的情况,则切换到另一种。

参 考 文 献

Avriel M. (1976). *Nonlinear Programming:Analysis and Methods.* Englewood Cliffs, NJ:Prentice-Hall.

Fiacco, A. V., McCormick, G. P. (1968). *Nonlinear Programming: Sequential Unconstrained Minimization Techniques.* New York: John Wiley & Sons, Inc..

Zoutendijk, G. (1960). *Methods of Feasible Directions.* Amsterdam: Elsevier.

第5章　启发式随机搜索和网络技术

目前,有大量的研究方法尝试避免沿梯度或准梯度信息所确定的方向搜索,以找到系统的最优解。在这些方法中,取方向性搜索而代之的是寻求设计变量中的随机变化,亦或是通过网络学习避免设计变量整体的直接变化。前者称为启发式随机搜索技术(Guided Random Search Technique,GRST),本章将以遗传算法为例介绍这类最优解搜索方法,后者称为基于学习型网络的研究方法,本书选择人工神经网络算法(Artificial Neural Network,ANN)作为其典型案例进行分析。如同第4章所述,本书无意对这些算法进行面面俱到的系统讲解,有兴趣的读者可以自行查阅更为广泛和深入的参考文献。本章的目的是让读者充分了解这些技术是如何工作的,以便在日后开发或使用MDO系统时,能够做出最有效的决策。

5.1　启发式随机搜索技术(GRST)

启发式随机搜索技术,在原则上以寻求全局最优解为目标,它尝试对整个可行的设计空间进行搜索,而不是借助于纯粹的穷举法。这就有效地避免了第4章所介绍搜索方法存在的缺陷。第4章中讨论的经典搜索算法往往是锁定局部最小值,在不依靠任何外界帮助的情况下,它将无法挣脱局部最优解所在设计区域的束缚。也就是说,如果该局部最优解不是全局最优值,那么经典搜索过程自身无法从局部最优区域脱离,并恢复对全局最优解的优化搜索。但是,也不能忽略一个事实,那就是任何一种启发式随机搜索技术,都无法确保一定能找到复杂设计问题的全局最优解。这正如本书多处解释的那样,没有办法来确保可以为任何设计任务都找到全局最优解。尽管如此,该方法仍然具有较高的鲁棒性,并且通常会得到一种相对于设计团队所给出的任何初始设计均有明显改进的解决方案。

启发式随机搜索技术可以处理涉及不可微函数和存在多个局部最优解的设计问题。处理不可微函数的能力,意味着其可以轻而易举地解决含有离散变量的设计问题,如结构设计就通常具备这种特征。许多的启发式随机搜索技术,特别是在下一节中将讨论的进化算法,非常适合使用并行处理机制。实际上,对于任何应用该技术解决的MDO问题来说,除了那些简单至极的小问题之外,设计变量的个数之多往往不得不需要使用并行处理机制,以便在可接受的时间范围内找到合理的解决方案。

　　进化算法是启发式随机搜索技术中的一个典型代表,它是基于自然界中发现的进化理论而发展起来的一种非常有效的全局优化方法。在该算法的优化过程中,设计方案反复地发生随机变化,那些具有适应性优势的设计方案被赋予更大的可能性去产生"后代"。当然也有许多算法,基于相同的概率法基本理论来解决复杂的优化问题,在此所阐述的遗传算法,可能是这些优化方法库或商业 MDO 系统中最为成熟的一种。

5.1.1　遗传算法(GA)

　　遗传算法(GA)是一套受达尔文(Darwinian)和罗素·华莱士(Russel Wallace)进化理论启发而发展起来的算法体系,其核心思想是通过模拟自然进化过程来解决一般的优化问题。在开始阐述遗传算法之前,必须明确一点,此处提及的那些与生物学领域相关的专业术语,并不属于真正意义上的遗传学知识,它们只是几年前工程师们为解决优化问题而引入的工程术语。自那时起,生物学领域的飞速发展表明,真实世界的基因进化过程远比想象中要复杂,因此本书中所使用的"遗传"一词也仅仅只是一个可行的隐喻。

　　与之前单一地从一个设计点搜索到第二个设计点来寻求优化的过程不同,遗传算法是一套从当前一组设计点(称为种群)发展到第二个具有较小约束目标函数值种群的算法。代与代之间的进化是以数字表示的设计点为对象,通过复制和变异过程来实现的。严格意义上来说,遗传算法一词是 John Holland 在 1975 年提出的,希望深入学习遗传算法的读者可以参考 Darrell Whitley 撰写的论文或专著,特别是他发表于 1994 年的论文。对于工程师来说,David Coley 在 1999 年出版的专著也会非常有帮助。

　　虽然遗传算法在理论上可以随机选择初始的设计样本值,但在工程设计应用中,设计团队更希望初始种群中包含早期设计或初步研究的数据。问题的设置与应用其他搜索方法时的问题设置并没有什么区别,同样需要评估种群中每个设计点所对应的目标函数及约束。好消息是这种评估可以独立运行,因此就给了开发并行处理机制的机会。现在转向设计点的数据表示。

5.1.2　设计点的数据结构

　　特定设计点对应的设计变量通常采用二进制数来表征,并需要将它们有序排列起来以形成各数位均由 0 和 1 表示的字符串。例如,假设正在设计一个以高度和底座直径为设计变量的立体锥,从高度为 4m、底座直径为 3m 的设计点开始,那么在二维设计空间中,这个点由坐标(4,3)来定义。该坐标以 BCD 编码的形式转换为二进制则是(100,011)，这便形成了一个串接的字符串(100011)。这种字符串对应到遗传学上，就是所谓的染色体，它的每个数位就对应着基因。由此可见，一个种群所包含的染色体数目等于我们决定在设计空间中包含的设计点数目。此外，染色体中数字槽(位)的数目必须足够大，以满足实际应用中设计变量的取值范围和精确度。

下一个问题是，在每一个样本集中应包含多少条染色体？这是一个有待解决的问题，需要软件或人为定义。由于遗传算法是穷举法这类优化算法的替代品，它们找到全局最优解的概率取决于其与穷举法优化过程的接近程度。因此，样本群体中染色体越多(设计点越多)越好，但是随着数量的增加，寻找有效解决方案所需的时间和成本也会相应增加。

5.1.3 适应度函数

现在，优化问题已经被重新配置成了代表一代设计方案的染色体，其中的每一条染色体对应着一个独一无二的设计方案。遗传算法遵循"适者生存"的策略，逐步筛选世代的染色体，直到找到全局最优解为止。这就需要一个接受或拒绝染色体的机制，即需要一种方法来决定某个染色体是否适合继续包含在下一代设计中。使用适应度函数可以实现这一点，该函数是所有基于染色体的设计点所共有的度量方法，并且对于每个设计点均具有独一无二的度量值。稍后将会讨论如何将违反约束的惩罚机制包含在适应度函数中。

从本质上讲，遗传算法根据各设计点在种群中的适应度进行排序，从而使更好的设计点有更多的机会进入到下一代染色体中。排序过程很简单，下面的例子将会很好地介绍这一过程，值得强调的是，该排序方法只是选择过程的一种代表形式，另外一些具有类似功能的方法可能已经被集成在相应的商业程序中。

假设需要求解目标函数 $F(x)$ 的最小值，我们随机创建了5个设计点，分别用5条染色体表示，这便构成了设计种群。需要提醒读者注意的一点是，在真实设计情况下，往往会采用更多数量的染色体。在这里，分别由 $F_i(i=1,2,\cdots,5)$ 来表示该种群中的5个目标函数值，分别对应上述5个二进制数表示的染色体。选择下一代的设计过程遵循一定的序贯路径，这将会在下面的小节中从评价染色体的适应度开始说明。

5.1.3.1 根据染色体的适应度来评价

(1) 可以运用多种方法来构造适应度函数。因为当前所要求的是目标函数 F_i 的最小值，所以可以生成一组 $1/F_i$ 值，也就是说，等价于 $1/F_i$ 越大越好。

(2) 假设 $V_i=1/F_i(i=1,2,\cdots,5)$ 分别由 A、B、C、D 和 E 表示，数值分别定为 0.1、0.3、0.7、0.2 和 0.5。

（3）将 5 个值相加得到 SUM＝1.8，利用 SUM 对 A、B 等值进行标准化处理，分别得到 $V_{ni}=V_i/\text{SUM}=(0.05556,0.1667,0.3889,0.1111,0.2778)$，如图 5.1 所示。这些就是用来选择父代染色体对的适应度等级，每一对父代染色体产生两个子代染色体来形成下一代的设计方案。通常，子代的染色体数量"n"将会与父代数量相同，即 $n=5$，以保持种群规模恒定，但这不是必须的要求。

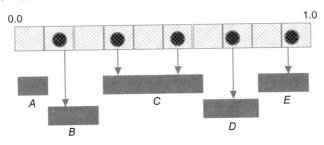

图 5.1　适应度等级

5.1.3.2　选择一对父代

（1）为了选择一对父代染色体，在长度为 1 的标尺上将 A、B、C、D 和 E 用各自长度为 V_{ni} 的条（或槽）来表示，如图 5.1 所示，条都是一致的。因此，条 A 占有的空间从 0.0 到 0.05556，条 B 占有的空间从 0.05556 到 0.2223，以此类推，最终它们连接起来的长度等于 1。接下来，在距离标尺左端 R 处放置一个点，距离 R 是一个随机的均匀分布数，满足 $0\leqslant R\leqslant 1$。如果该点落在与特定染色体相关的条形值所占据的槽中，则选择该染色体为父代 1。例如，$R=0.1997$ 落在染色体 B 在图 5.1 中所占据的槽范围（0.05556，0.2223）中，因此染色体 B 成为父代 1。重复上述操作，便可选出相应的父代 2 等。该图还同时表明了由于 R 服从均匀分布，所以标尺上的每个间隔都有相同的概率被 R 选中，而具有较大适应度函数值的染色体，因在 0 到 1 标尺上占据更长的间隔，便具有了更多被选中的机会。下面将介绍关于子代的细节。

（2）重复上述操作，以生成足够多对的父代来产生 n 个子代。在这一过程中，可以使用筛选排除法来防止任何一对父代中的父代 1 同时又作为父代 2，以及禁止父代对的重复（以避免多样性减少），但这不是绝对的要求。

5.1.3.3　创建子代

接下来介绍交叉，它对应着从父代对中产生两个子代染色体的过程。交叉应用于父代染色体对的过程，是在两条父染色体上随机选择但位置相同的数位点处，切割二进制字符串，并交换二者切割后每侧上的片段。例如，考虑图 5.2 中坐标为 $A(1,2)$ 和 $B(4,3)$ 的两点作为父代，它们的染色体表示为 $A(001010)$ 和 $B(100011)$。在 A 和 B 中的相同位置以随机选择点的方式进行交叉（重组），如下所示：

$$A:0010\,|\,10(1,2)$$
$$B:1000\,|\,11(4,3)$$

交换交叉点右边两个二进制字符串的片段，生成十进制坐标表示的子代 1(1,3) 和子代 2(4,2)，如图 5.2 所示。

$$子代\,1:0010\,|\,11(1,3)$$
$$子代\,2:1000\,|\,10(4,2)$$

将 A 和 B 中的交叉点移动到上述子代从左边数起的第二位，能够清楚地看到交叉点位置对子代组合的影响。重复上述操作，直到在二进制和十进制坐标系中找到子代 3 和子代 4：

$$子代\,3:00\,|\,0011;(0,3)$$
$$子代\,4:10\,|\,1010;(5,2)$$

如图 5.2 所示。

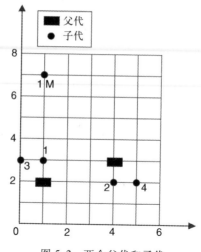

图 5.2　两个父代和子代

改变染色体的另一种方式是寻求变异，即仅仅改变二进制字符串中某一数位的值；变异的过程只发生在染色体内部，不涉及其他任何染色体。为了说明变异的结果，将子代 1 中任意位置上的数值从 0 调整到 1，创建子代 1M，例如：

$$子代\,1\,M:001111;(1,7)$$

这将导致原子代 1 的位置发生明显改变，如图 5.2 所示。值得注意的一点是，染色体中某些设计变量的取值可能受现实库存的可用值所限，这就如同具有不连续外形尺寸的金属部件商业目录一样。例如，在坐标系中，子代 4(5,2) 的第二维度坐标 2 可能需要更改为库存中最接近的可用值 3(比方说)。考虑到这种现实限制,一个可行的方法是通过变异将这种改变引入子代 4。因此,变异的发生可能并不是随机的,而是基于遗传算法本身以外的其他考虑。

需要注意的一点是,这里存在只需执行一半交叉变换便可实现由一对父代产生单个子代的灵活性。另一方面,通过在不同的切割位置重复交叉操作,一对父代可能会产生两个以上的子代。

这种随机但系统化的过程,为具有更好适应性的父代提供了更多机会,以便将它们的"基因"传递到后代,反之亦然。在极端情况下,就可能将繁殖过程中不适合的染色体排除在外。因此,一般来说,这个过程会倾向于提高下一代设计点的适应度。上述过程也可以看出,只有当表示设计变量的二进制字符串全为整数类型的染色体时,交叉机制才变得简单明了。这使得在设计变量数量级不同并需要长度不同的二进制字符串进行表征的应用中,不知应该如何处理。实际上,这种应用在多学科情况下尤为常见,例如为特定任务剖面设计飞机时,其中用于表示数万米高的飞行高度是设计变量之一,而用于表示只有数十度大小的机翼后掠角可能是另一个设计变量。

对于如何实现清晰明了的交叉机制,一个可行的解决方案是使设计变量无量纲化,并将它们缩放到相同的通用范围内。为了演示此方法,定义如下:

x_{Li}, x_{Ui}——设计变量 x_i 的下限和上限值;

y_i——用于控制 x_i 的无量纲整数变量,$0 \leqslant y_i \leqslant P$;

P——精度指标,决定期望精度上限和下限之间等分区间数量的整数,对所有 x_i 通用;

b_i——y_i 对应的二进制格式;

B——P 值对应的二进制数。

变量 x_i 为一个实数(浮点数),可由下式表示:

$$x_i = x_{Li} + (x_{Ui} - x_{Li}) \left(\frac{y_i}{P} \right) \tag{5.1}$$

将遗传算法计算出的 b_i 转换得到十进制 y_i,再由式(5.1)计算得到 x_i,最后将其输入到生成目标和约束函数值的分析算法中。虽然上述过程返回 x_i 所对应目标函数及约束函数的实数值,但是 y_i 和 b_i 的值仍然保持整数类型,整数类型的 b_i 因为没有小数点使交叉操作得到简化。为了说明这个过程,设置 $x_{Li} = 100$、$x_{Ui} = 750$、$P = 500$,相应的 $B = 111110100$。现在假设在其中一次迭代中,因为遗传算法被限制的关系,生成的 b_i 需满足 $b_i \leqslant B$,所以返回 $b_i = 11001011$,等同于十进制的 203。将这些数据代入公式(5.1)返回 $x_i = 100 + (750 - 100)(203/500) = 363.9$,该实数满足界限要求。对设计变量进行标准化处理有利于提升优化效率,这不仅在遗传算法中有效,同时值得在任何求解最小值的方法中实践。当通过创建子代过程完成下一代的设计时,将评估和检查终止条件,来确定是否停止或继续操作下去,并通过设计点的适应度函数,来确定应该丢弃哪些染色体或将其替换为新的随机选择集合。结束此过程的终止条件可能基于以下几点:

- 达到先前指定的最大迭代数。
- 在一定的迭代次数内,最高评分的染色体保持相同的个体不变。
- 设计方案没有违反任何约束,且系统没有任何改进。

当满足终止条件时,最高适应度的染色体将作为"最优解"返回,我们同时也可以考虑附近其他染色体所提供的信息,来扩大设计方案的选择范围,以便在考虑标准设计流程之外的因素时对设计方案进行评估,这些额外的信息对设计者来说可能大有用处。

遗传算法是启发式随机搜索技术中的一种,下面对应用遗传算法时的准备工作及使用方法进行概要介绍。

▷ 说明 5.1 基本遗传算法

1. 收集工具:①分析器;②遗传算法优化器;③二进制↔十进制转换器。
2. 设定种群中设计点的精度指标 P 和一对父代产生的子代数。
3. 选择终止条件并设置初始值。
4. 使用以下任一或全部策略,为第一代种群中的所有设计点初始化 x:
   - 在设计空间中随机设置设计点(染色体)。
   - 判断。
   - 历史数据。
   - 其他任何可用的信息。
5. 定义目标函数和约束条件。
6. 执行遗传算法序列:
   - 在遗传算法和分析工具之间使用二进制/十进制转换器。
   - 在每个设计点上调用分析工具来进行适应度评估,包括约束评估和违反约束的惩罚,这可以对所有染色体同时进行。
   - 创建子代以形成下一代设计点。
   - 干预选择:检查新一代染色体,解释其变化,寻找新的趋势,根据实际需要通过判断来增加或覆盖结果。
   - 检查终止条件,重复以上步骤或者直接跳转到步骤 7。
7. 终止:检查获得最佳效用的最优设计。在这一阶段,如果未能得到使设计者满意的结果,可选择以不同的初始值在步骤 1 处重新开始,例如使用不同数量的设计输入。

5.1.4　约束

在遗传算法中,不能像第 4 章所讨论的搜索算法那样理解约束,即通过直接将约束条件与搜索方向合并的方式,以避免其交叉进入不可行区域。对于遗传算法而言,通常是使用罚函数,或丢弃不可行染色体的方式将约束条件引入目标函数。对于第二种方法必须谨慎使用,以防丢弃那些靠近可行区域边缘并受活动约束所限制的解决方案,但对于诸如最小尺度之类的侧边约束条件应该加强执行力度。

5.1.5　混合算法

遗传算法具有良好的鲁棒性,它们通常会生成一个相对初始设计有所改进的设计方案,但对于一些特定的设计领域,它们可能并不是最好的方法。为了提高系统在非随机额外信息可用情况下的收敛速度,如在梯度信息可用的时候,可以调用混合算法以使二者各尽其能。构建混合算法的一个普遍策略是在遗传算法代码中融入爬山算法,该算法允许对种群中的每个个体进行局部区域的最优求解,同时还允许对繁殖阶段创造的每一个后代进行局部区域的最优求解。如果需要的话,遗传算法还可以融合更为复杂的搜索算法,如第 4 章中讨论的牛顿法。

将基于梯度的搜索算法与遗传算法直接合并是提及混合算法时的常规手段,但也可以采用一种不太直接的复合形式,即循序使用遗传算法和基于梯度的搜索算法。比如首先使用遗传算法来初步求解优化问题,将这一阶段的输出提供给经典优化器作为初始值并最终来完成整个优化设计过程。在常见的 MDO 应用程序中,详细设计阶段之前的初步设计就是试图通过使用遗传算法来完成最佳初始方案设计,然后再使用经典搜索技术进行第二阶段的优化。

5.1.6　使用遗传算法时需要考虑的因素

(1) 在优化设计中,遗传算法具有适应范围广泛变化的优点。例如,在飞机的初步设计中,可通过遗传算法选择最佳的布局方式,即不需要指定机翼的结构(包括采用单翼、低翼、中翼和高翼等),也不需要考虑引擎的数量和位置。

(2) 虽然遗传算法试图对整个设计空间进行搜索以定位全局最优解,但并不能保证算法一定能够找到这样一个点,也没有一套标准能够说明,在满足某个条件的时候就是找到了全局最优解。但由于在处理多重极小值问题上,所有可供选择的算法都存在同样的不足,所以这并不会使遗传算法处于劣势地位。相反,遗传算法不仅能产生单一的优化设计,而且能产生一个包含改进设计和可行设计的种群,这对工程师来说具有十分重要的价值,因为这使他们在做出最终的设计选择时,有机会使用标准优化过程之外的判断标准。

（3）当将遗传算法应用于 MDO 系统时，设计问题的规模很重要。遗传算法适用于并行处理计算，只要处理器的数量允许，种群中的所有成员可以同时进行评估，也就是说，可将多个分析计算的时间压缩成一个分析计算的时间。

（4）遗传算法也有其缺点，如在优化过程完成后需要进行新的设计更改时，遗传算法无法向工程师提供任何可用的信息。而基于梯度的方法则可以提供该情况下的可用信息。例如，如果需要更改约束限制，就可以使用 3.4 节中介绍的影子价格来深入了解更改各种约束限制所带来的影响。

综合上述考虑，我们可以认识到，对一些规模相对较小、但可变性相对较大的 MDO 实际应用问题，遗传算法可在其初始设计阶段发挥重要作用。

5.1.7　一种非遗传启发的子代生成方法

在对遗传算法的介绍中，我们强调了其在各个细节层面上的内在延展性。为了进一步说明这一点，考虑一种替代方案，它与从生物学上获得灵感的遗传算法完全不同，而是采用了一种与基因交叉和交换完全不同的机制来产生子代。

以前面描述的相同方法来创建两个父代，并将其作为由 n 维笛卡儿坐标系定义的 n 维设计空间中的点 A 和点 B。接着，绘制一条穿过 A 和 B 的直线，并根据以 AB 连线中点为中心的正态高斯分布，确定该直线上位于 A、B 之间的一点 O，当然，这个连线中点的位置也只是一个最有可能的猜测。然后，建立一个以点 O 为原点的笛卡儿 n 维坐标系，其坐标轴与原始坐标系平行，从负无穷延伸到正无穷。以 O 为中心，同样使用正态高斯分布沿每个坐标轴生成 n 个坐标，由此 n 个坐标组合得到的设计点定义为 A 和 B 的子代，当然这个点可能落在 AB 连线之外。以这种方式，我们就可以通过一对父代生成多个子代，并且可以使用除高斯分布之外的其他概率分布类型。

5.1.8　其他启发式算法

在一些学术期刊和专门研究这一主题的专著中，能够找到更多有关启发式随机搜索技术的可用方法。目前大多数方法还处于研究阶段，尚没有达到成熟水平，这使得其吸引了商业系统开发人员或内部 MDO 系统开发工程师们的目光。然而，值得一提的是，商业系统的"可用"方法列表中至少已经可以检索到以下两种方法。

第一种是"模拟退火算法"，它的工作原理是，尽管在自然发生的物理搜索路径上会遇到波动，但钢铁和其他金属的退火过程允许原子在最低能量水平上聚合形成大的晶体。当应用于优化问题时，搜索算法从附近的设计点中随机获益，并根据预先确定的一组规则对它们进行组合。模拟退火算法的关键是以一个很小但不可忽略的概率,从一个改进的设计点转向另外一个比之要差的设计点。这使得搜索过程能够以暂时的设计劣势为代价,摆脱陷入局部最优解的困境。从长远来看,这种随机转换到另一种不同搜索路径的方法,能够提高找到全局最优解的概率。

第二种值得提及的算法是"粒子群优化算法",它将设计点想象为设计空间内的一群实体粒子(灵感来源于蜂群)。粒子群按照一些包含所有粒子位置和速度的简单数学公式在设计空间中移动,由此来绘制每个粒子的路径(Venter 和 Sobieszczanski-Sobieski,2004),进而得到其局部和全局信息。

5.1.9　遗传算法小结

本节讨论的遗传算法目前仍处于发展阶段,这得益于其算法的灵活性及其与并行处理技术的兼容性。目前,遗传算法正寻求在原始遗传算法基础上获得新的突破,可能的研究方向包括使下一代设计点的数量以自适应的方式变化,或通过控制设计点分布以使其位于具有较大适应度的上一代设计点附近,或使用三元父代来代替一对父代并最终能够让一组数量为 m 的父代产生数量为 n 的子代,以及使用像 4 或 8 这类数字基而非二进制或十进制表示的染色体。

5.2　人工神经网络(ANN)

现在转向人工神经网络。同样,我们的重点将放在阐述其如何工作,有兴趣的读者可查阅其他更为深入的资料进行详细了解,如 Raul Rojas 于 1996 年撰写的优秀专著就十分值得推荐。本节将借助一种典型网络及其学习过程来阐释人工神经网络是如何工作的,一些商业软件供应商可能采用了其他的网络类型和学习过程。

人类大脑可简化描述为拥有数十亿个神经元的数学模型,每个神经元都与其他数千个神经元相连接,每个神经元接收并向大脑网络中的其他神经元发送电化学信号。在接收到相关神经元发出的信号后,这个给定的神经元不会立即将信号传递给其他神经元,而是等到信号能量积累超过阈值后,再将信号发送给它所连接的所有神经元。简单地说,大脑就是通过调整这些连接的神经元数量和信号发射的阈值进行学习。

基于与大脑类似的信号传递机制,可采用一组节点扮演神经元的角色,并将其通过网络连接,就构成了人工神经网络。神经网络的结构如图 5.3 所示,为了简单,本书以一个三层网络为例。将这些由神经元构成的网络层分别定义为输入层、隐层和输出层,层与层之间通过网络连接。输入层神经元包含待解决问题的初始信息集,问题的结果以及解的值位于输出层神经元,隐层则在输入层和输出层之间形成网络连接。在图 5.3 中,仅仅展示了一个隐层,为了简单,我们在本节中只使用一个单独的隐层,但是在某些实际应用中,可能会有更多这样的隐层。

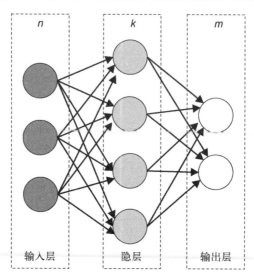

图 5.3 基本的神经网络模型

图 5.3 中箭头所示为 n 个输入神经元、k 个隐藏神经元及 m 个输出神经元之间的连接。将信息从左流向右的过程称为前馈,在后续章节中还将遇到反向传播过程。神经网络的工作方式包含以下两个关键点:

(1)一个神经元从其他神经元中收集信息,只有当所有与之相连的神经元汇总信息量超过临界值(触发阈值)时,才会"触发"这个神经元。

(2)从一个神经元流向另一个神经元的信息,将会乘以一个不受任何神经元内部信息影响的权重系数,通过调节这些权重系数,可以使网络有效地找到所提出问题的解决方案。

因此,当我们拥有一个有效可行的网络之后,就可以将数据输入到输入层,并期望在输出层得到满意的答案。以一家使用神经网络辅助新产品设计的轮胎制造公司为例,为了简单,假设设计师对轮胎外径、轮胎宽度、轮辋尺寸、轮胎材料成分和胎面花纹这五个设计参数感兴趣。这就要求输出层中具有五个输出单元,每个单元对应一个设计参数。输入可能是汽车所需的最大安全速度、转弯能力,潮湿天气特性,乘坐舒适性等,当然可能会有许多输入参数,但网络的输入单元数量需要与输入参数的数量一致。根据汽车制造商设计新产品的要求,公司收集输入数据并将其赋予输入神经元,输出就是新的轮胎设计方案。

在神经网络成为一个有效的解算器之前,还需要通过一组已知的输入和输出数据对其进行"训练"。对于一个工作状态的神经网络来说,通过调节各网络层神经元之间连接路径的权重系数,就可以在输出神经元中得到与给定输入相对应的输出值。一旦完成训练,只要新输入在统计上与训练输入相似,网络就能够输出新输入对应的近似解,网络生成新设计方案的过程和上述轮胎设计示例中发生的故事并无二致。在下面的章节中,我们将说明一个有效的网络是如何工作的,以及该如何"训练"它。

5.2.1　神经元和权重

为了理解神经元是如何决定是否发送信号的,考虑图 5.4 中给出的简单布局。图中所示的神经元位于图 5.3 中部署的单个隐层中,其中"n"个输入单元将实际输入值 $x_i(i=1,2,\cdots,n)$ 传递给神经元。注意,我们在此假设 x_i 是输入信息,如果有多个隐层,则信息来源可能是前一个隐层中的节点。

现在将每个 x_i 乘以其与该神经元相关联输入通路的独立权重 w_i,使得每个输入为 $w_i x_i$。如图 5.4 所示,神经元通过对各个输入组件求和来整合这些传递过来的信息,由下式定义:

$$v = \sum_{i=1}^{n} w_i x_i \qquad (5.2)$$

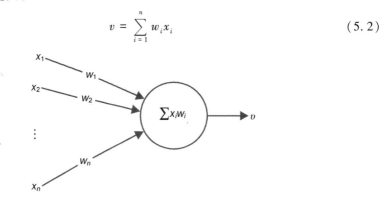

图 5.4　基本神经元的工作原理

下面介绍触发神经元的激活函数,它可能只是一个允许神经元在达到指定阈值时传输数据的阈值函数。而在接下来将要探究的反向传播过程中,将介绍一种更受欢迎的激活函数,即一种被称为 sigmoid 函数的 S 型函数,其定义如下:

$$g(v) = \frac{1}{1+e^{-cv}} \qquad (5.3)$$

式中:c 可以取任何正整数值,但是为了简化本章中导出的表达式,我们选择 $c=1$,如图 5.5 所示。函数 $g(v)$ 称为"挤压"函数,尽管其数学形式非常简单,但 S 型(挤压)函数却很灵活,可以反映宽泛的输出/输入关系。从图 5.5 的左下角开始,受收益递减规律的影响,我们观察到 S 型函数初始表现为非线性增长,接着是线性增长,最后又是非线性增长。大量物理现象均表现出与之相似的行为,所以该函数可发挥调节模型的功能。

为适应上述挤压函数,修改图 5.4 中的基本神经元操作模型,如图 5.6 所示,神经元输出值为 $y = g(v)$,该值在通过加权函数增强后沿着路径传递到下一层中的神经元。

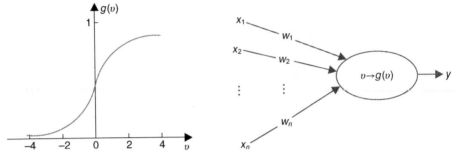

图 5.5　选定的 S 型函数　　　　图 5.6　改进的基本神经元工作原理

我们再回过头看一下图 5.3 所示的神经元网络,其中每个神经元的操作如图 5.6 所示,每个通路都有一个与之相关的独立权重。实际情况是我们往往需要处理很多层,每层都包含大量的神经元,为此需要对上述定义进行扩展。如图 5.7 所示,神经元 i 在一个网络层中,神经元 j 在相邻层中,将这两个神经元之间的通路权重定义为 $w_{i,j}$,即神经元 i 对神经元 j 的输入是 $w_{i,j}x_i$。

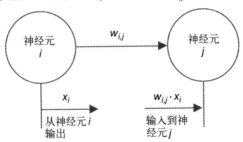

图 5.7　多层神经元之间的通信

假设存在 n 个输入单元和 m 个输出单元,前馈网络会将 n 个输入值 x_i 与 m 个输出值相关联。但是,为了能在输出阶段生成与输入相对应且具有实际意义的答案,还需要按照一定的逻辑规则建立输入到输出的操作关系,这个过程称为训练,也正是下一步要介绍的。

5.2.2　基于梯度和反向传播的网络训练方法

假设已经构建了一个类似于图 5.3 所示的神经网络,含有 n 个输入单元和 m 个输出单元,并且权重是随机选择的。网络建立之后,它实际上对要解决的问题一无所知,这就需要对网络进行训练。首先选择一组由输入值 $x_i(i=1,2,\cdots,n)$ 和可视为目标值的已知输出集 $t_q(q=1,2,\cdots,m)$ 所组成的训练集。在上面提及的轮胎案例中,公司需要开发包含诸多需求的设计方案,对应着 x 值,而 x 值又会创造出一个真实的轮胎构成目标值 t。将输入集输入至网络后,可从输出神经元 $g(v_q)$ 处得到输出集,这个输出集在开始的时候很可能与目标集存在很大差异。为使网络输出值与目标值相符,需要启动一个网络训练程序。为了最小化输出值和目标值之间的误差,可采用以下均方根误差函数:

$$\frac{E^2}{2} = \frac{1}{2}\sum_{g=1}^{m}\|g(v_q) - t_q\|^2 \tag{5.4}$$

我们处理这种最小化问题的唯一变量就是路径权重,如果在整个网络中总共有 r 条路径,那么所有 r 个权重均需满足

$$E\frac{\partial E}{\partial w_i} = 0 \quad i=1,2,\cdots,r \tag{5.5}$$

对于大多数网络程序来说,这个过程可分为两阶段来完成:首先,计算并存储每个权重的梯度信息;然后再执行反向传播过程。

5.2.2.1　梯度

考虑一个具有 n 个输入和单个输出的神经元,如图 5.8 所示。

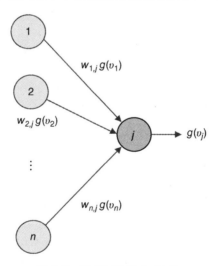

图 5.8　神经网络输入/输出

神经元的输入为各通路的输入之和,输出为经挤压操作后的输入之和:

$$g(v_j) = g\Big(\sum_{q=1}^{n} w_{q,j}g(v_q)\Big) \tag{5.6}$$

对单个权重 k 求导得

$$\frac{\partial g(v_j)}{\partial w_{k,j}} = g(v_j)(1-g(v_j))g(v_k) \tag{5.7}$$

5.2.2.2　反向替换

接下来利用公式(5.7)使网络系统产生最速下降,通过修改权重值以减小输出层的输出值与目标值之间的误差。为了计算权重所应减少的值,考虑图5.9中所示的情况,将 $1/(2(E_k^2) = 1/2g(v_k)-t_k$ 和 $1/(2(E_j^2) = 1/2g(v_j)-t_j$ 作为误差输入,我们需要这两个误差输入相对于神经元 k 和 j 到隐层神经元两个路径权重的变化率;然后,对于路径 $j \rightarrow p$ 有

$$E_j \frac{\partial E_j}{\partial w_{p,j}} = (g(v_j)-t_j)\frac{\partial g(v_j)}{\partial w_{p,j}} = (g(v_j)-t_j)g(v_j)(1-g(v_j))g(v_p) \tag{5.8}$$

现在依据 Rojas 所提出的理论来介绍右端项,定义

$$\delta_j^2 = (g(v_j)-t_j)g(v_j)(1-g(v_j)) \tag{5.9}$$

δ_j^2 项定义了从神经元 j 指向隐层神经元 p 的反向传播过程。

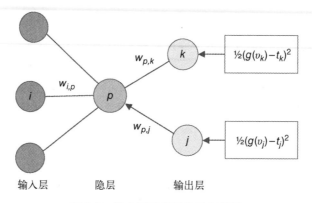

图 5.9　输入到输出层的反向传播

权重 $w_{p,j}$ 在最速下降方向上的误差减小梯度由下式给出[①]:

$$\Delta w_{p,j} = -\alpha g(v_p)\delta_j^2 \tag{5.10}$$

式中:α 是步长,在神经网络领域称为学习速率。对输出神经元 k 重复上述步骤,可以得到与式(5.10)类似的更新公式。

得到隐层和输出层路径上的权重更新公式后,下一步是考虑隐层与输入层神

---

① 有关最速下降法的详细信息,请参见第4章式(4.8),注意该等式中的 f 和 x 在本例中由 E 和 w 代替,式(5.10)和式(5.16)代替式(4.12)中的 $\alpha\delta x$ 项。

经元间的路径。首先利用反向替换法将输出神经元替换为图 5.9 所示的单个隐藏神经元。因此,p 从 j 处得到的输入是由图 5.9 中神经元 j 的输出给出的,并注意到它是被路径权重 $w_{p,k}$ 修正后产生的一个对于 p 的反向替换输入。

$$\mathrm{In}_{p,j} = w_{p,j}(g(v_j) - t_j)g(v_j)(1 - g(v_j)) \tag{5.11}$$

等价于

$$\mathrm{In}_{p,j} = w_{p,j}\delta_j^2 \tag{5.12}$$

同样,对于第二条路径,我们有

$$\mathrm{In}_{p,k} = w_{p,k}\delta_k^2 \tag{5.13}$$

将这两个输入通过神经元 p 求和,并乘以由式(5.7)定义的梯度项;由于路径 $w_{i,p}$ 上 p 的输入项为输入值 x_i,在最速下降方向上对该路径权重的校正由下式给出:

$$\Delta w_{p,j} = -\alpha x_i g(v_p)(1 - g(v_p))\sum_{q=k,j} w_{p,q}\delta_q^2 \tag{5.14}$$

通过定义

$$\delta_p^1 = g(v_p)(1 - g(v_p))\sum_{q=k,j} w_{p,q}\delta_q^2 \tag{5.15}$$

式(5.14)可简写为

$$\Delta w_{p,j} = -\alpha x_i \delta_p^1 \tag{5.16}$$

因此,对于从隐层到输出层路径上的权重来说,其校正更新可由式(5.10)给出,而对于从输入层到隐层路径上的权重来说,则使用式(5.16)。如果存在多个隐层,则继续使用等效于式(5.16)的更新公式。

原则上,训练仅仅是向具有初始随机权重的网络提供一组输入,启动前馈过程并生成一组可与目标值进行比较的输出值。反向传播过程被设置为使用最速下降法来修改权重,以便在下一个前馈过程中具有更好的目标评估能力。重复校正过程,直到输出值与目标值之间的误差落在预定界限范围内。当第一次训练计划成功完成后,将向网络提供第二组以及随后的输入和输出组合,并不断改进网络处理新问题的能力。在轮胎设计案例中,可以使用各种现有的需求设计组合对网络进行训练,这样在公司为全新车辆设计轮胎时,就会更加得心应手。

实际上,要想达到最好的效果,神经网络的训练也需要一定经验,如果提供过多的算例,则可能出现过训练现象。因为一个网络是期望在其训练集的基础上插值得到一个新的设计方案,而训练集过多将可能使插值过程中的插值选项过多。值得注意的一点是,作为一个插值器的神经网络,必定会对其性能造成限制。网络的一个新输入可以表示为多维空间中的一个点,如果这个点在训练点云中,那么网络可以返回较好的近似解。然而,如果输入点位于点云外,网络则可能会返回一个糟糕的结果。同时,有必要在问题的复杂度水平、层的大小和数量之间进行平衡,也就是说,如果所面对设计问题的复杂度相对简单直接,就没必要使网络太大或太复杂。

我们应该注意到,在神经网络的创建中可以采用多种不同的方法,前面的讨论只提到了其中一种,这种做法其实是一把双刃剑。本章的脉络是首先介绍神经网络程序的实际运行特点,然后以一种主流人工神经网络为例介绍了其基本运行方式。

人工神经网络还可以采用虚拟的方式来实现,表现为其主程序可采用任何高级语言编写,利用子程序来模拟前面所讨论过的网络组件,或者直接采用标准电气和电子组件的硬件来实现。当然,也可以采用混合的方式进行实现。

5.2.3 使用人工神经网络需要考虑的因素

在使用人工神经网络时,有以下几点需要考虑:

(1) 如果一个系统有大量的输入和输出数据,但在两个数据集之间缺乏某种形式的规范关系时,人工神经网络可用来寻找问题的解决方案。

(2) 在输出数据不精确的情况下,人工神经网络将是一个进行优化设计的很好选择。

(3) 如果某一个设计问题的解决方案没有朝着一个预先设定的方向发展,那么应该使用遗传算法而不是人工神经网络。

(4) 如果输入和输出数据集的规模很小,那么这些数据集可能不足以训练人工神经网络。

(5) 如果工程师希望在设计点上提供梯度信息以便对解决方案的变化直接做出调整,人工神经网络对此无能为力。

人工神经网络已广泛应用于图像处理、语音识别、雷达信号识别、股票市场预测和医学诊断等诸多领域。在 MDO 领域,它们可以用于曲线拟合和优化问题的求解。在本章后半部分的例子中,网络采用了反向传播模式,在这种模式中,人工神经网络通过描述目标函数和约束来获得一组优化设计变量。

一个非常有趣的应用是,可使用人工神经网络选择合适的 MDO 架构来匹配特定的设计问题。在后续章节中,将陆续介绍一系列与 MDO 相关的技术,其中一些技术在本质上可以分级部署。将这些技术与设计问题相匹配,并构建一个高效的设计方案解决系统并不像看上去那么容易,人工神经网络在生成一个合适的 MDO 解决方案方面可以起到重要的辅助作用。

参 考 文 献

Coley, D. (1999). *An Introduction to Genetic Algorithms for Scientists and Engineers.* Singapore: World SciencePublishing Co.

Holland, J. (1975). *Adaptation in Natural and Artificial Systems.* Ann Arbor, MI: University of Michigan Press. Rojas, R. (1996). *Neural Networks.* Berlin: Springer-Verlag.

Venter, G., & Sobieszczanski-Sobieski, J. (2004). Multidisciplinary Optimization of a Transport Aircraft Wing using Particle Swarm Optimization. *Structural Optimization Journal*, 25(1-2), 121-131.

Whitley, D. (1994). A Genetic Algorithm Tutorial. *Statistics and Computing*, 4, 65-85.

第6章 多目标优化问题

6.1 引   言

第3章和第4章主要阐述了单目标函数优化问题。但在实际情况下,诸如设计飞机、汽车或者舰船之类的大型工业产品时,我们面对的优化问题往往不是单目标的,而通常包含了一系列可能相互冲突的目标函数。例如,工程师在设计一款新型家用车时,可能需要考虑油耗低、加速性能好、舒适性高、价格优惠、客户吸引力强等诸多设计需求。读者或许已经注意到,其中一些设计标准要求最小化目标函数,如油耗和购买价格等,而另一些标准则要求最大化目标函数,如加速性能等。此处我们对所有目标函数统一采用本书所介绍的标准模式"越小越好",即将最大化目标函数等效为最小化原目标函数的负值。

从形式上来说,一个标准的单目标约束最小化问题转化为多目标优化问题可表示为

$$\begin{cases} \text{Opti. } \boldsymbol{f}(\boldsymbol{x}) = [f_1(\boldsymbol{x}) f_2(\boldsymbol{x}), \cdots, f_q(\boldsymbol{x})]^{\mathrm{T}} \\ \text{s. t. } \boldsymbol{g}(\boldsymbol{x}) \leqslant 0 \\ \quad\quad \boldsymbol{h}(\boldsymbol{x}) = 0 \\ \quad\quad \boldsymbol{x}^{u} \geqslant \boldsymbol{x} \geqslant \boldsymbol{x}^{1} \end{cases} \quad\quad (6.1)$$

式(6.1)中的 q 个目标函数可能属于不同类型,比如其中一个是制造成本而另一个是结构重量等。同时,如果向量形式的决策变量 $\boldsymbol{x}$ 是 n 维的,也就是说 $i=1$, $2, \cdots, n$,则可能存在一些目标函数与全部决策变量相关,而另一些则可能与部分决策变量相关。

解决多目标函数优化问题的一个常用策略是用一个单目标函数来替代原有的多目标函数集,这就要求这个单目标函数在某种程度上代表了所有多目标函数并且符合设计者的偏好和优先级排序。一旦完成了这种替代,便可按照大家已经熟悉的解决单目标函数约束最小化问题的方法进行优化,本书之前章节中讨论的方法就又有了用武之地。

由于并不存在数学形式上严格且通用的替代函数,所以上述替代算法在选择方式上具有主观性。实际上,如果在某个具体的应用中确实存在替代函数,则该问

题就不再是多目标优化问题。因此,多目标优化问题本质上具有两面性:一方面在替代算法的选择上具有非客观性;另一方面应用搜索算法寻找最优点的过程却又是严格的。假如某个设计问题本质上是多目标问题,那么在可行域中不可能存在唯一的点使得所有目标函数均达到约束最优值。因此设计者可能会面对多重最优,即在可行域内存在多个最优点使得不同的目标函数均达到约束最优值。在这种情况下,我们实际上进入了“权衡”的领域:通过与倾向于其他目标函数时所表现的优势作对比,可以衡量倾向于某一个目标函数或函数集时所表现出的优势。设计团队(在很多情况下也包括外部的利益相关方)在判定多目标函数的相对重要性和赋予其优先级时扮演着重要角色,工程判断仍然是目前创造最佳设计的关键因素。

本章将讨论多目标优化区别于单目标优化的显著特点,同时介绍一些比较有效的替代算法。如果读者需要更加详细的阐释,可以参考许多已发表的文献,如 Osyczka 撰写的专著(Osyczka,1984)和 Ehrgott 发表的论文(Ehrgott,2005)就比较有帮助。同样可以在 Marler 和 Arora 发表的研究综述(Marler 和 Arora,2005)中找到此类优化问题的解释,同时该论文在其参考文献中给出了一份颇为详细的文献清单。

本章最后,我们将会回顾一下如何在多目标函数环境下使用第 5 章中介绍的遗传算法和人工神经网络算法来找出更优的设计。这两种方法在处理方式上有别于之前章节中介绍的方法,因为它们并不需要用一个单目标函数来替代多目标函数集。

6.2　多目标优化的显著特点

如图 6.1 所示,以与单个设计变量 x 相关的两个目标函数 f_1、f_2为例,在设计者感兴趣的区间 C—D 内,两个函数具有大致相同的数量级。因为不同数量级的函数会使问题复杂化,所以不同数量级的函数要进行比较的先决条件是将它们标准化到相同数量级下。假设函数 f_1、f_2的最小值分别出现在 A、B 两点,它们在 x 轴上对应的 Q、R 两点定义了区间 P。这是两个函数呈现相反增长趋势的唯一区间:当 x 增加时,函数 f_1增加而函数 f_2下降。而在 P 区间以外,两个函数的值要么同时增大,要么同时减小。

19 世纪的意大利数学家维弗雷多·帕累托(Vilfredo Pareto)被公认为最早建立了多目标优化的数学基础。他宣称如果根据下述的帕累托最优定义,则 P 区间内的每个点都是多目标最小值的候选点,推广到 n 个目标函数可描述为:

设计变量空间 x 中的任意一个多目标帕累托最小值点,其变化都将使 n 个目

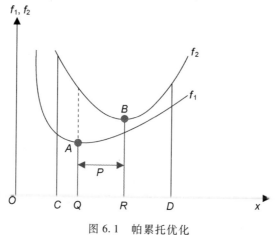

图 6.1　帕累托优化

标函数中的至少一个变得更差(也就是变得更大)。

　　从图 6.1 中可以看出 P 区间内的任何一点都符合上述的帕累托最优定义,而在 P 区间以外的任何一点都不符合。

　　帕累托最初引入这个定义是为了解决无约束问题,若将其应用于约束问题,该定义需要进行如下补充:在设计变量空间 x 中任意一个受约束的多目标帕累托最小值点,其变化不可能在保持可行性的同时,又不使 n 个目标函数中的任何一个变得更差(也就是变得更大)。在此情形下,像具有多个最优解的单目标函数问题一样,设计团队必须选择他们认为最优的一组目标函数值的集合来满足设计目标。

　　要做出这个选择,设计者必须借助其他的信息和判据,这些信息和判据是关于一个目标函数的增加与另一个目标函数相应减小之间的权衡。为了可视化地体现这种权衡,可将图 6.1 中的 $f(x)$ 转换(映射)到以 $f_1 \cdot f_2$ 为坐标轴的图中,这将在下一节中进行论述。

　　这里有一些特殊情况值得注意,并可以用以下规则来确定帕累托最小值:

　　• 如果所有目标函数在设计者感兴趣的区间 C—D 上单调递增或单调递减,则将不存在帕累托最小值区间,而相应地在区间边界处存在单个帕累托最小值:图 6.2 表明多个单调递减函数的最优点在区间末端的 D 点处。

　　• 如图 6.3 所示,如果所有目标函数在设计者感兴趣的区间 C—D 上单调并具有相反的增减趋势,那么该区间内的每个点都是帕累托最小点。

　　• 如图 6.4 所示,如果在设计者感兴趣的区间 C—D 上所有目标函数都是线性的,每个函数根据定义都是单调的,同时可应用上述规则,则可以采用将在 Min-Max 算法一节中继续讨论的简便方法解决。

　　注意:如果所解决的问题符合上述任何一种特殊情况,就可以通过上述先验知识来解决问题,从而剔除不必要的计算量。

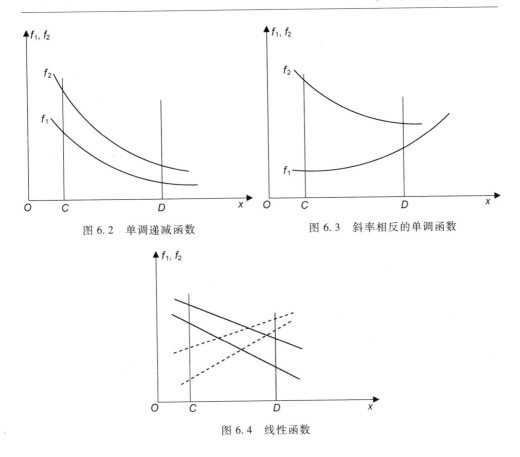

图 6.2　单调递减函数　　　　　　　　图 6.3　斜率相反的单调函数

图 6.4　线性函数

6.3　多目标优化算法

我们在 6.2 节中对多目标优化问题进行了定性研究,现在开始认识这类优化问题的显著特征,并介绍一些用于生成定量解决方案的最常用算法。

首先将这些算法列出如下:

- 加权和方法
- 加权指数和方法
- 字典序算法和 ε-约束法
- 目标规划法
- Min-Max 算法

下面以一个含有双目标函数和双约束条件的优化问题为例开始讨论,并用其解释上述算法,同时对图 6.2 至图 6.4 中给出的讨论进行补充说明。该问题定义如下:

$$
\begin{cases}
\text{Min. } \boldsymbol{f(x)} = \left[f_1(\boldsymbol{x})\, f_2(\boldsymbol{x}) \right]^{\mathrm{T}} \\
f_1(\boldsymbol{x}) = (x_1-2)^2 + (x_2-4)^2 \\
f_2(\boldsymbol{x}) = (x_1-5)^2 + (x_2-4.5)^2 \\
\text{s. t. } g_1(\boldsymbol{x}) = -x_1^2 - x_2^2 + 25 \leqslant 0 \\
\qquad g_2(\boldsymbol{x}) = x_1^2 - 6x_2 + 12 \leqslant 0 \\
\qquad x_1 \geqslant 0, \quad x_2 \geqslant 0
\end{cases}
\tag{6.2}
$$

这个示例性问题并没有采用现实问题中的典型函数,它在设计空间中可表示为图 6.5,我们可以注意到图中可行域是非凸的,尽管非凸性并不明显。图中 A、B 点分别表示两个目标函数的约束最小值,C 点表示两个约束的重合点。顺便提及,将那些最小化单个目标函数所得到的点称为乌托邦[①]解,它在 f_i 坐标系中显示为单个点,即乌托邦点。

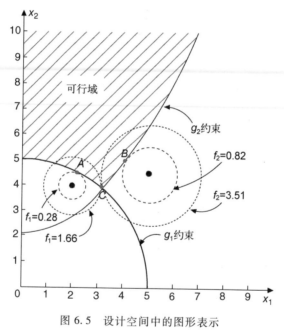

图 6.5　设计空间中的图形表示

该问题不存在同时适用于两个目标函数的唯一约束最小值点,当工程师遇到该问题时希望进行权衡考虑,以便为设计问题选择最合适的解决方案。为了做到这一点,我们转向考虑基于帕累托概念的权衡。

如 6.2 节所述,通过将 f_1 和 f_2 从 $\boldsymbol{x}$ 坐标(设计空间)映射到 (f_1,f_2) 坐标上,就可

---

① 乌托邦:16 世纪托马斯·莫尔爵士写的一本同名书,书中描述了一个虚构的理想世界。

以从图 6.1 中的 P 区间扩展得到额外信息,也就是帕累托轨迹。由 (f_1, f_2) 坐标定义的空间称为目标(或目标函数)空间。如图 6.7 所示,我们可以在目标空间中绘制与轨迹点相对应的值,以创建帕累托前沿图。帕累托前沿的作用在于能够一目了然地显示,相对于 f_2 的损失,f_1 中有多少收益,反之亦然,这相当于量化了竞争目标间的权衡概念。帕累托前沿的概念可以推广到更高维度的设计空间,但是人们无法直接观察到三维以上的空间,这就在很大程度上削弱了线性前沿转变到超曲面前沿的直观性。因此,在实际应用中帕累托前沿仅作为一种视觉辅助,且最好用于成对函数分组的情况。

如果要对式(6.2)所定义的问题进行权衡研究,首先就是确定帕累托轨迹。为了突出帕累托轨迹,我们引入图 6.5 的修改版本,如图 6.6 所示。式(6.2)以及与函数值相对应的轮廓线均以虚线圆的形式表示在两个图中。读者可能已经注意到这些虚线圆在图 6.5 和图 6.6 的设计空间中出现双重相交(即某次相交会形成两个不同的交点),因此,如包含 f_1、f_2 值的图 6.7 所示,目标空间中的某一特定点对应于设计空间中两虚线圆的两个交点,其中在设计空间中相交的两个虚线圆分别表示两个目标函数值。唯一例外的情况是两个目标函数圆的相交点在图 6.6 中线段 PS 上,此时不会出现双重相交。

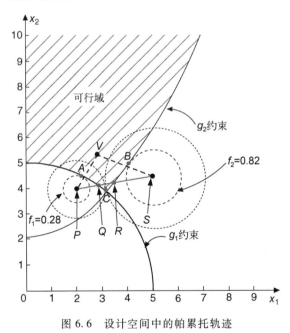

图 6.6　设计空间中的帕累托轨迹

再看图 6.6,沿着连接两个目标函数最小值点的线段 PS,我们看到随着虚线圆与线段 PS 的交点和 P 点、S 点之间的距离变化,f_1、f_2 的值分别增大或减小。因此,

标记在线段 *PS* 上的区段 *QR* 是帕累托轨迹的一部分,并且沿着该线段移动时,f_1、f_2 的值是增大还是减小取决于移动方向。

接下来考虑图 6.6 中可行区域内的任意点 *V*。根据三角形 *PVS* 的几何形状特点,当 *V* 点沿着区域 *V—A—Q—R—B* 内的一条线段朝线段 *PS* 的方向移动时,f_1、f_2 的值都减小,但这仅限于 *V* 点到达线段 *QR* 之前。一旦 *V* 点越过了线段 *QR*,继续移动 *V* 点则会使两个函数的值都增大,所以这不再是有效的搜索方向。

为了探索不同的搜索方式,可以将 *V* 点移位到 *A* 点,此时距离 *VP* 和函数 f_1 均达到最小值(函数 f_1 的乌托邦值),同时由于约束 $g_1 = 0$,所以沿 *VP* 方向停止寻优。但沿着上述约束边界,即曲线段 *AQ* 可以进一步朝 *PS* 方向寻优,根据三角形 *PVS* 的几何形状特点,显然此时 f_1 增大而 f_2 减小,因此线段 *AQ* 也是帕累托轨迹。

最后,通过对约束边界 $g_2 = 0$ 上的 *B* 点和 *R* 点进行同样的几何推导,我们得到该示例由 *A—Q—R—B* 段组成的完整帕累托轨迹,其中 *AQ* 和 *BR* 部分在约束包络上,其余部分在可行域内。

虽然上述讨论已经确定了帕累托轨迹在设计空间中的位置,但为了进行权衡研究仍需要将问题映射到目标(或目标函数)空间上,这样 f_1 和 f_2 就可以在该空间上直接进行比较。该空间如图 6.7 所示,图中标记为 g_1 和 g_2 的曲线表示沿图 6.6 中的约束曲线得到的两个目标函数值,并且图 6.6 中所示的两个约束是主动约束。然而,在图 6.7 所示的目标空间中,标记为 g_1 和 g_2 的曲线描绘的并不是可行域和不可行域之间的分界线,这和在图 6.5、图 6.6 中设计空间内描绘的情况不一样。

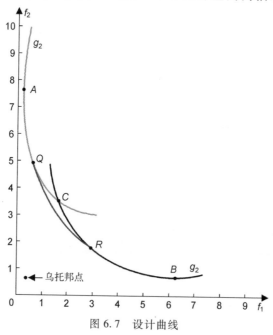

图 6.7 设计曲线

图 6.7 中连接 Q 点和 R 点的线段与图 6.6 中的线段 QR 一样都表示 f_1、f_2 的值。图 6.6 中定义的帕累托轨迹在图 6.7 的目标空间内变成帕累托前沿,由线段 A—Q—R—B 表示。当沿着上述前沿移动时,其中一个目标函数会随着另一个目标函数的减小而增大,所以帕累托前沿可用于权衡研究。

为了上述定义的完整性,我们应该指出决策点要么被定义成非占优点要么被定义成占优点。所谓非占优点是位于可行域中的点,并且从非占优点当前位置开始移动,可以使两个目标函数值减小。例如图 6.5 中的 C 点,在可行域内存在一些从该点开始的移动能使得两个目标函数值均减小。显然,帕累托前沿上的点都是占优点。

在确定了帕累托前沿之后,现在来回顾一些常用的多目标优化方法。我们从加权和方法开始,通过将其应用于式(6.2)所定义的示例问题,说明该算法具有一种有助于生成帕累托前沿的固有属性。

6.4　加权和方法

加权和方法将向量函数转变成标量函数,并将其最小化。尽管该算法可能会产生一组帕累托最优解,但它也适用于工程师希望改进设计而对是否生成帕累托最优并不十分在意的情况。

加权和方法具有较强的直观性,并且已广泛应用于解决复杂的设计优化问题。由于该方法会将所有的目标函数按其自身的权重因子或系数相加,所以式(6.1)中的目标函数向量变成了多个目标函数的加权和,从而产生了一个新的优化问题:

$$
\begin{cases}
\text{Opti. } f(\boldsymbol{x}) = \sum_{i=1}^{q} \omega_i f_i(\boldsymbol{x}) \\
\sum_{i=1}^{q} \omega_i = 1 \\
\text{s. t. } \boldsymbol{g}(\boldsymbol{x}) \leqslant 0 \\
\quad\quad \boldsymbol{h}(\boldsymbol{x}) = 0 \\
\quad\quad \boldsymbol{x}^u \geqslant \boldsymbol{x} \geqslant \boldsymbol{x}^1
\end{cases}
\tag{6.3}
$$

权重因子代表了目标函数对设计工程师的相对重要性,而所有权重因子之和等于 1 只是惯常做法,并非是唯一做法。在一个工程设计问题中,构成目标函数的量可能存在显著差异。例如,在民航客机上以美元结算的运营成本远大于表示空气阻力的数字。因此,一个好的做法是将目标函数标准化,以便它们都能以相同的数量级表示。目前有许多方法能达到这样的目的,比较常用的一种方法是用 $f_i(\boldsymbol{x})/f_i^0(\boldsymbol{x})$ $(i=1,2,\cdots,q)$ 来替代单独的函数项 $f_i(\boldsymbol{x})$。其中,$f_i^0(\boldsymbol{x})$ 是第 i 个目标函数在不考虑其他目标函数情况下的约束最优解,即其乌托邦点的数值。解决大型复杂 MDO 问题的工程师可能会觉得这样的操作太费时,希望可以在标准化过程中使用具有代表性的初始值。

加权和方法的一种用法是得到如图 6.7 中所示的帕累托优化设计曲线。为了阐明这种用法,将式(6.2)所定义问题中的两个目标函数组合成一个单目标函数,使这个简单问题变为

$$\begin{cases} \text{Min.} \ \ f(\boldsymbol{x}) = \omega((x_1-2)^2+(x_2-4)^2)+(1-\omega)((x_1-5)^2+x_2-4.5)^2) \\ \quad 0 \leqslant \omega \leqslant 1 \\ \text{s. t.} \ \ g_1(\boldsymbol{x}) = -x_1^2-x_2^2+25 \leqslant 0 \\ \quad g_2(\boldsymbol{x}) = x_1^2-6x_2+12 \leqslant 0 \end{cases} \quad (6.4)$$

通过令 $\omega_1 = \omega$ 和 $\omega_2 = (1-\omega)$ 使式(6.4)所定义的问题稍作改变。为了得到帕累托前沿,我们通过在 $0 \leqslant \omega \leqslant 1$ 的范围内寻求 ω 的最优解,从而探索覆盖整个可行域的解。因为两个目标函数具有相同数量级的权重因子,所以不需要对这些函数进行标准化。通过该优化过程,得到图 6.8 所示的曲线,图中同时标出了 $\omega = 0.0, 0.1, \cdots, 1.0$ 时所对应的设计点。

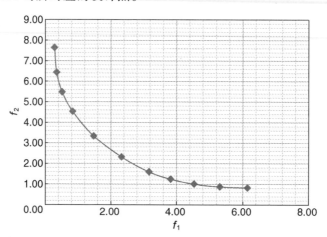

图 6.8　加权和设计曲线

在讨论上述结果之前,先从几何概念上解释对目标函数进行加权的方法。在目标空间内绘制一条线段满足

$$\omega f_1(\boldsymbol{x}) + (1-\omega)f_2(\boldsymbol{x}) = \text{const} \quad (6.5)$$

对方程进行处理,得到

$$f_2(\boldsymbol{x}) = \frac{\text{const}}{(1-\omega)} - \frac{\omega f_1(\boldsymbol{x})}{(1-\omega)} \quad (6.6)$$

式(6.6)创建了一组由常量"const"和 ω 选定值所确定的函数曲线。为了解释这一点,分别通过设置 $\omega = 0.75$ 和 0.25 得到两个具体的例子,将它们分别代入式(6.6)中得到两个方程,如图 6.9 所示,每个方程会在目标空间中生成一条直线,分别为 L1 和 L2。每条线的精确位置取决于所选常数的值,图中的箭头表示当所选常数值增加时这些线的移动方向。如果 $\omega = 0.75$,且常数"const"设置为 1.72,那么直线方程描述的直线 L1 及加权和设计曲线会在图 6.9 中 $f_1(x) = 0.624$ 和 $f_2(x) = 5.008$ 表示的点处相交,通过设定式(6.4)中的 $\omega = 0.75$ 可以得到精确解。类似地,$\omega = 0.25$ 且常数"const"为 1.88,那么直线 L2 在 $f_1(x) = 4.169$ 和 $f_2(x) = 1.117$ 表示的点处再次与加权和设计曲线相交,精确解同样可以通过将式(6.4)中的 ω 值取 0.25 得到。因此只要选择一系列合适的典型常数值,帕累托前沿就可以在目标空间中用一簇直线描述出来。

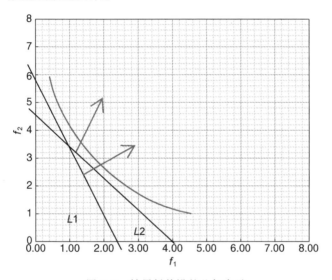

图 6.9 帕累托前沿的几何表示

当工程师希望使用加权和方法来解决实际问题时,需要考虑许多方面。首先,与为式(6.4)创建设计曲线时所使用的方法一样,通过反复求解方程的方法来创建设计曲线将会耗费大量计算时间。其次,我们并不能事先知道如何分配样本点才能给所有目标函数均等的权重并最终得到设计曲线。最后,如果目标函数 f 和约束函数 g 都是线性的,则加权和函数也是线性的,因此其最小值要么位于帕累托轨迹的边界上(与图 6.4 中的讨论一致),要么位于帕累托轨迹上方且假定为常数值的一个函数上,究竟是其中的哪一种情况取决于权重因子 ω 的选择。同时加权和函数不能生成连续的用于权衡的前沿曲线,也会导致前沿曲线出现阶梯不连续近似或前沿曲线直接退化为一个点。这里可以参考 Das 和 Dennis 撰写的有关加权和方法局限性的综述(Das 和 Dennis,1997)。

学术界正在致力于解决应用加权和方法解决非凸问题时无法得到帕累托前沿的问题,目前已经提出了多种方法,其中一种方法是在复合求和项上添加一个额外的指数权重因子,即用 $\sum_1^q \omega_i f_i(\boldsymbol{x})$ 的形式来替代$\left(\sum_1^q \omega_i f_i(\boldsymbol{x}) \right)^p$ 的加权形式,其中 p 由用户选择。此方法的一大难点是需要丰富的经验来确定一个有效的 p 值,尽管该方法得到的曲线比简单的加权和方法得到的曲线更加精确地追踪帕累托前沿,但是仍然不能保证这条曲线能完全地贴合帕累托前沿。设计者需要为参数 p 选择一个值,但是因为可以使用大于或小于 1 的任意值(但必须严格大于零),所以选择的这个值仍需要进一步的实验来确定。此方法使设计点聚集在一起形成集群且集群的方位取决于 p 的值。有助于缓解这个问题的替代方法,通常具有改变权重因子分布和额外不平等约束的自适应过程,具体的例子参见 Kim 和 Weck 在2005 年所撰写的论文(Kim 和 Weck,2005)。

虽然应用加权和方法绘制设计曲线时需要强大的计算能力,但是读者能很容易发现此方法非常适合于并行计算,因为进行加权和的每个组合方程都可以同时进行解算。通过不将权重函数保持为一组预设值,可以在解算过程中修改权重函数,这样便可以使该方法更具普遍性,但同时这需要强大的计算能力并且必须仔细地控制计算过程,否则问题的求解可能是不稳定的。

对于大型复杂设计问题,相比于前面列出的其他方法,加权和方法通常作为一种不太正式的方法使用。Gantois 和 Morris 所撰写的论文(Gantois 和 Morris,2004)给出了考虑结构重量、阻力和制造成本的大型民用飞机机翼优化问题的优化细节,在这个问题中权重因子的选择基于工程经验,而复杂的总体设计问题则需要应用第 8 章中介绍的多级 MDO 策略。多级 MDO 需要做的是对现有设计进行渐进式改进而不是从头开始重新设计,这正是飞机的正常设计流程,即新设计主要基于已经成功推向市场的设计方案。这也表明了这样一个事实:当工程师准确地把握当前设计任务的潜在设计要求,且他们在设计结果确定之前认为 MDO 系统不应该是一个可以被遗忘和忽视的黑箱时,加权和方法能得到最好的应用。

在指出了加权和方法的一些复杂性后,我们有必要注意到,在大多数的实际应用中,通常可以简化这些复杂性以保持方法的基本吸引力,这正是其简单性和有效性的体现。第 8 章中列举了展示这种有效性的一个算例,解释了如何使用这种方法将一组需要量化的特性传递到复杂设计中。该例中针对的应用对象是一个机翼结构,需要传递柔性、结构重量和振动频率等特性。该方法以类似的属性形成了第 8 章 MDO 架构中的双层集成系统一体化(BLISS)方法的核心。

6.5 ε-约束法和字典序算法

尽管从数学观点来看两者存在不同,但 ε-约束法与字典序算法是相似的,因此,在这一节中把它们放在一起讨论。继加权和方法之后,ε-约束法和它的变形可能是未来解决多目标函数优化问题最普遍的方法。ε-约束法替换加权和方法的标准应用形式是,通过把选定的单目标函数以外的其他目标函数都转化为约束条件,进而在该约束条件下优化该选定的单目标函数。简单来说,该算法可按照以下步骤展开(所有的最小化均受约束):

(1) 按照优先级顺序列举 q 个目标(这是一个主观的行为)。

(2) 最小化列表中的第一个函数并记录其值,此步骤中其他函数的结果值 f^* 并不需要执行最小化操作。

(3) 最小化下一个函数,在其他每个函数上都添加额外的约束条件,例如,$f/f^* \leqslant 1+\varepsilon$,其中 ε 是一个因子,比如说 0.1,这意味着除正在进行最小化的函数以外,其他每个函数都相对增长了 ε。ε 因子可以是相同的,也可以针对每个 f 设置不同的值。同时记录所有运算后的 f 值。

(4) 重复步骤(3)直到目标函数列表结束或者无法找到可行解而停止计算进程。

(5) 向下调整 ε 因子,如果出现步骤(4)中不可行的情况,则向上修正 ε 因子。

(6) 一直继续操作直到步骤(4)重复出现不可行的情况或者出现满意的结果。

上述过程相对简单明了且允许引入 ε 的预设值。

除非优化问题是一个常规问题,否则选择一个单目标函数,然后优化由它形成的单目标函数问题并不能生成可用于"权衡"的帕累托前沿。在实际应用中,工程师采用这个方法时通常必须解决一系列的问题,每个问题都需要依次对包含在设计过程中的部分或者全部目标函数进行优先级排序。

为了阐述这种方法,我们同样基于式(6.1)所定义的问题,通过引入预设的 ε 因子将问题定义为 ε-约束问题:

$$\begin{cases} \text{Opti.} \ f_j(\boldsymbol{x}) \\ \text{s.t.} \ \ f_p(\boldsymbol{x}) \leqslant \varepsilon_p \quad p=1,2,\cdots,q \quad p \neq j \\ \quad \ \ \boldsymbol{g}(\boldsymbol{x}) \leqslant 0 \\ \quad \ \ \boldsymbol{h}(\boldsymbol{x}) = 0 \\ \quad \ \ \boldsymbol{x}^u \geqslant \boldsymbol{x} \geqslant \boldsymbol{x}^l \end{cases} \tag{6.7}$$

式(6.7)表明工程师已经选择最小化第 j 个目标函数。该方法与加权和方法一样都是不能通过一系列的单次迭代就产生设计曲线,对该方法而言就需要通过依次改变 ε_p 的值才能实现。确保 ε_p 的值经过一定筛选是使解算进程不超出可行域的一种有效途径。Ehrgott 更详细地阐述了 ε-约束法(Ehrgott,2005),其引用了 Chankong 和 Haimes 所提出的理论,并在该理论基础上作了更为深入的研究。

回到由式(6.4)定义的简单加权和问题,利用一个包含在 ε-约束中的式子 $f_2(\boldsymbol{x})$ 将加权和问题改写成 ε-约束问题,那么得到

$$\begin{cases} \text{Min.} \ f(\boldsymbol{x})=(x_1-2)^2+(x_2-4)^2 \\ \text{s. t.} \ \ ((x_1-5)^2+(x_2-4.5)^2)\leqslant\varepsilon \\ \qquad g_1(\boldsymbol{x})=-x_1^2-x_2^2+25\leqslant 0 \\ \qquad g_2(\boldsymbol{x})=x_1^2-6x_2+12\leqslant 0 \end{cases} \tag{6.8}$$

如果已经按顺序选用 $\varepsilon=1.0$、2.0、3.0、3.5、4.0(可以理解成图 6.7 中的一组假想水平约束线),则该问题可以用第 4 章中解决单目标函数的方法来求解。求解由式(6.8)所定义的问题,可以得到解为 $f(\boldsymbol{x})=4.552$、2.648、1.714、1.37、1.08,它们均位于图 6.8 中的加权和设计曲线上。

另外可以应用混合替代方法。其中一种方法和处理式(6.3)所示问题的方法一样:对所有目标函数进行加权和,然后将所有的目标函数添加到类似于式(6.7)的 ε-约束集中。另一个折中的方案是对其中一些目标函数应用加权和方法,同时对剩余的目标函数应用 ε-约束法。为了解释这个折中方案,我们将目标函数 $f_3(\boldsymbol{x})=(x_1-3.5)^2+(x_2-2.5)^2$ 进一步添加到式(6.4)所示的问题中,但同时将它作为一个 ε-约束条件,所以式(6.4)改写成

$$\begin{cases} \text{Min.} \ f(\boldsymbol{x})=\omega((x_1-2)^2+(x_2-4)^2)+(1-\omega)((x_1-5)^2+(x_2-4.5)^2), \quad 0\leqslant\omega\leqslant 1 \\ \text{s. t.} \ \ (x_1-3.5)^2+(x_2-2.5)^2\leqslant\varepsilon \\ \qquad g_1(\boldsymbol{x})=-x_1^2-x_2^2+25\leqslant 0 \\ \qquad g_2(\boldsymbol{x})=x_1^2-6x_2+12\leqslant 0 \end{cases} \tag{6.9}$$

现在我们需要同时选择 ω 和 ε 的一个组合,这表明引进第三个目标函数增加了目标空间的维数。通过设定 ω 的值等于 0.5 同时改变 ε 的值,可以得到表 6.1 中的结果。

表 6.1 ε-约束问题的混合替代方法结果

ε	$f_1(\boldsymbol{x})$	$f_2(\boldsymbol{x})$	$f_3(\boldsymbol{x})$	$g_1(\boldsymbol{x})$	$g_2(\boldsymbol{x})$
2.2	2.10	2.67	2.2	-2.75	0.0
2.0	1.93	2.96	2.0	-1.74	0.0
1.9	1.84	3.12	1.9	-1.2	0.0
1.8	1.75	3.3	1.8	-0.63	0.0
1.7	1.66	3.50	1.7	-0.02	0.0

表 6.1 中显示的结果包括了图 6.5、图 6.6 和图 6.7 所示问题解集中的 C 点。同时根据本章前面部分提出的论点可以得出,试图通过在优化问题中添加第三个目标函数以生成帕累托前沿的方法已经不再有效。

在字典序优化中,应用一种类似于在 ε-约束法中应用过的排序制度:将某一个目标函数的优先等级相对于其他所有的目标函数置为最高。不同之处是在式 (6.7) 定义的问题中,将其余目标函数的 ε-约束条件替换成 $f_p(x) \leqslant f_p(x_p^*)$($p = 1$, $2, \cdots, q$ 且 $p \neq j$)的形式。事实上,我们正试图在不使其他函数变差的情况下改进其中的某个函数。在迭代初始,向量 x_p^* 是约束条件下每个目标函数的任意可行向量集。对于后续的迭代来说,向量 x_p^* 是在前一次迭代结束时能产生目标函数约束最小值的那些可行向量集。由此可见,除了对约束形式进行细微修改之外,字典序算法与 ε-约束法基本相同。

显然,因为一款产品的设计结果取决于预先设定的优先级顺序和有关工程判断的所有重要问题,所以设计它的工程师或设计团队需要考虑有关优先级的问题。

6.6 目标规划法

当由于某种原因需要完成一项并不要求最优但要求符合某些特定设计规范的设计时,就可以应用目标规划法。例如,一家汽车公司 X 通过调研市场变动来设计一款新车 Y,这款新车要比来自竞争公司 U 的车型 Z 在性价比、燃油经济性和加速性能上都更加优秀,比如说各个指标都相对提升 5%。

目标规划法以下列形式逼近所求的目标函数:

$$\begin{cases} d^+ = f - f_g \\ d^- = f_g - f \end{cases} \qquad (6.10)$$

式中:f_g 是任务目标;f 是客观实现;d^+ 是过完成度;d^- 是欠完成度。

使用式(6.10)中的表达式,可以将目标规划约束最小化问题表述为

$$\begin{cases} \text{Min. SUM}(d^+, d^-) \\ \text{s. t.} \quad g(x) \leqslant 0 \\ \qquad h(x) = 0 \end{cases} \qquad (6.11)$$

这样优化问题就转变为最小化目标函数值和规定目标之差。得到的结果是这样一个设计方案:它在满足约束条件的情况下以自下而上或自上而下的方式尽可能地接近指定设计目标。

6.7 Min-Max 算法

对于本章中的大部分方法,我们都已经考虑了权衡取舍,但是除了字典序算法之外,都没有考虑赋予各个函数不同重要性所带来的"副作用"问题。然而,在实际设计情况中,设计者通常不希望以另一个目标函数获得高值为代价来获得一个目标函数的低值。要处理在解决多目标优化问题时出现的这种情况,可行的方法是在约束条件下最小化所有目标函数中最差的输出,即最小化目标函数的约束最大值。

上述方法一般表述为

$$\begin{cases} \text{Min.} & \text{MAX}(f_i(\boldsymbol{x})) \quad i=1,2,\cdots,q \\ \text{s.t.} & \boldsymbol{g}(\boldsymbol{x}) \leqslant 0 \\ & \boldsymbol{h}(\boldsymbol{x}) = 0 \end{cases} \tag{6.12}$$

然而,直接使用 MAX 函数会在各组成函数的相交点处引入一阶导数不连续的问题,同时也限制了基于梯度的搜索方法应用。为了避免出现这些问题,建议使用将详细论述的连续包络函数,也就是著名的 Kreisselmeier-Steinhauser 函数(KS 函数),在第 11 章中该函数用于将大量约束减少到单个约束。应用该方法时,KS 函数的变量用一组包含 q 个独立目标函数的集合来替代,因此问题被简化为

$$\begin{cases} \text{Min.} & \text{KS}(f_1(\boldsymbol{x})\cdots f_q(\boldsymbol{x})) \\ \text{s.t.} & \boldsymbol{g}(\boldsymbol{x}) \leqslant 0 \\ & \boldsymbol{h}(\boldsymbol{x}) = 0 \end{cases} \tag{6.13}$$

我们将 KS 函数的使用方法留到第 11 章再详细讨论,现在关注典型的 Min-Max 问题。

为了阐述 Min-Max 问题,先考虑无约束问题:

$$\begin{cases} \text{Min.} & \boldsymbol{f}(x) = [f_1(x), f_2(x), f_3(x)] \\ f_1(x) = 3x^2 - x + 10 \\ f_2(x) = 3x + 10 \\ f_3(x) = 16 - 8x \end{cases} \tag{6.14}$$

该问题可以用图 6.10 来阐述,从图中可以直观地观察到 MAX 函数。假设在 $x=2.00, f_1(2)=20$ 处开始寻找合适的解,同时因为曲线 $f_1(x)$ 是当前的 MAX 函数,所以应用无约束寻优算法沿着函数 $f_1(x)$ 实际最小值的方向向下搜索。在点

$x = 1.25$ 处,我们接触到的曲线 $f_2(x)$ 成为 MAX 函数,沿该曲线继续下降,直到函数 $f_3(x)$ 截断搜索路径导致寻优进程不能进一步执行,所以 Min-Max 点是 $x = 0.545$,在此点处 $f_1(0.545) = 10.34$ 、$f_2(0.545) = f_3(0.545) = 11.64$ 。

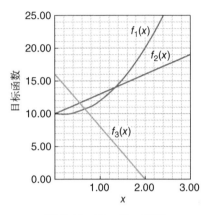

图 6.10　Min-Max 问题

尽管这个方法看起来有点深奥,但是它可以直接应用在某些问题上。例如直升机救援分配问题,Ehrgott 曾经做过一个相关报告(Ehgrott, 2005),指出有必要减少紧急情况下的最长反应时间。

6.8　理想点的等间距折中解

直观上,一个优秀的解决方案应该是这样的:首先定位理想点 $\boldsymbol{f}^0$,然后寻找到一个折中的设计方案,在这个折中方案处,各个函数 f_i 的最小值点与乌托邦点之间的偏移量相等。在 f_i 空间中,这些偏移量可以简单地用比值 f_i/f^0 进行度量。另外,通过添加约束 $\boldsymbol{g}$ 和 $\boldsymbol{h}$,我们可以用 KS 函数追踪 MAX($f_i/\boldsymbol{f}^0$),并保持折中方案的可行性。Ehrgott 提出了一种在某种程度上与之相似的方法(Ehrgott, 2005)。

6.9　遗传算法和人工神经网络算法

在第 5 章中,我们介绍了使用遗传算法和人工神经网络算法来解决单目标函数问题,现在使用这些方法来解决多目标函数优化问题。显然这两种方法都不能将优化问题简化为单目标函数优化问题。由于它们仍处于发展阶段并且是非常活跃的研究课题,因此随着时间推移,工程师们在选择使用它们来解决多目标函数优化问题时必须注意这些方法的变化。这与第 3 章和第 4 章中介绍的搜索方法有所不同,那些方法已经比较成熟,且基本不会再发生较大的变化。

下面简要介绍如何使用这两种方法来寻求更佳的设计方案。第 5 章已经充分讨论了这两种方法的细节,这里就不再重复。如果在遗传算法的框架下应用这些方法来解决多目标函数优化问题,我们需要扩展第 5 章中介绍的基础算法布局。这些内容将在 6.9.1 节中简要介绍。而人工神经网络算法与之不同,6.9.2 节中对神经网络的讨论基本上是参照前面章节。

6.9.1　遗传算法

在单目标函数优化的情况下,第 5 章的内容表明生物群体相对简单地通过遗传算法朝着改进设计的方向进化,其中遗传算法通过评估目标函数中各个实例的适应度来决定是否合并实例到基因库中。当优化问题涉及多目标函数时,通常不存在唯一的最优点,因此,必须通过配置遗传算法来找到占优点,即帕累托最优轨迹上的点。用来确定优化过程中活跃个体集内的个体是否具有适应性的方法必须注重选择占优的设计方案。一旦选定配置适应度的方法,遗传算法就开始生成令人满意的占优设计点集。了解了这一点,就会明白遗传算法的优化进程将与两个类或个体库一起进行,即非占优组和占优组。这两个类通常作为染色体使用以生成新设计点,而新生成的这些设计点可以被评估为占优点。在使用遗传算法生成新设计方案的过程中,有下列需要注意的问题:

- 在算法运行过程中,确保染色体的分裂和变异不会导致帕累托最优点丢失。
- 必须保持种群多样性,以便在选择过程中避免设计集群在特定邻域内繁衍。
- 存在足够多的随机初始值可供选择。

目前有大量多目标进化算法采用各种技术来解决上述列表中的问题,读者可以参阅以下参考文献来获得更详细的信息(Ghosh、Dehuri,2004;Osyczka,2002)。

6.9.2　人工神经网络算法

大多数多目标函数设计问题的提出并非始于"我们从未见过这样的情况",而是为了优化自身存在的大量问题。这一点在大型工业设计产品中表现得尤为明显,这些产品往往是渐进发展的,但却存在大量相互冲突的目标。解决这类问题是多学科设计的本质!在这种情况下,工程师是决策者,他们需要有效的信息来做出在技术层面上合理的决策,并以此寻求设计问题的"最佳"解决方案。如第 5 章所述,在设计阶段的初期和中期,经过训练的人工神经网络算法可以在指导设计人员作出决策的过程中发挥重要作用。通过直接应用人工神经网络算法找到的解决方案虽然不能保证一定满足帕累托最优,但这在实际应用中并不会限制人工神经网络算法发挥作用。此外,可行设计域可能是非凸的,因此工程师需要确认从训练好的人工神经网络算法中导出的新设计方案确实位于可行域内。

在第 5 章中,我们还指出,在多目标函数情况下通过目标函数和约束的表达式获得决策变量的最优输入集,人工神经网络算法就可以在反向传播模式中使用。如果以这种模式来应用人工神经网络算法,它与本章前几节中概述的用单目标函数替代多目标函数的方法并无二致。

6.10　小　　结

综上所述,如果多目标函数可以采用单目标函数替代,那么多目标优化问题就能够利用成熟可靠的单目标函数优化方法来解决。目前有很多方法可以实现多目标函数的替代,一些常用的方法已经在本章中得到验证,其中每一种方法都可以满足用户关于替代函数的主观偏好,并以自己独特的方式进行替代。因为不存在数学意义上严格且通用的替代方法,所以优化结果取决于所选用的方法和每种方法中表示用户倾向的方式。优化结果的非唯一性是帕累托定义用于多目标最小化时的基本固有特性。对于工程师来说,这种特性是积极的,因为它允许进行人为判定和混入无关乎优化过程本身的信息。

尽管目前遗传算法已经可以为多目标函数优化问题提供多样化的解决策略,并且可以预见到遗传算法的应用会越来越普遍,但是正如第 5 章中强调的,该算法的解算过程并不可见,因此当寻优过程结束时用户得不到关于优化结果的任何内在信息,且当设计团队需要修改设计方案时通常需要进行后期优化评估。针对这种情况,建议团队在设计过程的后期,从遗传算法切换到传统的寻优算法,也正因为此,遗传算法最初只用于对设计空间进行宽泛的寻优。

参 考 文 献

Ehrgott, M. (2005). *Multicriterion Optimization*. (2nd ed.). Berlin: Springer.

Gantois, K., & Morris, A. J. (2004). The Multi-Disciplinary Design of a Large-Scale Civil Aircraft Wing Taking Account of Manufacturing Costs. *Structural and Multidisciplinary Optimization*, 28, 31-46.

Ghosh, A., & Dehuri, S. (2004). Evolutionary Algorithms for Multi-Criterion Optimization: A Survey. *International Journal of Computing and Information Sciences*, 2(1), 38-57.

Kim, L. Y. , & Weck, O. L. (2005). Adaptive Weighted-Sum Method for Bi-Objective Optimization: Pareto Front Generation. *Structural and Multidisciplinary Optimization*, 29, 149-158.

Marler, R. T. , & Arora, J. S. (2005). Survey of Multi-Objective Optimization Methods for Engineering. *Structural and Multidisciplinary Optimization*, 26, 369-395.

Osyczka, A. (1984). *Multicriterion Optimization with Fortran Programs*, London: Ellis Horwood (John Wiley).

Osyczka, A. (2002). *Evotutionary Algorithms for Single and Multicriteria Design Optimization*. Studies in Fuzzinessand Soft Computing. Heidelberg: Physica Verlag.

第7章　灵敏度分析

在优化设计中,常常需要通过分析来回答人类或搜索算法提出的各种"假设(What If)"问题。而这些问题的答案可以用一组因变量或状态变量 y 关于设计变量 x 的导数来量化。因此,灵敏度分析在通用设计和特定的优化问题中便成了一个不可或缺的工具。本章主要从解析法而非有限差分法(Finite Difference,FD)的角度来阐述灵敏度分析的基本原理,因为任何关于数值方法的教材或专著对后者均有详细解释。

7.1 解　析　法

对闭合函数 $y(x)$ 直接微分是求其相对于 x 导数的首选方法。但在大多数复杂工程问题的分析中,往往使用的是数值分析结果而非解析结果,抑或是得到的函数表达式过于复杂,使得这种情况下的直接微分法并不实用。但是,如果能够利用隐函数定理对问题的控制方程进行微分,就可以使用这种解析方法(Rektorys,1969)。

假设某个问题的控制方程组由关于向量参数 x 和 y 的向量函数 $f(x,y)$ 表示,形式如下:

$$f(x,y)=0 \tag{7.1}$$

上述向量表达式包含了 m 个联立方程,它将 y 中的 m 个行为未知数 $y_j(j=1,2,\cdots,m)$ 与 x 中的 n 个独立输入变量 $x_i(i=1,2,\cdots,n)$ 联系起来,其中 $n \leqslant m$。将给定的 x 和任意选择的 y 代入函数 $f(x,y)$ 时就会得到一个确定的值,而式(7.1)成立时对应的特定 y 值即为该方程组的解。上述过程没有对这些方程的性质做出任何假设,即它们可以是线性的或非线性的、先验的、代数的、三角的等。此外,在求解它们时可能需要一个迭代过程。但是,无论通过何种方式得到解向量 y,其值均取决于 x:

$$y=y(x) \tag{7.2}$$

且 y 关于指定 x_i 的灵敏度由 $\mathrm{d}y/\mathrm{d}x_i$ 度量。

为了求解 $\mathrm{d}y/\mathrm{d}x_i$,假设当 x_i 增加 δx_i 时,若要满足式(7.1),y 就必须增加保证 $f(x,y)=0$ 的 δy。换言之,由于 x 和 y 的变化(所有的变化从变分的角度上都可以理解为小 δ)引起的 f(为方便起见,我们使用 f 代替 $f(x,y)$)的变化必须相互抵消,

使总变化 δf 为 0。用 δy 和 δx_i（x 一次改变一个元素，此次假设为 x_i）将 δf 表示为泰勒级数的线性部分：

$$\delta f = \frac{\partial f}{\partial x_i}\delta x_i + \frac{\partial f}{\partial y}\delta y = 0 \tag{7.3}$$

式中：$\partial f/\partial x_i$ 是由给定 i 和 $j(j=1,2,\cdots,m)$ 的偏导数 $\partial f_j/\partial x_i$ 组成的向量；$\partial f/\partial y$ 是偏导数 $\partial f_j/\partial y_k(j=1,2,\cdots,m;k=1,2,\cdots,m)$ 的方阵，也称为雅可比矩阵。

通过式（7.2），可以将式（7.3）中的第二项 δy 用关于 δx_i 的泰勒级数线性部分表示如下：

$$\delta f = \frac{\partial f}{\partial x_i}\delta x_i + \frac{\partial f}{\partial y}\frac{\mathrm{d}y}{\mathrm{d}x_i}\delta x_i = 0 \tag{7.4}$$

整理后为

$$\delta f = \left[\frac{\partial f}{\partial x_i} + \frac{\partial f}{\partial y}\frac{\mathrm{d}y}{\mathrm{d}x_i}\right]\delta x_i = 0 \tag{7.5}$$

进而可得

$$\frac{\partial f}{\partial y}\frac{\mathrm{d}y}{\mathrm{d}x_i} = -\frac{\partial f}{\partial x_i} \tag{7.6}$$

式（7.6）便是对应于控制方程式（7.1）的通用灵敏度方程。之所以称其为通用的，是因为无论控制方程是否为线性，这些联立的线性代数方程总是成立的。该方程组的解 $\mathrm{d}y/\mathrm{d}x_i$ 给出了 y 相对于 x_i 的 m 个全导数，当然前提是给出偏导数 $\partial f/\partial y$ 和 $\partial f/\partial x_i$ 在式（7.1）解区间中各 (x,y) 点上的值。

式（7.6）是针对特定的 x_i 而得出的。但是，它们的系数矩阵仅取决于 y，且右端（Right-Hand Side,RHS）向量仅取决于 x_i。所以，通过任何能够得到具有多个 RHS 向量的线性方程组解的线性代数技术（Tuma,1989），只需要生成和分解矩阵 $\partial f/\partial y$ 一次，并将 RHS 向量正向和反向替换为因式矩阵，就可以快速获得所期望的多个 x_i 的 $\mathrm{d}y/\mathrm{d}x_i$。我们将在讨论控制方程是线性的特殊情况时对此详细说明。

在许多应用中，可能需要某个函数 ϕ 的导数 $\mathrm{d}\phi/\mathrm{d}x$，即

$$\phi = a(x,y) \tag{7.7}$$

式中：y 与目标函数和约束函数中的 y 一样，为关于 x 的函数 $y(x)$。此外，ϕ 的偏导数用 $\partial a/\partial x$ 和 $\partial a/\partial y$ 来表示，以区分 ϕ 的全导数 $\mathrm{d}\phi/\mathrm{d}x$。在通过式（7.6）计算出导数 $\mathrm{d}y/\mathrm{d}x$ 之后，结合 $y=y(x)$，便可以通过复合函数的链式微分法则来获得导数 $\mathrm{d}\phi/\mathrm{d}x$，如下：

$$\frac{\mathrm{d}\phi}{\mathrm{d}x} = \frac{\partial a}{\partial x} + \left(\frac{\mathrm{d}y}{\mathrm{d}x}\right)^{\mathrm{T}}\frac{\partial a}{\partial y} \tag{7.8}$$

式中：偏导数 $\partial a/\partial x$ 和 $\partial a/\partial y$ 通常可以不太费力地通过解析微分或有限差分获得，而 $\mathrm{d}y/\mathrm{d}x$ 项则可通过式（7.6）解得。计算出 $\mathrm{d}\phi/\mathrm{d}x$ 即完成了式（7.1）所示解的灵

敏度分析。

7.1.1　算例 7.1

下述算例将演示使用上述方法的灵敏度分析过程,并将其与直接微分法和有限差分法进行比较。设式(7.1)为一个二次方程:

$$f = xy^2 + by + c = 0 \tag{7.9}$$

因为这是一个单独的方程,变量是由小写字母表示的标量,所以这里可以用微分符号 $\mathrm{d}y/\mathrm{d}x$ 代替偏微分 $\partial y/\partial x$。假设 b 和 c 保持为常数,有四种不同的求解方式可以帮助我们获得导数 $\mathrm{d}y/\mathrm{d}x$,这也反映了可以在 MDO 系统中部署不同方法。

前提是能够获得方程在给定自变量和常数时的解。对于这个特定的例子,设 $x = 1$、$b = 2$、$c = -8$,可以由以下二次方程求得其解:

$$y_1, y_2 = \frac{(-b \pm \sqrt{b^2 - 4xc})}{2x} \tag{7.10}$$

仅考虑 y_1 的情况并用 y 表示,则有 $y = 2$。然后在坐标为 $(x, y) = (1, 2)$ 的点处求各项导数。

第一种方法:取 $\Delta x = 0.001x$,并将其代入式(7.10)中求出点(1.001, 1.99933370347),然后用最简单的一步前向有限差分近似来表示 $\mathrm{d}y/\mathrm{d}x$,可得

$$\frac{\Delta y}{\Delta x} = -0.66629653 \tag{7.11}$$

第二种方法:利用闭合形式解的存在性,对式(7.10)直接进行微分可得

$$\frac{\mathrm{d}y}{\mathrm{d}x} = \frac{b(b^2 - 4xc)^{1/2} - b^2 + 2xc}{2x^2(b^2 - 4xc)^{1/2}} \tag{7.12}$$

将数值代入式(7.12)可得到精确解

$$\frac{\mathrm{d}y}{\mathrm{d}x} = -\frac{2}{3} = -0.6666667 \tag{7.13}$$

第三种方法:使用式(7.6)来计算导数 $\mathrm{d}y/\mathrm{d}x$。首先对式(7.9)直接微分获得 $\partial f/\partial y$ 和 $\partial f/\partial x$,根据偏导数的定义,y 和 x 都可视为独立变量。因此

$$\begin{cases} \dfrac{\partial f}{\partial y} = 2xy + b = 6 \\[2mm] \dfrac{\partial f}{\partial x} = y^2 = 4 \end{cases} \tag{7.14}$$

将以上两项代入式(7.6),得

$$\frac{\mathrm{d}y}{\mathrm{d}x} = -\frac{2}{3} = -0.6666667 \tag{7.15}$$

第四种方法:依然运用式(7.6)来计算导数 $\mathrm{d}y/\mathrm{d}x$,但这次是通过使用有限差

分来计算偏导数 $\partial f/\partial y$ 和 $\partial f/\partial x$ 的近似值。通过与式(7.11)中相同的一步前向技术，并对 Δy 和 Δx 取相同的相对步长，即 $\Delta y = 0.01y = 0.02$，$\Delta x = 0.01x = 0.01$，由式(7.9)得到

$$\begin{cases} \dfrac{\Delta f}{\Delta y} = \dfrac{f(x,y+\Delta x)-f(x,y)}{\Delta y} = 2xy+x\Delta y+b = 6.04 \\ \dfrac{\Delta f}{\Delta x} = \dfrac{f(x+\Delta x)-f(x,y)}{\Delta x} = y^2 = 4 \end{cases} \tag{7.16}$$

将上面两项的值代入式(7.6)，得到

$$\frac{\mathrm{d}y}{\mathrm{d}x} = -0.6644518 \tag{7.17}$$

比较四个结果可以看出，式(7.13)和式(7.15)得出的均为准确值。这与预期是一致的，因为两者都是基于严格的分析，且没有利用任何简化假设。另外式(7.17)的结果比式(7.11)的结果更精确，计算量也更小。因此，该示例说明了灵敏度分析中存在如下优先顺序：

（1）直接微分法（可以直接微分时）；

（2）通过微分获得灵敏度方程系数的解析方法（又称为准解析方法，因为它需要方程的数值解）；

（3）通过有限差分计算灵敏度方程系数的解析法（称为半解析方法）；

（4）有限差分（FD）方法。

虽然存在上述优先顺序，但需要指出的是，也许 FD 方法在实际中是最容易实现的，并且可能需要的额外编程也最少，因为可以将现有代码作为嵌入 FD 循环中的"黑箱"①使用。它也适用于并行计算技术，因为一次递增一个设计变量的影响可以同时对所有变量进行评估。

需要注意的是，当 FD 方法应用于迭代求解时，其准确性可能会严重下降，因为该解决方案的准确性取决于迭代终止准则。因此，通过 x_i 递增后重新迭代而获得的新解与参考解不同，一方面是由于 x_i 的增量，另一方面是由于持续不断、直到终止准则使其再次停止的迭代序列，在极端情况下，即使 x_i 增量设置为 0，只通过重新启动迭代，也会生成一个完全不同的解。在 Haftka 和 Gurdal(1991)的文献中提出了一种通过将"迭代连续效应"与 x_i 增量效应分开来恢复精度的 FD 技术。

> 说明 7.1　导数的分步计算
>
> 1. 解控制方程，求得特定 **x** 值下的 **y** 值。

---

①　术语"黑箱"一词在全书中均引用其在控制论中的意义：一种提供输入时产生输出且其内部工作原理未知的装置。

2. 在点 $\boldsymbol{x}$、$\boldsymbol{y}$ 处对控制方程进行微分,得到偏导数 $\partial \boldsymbol{f}/\partial \boldsymbol{y}$ 的 $m \times m$ 型矩阵。根据隐函数的微分法则,在求上述微分时,只将 $\boldsymbol{y}$ 视为函数 $\boldsymbol{f}$ 的唯一变量。

3. 对控制方程中的变量 x_i 求微分,得到偏导数 $\partial \boldsymbol{f}/\partial x_i$ 的 n 维向量。根据隐函数的微分法则,在求上述微分时,只将 x_i 视为函数 $\boldsymbol{f}$ 的唯一变量。

4. 对所有感兴趣的变量 x_i 重复第 3 步的操作。

5. 生成对应的灵敏度方程 $\dfrac{\partial \boldsymbol{f}}{\partial \boldsymbol{y}} \dfrac{\mathrm{d}\boldsymbol{y}}{\mathrm{d}x_i} = -\dfrac{\partial \boldsymbol{f}}{\partial x_i}$。

6. 通过任何可用的方法,求解全导数 $\mathrm{d}\boldsymbol{y}/\mathrm{d}x_i$ 关于每一个所关注 x_i 的方程,共计 n 个,推荐使用前面所述通过一次分解系数矩阵就得到多个右端项解的方法。

　　结果是得到一组在给定 $\boldsymbol{x}$ 处有效的 $\mathrm{d}\boldsymbol{y}/\mathrm{d}x_i$。

7.1.2　算例 7.2

　　前面的算例 7.1 用一个单自变量和单因变量的函数演示了上述方法。现在介绍一个涉及两个因变量和两个自变量的简单解析函数的例子:

$$\boldsymbol{f}(\boldsymbol{x},\boldsymbol{y}) = \begin{bmatrix} f_1(\boldsymbol{x},\boldsymbol{y}) \\ f_2(\boldsymbol{x},\boldsymbol{y}) \end{bmatrix} = \begin{bmatrix} 0 \\ 0 \end{bmatrix} \tag{7.18}$$

式中:$f_1(\boldsymbol{x},\boldsymbol{y}) = x_1 + x_2 - 3y_1 - 2y_2$;$f_2(\boldsymbol{x},\boldsymbol{y}) = x_1 + 2x_2 - y_1 - y_2$。

　　取 $x_i(i=1,2)$ 作为自变量,$y_i(i=1,2)$ 为因变量,然后以关于 x_1 为例逐步阐述求导过程,这个过程中需要计算式(7.6)中的项。使用式(7.18)中 f_1 和 f_2 的表达式,得到

$$\frac{\partial \boldsymbol{f}}{\partial x_1} = \begin{bmatrix} \dfrac{\partial f_1}{\partial x_1} \\ \dfrac{\partial f_2}{\partial x_1} \end{bmatrix} = \begin{bmatrix} 1 \\ 1 \end{bmatrix} \tag{7.19}$$

和

$$\frac{\partial \boldsymbol{f}}{\partial \boldsymbol{y}} = \begin{bmatrix} \dfrac{\partial f_1}{\partial y_1} & \dfrac{\partial f_1}{\partial y_2} \\ \dfrac{\partial f_2}{\partial y_1} & \dfrac{\partial f_2}{\partial y_2} \end{bmatrix} = \begin{bmatrix} -3 & -2 \\ -1 & -1 \end{bmatrix} \tag{7.20}$$

　　至此,我们已经进行到了说明 7.1 中所示的第 6 步,以式(7.6)为基础并经如下修正后即可计算所需的导数:

$$\frac{\mathrm{d}\boldsymbol{y}}{\mathrm{d}x_1} = -\left(\frac{\partial \boldsymbol{f}}{\partial \boldsymbol{y}}\right)^{-1}\frac{\partial \boldsymbol{f}}{\partial x_1} \tag{7.21}$$

将式(7.20)的逆和式(7.19)代入式(7.21),便可以得到所需的导数,如下:

$$\frac{\mathrm{d}\boldsymbol{y}}{\mathrm{d}x_1} = \begin{bmatrix} \dfrac{\mathrm{d}y_1}{\mathrm{d}x_1} \\ \dfrac{\mathrm{d}y_2}{\mathrm{d}x_1} \end{bmatrix} = -\begin{bmatrix} -1 & 2 \\ 1 & -3 \end{bmatrix}\begin{bmatrix} 1 \\ 1 \end{bmatrix} = \begin{bmatrix} -1 \\ 2 \end{bmatrix} \tag{7.22}$$

7.2 线性控制方程

在许多应用中,式(7.1)所示的控制方程可能是线性的,或者可以通过牛顿法将非线性方程在给定 $\boldsymbol{x}$ 的邻域中线性化。因此,控制方程为线性的情况值得认真研究。考虑式(7.1)为线性代数方程联立的控制方程组:

$$\boldsymbol{A}\boldsymbol{y} = \boldsymbol{b} \tag{7.23}$$

式中:$\boldsymbol{A} = \boldsymbol{A}(\boldsymbol{x})$ 是一个 $m \times m$ 型的非奇异系数矩阵(不要求必须对称);$\boldsymbol{b} = \boldsymbol{b}(\boldsymbol{x})$ 是一个 $m \times k$ 型的矩阵;$\boldsymbol{y}$ 是包括 m 个未知数的向量。涉及多个负载的结构分析就是一个符合上述情形的典型例子,其中 $\boldsymbol{y}$ 表示位移,矩阵 $\boldsymbol{b}$ 的各列分别表示一个独立的载荷工况。当求解式(7.23)时,每个载荷工况将产生一组单独的"解"向量 $\boldsymbol{y}$。首先讨论单个向量 $\boldsymbol{b}$ 的情况,然后将其推广到 $\boldsymbol{b}$ 中包含不止一个向量分量的多载荷情况。

下面按照上述方法给出单个向量 $\boldsymbol{b}$ 的灵敏度方程。为了推导这些方程,可以将式(7.23)表示成以下形式:

$$\boldsymbol{f}(\boldsymbol{x},\boldsymbol{y}) = \boldsymbol{A}\boldsymbol{y} - \boldsymbol{b} = 0 \tag{7.24}$$

注意到 $\dfrac{\partial \boldsymbol{f}}{\partial x_i} = \dfrac{\partial \boldsymbol{A}}{\partial x_i}\boldsymbol{y} - \dfrac{\partial \boldsymbol{b}}{\partial x_i}$ 和 $\dfrac{\partial \boldsymbol{f}}{\partial \boldsymbol{y}}\dfrac{\mathrm{d}\boldsymbol{y}}{\mathrm{d}x_i} = \boldsymbol{A}\dfrac{\mathrm{d}\boldsymbol{y}}{\mathrm{d}x_i}$,将这些项代入说明 7.1 中第五步的等式里即可得到灵敏度方程:

$$\boldsymbol{A}\frac{\mathrm{d}\boldsymbol{y}}{\mathrm{d}x_i} = -\frac{\partial \boldsymbol{A}}{\partial x_i}\boldsymbol{y} + \frac{\partial \boldsymbol{b}}{\partial x_i} \tag{7.25}$$

在这里需要强调的是,尽管式(7.24)相对于 $\boldsymbol{y}$ 是线性的,但是 $\boldsymbol{x}$ 对 $\boldsymbol{y}$ 的影响可能是非线性的。因此,导数 $\mathrm{d}\boldsymbol{y}/\mathrm{d}x_i$ 仅在可以计算 $\boldsymbol{A}$ 和 $\boldsymbol{b}$ 的 $\boldsymbol{x}$ 空间点处有效。如果 $\boldsymbol{x}$ 有任何变化,则必须更新 $\boldsymbol{A}$ 和 $\boldsymbol{b}$ 值,并重新计算 $\boldsymbol{y}$ 和 $\mathrm{d}\boldsymbol{y}/\mathrm{d}x_i$ 的值。

上述方程可以通过基于 Cholesky 算法的数值过程来求解 $\boldsymbol{y}$ 和 $\mathrm{d}\boldsymbol{y}/\mathrm{d}x_i$,该算法适用于具有多个 RHS 的联立线性代数方程。将此算法简单概述如下,对更多细节感兴趣的读者可参考各种线性代数教材,例如 Tuma 的专著(1989)。

该算法利用了式(7.24)和式(7.25)的相似性。它们之间的系数矩阵 A 相同,RHS 向量不同。因此,如果用 z 代替 y 或 dy/dx_i,并用 r 代替 b 或 $(\partial A/\partial x_i)y + (\partial b/\partial x_i)$,则上述两个方程可以用如下通用形式表示为

$$Az = r \tag{7.26}$$

首先假设存在一个 RHS 向量 r,因此存在单个解向量 y。采用 Cholesky 算法将这个因子 A 分解为 L 和 T,转换公式见 Tuma 的专著(1989)。T 是上三角矩阵,对角线上元素的值为 1,对角线下方的元素为零,上方元素非零。而在 L 中,对角线上方的所有元素均为零,非零元素仅出现在对角线下方。

为了求解相关参数,需要引入一个辅助向量 c:

$$LTz = r \tag{7.27}$$
$$Lc = r \tag{7.28}$$
$$Tz = c \tag{7.29}$$

L 的三角形结构使得可以从式(7.28)的第一行开始求解 c,因为第一行只有一个未知数。求解完第一行之后再进行第二行的求解,此时第二行中的第一个非零元素已经由第一行的解给出,只需要解出第二个即可。按此方法向下逐行进行计算,直到最后一行解出 c 中最后一个未知元素为止。得到 c 之后便可以用相似的方法从式(7.29)中求出 z,只需要由只包含一个未知元素的末行向上逐行求解即可。这两种操作分别称为前推(也称为前向替换)和回代(Forward and Back Substitution,FBS)。上述方法用来生成给定向量 r 时的向量 z。A 到 L 和 T 的转换与右端项 r 无关,所以无论有多少右端项 r 向量,只需进行一次转换即可。通过执行 FBS 操作可以存储矩阵 L 和 T,并计算每个 r 对应的 z。注意到所有每个右端项 r 的 FBS 操作都是相互独立的,因此它们非常适合并行计算,并且在存储了 L 和 T 的数据之后,还可以随时添加和处理更多 RHS 向量。

将上述通用算法应用于式(7.24)和式(7.25)得到矩阵 L 和 T,将其存储起来以便对 b 执行 FBS 操作来替换 r 并将 y 的含义赋予 z。我们可以围绕多个 $b_i(i=1, 2, \cdots, k)$,重用对每个 b_i 执行 RHS 操作时存储的 L 和 T 生成并存储解向量 y_i。使用这些存储的 y,求解表达式 $(\partial A/\partial x_i)y + (\partial b/\partial x_i)$ 并将其用 r 表示,同时将 $\partial y/\partial x_i$ 的值赋予 z。

为了保持维度匹配,b_i 中可能有 k 个项,k 对应于 y_i 中的项数,n 对应向量 x 的长度。因此,该过程共产生 k 个解向量 y_i(每个长度为 n)和 n 个向量 dy/dx_i(每个长度为 m)。该数集包含了式(7.24)针对所有右端项 b 的解,以及这些解关于 x 中所有自变量的导数。

在基于位移公式的有限元法(Finite Element Method,FEM)中,上述方法成为结构灵敏度分析的主流。因为该公式的核心是一组称为载荷-位移方程的线性代数

方程组：

$$Ku = P \qquad\qquad (7.30)$$

式中：K 为刚度矩阵；u 为位移矩阵，u 中的每一列对应一种载荷工况，并以列 P_j 的形式在载荷工况矩阵 P 中出现。通常将横截面尺寸和几何形状参数构成的向量选为设计变量 x，则有 $K = K(x)$ 和 $P = P(x)$。因此，灵敏度方程为

$$K\frac{\mathrm{d}u_j}{\mathrm{d}x_i} = -\frac{\partial K}{\partial x_i}u_j + \frac{\partial p_j}{\partial x_i} \qquad\qquad (7.31)$$

式中：u_j 是位移向量，u 中的第 j 列对应于载荷工况中的向量 P_j，即矩阵 P 中的第 j 列。以上通过通用术语描述的数值计算过程是许多商用结构分析代码（如 Genesis、NASTRAN 和 ASTROS）的一部分。即使当 u 中的元素数量、P 中的载荷工况和 x 中的设计变量分别增大至 10^5、10^3 和 10^2 量级时，它也可以通过式(7.30) 和式(7.31)求解得到 u 和 $\mathrm{d}u/\mathrm{d}x$。可以期待，这些数据规模在未来的应用中还会继续增长，因为该算法非常适合并行计算。

7.3　特征向量和特征值灵敏度

大部分工程问题都需要计算特征向量和特征值，典型的例子包括结构中的振动、动力学及屈曲分析等，在航空航天的多学科应用中包括机翼和水翼的颤振等。相对于设计变量，行为（状态）变量导数的计算需要使用一组与如式(7.30) 和式(7.31)所示静态分析方法不同的方程组。下面通过求解自由振动结构的固有频率（特征值）和振动模态（特征向量）的问题，来说明特征值和特征向量导数的计算方法。在出现复特征值时，暂不考虑其和特征向量的微分。

用于计算频率 ω_i^2 和模态 u_i 的线性特征值问题由下式定义：

$$(K - \omega_i^2 M)u_i = 0 \quad i = 1, 2, \cdots, m \qquad\qquad (7.32)$$

假设我们处理的是一个由 m 个自由度所定义的问题，那么 K 是 $m \times m$ 型的刚度矩阵，M 是 $m \times m$ 型的质量矩阵。从广义上讲，M 为惯性矩阵，其元素反映质量或惯性矩的度量，与表示设计行为自由度的性质一致。集中和分布惯性，包括结构件自身的惯性，均包含在 M 中。K 和 M 都是 n 个设计变量 $x_i(i = 1, 2, \cdots, n)$ 的函数，因此可以写成 $K(x)$ 和 $M(x)$。式(7.32)表明，左端项（Left-Hand Side，LHS）抵抗弹性变形的力与右端项的惯性力相平衡，且二者都是不直接涉及简谐运动的时间函数。求解式(7.32)可得到和有限元模型自由度一样多的频率和振型，故在求解自由振动结构的固有频率时，需要注意使计算需求保持在合理范围内。此外，由于连续结构离散化为有限元模型后会增加一个额外的虚拟刚度，所以从式(7.32)的数值解得到的频率将大于振动结构的实际频率。

为了简单概括一下特征值问题,用 μ_i 代替式(7.32)中的频率项 ω_i^2,二者都是标量,式(7.32)可以写成

$$(\boldsymbol{K}-\mu_i\boldsymbol{M})\boldsymbol{u}_i=0 \quad i=1,2,\cdots,m \qquad (7.33)$$

Crandall(1956)和 Wilkinson(1965)提出了利用特征值 $\boldsymbol{\mu}$ 和特征向量 $\boldsymbol{u}$ 求上述问题的数值解法,包含这类数值求解方法的软件已经随处可见随手可得(Moore,2014)。

7.3.1 屈曲问题的特征值分析

另一类常见的特征值分析问题是弹性不稳定性(屈曲),其控制方程与上述振动方程看上去非常相似:

$$(\boldsymbol{K}+\mu_i\boldsymbol{K}_{\mathrm{G}})\boldsymbol{u}_i=\mu_i\boldsymbol{P} \qquad (7.34)$$

区别在于一些变量的含义不同:$\boldsymbol{P}$ 为一种载荷工况下的负载;μ_i 为乘子,例如应用于某载荷,得到 $\mu_i\boldsymbol{P}$ 使结构发生屈曲;$\boldsymbol{K}_{\mathrm{G}}$ 为对应于 $\boldsymbol{P}$ 的几何刚度矩阵。

当式(7.34)的系数矩阵行列式退化为 0 时发生屈曲(Przemieniecki,1968),即

$$|\boldsymbol{K}+\mu\boldsymbol{K}_{\mathrm{G}}|=0 \qquad (7.35)$$

上式也确定了乘子 μ 的值。省略上式中的下标是因为屈曲不同于振动问题,它关注的是从式(7.35)中获得的 μ 的最小值。由于式(7.33)与式(7.34)具有相似性,所以随后仅通过式(7.33)就振动问题展开讨论。

7.3.2 特征值和特征向量的导数

回到式(7.33)所描述的振动问题,假设式(7.33)已经通过适当的方法进行求解,并获得了特征值 μ_i 和特征向量 $\boldsymbol{u}_i$ 的特征对,接下来准备对其求导。为了得到它们的导数,即 $\partial\mu_i/\partial x_j$ 和 $\partial\boldsymbol{u}_i/\partial x_j$,介绍一种从 Haftka 和 Gurdal(1991)专著中改编而来的方法。

所有的特征灵敏度分析算法均遵循以下规则:

(1)在没有强迫函数(这也是本节假设)的情况下,特征向量的元素通过相对于任意选择的一个元素即可获得。这意味着它们没有绝对值,只有相对值。

(2)将特征向量相对于质量矩阵 $\boldsymbol{M}$[①]归一化,即使得

$$\boldsymbol{u}_i^{\mathrm{T}}\boldsymbol{M}\boldsymbol{u}_i=1 \qquad (7.36)$$

相对于设计变量 $\boldsymbol{x}$ 求式(7.33)的微分,并结合式(7.36),可得 μ_i 相对于 x_j 的导数表达式如下所示:

---

① Nelson(1976)提出了这种经典归一化的替代方法:将特征向量的最大分量设置为单位常数(这需要将其导数保持为 0)。

$$\frac{\partial \mu_i}{\partial x_j} = \frac{\boldsymbol{u}_j^{\mathrm{T}} \left(\dfrac{\partial \boldsymbol{K}}{\partial x_j} - \mu_i \dfrac{\partial \boldsymbol{M}}{\partial x_i} \right) \boldsymbol{u}_i}{\boldsymbol{u}^{\mathrm{T}} \boldsymbol{M} \boldsymbol{u}} \tag{7.37}$$

转向求特征向量的导数。通常没必要对所有特征向量求导,这种做法也不实际。Rogers(1970)和 Wang(1991)描述的方法可以用来计算特征向量的子集。对第 p 个特征向量求导,有

$$\frac{\partial \boldsymbol{u}_p}{\partial x_i} = \boldsymbol{u}_{pr} + \sum_j a_{pj} \boldsymbol{u}_j \quad j = 1, 2, \cdots, m_r; \ j \neq p \tag{7.38}$$

式中

$$\boldsymbol{u}_{pr} = \boldsymbol{K}^{-1} \left(\frac{\partial \mu_p}{\partial x_i} \boldsymbol{M} - \frac{\partial \boldsymbol{K}}{\partial x_i} + \mu_i \frac{\partial \boldsymbol{M}}{\partial x_i} \right) \boldsymbol{u}_p \tag{7.39}$$

$$a_{pj} = \mu_j \frac{\left(\boldsymbol{u}_p^{\mathrm{T}} \left(\dfrac{\partial \boldsymbol{K}}{\partial x_i} - \mu_i \dfrac{\partial \boldsymbol{M}}{\partial x_i} \right) \right)}{\left(\boldsymbol{u}_p^{\mathrm{T}} \left(\dfrac{\partial \boldsymbol{K}}{\partial x_i} - \mu_i \dfrac{\partial \boldsymbol{M}}{\partial x_i} \boldsymbol{u}_j \right) \right)} \tag{7.40}$$

同时

$$a_{jj} = -u_p^m - \sum a_{pj} \boldsymbol{u}_j^m = -\frac{\boldsymbol{u}_p^{\mathrm{T}}}{2} \frac{\partial \boldsymbol{M}}{\partial x_i} \boldsymbol{u}_p \tag{7.41}$$

上述表达式不适用于某些特征值相同(重复导数)的问题,也不适用于特别复杂的情况。关于这一问题可以参考 Magnus、Katyshev 和 Peresetsky(1997)的专著,他们同时还给出了二阶导数的表达式。

7.3.3 算例 7.3

图 7.1 中具有两个自由度的弹性双杆结构是一个计算特征值和特征模态的简单算例。对于这个简单的问题来说,选择生成所有特征值和特征模态的算法,或选择上述寻找可能的解子集的算法,都不是一个大问题。因此,我们使用 Petyt(2010)提出的解决方案,生成一组完整的特征值和特征模态。

在图 7.1 中假设两杆长度相等,均为 l,其中杆 1 横截面积为 x_1,杆 2 横截面积为 x_2。两杆的刚度矩阵分别由下式给出:

$$\boldsymbol{k}_1 = \frac{2Ex_1}{l} \begin{bmatrix} 1 & -1 \\ -1 & 1 \end{bmatrix}, \quad \boldsymbol{k}_2 = \frac{2Ex_2}{l} \begin{bmatrix} 1 & -1 \\ -1 & 1 \end{bmatrix} \tag{7.42}$$

两杆的质量矩阵分别由下式给出:

$$\boldsymbol{m}_1 = \frac{\rho x_1 E}{l} \begin{bmatrix} 2 & 1 \\ 1 & 2 \end{bmatrix}, \quad \boldsymbol{m}_2 = \frac{\rho x_2 E}{l} \begin{bmatrix} 2 & 1 \\ 1 & 2 \end{bmatrix} \tag{7.43}$$

式中:E 是弹性模量;l 是杆总长;ρ 是杆的材料密度。由以上矩阵,可得到全局刚度矩阵及质量矩阵如下:

$$K = \frac{2E}{l}\begin{bmatrix} x_1+x_2 & x_2 \\ x_2 & x_2 \end{bmatrix}, \quad M = \frac{\rho}{12}\begin{bmatrix} x_1+x_2 & x_2 \\ x_2 & x_2 \end{bmatrix} \tag{7.44}$$

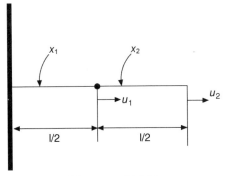

图 7.1　双杆示例

为了简化,假设 $\rho l/24E = 1$ 并从 $x_1 = x_2 = 1$ 开始,这时双杆结构的特征问题由下式给出:

$$\left[\begin{bmatrix} 2 & -1 \\ -1 & 1 \end{bmatrix} - \mu\begin{bmatrix} 4 & 1 \\ 1 & 2 \end{bmatrix}\right]\begin{bmatrix} u_1 \\ u_2 \end{bmatrix} = \begin{bmatrix} 0 \\ 0 \end{bmatrix} \tag{7.45}$$

求解可得 $\boldsymbol{u}$ 的特征值及其由 $\boldsymbol{\zeta}$ 表示的归一化特征向量:

$$\begin{bmatrix} \mu_1 \\ \mu_2 \end{bmatrix} = \begin{bmatrix} 1.32 \\ 0.108 \end{bmatrix}, \quad \boldsymbol{\zeta}_1 = \begin{bmatrix} -0.44 \\ 0.622 \end{bmatrix}, \quad \boldsymbol{\zeta}_2 = \begin{bmatrix} 0.44 \\ 0.622 \end{bmatrix} \tag{7.46}$$

为了获取特征值和特征向量的导数,可以使用以下"标准"(Petyt,2010)形式:

$$\begin{bmatrix} (\boldsymbol{K}-\mu_i\boldsymbol{M}) & -\boldsymbol{M}\boldsymbol{\zeta}_i \\ \boldsymbol{\zeta}_i^{\mathrm{T}}\boldsymbol{M} & 0 \end{bmatrix}\begin{bmatrix} \dfrac{\partial \boldsymbol{\zeta}_i}{\partial x_j} \\ \dfrac{\partial \mu_i}{\partial x_j} \end{bmatrix} = \begin{bmatrix} -\left(\dfrac{\partial \boldsymbol{K}}{\partial x_j}-\mu_i\dfrac{\partial \boldsymbol{M}}{\partial x_j}\right)\boldsymbol{\zeta}_i \\ -0.5\boldsymbol{\zeta}_i^{\mathrm{T}}\dfrac{\partial \boldsymbol{M}}{\partial x_j}\boldsymbol{\zeta}_i \end{bmatrix} \tag{7.47}$$

取 $i=1$ 和 $j=2$,得到

$$\begin{bmatrix} (\boldsymbol{K}-\mu_i\boldsymbol{M}) & -\boldsymbol{M}\boldsymbol{\zeta}_i \\ \boldsymbol{\zeta}_i^{\mathrm{T}}\boldsymbol{M} & 0 \end{bmatrix} = \begin{bmatrix} -3.382 & -2.32 & -1.137 \\ -2.32 & -1.641 & 0.804 \\ -1.137 & 0.804 & 0 \end{bmatrix}$$

$$\begin{bmatrix} -\left(\dfrac{\partial \boldsymbol{K}}{\partial x_j}-\mu_i\dfrac{\partial \boldsymbol{M}}{\partial x_j}\right)\boldsymbol{\zeta}_i \\ -0.5\boldsymbol{\zeta}_i^{\mathrm{T}}\dfrac{\partial \boldsymbol{M}}{\partial x_j}\boldsymbol{\zeta}_i \end{bmatrix} = \begin{bmatrix} 0.721 \\ 0 \\ -307 \end{bmatrix} \tag{7.48}$$

故当 $i=1,j=2$ 时,由式(7.47)有

$$\frac{\partial \mu_1}{\partial x_2}=-0.317 \quad \frac{\partial \zeta_1}{\partial x_2}=\begin{bmatrix} 0.08 \\ -0.307 \end{bmatrix} \quad (7.49)$$

此外还有一种求上述导数的替代方法,其首先将式(7.47)的上部左乘 ζ_i^{T},得到

$$\zeta_i^{\mathrm{T}}(\boldsymbol{K}-\mu_i \boldsymbol{M})\frac{\partial \zeta_i}{\partial x_j}-\zeta_i^{\mathrm{T}} \boldsymbol{M}\zeta_i \frac{\partial \mu_i}{\partial x_j}=\zeta_i^{\mathrm{T}}\left(\frac{\partial \boldsymbol{K}}{\partial x_j}-\frac{\partial \boldsymbol{M}}{\partial x_j}\right)\zeta_i \quad (7.50)$$

由归一化特征向量 $\zeta_i^{\mathrm{T}} \boldsymbol{M}\zeta_i=1$ 且 $\zeta_i^{\mathrm{T}}(\boldsymbol{K}-\mu_i \boldsymbol{M})=0$,并将其代入式(7.50)得到

$$\frac{\partial \mu_i}{\partial x_j}=\zeta_j^{\mathrm{T}}\left(\frac{\partial \boldsymbol{K}}{\partial x_j}-\mu_i \frac{\partial \boldsymbol{M}}{\partial x_j}\right)\zeta_i \quad (7.51)$$

推荐读者使用式(7.51)来计算特征值的导数,因为使用式(7.47)可能存在数值上的困难。但是,在使用式(7.51)计算当前问题的导数时,存在符号变化,即式(7.49)中给出的值 -0.317 变为 $+0.317$。

可以使用以下标准化的特征向量导数来检验或直接计算特征值:

$$\frac{\partial \mu_i}{\partial x_j}=2\zeta_i^{\mathrm{T}} \boldsymbol{K} \frac{\partial \mu_i}{\partial x_j}+\zeta_i^{\mathrm{T}} \frac{\partial \boldsymbol{K}}{\partial x_j}\zeta_i \quad (7.52)$$

7.4 高阶导数和方向导数

7.3 节中所述求一阶导数的方法还可以扩展到求二阶乃至更高阶导数。实现该目标的一个简单方法是将二阶导数视为一阶导数的导数,并充分利用灵敏度方程式(7.6)呈线性这一事实,故可以应用式(7.24)中相同的算法。

正如 Sobieszczanski-Sobieski(1990a)所描述的,应用这种方法可推导直至 n 阶导数的方程。从通用灵敏度方程式(7.6)开始,重新解读如下方程:

$$Az=r \quad (7.53)$$

式中:z_i 是 y 的一阶导数的简写,可以是 $m\times 1$ 型向量、$n\times n$ 型矩阵或 $n\times 1$ 型向量。

Sobieszczanski-Sobieski(1990a)通过将式(7.53)的微分从二阶导数扩展到四阶导数(包括三个设计变量 x_k、x_l 和 x_m 混合导数的情况),给出了高阶导数的通用表达式。该文献还表明这种模式具有重复性和有规律的递归性,这使得其在原则上可以自我扩展到任意阶导数,并可以包含任意个数的变量。

函数关于一组设计变量的 q 阶导数,将会作为上述模式中的一个元素重复出现。该模式中另外一个重复出现的元素则是两个函数乘积的 q 阶导数。为简洁起见,将这些元素用紧凑符号表示为

$$
\begin{cases}
(\ )_{klm}^{q} = \partial^{q}(\ )/\partial x_k \, \partial x_l \, \partial x_m \\
\boldsymbol{D}_{klm}^{q}(\ ) = \partial^{q}(f_1 f_2)/\partial x_k \, \partial x_l \, \partial x_m
\end{cases}
\tag{7.54}
$$

式中：相对于 $\boldsymbol{x}$ 中变量 x_i 的任意组合，所有下标均可以根据实际需要重复形成更高阶的混合导数；f_1 和 f_2 通常用于表示任意形式的 $f(x_k, x_l, x_m)$。

针对更复杂的情况，可以通过改变符号以使其更加紧凑，即将符号 $z = \mathrm{d}y/\mathrm{d}x_i$ 写为 $z^0 = \boldsymbol{y}_k^1$，并遵循下述模式：

$$
\begin{cases}
z^0 = y_k^1 \\
z_{1l}^1 = y_{kl}^2 \\
z_{lm}^2 = y_{klm}^3 \\
\quad \vdots
\end{cases}
\tag{7.55}
$$

根据常规模式，将式（7.53）重复微分可得到 z 的导数方程，将前四阶导数表示如下：

$$
\begin{cases}
A z_1^1 = r_1^1 - A_1^1 z^0 \\
A z_{lm}^2 = r_{lm}^2 - A_m^1 z_m^1 - D_m^1(A_1^1 z^0) \\
A z_{lmn}^3 = r_{lmn}^3 - A_n^1 z_l^2 - D_n^1(A_m^1 z_1^1) - D_{mn}^2(A_1^1 Z^0) \\
A z_{lmnp}^4 = r_{lmnp}^4 - A_p^l z_{lmn}^3 - D_p^1(A_n^1 z_{lm}^2) - D_{np}^2(A_m^1 Z_1^1) - D_{mnp}^3(A_1^1 Z^0)
\end{cases}
\tag{7.56}
$$

式中：$\boldsymbol{D}_{lmn}^{q}(\ )$ 是括号中指定的两个函数乘积的第 q 阶混合导数的缩写（见式（7.54）），它通过常用方法对乘积求导（每个下标都可以重复）。一旦获得了 z 的导数，$\boldsymbol{y}$ 的导数就可以通过式（7.55）求取。

上面所示的规则模式是递归形式，即 n 阶导数的方程式取决于所有较低阶的导数，即 $1,2,\cdots,(n-1)$ 阶。原则上，这些序列可以延续到式（7.54）中未示出的更高一阶导数，即 $q+1$ 阶导数。但值得注意的是，所有这些方程都使用相同的系数矩阵，因此可以通过分解的形式存储和重用该矩阵来达到降低计算成本的目的（如7.2节所述）。然而，即使降低了成本，由于式（7.56）中存在多维数组，随着导数阶数 q 及 $\boldsymbol{x}$ 长度 n 的增加，计算量和内存需求很快就将变得难以满足。因此，在相关文献中还没有高于二阶导数应用的相关报道（如 Haftka，1982）。

在单个自变量的情况下，产生更高阶导数是实际可行的。这种情况也通常在优化中出现，即沿着某个向量 $\boldsymbol{s}$ 指定方向上的直线进行搜索，以便于用函数的方向导数来衡量函数沿该直线的变化率。

方向导数用于给定单位矢量 $\boldsymbol{s}$ 在空间 $\boldsymbol{x}$ 中沿其所定义方向变化率的情况下，量化 $\boldsymbol{y}(\boldsymbol{x})$ 的变化率：

$$
\boldsymbol{s} = [s_i] \quad i = 1,2,\cdots,n; \ \ \|\boldsymbol{s}\| = 1
\tag{7.57}
$$

因此，$\boldsymbol{x}$ 位置的变化取决于 $\boldsymbol{s}$ 和一个标量步长 α，有

$$x_{new} = x_0 + \alpha s \qquad (7.58)$$

且 $y(x)$ 沿 s 方向的变化率与 y 沿坐标 x_i 的变化率有关,即为 $\mathrm{grad}(y)$ 和由坐标 x 上的分量所表示固定方向向量 s 的点积,因此

$$s = [s_1, s_2, \cdots, s_i, \cdots, s_n] \qquad (7.59)$$

且

$$\delta x_i = \alpha \delta s_i \qquad (7.60)$$

得到的方向导数为关于 x 的梯度向量 $\mathrm{grad}(y)$ 与 s 的点积:

$$\mathrm{d}y(x)/\mathrm{d}s = \partial y(x)/\partial x_1 s_1 + \partial y(x)/\partial x_2 s_2 + \partial y(x)/\partial x_3 s_3 + \cdots + \partial y(x)/\partial x_n s_n$$

$$(7.61)$$

式中:偏导数 $\partial y/\partial x_j$ 可从式(7.6)或其等价形式(7.53)中获得。

将上式扩展为式(7.56)中给出的序列,并将坐标 s 减少至一维,从而可获得高阶方向导数。

获得了相对于 s 的高阶方向导数,则为评估行为变量 y 及在空间 x 上进行线搜索时的目标和约束函数,提供了更准确的外推过程,这样带来的一个明显好处就是可以在搜索过程中使用更宽的移动限制。

7.5　伴随方程法

对于一些特定的应用来说,虽然在 y 中包含许多元素,但函数 ϕ 的数量却并不多(参见前面对式(7.7)和式(7.8)讨论的内容),可以通过直接生成 $\partial \phi/\partial x$ 的算法来节省计算量,而不必首先计算矩阵 $\partial y/\partial x$,因为后者可能是一个非常大的数组。

该矩阵可以通过式(7.6)中的 $\partial y/\partial x$ 进行导出:

$$\left[\frac{\mathrm{d}y}{\mathrm{d}x_i}\right] = -\left[\frac{\partial f}{\partial y}\right]^{-1}\left[\frac{\partial f}{\partial x_i}\right] \qquad (7.62)$$

将其代入式(7.8),得到

$$\frac{\mathrm{d}\phi}{\mathrm{d}x_i} = \frac{\partial a}{\partial x_i} - \left[\frac{\partial a}{\partial y}\right]^{T}\left[\frac{\partial f}{\partial y}\right]^{-1}\left[\frac{\partial f}{\partial x_i}\right] \qquad (7.63)$$

上式中的 RHS 可以采用两种不同的方式进行计算。一种是对 $[\partial f/\partial y]^{-1}$ 和 $[\partial f/\partial x_i]$ 进行分组,考虑到它们的乘积等于 $[\mathrm{d}y/\mathrm{d}x_i]$,故可由式(7.6)关于 n 个不同 x_i 的方程解得到。这就是式(7.8)中介绍过的直接灵敏度分析法。

另一种处理方式是分离 $[\partial a/\partial y]^{T}$ 和 $[\partial f/\partial y]^{-1}$,并通过它们的乘积得到一个向量:

$$V^{T} = \left[\frac{\partial a}{\partial y}\right]^{T}\left[\frac{\partial f}{\partial y}\right]^{-1} \qquad (7.64)$$

根据通用的对称矩阵特性 $(\boldsymbol{M}^{-1})^{\mathrm{T}} = (\boldsymbol{M}^{\mathrm{T}})^{-1})$ 及矩阵代数规则,可以将上述表达式转换为一组联立方程,其中 $\boldsymbol{V}$ 以未知数的形式出现:

$$\left[\frac{\partial \boldsymbol{f}}{\partial \boldsymbol{y}}\right]^{\mathrm{T}} \boldsymbol{V}^{\mathrm{T}} = \left[\frac{\partial \boldsymbol{a}}{\partial \boldsymbol{y}}\right] \qquad (7.65)$$

上式称为伴随灵敏度方程,并将整个算法过程称为伴随灵敏度分析法,以区别于直接灵敏度分析法。

将通过该式得到的解 $\boldsymbol{V}$ 代入式(7.63),得到全导数如下:

$$\frac{\mathrm{d}\phi}{\mathrm{d}x_i} = \frac{\partial \boldsymbol{a}}{\partial x_i} - \boldsymbol{V}^{\mathrm{T}}\left[\frac{\partial \boldsymbol{f}}{\partial x_i}\right] \qquad (7.66)$$

此式针对特定的 x_i,将其扩展为梯度向量可得:

$$\boldsymbol{G}^{\mathrm{T}} \equiv \left[\frac{\mathrm{d}\boldsymbol{\phi}}{\mathrm{d}\boldsymbol{x}}\right]^{\mathrm{T}} = \left[\frac{\partial \boldsymbol{a}}{\partial \boldsymbol{x}}\right]^{\mathrm{T}} - \boldsymbol{V}^{\mathrm{T}}\left[\frac{\partial \boldsymbol{f}}{\partial \boldsymbol{x}}\right] \qquad (7.67)$$

或者

$$\boldsymbol{G}^{\mathrm{T}} \equiv \left[\frac{\mathrm{d}\boldsymbol{\phi}}{\mathrm{d}\boldsymbol{x}}\right]^{\mathrm{T}} = \left[\frac{\partial \boldsymbol{a}}{\partial \boldsymbol{x}}\right]^{\mathrm{T}} - \left[\frac{\partial \boldsymbol{a}}{\partial \boldsymbol{y}}\right]^{\mathrm{T}}\left(\left(\left[\frac{\partial \boldsymbol{f}}{\partial \boldsymbol{y}}\right]^{\mathrm{T}}\right)^{-1}\right)^{\mathrm{T}}\left[\frac{\partial \boldsymbol{f}}{\partial \boldsymbol{x}}\right] \qquad (7.68)$$

这定义了一个约束梯度,其中 $\partial \boldsymbol{a}/\partial \boldsymbol{x}$ 表示 $\boldsymbol{x}$ 对 ϕ 的直接影响,而 $[\partial \boldsymbol{a}/\partial \boldsymbol{y}]^{\mathrm{T}}$ $([\partial \boldsymbol{f}/\partial \boldsymbol{y}^{\mathrm{T}}]^{-1})^{\mathrm{T}}[\partial \boldsymbol{f}/\partial \boldsymbol{x}]$ 反映了 $\boldsymbol{x}$ 对 ϕ 的间接影响,因为在式(7.6)的解中,$\boldsymbol{y}$ 从属于 $\boldsymbol{x}$。

因为通常计算偏导数 $\partial \boldsymbol{a}/\partial \boldsymbol{y}$、$\partial \boldsymbol{f}/\partial \boldsymbol{y}$ 和 $\partial \boldsymbol{f}/\partial \boldsymbol{x}$ 的成本相对低廉,所以大部分计算工作都用来获得式(7.65)中 $\boldsymbol{V}$ 的解。当有 p 个 ϕ 函数时,就需要针对不同 $a_i (i = 1, 2, \cdots, p)$ 的 p 个右端项,而这一步则可以像 7.2 节所述那样快速求解。

与式(7.8)所示的直接灵敏度分析相比,使用伴随方程节省的计算量相当于在多个 RHS 上使用 FBS 操作的计算量。在伴随方法中,FBS 在式(7.65)中的 p 个右端项上运行,而不是像直接法那样在式(7.6)中的 n 个右端项上运行,然而两个方程中的系数矩阵却都是相同的 $m \times m$ 型。为节省计算成本计,故当 $p < n$ 时,应优先选择伴随法。

无论是直接法还是伴随法,我们都应该谨记其先决条件均是获得式(7.1)的解。因此,在 $\boldsymbol{f}$ 为非线性的情况下,当 $\boldsymbol{x}$ 发生任何改变时,均需要更新和重新计算式(7.67)或式(7.68)。

> ▷ **说明 7.2 通过伴随方程计算导数的步骤**
>
> 1. 求解给定 $\boldsymbol{x}$ 的控制方程式(7.1)。
> 2. 对控制方程求微分得到如式(7.6)所示的 $m \times m$ 型偏导数矩阵 $\partial \boldsymbol{f}/\partial \boldsymbol{y}$。

3. 选择变量 x_i，并对控制方程求微分以获得偏导数向量 $\partial f/\partial x_i$。

4. 对所有变量 x_i 重复第 3 步，得到 $\partial f/\partial \boldsymbol{x}$。

5. 对 $\phi = a(\boldsymbol{x})$ 微分得到 $\partial a/\partial \boldsymbol{x}$。

6. 形成并求解关于 $\boldsymbol{V}$ 的表达式 (7.65)。

7. 通过式 (7.67) 或式 (7.68) 计算约束导数的向量。

   结果是求得给定 $\boldsymbol{x}$ 处的向量 $[\partial \phi/\partial x_i]$。

7.6　基于复分析的实函数导数求法

本节主要讨论单个学科(更广义地说,是单个模块或 BB)的灵敏度分析问题,其中蕴含着一个有趣的"跨界(out of the box)"思维。也就是说,一个实函数的导数可以采用"迂回"的方式通过复数域来求解得到,而且这种思路及其函数在多个参考文献中都有论述,如 Lyness(1967),Lyness、Moler(1967),Martins、Sturdza、Alonso(2003)。

本节旨在通过获得多变量实值函数 $f(\boldsymbol{x})$ 关于实变量 $\boldsymbol{x}$ 的偏导数,生成 $\partial f(x_i)/\partial x_i$。临时切换到复数及复函数域,分别将 x_i 和 $f(\boldsymbol{x})$ 转换为 $z = x+iy$ 及 $f(z) = u+iv$ 的形式,根据惯例解释,$f(z)$ 是一种将复数点 z 从复平面 (x, iy) 映射到复函数平面 (u, iv) 的法则。从最一般的意义上讲,函数的导数是函数值变化量与自变量(参数)变化量在后者趋于零时之比的极限。如果函数及其参数是标量值,则其变化仅是标量的大小。将导数转换到复平面的好处是,它可以使用具有实部和虚部的复数向量来解释导数。这使得我们可以更灵活地定义"变化"的方式,如可以通过改变其相对于参考坐标系的长度或方向角(或两者都有)来改变向量。

对参考值 $z_0 = x_0+iy_0 (y_0=0)$ 取上述定义的变化时,保持 x_0 不变,将 $iy = 0$ 改变为 $y = ih$,可以看出,变化量与 z_0 正交。取上述改变量之后,将函数 $f(\boldsymbol{x})$ 在参考点 x_0 处做泰勒展开(一次仅对一个 x_i 进行操作)并只保留其线性部分(一阶导数项)。如此,当虚部从 0 变为 ih 时有

$$f(\boldsymbol{x}+ih\boldsymbol{e}_i) = f(\boldsymbol{x})+ih\partial f(\boldsymbol{x})/\partial x_i+(\text{高阶项}) \tag{7.69}$$

式中:$\boldsymbol{e}_i$ 是除了在第 i 个元素处为 1 其他均为 0 的"指针"向量。

上式左端项显式地表示为实部 $\mathrm{Re}[f(\boldsymbol{x}+ih)]$ 和虚部 $\mathrm{Im}[f(\boldsymbol{x}+ih)]$ 的形式,考虑到 $\mathrm{Re}[f(\boldsymbol{x}+ih)] = f(\boldsymbol{x})$,所以两边同时消去 $f(\boldsymbol{x})$ 后导数近似为

$$\partial f(\boldsymbol{x})/\partial x_i = \mathrm{Im}[f(\boldsymbol{x})+ih]/h+(\text{高阶项}) \tag{7.70}$$

这与仅使用实数获得的 FD 结果(下式)相等:

$$\partial f(\boldsymbol{x})/\partial x_i = \mathrm{Im}[f(\boldsymbol{x}+h\boldsymbol{e}_i)-f(\boldsymbol{x})]/h \tag{7.71}$$

值得注意的是,式(7.70)仅是在标称参考点 z_0 处对函数进行处理,因而与式(7.71)不同,其不存在标量的相减;因此,结果对步长 h 的选择不敏感,由此消除了因先验选择步长 h 而引入的减消误差及舍入误差对准确性的破坏效应,因而有利于提高灵敏度分析过程的准确性。具有几何意识的读者会认识到,这种优势来自通过由垂直于标称参考向量的向量所表示的变量和函数变化,替换掉了原来基于标量的有限差分。

至于计算成本,对于每个设计变量 x_i 来说,该方法与标准 FD 技术(一步前向差分)的计算成本大致相同,只是增加了处理复数的很小一部分工作量。因为式(7.70)的执行方式为"每次一个 x_i",得益于多处理器并行计算技术,这样耗费一次分析的时间就可以同时计算多个导数。此外,由于用户不必尝试不同的步长,还可以节省额外的计算成本。

从本质说,有限差分之类的问题并没有要求非使用复数不可。由于虚部"i"项永远不会自发地出现,因此这里介绍的整个算法需要使用向量微积分来实现。不过,使用复数算法来实现它也是合乎逻辑的,因为常见的编程语言,如 Fortran、Matlab 或 C++均提供了将向量微积分伪饰成复数微积分的机制。

基于该微积分,复数导数算法的实现可以概括为以下几个简单的步骤:

(1)假设存在一个对输入设计变量 x、输出变量 y 操作的分析程序 P,则可通过以下步骤获得 $\partial y / \partial x$。

(2)执行 P,获得求导参考点 x_0 处的解。

(3)设置步长 h。

(4)除了 x_i(依次取 $i = 1, 2, \cdots, n$)外,令所有 $x = x_0$,并将 x_i 写为复数 $x_i + ih$ 的形式。

(5)计算复数输出 $y = \mathrm{Re}(y) + \mathrm{Im}(y)$。

(6)计算 $\partial y / \partial x_i = \mathrm{Im}(y) / h$。

(7)令 $x_i = x_{0i}$,同时选择另一个尚未使用的 x_i。

(8)从第 4 步开始重复,直到遍历第 4 步中所有的 x 元素。

(9)输出 $\partial y / \partial x$。

说明:如果 P 中存在任何非线性因素,则输出仅在 x_0 处有效,并且随着设计深入,必须重新计算后续新的 x_0。

Martins、Sturdza 和 Alonso(2003)详细讨论了上述实现步骤,包括 P 中偶尔存在无法使用复数微积分定义的算子而导致计算困难时的解决方案。该参考文献证明了复数分析法生成的导数与利用 P 分析得到的精确解具有相同的准确度。这表明,通过基于复数求导的灵敏度分析方法,再结合空气动力学和结构等学科的求解器,可以解决飞机设计中遇到的大规模优化问题。

鉴于准确性、实现的简便性及与并行计算技术的兼容性,复数分步求导法正快速成长为工程设计过程中计算基础工具的重要组成部分。

7.7 系统灵敏度分析

在复杂工程系统的设计中,底层分析通常是模块化的,对应着多个解决工程设计问题所需的各种工程学科或子系统的代码。柔性机翼设计就是一个典型的例子,它的行为通过结构分析、气动分析和控制系统分析代码来建模,并将一个代码的输出作为其他代码的输入从而实现耦合,如图 7.2 所示。对于这样的系统,有必要知道系统行为对设计变量的灵敏度。

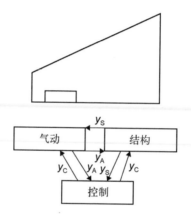

图 7.2 具有一个控制面的飞机机翼示意图(其模型包含三个存在数据交互的模块)

本节将基于本章所介绍的灵敏度方法,说明如何在优化问题的解决方案中使用这种灵敏度。为了解释这个算法(Sobieszczanski-Sobieski,1990a),我们使用三个交互作用的模块,它们足够大,可以概括通用模式和结论,但又足够小,以便于演示。尽管这里讨论的是通用性知识,但可以结合特定应用来帮助思考。因此,以图 7.2 中的机翼设计问题为例,使用三个学科进行操作,并将模块 A 标注为空气动力学,S 为结构,C 为控制。此时,行为变量 y_A、y_S 和 y_C 可以解释如下:

- y_A:气动力数据。
- y_S:结构变形。
- y_C:控制面偏转角。

设计变量 x 可以包括机翼总体形状参数、内部结构横截面尺寸和控制律系数(增益)等。每个模块都是一个"黑箱",其输出通过一组控制方程与其输入对应。对于模块 A,控制方程为

$$A((\boldsymbol{x},\boldsymbol{y}_\mathrm{S},\boldsymbol{y}_\mathrm{C}),\boldsymbol{y}_\mathrm{A}) = \boldsymbol{0} \tag{7.72}$$

式中:A 是函数向量;$\boldsymbol{x}$ 是独立的设计变量;$\boldsymbol{y}_\mathrm{S}$ 是模块 S 输出变量的向量;$\boldsymbol{y}_\mathrm{C}$ 是模块 C 输出变量的向量。内括号中的向量 $\boldsymbol{x}$、$\boldsymbol{y}_\mathrm{S}$ 和 $\boldsymbol{y}_\mathrm{C}$ 为 A 的输入,$\boldsymbol{y}_\mathrm{A}$ 为 A 的输出。

使用同样的形式,可将系统的其他控制方程写为

$$S((\boldsymbol{x},\boldsymbol{y}_\mathrm{A},\boldsymbol{y}_\mathrm{C}),\boldsymbol{y}_\mathrm{S}) = \boldsymbol{0} \tag{7.73}$$

$$C((\boldsymbol{x},\boldsymbol{y}_\mathrm{A},\boldsymbol{y}_\mathrm{S}),\boldsymbol{y}_\mathrm{C}) = \boldsymbol{0} \tag{7.74}$$

将上述方程组视为产生行为变量 $\boldsymbol{y}$ 的向量,对于耦合的"黑箱"通用系统可将其划分为

$$\boldsymbol{y} = [\,\boldsymbol{y}_\mathrm{A} \mid \boldsymbol{y}_\mathrm{B} \mid \boldsymbol{y}_\mathrm{C}\,] \tag{7.75}$$

三组方程中的每一组均包含与其输出未知数个数相等的方程,并且这三者是相互耦合的,因为一组方程的输出同时还是另外两组方程的输入。

为简化表述,在三组方程中均显示为完整的 $\boldsymbol{x}$,即使并非每个 $\boldsymbol{x}$ 中的元素都直接影响它们。例如,横截面尺寸直接影响结构模块 S,但它们还通过耦合间接地影响另外两个模块。

在灵敏度分析中,可使用隐函数定理(Implicit Function Theorem)寻找全导数 $\mathrm{d}\boldsymbol{y}_\mathrm{A}/\mathrm{d}\boldsymbol{x}$、$\mathrm{d}\boldsymbol{y}_\mathrm{S}/\mathrm{d}\boldsymbol{x}$ 和 $\mathrm{d}\boldsymbol{y}_\mathrm{C}/\mathrm{d}\boldsymbol{x}$。前提是对于给定的一些 $\boldsymbol{x}$,必须通过某种合适的方法求解式(7.72)~式(7.74)以得到 $\boldsymbol{y}$。接下来,有

$$\boldsymbol{y}_\mathrm{A} = \boldsymbol{f}_\mathrm{A}(\boldsymbol{x},\boldsymbol{y}_\mathrm{S},\boldsymbol{y}_\mathrm{C}) \tag{7.76}$$

$$\boldsymbol{y}_\mathrm{S} = \boldsymbol{f}_\mathrm{S}(\boldsymbol{x},\boldsymbol{y}_\mathrm{A},\boldsymbol{y}_\mathrm{C}) \tag{7.77}$$

$$\boldsymbol{y}_\mathrm{C} = \boldsymbol{f}_\mathrm{C}(\boldsymbol{x},\boldsymbol{y}_\mathrm{A},\boldsymbol{y}_\mathrm{S}) \tag{7.78}$$

根据复合函数的微分法则,得到左端项的全导数为

$$\frac{\mathrm{d}\boldsymbol{y}_\mathrm{C}}{\mathrm{d}\boldsymbol{x}} = \frac{\partial \boldsymbol{f}_\mathrm{C}}{\partial \boldsymbol{x}} + \frac{\partial \boldsymbol{f}_\mathrm{C}}{\partial \boldsymbol{y}_\mathrm{A}}\frac{\mathrm{d}\boldsymbol{y}_\mathrm{A}}{\mathrm{d}\boldsymbol{x}} + \frac{\partial \boldsymbol{f}_\mathrm{C}}{\partial \boldsymbol{y}_\mathrm{S}}\frac{\mathrm{d}\boldsymbol{y}_\mathrm{S}}{\mathrm{d}\boldsymbol{x}} \tag{7.79}$$

$$\frac{\mathrm{d}\boldsymbol{y}_\mathrm{A}}{\mathrm{d}\boldsymbol{x}} = \frac{\partial \boldsymbol{f}_\mathrm{A}}{\partial \boldsymbol{x}} + \frac{\partial \boldsymbol{f}_\mathrm{A}}{\partial \boldsymbol{y}_\mathrm{S}}\frac{\mathrm{d}\boldsymbol{y}_\mathrm{S}}{\mathrm{d}\boldsymbol{x}} + \frac{\partial \boldsymbol{f}_\mathrm{A}}{\partial \boldsymbol{y}_\mathrm{C}}\frac{\mathrm{d}\boldsymbol{y}_\mathrm{C}}{\mathrm{d}\boldsymbol{x}} \tag{7.80}$$

$$\frac{\mathrm{d}\boldsymbol{y}_\mathrm{S}}{\mathrm{d}\boldsymbol{x}} = \frac{\partial \boldsymbol{f}_\mathrm{S}}{\partial \boldsymbol{x}} + \frac{\partial \boldsymbol{f}_\mathrm{S}}{\partial \boldsymbol{y}_\mathrm{A}}\frac{\mathrm{d}\boldsymbol{y}_\mathrm{A}}{\mathrm{d}\boldsymbol{x}} + \frac{\partial \boldsymbol{f}_\mathrm{S}}{\partial \boldsymbol{y}_\mathrm{S}}\frac{\mathrm{d}\boldsymbol{y}_\mathrm{S}}{\mathrm{d}\boldsymbol{x}} \tag{7.81}$$

上面各式中,含有 $\boldsymbol{f}$ 的每一项均是偏导数矩阵,而项 $\mathrm{d}\boldsymbol{y}_\mathrm{A}/\mathrm{d}\boldsymbol{x}$、$\mathrm{d}\boldsymbol{y}_\mathrm{S}/\mathrm{d}\boldsymbol{x}$ 和 $\mathrm{d}\boldsymbol{y}_\mathrm{C}/\mathrm{d}\boldsymbol{x}$ 则是我们寻求的未知全导数。通过适当地对各项进行分组,可以得到一组关于未知全导数 $\mathrm{d}\boldsymbol{y}/\mathrm{d}x_i$ 的联立线性方程组:

$$\boldsymbol{M}\frac{\mathrm{d}\boldsymbol{y}}{\mathrm{d}x_i} = \frac{\partial \boldsymbol{f}}{\partial x_i} \tag{7.82}$$

式中

$$M = \begin{bmatrix} I & -\dfrac{\partial f_A}{\partial y_S} & -\dfrac{\partial f_A}{\partial y_C} \\[3mm] -\dfrac{\partial f_S}{\partial y_A} & I & -\dfrac{\partial f_S}{\partial y_C} \\[3mm] -\dfrac{\partial f_C}{\partial y_A} & -\dfrac{\partial f_C}{\partial y_S} & I \end{bmatrix} \qquad (7.83)$$

并且 $\partial f / \partial x_i$ 和 dy/dx_i 是分块向量(代表了如下所示转置以节省空间):

$$\left[\frac{\partial f}{\partial x_i} \right]^T = \left[\left[\frac{\partial f_A}{\partial x_i} \right]^T \ \middle| \ \left[\frac{\partial f_S}{\partial x_i} \right]^T \ \middle| \ \left[\frac{\partial f_C}{\partial x_i} \right]^T \right] \qquad (7.84)$$

$$\left[\frac{\partial y}{\partial x_i} \right]^T = \left[\left[\frac{\partial y_A}{\partial x_i} \right]^T \ \middle| \ \left[\frac{\partial y_S}{\partial x_i} \right]^T \ \middle| \ \left[\frac{\partial y_C}{\partial x_i} \right]^T \right] \qquad (7.85)$$

这些方程是与控制方程式(7.76)~式(7.78)相关的灵敏度方程,正如式(7.6)与式(7.1)相关一样。

注意,M 并不直接依赖于 x。因此,式(7.82)一次只能产生一个 x_i 的全导数,并且可以通过前述式(7.25)所讨论的,处理具有多个右端项的线性代数联立方程组的技术(如 Cholesky 算法),进行有效求解。

在 Sobieszczanski-Sobieski 论著(1990a)中引入的上述方程称为全局灵敏度方程(Global Sensitivity Equations, GSE)。该参考文献给出了其可解性条件,并为 GSE 提供了一种替代形式。通常,GSE 体现了微积分的隐函数定理(如 Rektorys, 1969)。

如果已经求解得到了系统在给定 x 处的 y,则通过说明 7.2 中计算微分的步骤,就可以为每个"黑箱"求得 GSE 中的偏导数,同时还可以将其扩展为像式(7.75)一样包括复数的技术。在此操作中,"黑箱"可以视为彼此暂时隔离,故可以同时对所有"黑箱"进行操作。

相较于通过将 FD 过程应用于式(7.72)~式(7.74)来计算 dy_A/dx、dy_S/dx 和 dy_C/dx,基于 GSE 的灵敏度分析是另外一种求取全导数的方法。在许多应用中,基于 FD 过程的解决方案往往还需要迭代,因为在方程中存在非线性,所以即使采用最简单的一步前向 FD,若 x 中存在 n 个元素,则需要重复分析模块 $n+1$ 次,对于较大的 n 来说,所需的计算代价往往可能是难以承受的。另外,精度可能也是一个问题,因为它依赖于 FD 的步长。使用 GSE 不但省去了重复分析过程,还消除了上述精度问题。

另一方面,GSE 的计算成本很大程度上取决于耦合变量的向量长度。一般而言,考虑一个通过 y_{ij} 与 y_{ji} 将第 i 个和第 j 个"黑箱"耦合联系起来的系统,也就是将第 i 个"黑箱"输出的 y_{ij} 作为第 j 个"黑箱"的输入(反之亦然),则对应的向量长度

分别为 n_{yij} 和 n_{yji}。当 n_{yij} 和 n_{yji} 非常大时, 矩阵 $\partial y_{ij}/\partial y_{ji}$ 的大小 $n_{yij} \times n_{yij}$, 可能会导致第 i 个"黑箱"灵敏度分析的计算成本增大到不再可行。一种可能的补救办法是缩减 y_{ij} 和 y_{ji} 的基础技术, 这将在第 11 章中讲述。

我们已经注意到这样一个事实, 即基于 FD 和基于 GSE 的算法都适合于并行计算。还应该指出, 用户可以自由选择构成 GSE 所需项 $\partial f_{ij}/\partial y_{ji}$ 及 $\partial f_{ij}/\partial x_i$ 的计算方法, 如可以采用 FD 技术甚至是实验法来获得这些项。

请注意, 如果"黑箱"之间是非耦合的, 那么 M 中的非对角线元素将不存在且有 $\partial y/\partial x = \partial f/\partial x$, 非耦合系统的灵敏度将是系统中各个"黑箱"灵敏度的简单聚类。但是, 哪怕存在一个非对角线元素(单个输出到输入的耦合), 上述结论也将不再适用。结果就是, 仅直接影响一个"黑箱"的 x_i 可能间接地影响其他所有"黑箱", 这也是格言"在一个复杂的系统中, 一切都会影响其他一切"的数学基础。

为了说明这一点, 让我们考察图 7.2 所示机翼系统上一个特定的结构板厚度 x_i。在这种情况下, x_i 仅直接影响结构行为, 因此在方程(式(7.82)和式(7.84))的 RHS 中, 只存在一个非零分块 $\partial f_S/\partial x_i \neq 0$, 即 $\partial f_A/\partial x_i = 0$ 和 $\partial f_C/\partial x_i = 0$。然而, $\partial f_S/\partial x_i \neq 0$ 的存在通常足以使式(7.79)~式(7.85)中的所有导数 $\mathrm{d}y_A/\mathrm{d}x_i$、$\mathrm{d}y_S/\mathrm{d}x_i$ 和 $\mathrm{d}y_C/\mathrm{d}x_i$ 变为非零。

▷ **说明 7.3　GSE 的计算步骤**

用于计算系统响应导数的具体步骤:

1. 识别系统中的模块, 即"黑箱", 以及每个模块的输入/输出量。

2. 将 x 设置为待计算系统响应及其导数的设计点坐标。
   求解系统控制方程, 如式(7.72)~式(7.74)。

3. 计算每个"黑箱"的输出 y 相对于其输入 x 及来自其他"黑箱"输出 y 的导数, 如 $\partial f_A/\partial y_S$ 和 $\partial f_A/\partial x$。在此操作过程中, 可以将"黑箱"暂时解耦。基于本章前面讨论的内容, 针对每个"黑箱"选择适合的灵敏度分析技术, "黑箱"对应的学科不同, 灵敏度分析的方法也可能不同, 且所有的"黑箱"均可以同时执行。在该步骤中获得的导数是偏导数。

4. 将第 3 步得到的导数代入 GSE 框架中, 即式(7.85), 针对和所关注 x_i 一样多的 RHS, 求解得到其全导数 $\mathrm{d}y/\mathrm{d}x_i$。可以使用任何解算具有多个 RHS 的线性联立代数方程的技术, 如 7.2 节中介绍的方法。

7.7.1　算例 7.4

为了具体演示上述系统灵敏度分析过程的计算步骤, 我们以一个在气流中具有弹性支撑的机翼为例,借此代表两个交互作用的模块(学科)系统:空气动力学和结构。该示例展示了针对弹性机翼简化模型,如何计算其升力和变形相对于独立输入变量的导数。

该问题如图7.3所示,其中矩形的刚体"翼"段放置在两个竖直的风洞壁之间,因此其展弦比可以看作是无限的。该段由两个长度相同但刚度不同的弹簧支撑,每个弹簧垂直连接于可调斜面(图中灰色部分)。支撑机构(未示出)使得翼型仅能以两个自由度运动,即垂直于斜面的平动和绘图平面内的旋转(升降和俯仰)。在没有空气流动的情况下,弹簧无变形,迎角 θ 等于控制斜坡斜率的独立输入角 θ。因此,ψ 起到式(7.76)~式(7.78)中 x 的作用。然而,因为它单独起作用,所以最好将其视为单个元素 x_1,当代入式(7.82)和式(7.83)时它将以这种形式出现。

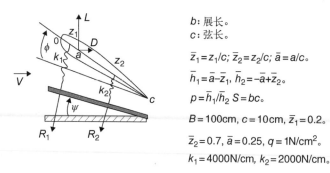

b:展长。
c:弦长。
$\bar{z}_1 = z_1/c$; $\bar{z}_2 = z_2/c$; $\bar{a} = a/c$。
$\bar{h}_1 = \bar{a} - \bar{z}_1$, $\bar{h}_2 = -\bar{a} + \bar{z}_2$。
$p = \bar{h}_1/\bar{h}_2$ $S = bc$。
$B = 100\text{cm}$, $c = 10\text{cm}$, $\bar{z}_1 = 0.2$。
$\bar{z}_2 = 0.7$, $\bar{a} = 0.25$, $q = 1\text{N/cm}^2$。
$k_1 = 4000\text{N/cm}$, $k_2 = 2000\text{N/cm}$。

图 7.3　机翼的弹性支撑

当空气以速度 V 水平流动时,产生升力 L 和阻力 D。后者由单独的机械约束(未示出)平衡,使得可以将其与 L 和 R 分离,并在后续讨论中略去。升力 L 在弹簧中引起拉伸响应 R,弹簧的非均匀变化导致其相对于斜坡旋转一个角度 ϕ,机翼相对于水平气流的总迎角 θ 就变为角度 ϕ 和原 θ 角的和,即 $\theta = \phi + \psi$。

因此,迎角的增加量 ϕ 使 L 增大,弹簧被拉伸,进而引起旋转角 ϕ 和升力 L 相应的增加,其继续拉伸弹簧,直到 L 和 ϕ 变得相互匹配并且系统达到平衡点(又称解点)。仅作为示意,用弹簧的拉伸代表机翼弹性变形,L 代表机翼所受空气动力,因此空气动力学学科和结构学科以图7.4所示的方式相互作用。

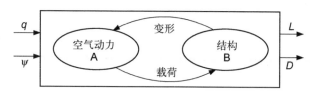

图 7.4　空气动力学学科和结构学科相互作用

　　这种相互作用以非常简化的方式模拟了众所周知的静态气动弹性问题。图 7.3 还显示了弹簧的弦向位置坐标 z，压力中心的弦向坐标 a，以及这些量相对弦长 c 的归一化。独立输入量是动压 q（它仍然是恒定参数）及斜坡角度 θ。系统输出为 L（和 D）及 ϕ。竖直风洞壁假设可以不考虑垂直于绘图平面的尺寸，除非需要确定机翼表面积 $S=bc$。该图还显示了展长 b、弦长 c、弹簧刚度 k、流动速度 V 和空气密度 ρ。

　　这是一个非常简单的问题，涉及一个输入变量 ψ 和两个输出变量 L 及 ϕ。因此，式（7.76）～式（7.78）减少为两个方程，并可以由式（7.76）式（7.77）给出

$$\begin{cases} \boldsymbol{y}_\mathrm{A}=\boldsymbol{f}_\mathrm{A}(x_1,\boldsymbol{y}_\mathrm{S})=L(\psi,\phi) \\ \boldsymbol{y}_\mathrm{S}=\boldsymbol{f}_\mathrm{S}(x_1,\boldsymbol{y}_\mathrm{A})=\phi(\psi,L) \end{cases} \tag{7.86}$$

　　如果这是一个真实的机翼而不是一个虚拟的实验，可以从各种各样的空气动力学及结构分析代码中选择其二分别计算 L 和 k 的等效值。这里使用了一个简单的表达式来计算 c_L，如图 7.5 右侧所示，并在左侧示出了相应的函数关系，否则就需要通过专门的气动分析代码进行计算。参数 u 和 r 的值如图 7.5 左侧所示，用以在跨声速非线性的情况下将 c_L 写为 θ 的函数。

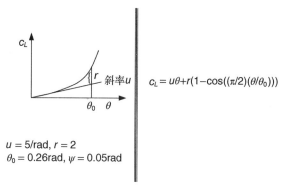

图 7.5　函数关系

　　上述系统问题中的空气动力学子系统关系如图 7.6 所示，并按照它们的执行顺序显示在方框 A 中。

　　对于问题的结构部分，图 7.6 的方框 B 中描述了 R 对 L 及几何尺寸的依赖关系，它由点荷载作用下两个弹簧支撑的机翼平衡方程推导而来，并给出了两个响应 R_1 和 R_2（角度 ψ 和 ϕ 足够小时，可令 $\cos\psi=\cos\phi=1$，则可以将其从 R_1 和 R_2 的表达式中略去）。上述响应引起的弹簧位移 d 与弹簧刚度 k 成反比，并进而引起旋转角度 ϕ。

　　对包括 θ、ϕ 和 ψ 在内的小角度假设贯穿始终，这些角度中任何一个的余弦值

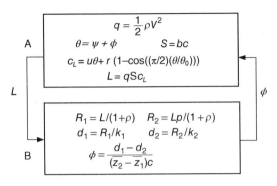

$$q = \frac{1}{2}\rho V^2$$

A

$$\theta = \psi + \phi \qquad S = bc$$

$$c_L = u\theta + r\,(1 - \cos((\pi/2)(\theta/\theta_0)))$$

$$L = qSc_L$$

L

$$\phi$$

$$R_1 = L/(1+\rho) \qquad R_2 = L\rho/(1+\rho)$$

$$d_1 = R_1/k_1 \qquad d_2 = R_2/k_2$$

B

$$\phi = \frac{d_1 - d_2}{(z_2 - z_1)c}$$

图 7.6　控制方程和数据交换

与 1 相差均不超过 0.3%。图 7.6 中弹簧位移 d_i 和旋转角度 ϕ 的计算表达式是结构分析的替代指标,对于真正的机翼分析来说,通常是通过有限元方法来实现。

图 7.6 中的方框 A 和方框 B 分别包括空气动力学和结构子系统的控制方程,并且对应于系统表达式(7.91)的控制方程。上述子系统互相交换在框架连接箭头上所示的数据,以简化模拟机翼系统的静态气动弹性分析,c_L 函数中的非线性项使得分析需要进行迭代。

在定义了问题之后,我们转而准备继续计算感兴趣的导数 $\mathrm{d}L/\mathrm{d}\theta$ 和 $\mathrm{d}\phi/\mathrm{d}\theta$,首先通过 FD 方法并将其应用于整组控制方程,然后通过构建 GSE 并求解之。FD 操作并非用来证明 GSE 的正确性,因为这些方程是隐式函数定理的一种形式,作为一个经过验证的严格定理,它不需要通过数值计算来检验其有效性。我们仅将 FD 结果用于相互比较时的参考。

作为 FD 的前提条件,考虑到 $c_L(\theta)$ 函数的非线性特点,必须通过迭代找到一个可以作为解的平衡点,然后以任意估计的小量 $\psi = 0.05(\mathrm{rad})$ 和 $\phi = 0$ 作为固定点迭代的初始值进行迭代。

迭代过程可通过以下伪代码进行定义:

(1) 依照图 7.6 中的方框 A,计算 θ、c_L、L。

(2) 依照图 7.6 中的方框 B,计算 ϕ。

(3) 将新的 ϕ 代入第 1 步并继续。

(4) 当 ϕ 和 L 满足收敛准则时,迭代终止。

假设终止条件为 L 变化小于 0.02%,一步前向迭代在 10 步(如粗体值所示)后终止,迭代过程的取值见表 7.1。

系统平衡点的 ϕ 和 L 由第 10 次迭代给出(提示那些可能希望复现表中结果的读者,所有基础计算都采用了 SI 单位,如 N、kg、cm 和 s 等。因此,速度是以 cm/s 为单位,数值大小为 15381.73,牛顿单位定义为 $1\mathrm{N} = 1\mathrm{kg} \cdot \mathrm{m/s}^2$)。在该点处,我们现在希望使用一步前向 FD 计算全导数 $\mathrm{d}L/\mathrm{d}\psi$ 和 $\mathrm{d}\phi/\mathrm{d}\psi$ 的值,方法是将 θ 增加

0.0025(5%)到 $\psi = 0.0525$ 并继续从第 11 次迭代至第 20 次得到一个新的平衡点,见表 7.2 中。

表 7.1　平衡点位置的迭代过程

迭 代 次 数	ϕ/rad	L/N
1	0.01192	340.5581
2	0.015677	447.9125
3	0.016932	483.7674
4	0.017358	500.1208
5	0.017504	501.5481
6	0.017554	502.0373
7	0.017571	502.205
8	0.017577	502.2625
9	0.017579	502.2823
10	**0.01758**	**502.289**

表 7.2　FD 计算的迭代过程

迭 代 次 数	ϕ/rad	L/N
11	0.01758	502.2913
12	0.018747	535.6332
13	0.018853	538.6668
14	0.018891	539.7333
16	0.018908	540.2405
17	0.01891	540.2869
18	0.01891	540.3032
19	0.018911	540.309
20	**0.018911**	**540.311**

减去表 7.2 中第 20 次迭代的 ϕ 和 L 值(如粗体字所示)并除以增量 $\psi = 0.0025$,便可以得到 L 相对于 θ 的全导数的 FD 近似值:

$$\frac{\mathrm{d}L}{\mathrm{d}\psi} = 15208.8$$

类似地,对于 ϕ,有

$$\frac{\mathrm{d}\phi}{\mathrm{d}\psi} = 0.532403$$

采用直接 FD 过程求取所需的全导数后,我们现在转向对应的 GSE 方程,即式

(7.92)。除了维数是 2×2 而不是 3×3 外,它们与式(7.82)和式(7.83)类似。因此,同样可以使用前面定义过的项:

$$M = \begin{bmatrix} I & -\dfrac{\partial f_A}{\partial y_S} \\ -\dfrac{\partial f_S}{\partial y_A} & I \end{bmatrix} = \begin{bmatrix} I & -\partial L \\ & \partial \phi \\ -\partial \phi & I \\ \partial L & \end{bmatrix} \tag{7.87}$$

考虑到 $\psi = x_1$,结合式(7.84)和式(7.85)得

$$\frac{\mathrm{d}y}{\mathrm{d}x_1} = \begin{bmatrix} \dfrac{\mathrm{d}L}{\mathrm{d}\psi} \\ \dfrac{\mathrm{d}\phi}{\mathrm{d}\psi} \end{bmatrix}$$

$$\frac{\partial f}{\partial x_i} = \begin{bmatrix} \dfrac{\partial L}{\partial \psi} \\ \dfrac{\partial \phi}{\partial L} \end{bmatrix} \tag{7.88}$$

此时 GSE 由下式给出:

$$M \begin{bmatrix} \dfrac{\mathrm{d}L}{\mathrm{d}\psi} \\ \dfrac{\mathrm{d}\phi}{\mathrm{d}\psi} \end{bmatrix} = \begin{bmatrix} \dfrac{\partial L}{\partial \psi} \\ \dfrac{\partial \phi}{\partial \psi} \end{bmatrix} \tag{7.89}$$

式中:偏导数 $\partial \phi / \partial \psi = 0$,因为 ϕ 不直接依赖于 ψ。

尽管这些方程中涉及的偏导数是可以很容易地进行解析计算的简单函数(图 7.6 中的方框 A 和方框 B),但为了从实际应用出发,我们仍然使用 FD 方法进行求取。然而,用于实现这些功能的计算机程序执行起来可能会很耗资源。在 GSE 的介绍中和算例 7.1 的式(7.16)中,将其称为半解析方法。

为了通过 FD 获得 $\partial L / \partial \psi$ 的近似,将图 7.6 方框 A 中等式的输入 ϕ 增加 0.0025,并重新计算得到新的 L。由此,FD 结果为 $\partial L / \partial \phi = 9952.77453$。同样,将图 7.6 方框 B 中方程的输入 L 增加 5%,并重新计算 ϕ,可得 $\partial \phi / \partial L = 0.000035$。

从图 7.3 中可以看出,机翼支撑的运动学使得 $\partial \phi / \partial \psi = 0$,所以现在可以获得 GSE 的所有项。

将上述偏导数的数据代入由式(7.89)给出的 GSE 框架后,得到

$$\begin{bmatrix} 1 & -9952.7753 \\ -0.000035 & 1 \end{bmatrix} \begin{bmatrix} \dfrac{\mathrm{d}L}{\mathrm{d}\psi} \\ \dfrac{\mathrm{d}\phi}{\mathrm{d}\psi} \end{bmatrix} = \begin{bmatrix} 9952.7753 \\ 0 \end{bmatrix} \tag{7.90}$$

求解可得 $dL/d\psi = 15284.17$ 和 $d\phi/d\psi = 0.53567$。与 FD 结果相比，其数据相对于 GSE 结果的误差分别为 -0.49 和 0.61%。如算例 7.4 所示，可以期待 GSE 的结果更接近精确值。

在机翼设计过程中，$dL/d\theta$ 和 $d\phi/d\theta$ 的数据可用于指导人类决策或优化算法，对于控制系统的设计来说也是必备要素。此外，上述分析中获得的数据对于进一步深入了解机翼响应也是有益的。可以在平衡点处发现，总迎角 $\theta = \phi + \psi = 0.0176 + 0.05$，因此弹性变形使 θ 相比在斜坡处设定的独立输入值增加了 30% 以上。

当考虑灵敏度时，也会出现这种影响。将通过 GSE 求得的 L 关于 θ 的导数（15284）与对应于刚体机翼的导数（仅考虑空气动力学，9953）进行比较表明，由于 θ 的增加，使得 L 的增量超过 54%。类似地，ϕ 相对于 θ 的导数表明，ϕ 以超过 θ 增长率 54% 的速率在增大。由于问题为非线性（参见图 7.5 中的 c_L），所以上述结果仅在指定的平衡点处有效，如果问题输入有任何更改则必须进行重新计算。

7.8　案　　例

为了进一步扩展算例 7.4，我们现在开始针对相同的系统响应变量 L 和 ϕ，获得其相对于不同独立输入变量的导数。在前面的算例中，自变量是 θ，可以归类为布局变量。现在使用 k_1 作为一个自变量来描述包含局部结构设计变化的典型案例。

该案例与算例 7.4 遵循相同的模式。首先，将数据重置为表 7.1 中第 10 次迭代所定义的平衡点。接下来，将 k_1 从 4000 增加到 4004（0.1%）并继续迭代直至收敛到新的平衡点，将这个新的迭代过程记录在下面列表中。

不出所料，刚度更大的结构降低了气动弹性效应，因此在第 14 次迭代的新平衡点处得到了略小的 L 和 ϕ 值。

基于表 7.3 中第 14 次迭代和表 7.1 中第 10 次迭代的数据，可以采用 FD 程序得到 dL/dk_1 和 $d\phi/dk_1$ 的近似值（见表 7.4 的第一行）。同样地，表中列出的 FD 数据仅仅是为了用于比较，在实际应用中通常并不存在。

表 7.3　迭代过程

迭 代 次 数	ϕ/rad	L/N
11	0.017549884	502.0701
12	0.017547264	501.9952
13	0.017546367	501.9695
14	0.01754606	501.9607

表 7.4　新增迭代过程

计 算 方 式	L	ϕ
FD	-0.082069861	-8.45469×10^{-6}
RHS 偏导数	—	-5.58594×10^{-6}
GSE	-0.085376403	-8.57815×10^{-6}
相对于 GSE 的误差	-0.039	-0.014

下一步开始执行 GSE,这提供了一个用来展示 GSE 灵敏度分析计算效率的机会。首先,因为图 7.6 方框 B 中 L 不是局部(直接)取决于 k_1,且 GSE 左侧的另一项 $\partial L/\partial k_1 = 0$,故唯一需要输入到式(7.90)中的新数据就是 RHS 上的 $\partial\phi/\partial k_1$。此外,矩阵 $\boldsymbol{M}$ 的所有元素保持相同。

如果这是一个真实的大规模应用案例,我们可以在这一平衡点上重用前面算例 7.4 中已经分解和存储的矩阵 $\boldsymbol{M}$,这样就能够以 FBS 方案的计算耗费获得 GSE 的解(关于 $\boldsymbol{M}$ 和 FBS,请参见 7.2 节中关于 Cholesky 算法的讨论内容)。若期望进一步减少计算所消耗的时间,可以通过在 FBS 操作中确保每个设计变量都独立运行来减少 RHS 项的计算次数,即可以使用并发处理来同时执行。

为了计算 $\partial\phi/\partial k_1$ 项,将系统重置为表 7.1(原始平衡点)中第 10 次迭代结束时的状态。接下来,将在图 7.6 方框 A 等式中输入的 k_1 从 4000 增加到 4004(0.1%),重新计算 ϕ,并应用 FD 获得表 7.4 中所列"RHS 偏导数"$\partial\phi/\partial k_1$ 的数据。

式(7.89)和式(7.90)中的新 RHS 向量为

$$\begin{bmatrix} 0 \\ \partial\phi/\partial k \end{bmatrix}$$

最后,结合上述 RHS、GSE 的解得到表 7.4 中列出的 $\mathrm{d}L/\mathrm{d}k_1$ 和 $\mathrm{d}\phi/\mathrm{d}k_1$ 的值,以及相对于 GSE 结果的 FD 误差。

7.9　伴随法系统灵敏度分析

在 7.1 节中讨论单个模块(单个"黑箱")的灵敏度分析时,我们曾介绍过一个例子,即针对一个或一组如式(7.7)所示的函数 $\boldsymbol{\phi} = a(\boldsymbol{x}, \boldsymbol{y})$,求其关于 $\boldsymbol{x}$ 的导数。我们彼时已经说明,如果函数 $\boldsymbol{\phi}$ 的数量小于 $\boldsymbol{y}$ 中元素的个数,则可以通过将式(7.6)替换为式(7.8),并采用 7.5 节中描述的伴随公式法来减少计算工作量。

本节同样希望可以解决系统分析中经常出现的,向量 $\boldsymbol{\phi}$ 和 $\boldsymbol{y}$ 之间存在类似向量长度差异的问题,并因此推导获得了系统灵敏度分析的伴随公式。在系统中应用伴随公式的好处在于避免产生过大的 $\partial\boldsymbol{y}/\partial\boldsymbol{x}$ 矩阵,因为系统级的 $\partial\boldsymbol{y}/\partial\boldsymbol{x}$ 矩阵规模可能要比子系统的大得多。系统灵敏度的伴随公式也可以通过"黑箱"法直接推导得到,即将由式(7.62)~式(7.64)所描述的系统分析看作一组控制方程,并将其内部分块划分为子集,分别对应于空气动力学和结构模块,在7.6节中提及的控制学科对于当前目的来说并不重要。因此,可以将代表子集的式(7.62)~式(7.64)进行合并,并替换为一组系统控制方程:

$$f_{sys}(x,y) = 0 \qquad (7.91)$$

上式形成了一个单独的"黑箱",并有意地隐藏了子系统的存在。同时,上述子集的合并还导致变量合并为单个向量 x 和 y。

式(7.91)中 f_{sys} 的含义与式(7.1)中 f 的含义完全类似,它们都表示因变量 y 与自变量 x 的对应函数关系。因此,用 f_{sys} 直接替换式(7.62)~式(7.68)中的 f 便可以从单个子系统转换为包含多个子系统的单个父系统,并生成系统灵敏度分析的伴随公式。我们在这里不再给出修改后的式(7.62)~式(7.68),将替换工作留给有兴趣的读者自行完成。

需要提醒的是:为了获得系统灵敏度导数,无论是采用式(7.1)~式(7.8)的直接法,还是采用式(7.62)~式(7.68)的伴随公式法,均需要分别求解式(7.1)或式(7.72)~式(7.74)的控制方程。

在 Martins 的综述论文(Martins 和 Hwang,2013)中,对包括直接法、伴随法和混合法在内的各种灵敏度分析公式进行了详细讨论和比较。

7.10　最优灵敏度分析

灵敏度的问题不仅贯穿于我们已讨论过的分析中,同时也贯穿于优化中。假设在保持一组由向量 p 表示的参数不变的情况下,通过改变 x 来解决优化问题,结果是在 x 空间中使目标函数 ϕ 取到约束最小值,即其可定义为

$$\phi = \phi_{opt}(x_{opt}, p) \qquad (7.92)$$

$$g_c(x_{opt}, p) = 0 \qquad (7.93)$$

式中: g_c 是临界约束的向量。优化问题包括 n 个设计变量和 m 个主动约束。优化中经常提出的"假设"问题现在变为" ϕ_{opt} 和 x_{opt} 对参数 p_k 变化的灵敏度是多少?"这个问题在第3章中讨论"影子价格"时也有提及,但相较于本章中的介绍忽略了很多细节。

例如在给定的结构允许应力下求解其横截面最小尺寸比的时候,可以思考一下"当允许应力值改变时,横截面最小尺寸比将如何变化?"再例如,在给定有效载荷和航程范围时,设计一架飞机使其起飞总重量(TOGW)最小,则感兴趣的"假设"问题可能变为"当有效载荷和航程范围发生变化时,最小的 TOGW 会发生什么

变化?"

这些"假设"问题可以用一组称为最优灵敏度导数(OSD)的 $\mathrm{d}\boldsymbol{\phi}_{\mathrm{opt}}/\mathrm{d}\boldsymbol{p}_k$ 和 $\partial\boldsymbol{x}_{\mathrm{opt}}/\partial\boldsymbol{p}_k$ 来回答,而用于计算 OSD 的算法就称为最优灵敏度分析或后最优灵敏度分析。

其算法开发(详见 Sobieszczanski-Sobieski、Barthelemy 和 Riley,1982;Barthelemy 和 Sobieszczanski-Sobieski,1983)始于将由式(7.92)和式(7.93)定义的约束最小值控制方程,写为第 3 章所述库恩-塔克(Kuhn-Tucker,K-T)条件的形式,将其改用矩阵符号表示的形式,则第一个库恩-塔克条件:

$$\frac{\partial\boldsymbol{\phi}}{\partial x_i}+\sum_j^m \lambda_j \frac{\partial g_{cj}}{\partial x_i}=0 \quad i=1,2,\cdots,n \tag{7.94}$$

变为

$$\frac{\partial\boldsymbol{\phi}}{\partial\boldsymbol{x}}+\frac{\partial\boldsymbol{g}_c^{\mathrm{T}}}{\partial\boldsymbol{x}}\boldsymbol{\lambda}=0 \tag{7.95}$$

与 $\boldsymbol{g}_c$ 有关的 K-T 条件为

$$\boldsymbol{g}_c=0 \tag{7.96}$$

以式(7.95)和式(7.96)的形式产生 K-T 条件集,其中 $\boldsymbol{\lambda}$ 是一个由与临界(主动或绑定)约束相关联拉格朗日乘子组成的向量,临界约束由向量 $\boldsymbol{g}_c$ 组成,故其二者同样具有 m 行。在式(7.95)中包含 n 个方程,每个方程对应于一个 x_i,式(7.96)包含 m 个方程,每个方程对应于一个 g_{ck},这使得方程个数与未知数 $\boldsymbol{x}$ 和 $\boldsymbol{\lambda}$ 的总数相匹配。

式(7.95)、式(7.96)是约束最小解的控制方程,类似于式(7.1)关于 x_i 的微分,可以按照前面所述求解导数的步骤(说明 7.1),逐步将其相对于 $\boldsymbol{p}_k$ 进行微分并得到对应的灵敏度方程。我们从第 2 步开始,因为已经通过求解约束最小值完成了第 1 步(式(7.95)、式(7.96))。同时在第 5 步中对这些项进行分组,可获得以下关于约束最优值的灵敏度方程:

$$\boldsymbol{M}_{\mathrm{opt}}\boldsymbol{z}=\boldsymbol{v} \tag{7.97}$$

上式中各项定义如下:

$\boldsymbol{M}_{\mathrm{opt}}$ 包含四个子矩阵,即

$$\boldsymbol{M}_{11}=\boldsymbol{A}+\boldsymbol{B},\ \boldsymbol{M}_{12}=\partial g_{cj}/\partial\boldsymbol{x},\ \boldsymbol{M}_{21}=\boldsymbol{M}_{12}^{\mathrm{T}},\ \boldsymbol{M}_{22}=[0]$$

式中: $\boldsymbol{A}=[\partial^2\boldsymbol{\phi}/\partial x_p\partial x_r]+\sum_j[\partial^2 g_{cj}/\partial x_p\partial x_r]$,两项的维度均为 $n{\times}n$;$\boldsymbol{B}=[\partial\boldsymbol{g}_c/\partial\boldsymbol{x}]$,维度是 $m{\times}n$。将向量 $\boldsymbol{z}$ 和 $\boldsymbol{v}$ 简写如下:

$$\boldsymbol{z}=\{\partial\boldsymbol{x}_{\mathrm{opt}}/\partial\boldsymbol{p}_k\ |\ \partial\boldsymbol{\lambda}/\partial\boldsymbol{p}_k\},\ 长度\ n{+}m$$

$$\boldsymbol{v}=[[\partial/\partial\boldsymbol{p}_k[\partial\boldsymbol{\phi}/\partial\boldsymbol{x}]+(\partial/\partial\boldsymbol{p}_k[\partial g_{cj}/\partial\boldsymbol{x}])\boldsymbol{\lambda}]\ |\ [\partial\boldsymbol{g}_c/\partial\boldsymbol{p}_k]]$$

式中:()中项的微分得到 $(\partial^2\boldsymbol{\phi})/(\partial\boldsymbol{p}_k\partial\boldsymbol{x})$。各项的维数分别为:$[\partial\boldsymbol{\phi}/\partial\boldsymbol{x}]$ 是 $n{\times}1$;$[\partial\boldsymbol{g}/\partial\boldsymbol{x}]$ 是 $m{\times}n$;$\boldsymbol{\lambda}$ 的长度是 m;$[\partial\boldsymbol{g}_c/\partial\boldsymbol{p}_k]$ 的长度是 m。

与式(7.26)类似,式(7.97)中的 p_k 直接影响 v 的 RHS 但不影响系数矩阵 M,因此,式(7.98)可以用与求解式(7.26)相同的算法,即应用于求解具有多个 RHS(每个 p_k 一个 RHS)线性方程的算法,来有效地求解并得到 z。

值得注意的是,式(7.98)的解 z 不仅包含原来的目标 $\partial x_{opt}/\partial p_k$,而且包含 $\partial \lambda/\partial p_k$。这是因为在库恩-塔克条件即式(7.94)中存在 λ 的结果。如果求解约束最小化问题(寻找最优点)的优化算法也同样作为副产品生成 λ,则构建式(7.96)所需的 λ 值可以直接获取。否则,需要通过式(4.46)进行计算得到。

通过求解式(7.97)得到包含 $\partial x_{opt}/\partial p_k$ 的 z 以后,将 $\partial x_{opt}/\partial p_k$ 代入为整个向量 x 和 p 准备的链式微分公式即可得到 $\mathrm{d}\phi/\mathrm{d}p_k$:

$$\frac{\mathrm{d}\boldsymbol{\phi}}{\mathrm{d}p_k} = \frac{\partial \boldsymbol{\phi}}{\partial p_k} + \left[\frac{\partial \boldsymbol{x}}{\partial p_k} \right]^{\mathrm{T}} \frac{\partial \boldsymbol{\phi}}{\partial \boldsymbol{x}} \tag{7.98}$$

式中:$\partial \phi/\partial x_i$ 是在 $x = x_{opt}$ 处计算得到的导数值。第一项,$\partial \phi/\partial p_k$ 反映了 p_k 对 ϕ 的直接影响,第二项则反映了 p_k 通过 x 对 ϕ 的间接影响。该式可与式(7.8)对照理解。

式(7.98)中的二阶导数源于对式(7.94)~式(7.96)的一阶导数求微分。由于二阶导数的计算成本较高,所以该方法并不常用。但是,如果仅需知道 $\mathrm{d}\phi/\mathrm{d}p_k$ 而不关心 $\partial x_{opti}/\partial p_k$,便可以绕开二阶导数。这需要从控制方程式(7.96)中消除 x_{opt},矩阵表示法很方便这样做,所以将式(7.98)改写为

$$\frac{\mathrm{d}\boldsymbol{\phi}}{\mathrm{d}p} = \frac{\partial \boldsymbol{\phi}}{\partial p_k} + \nabla \boldsymbol{\phi}^{\mathrm{T}} \left[\frac{\mathrm{d}x_{opt}}{\mathrm{d}p_k} \right] \tag{7.99}$$

由此将式(7.95)、式(7.96)改写,则第一个方程变为

$$\nabla \varphi + \nabla g_c \boldsymbol{\lambda} = 0 \tag{7.100}$$

注意到当 p_k 递增时,必须仍然保持式(7.96)成立,则有

$$\delta g_c = \left(\frac{\partial \boldsymbol{g}_c}{\partial p_k} + \nabla g^{\mathrm{T}} \frac{\mathrm{d}x_{opt}}{\mathrm{d}p_k} \right) \delta p_k = 0 \tag{7.101}$$

根据式(7.100),可用 $\nabla g_c \boldsymbol{\lambda}$ 来表示 $\nabla \phi$,同样通过式(7.101)可用 $\partial g_c/\partial p_k$ 表示 $\nabla g^{\mathrm{T}} \mathrm{d}x_{opt}/\mathrm{d}p_k$。将其代入式(7.99)得

$$\frac{\mathrm{d}\boldsymbol{\phi}_{opt}}{\mathrm{d}p_k} = \frac{\partial \boldsymbol{\phi}}{\partial p_k} + \boldsymbol{\lambda}^{\mathrm{T}} \left(\frac{\partial g_{cj}}{\partial p_k} \right) \tag{7.102}$$

上式不包含任何二阶导数,$\partial \phi/\partial p_k$ 反映了 p 的直接影响,p 的间接影响则通过临界(主动)约束来反映。

由式(7.97)、式(7.98)及式(7.102)解得的导数,通常用作由增量 p_k 引起的 x_{opt} 和 ϕ_{opt} 变化的线性预测器。但是需要注意,这些方程还包括一组临界约束 g_c,因此,只有当 p_k 递增且约束仍保持为临界约束时,这种预测才有效。如果某些约束离

开临界集并有新的约束进入时，x_{opt}和$\boldsymbol{\phi}_{opt}$相对于$\boldsymbol{p}_k$的变化将不再连续，此时的线性外推也便不再可靠。

对式（7.102）进行微分可以得到二阶导数 $\mathrm{d}^2\boldsymbol{f}_{opt}/\mathrm{d}\boldsymbol{p}_k^2$ 的计算公式（McKeown，1980）：

$$\frac{\mathrm{d}\boldsymbol{\phi}_{opt}}{\mathrm{d}\boldsymbol{p}_k^2} = \frac{\partial^2\boldsymbol{\phi}}{\partial\boldsymbol{p}_k^2} + \left[\frac{\partial^2\boldsymbol{\phi}}{\partial\boldsymbol{x}\partial\boldsymbol{p}_k}\right]^{\mathrm{T}}\left[\frac{\partial x_{opti}}{\partial\boldsymbol{p}_k}\right] + \left[\frac{\partial\boldsymbol{\lambda}}{\partial\boldsymbol{p}_k}\right]^{\mathrm{T}}\left[\frac{\boldsymbol{g}_c}{\partial\boldsymbol{p}_k}\right] +$$
$$\boldsymbol{\lambda}^{\mathrm{T}}\left(\left[\frac{\partial^2\boldsymbol{g}_c}{\partial\boldsymbol{p}_k^2}\right] + \left[\frac{\partial^2\boldsymbol{g}_c}{\partial\boldsymbol{x}\partial\boldsymbol{p}_k}\right]^{\mathrm{T}}\left[\frac{\partial x_{opti}}{\partial\boldsymbol{p}_k}\right]\right) \tag{7.103}$$

它需要来自式（7.97）的项$\partial x_{opti}/\partial\boldsymbol{p}_k$ 和$\partial\boldsymbol{\lambda}/\partial\boldsymbol{p}_k$，所以仍然需要计算二阶偏导数的成本。

7.10.1　取拉格朗日乘子 $\boldsymbol{\lambda}$ 为影子价格

如第 2 章所述，$\boldsymbol{\lambda}$ 的值可以认为是修改临界约束所需"价格"的直接度量。考虑一个如下的特定约束函数：

$$g_{cj}(\boldsymbol{x}) = y_j(\boldsymbol{x}) - y_a \leqslant 0 \tag{7.104}$$

式中：常数 y_a 是一个直接施加于 $\boldsymbol{y}$ 中行为变量的上限，而不是通过一些函数 $\boldsymbol{\phi}(\boldsymbol{y}, \boldsymbol{x})$ 间接施加的约束。由式（7.104）知，$\partial\boldsymbol{\phi}/\partial y_a = 0$ 且 $\partial g_{cj}/\partial y_a = -1$，结合式（7.102）有

$$\frac{\mathrm{d}\boldsymbol{\phi}_{opt}}{\mathrm{d}\boldsymbol{p}_k} = -\boldsymbol{\lambda}_j \tag{7.105}$$

举例来说，假设 $\boldsymbol{\phi}$ 是在许用应力 y_a 限制下的结构最小重量，取为 $\boldsymbol{p}_k$。那么许用应力每增加一个单位，最小重量将减少 $\boldsymbol{\lambda}$ 单位（$\boldsymbol{\lambda}$ 总是非负的，详见第 3 章）。意料之中，改进材料可以使得结构更轻。相反，像在给定有效载荷和航程情况下最小化 TOGW 的例子中，y_a 是航程所需的约束下限。则式（7.104）变为 $g_{cj}(\boldsymbol{x}) = y_a - y_j(\boldsymbol{x}) \leqslant 0$，式（7.105）右侧为正，意味着航程的增加将导致 TOGW 增大。当存在非线性的情况下，作为灵敏度系数的 $\boldsymbol{\lambda}$ 值仅在局部有效。由于它们表示的灵敏度是指，当约束增加一个单位时，目标函数需要"支付"的单位数，因此将其称为"约束价格"或"影子价格"。

▷ **说明 7.4　计算最优解的导数**

用于计算最优解关于问题参数导数的步骤：

给定：目标 $\boldsymbol{\phi}$ 的约束最小值、设计变量 x_{opt}、一组参数 $\boldsymbol{P}$、一组主动（临界）约束 $\boldsymbol{g}_c$，以及 $\boldsymbol{\phi}$ 和 $\boldsymbol{g}_c$ 关于 $\boldsymbol{x}$ 及 $\boldsymbol{P}$ 的一阶导数和二阶导数，并在 $\boldsymbol{x} = x_{opt}$ 处求得的拉格朗日乘子 $\boldsymbol{\lambda}$。

选项 1：

1. 由式（7.97），并为所有感兴趣的 $\boldsymbol{p}_k$ 求解 $\boldsymbol{z} = \{\partial \boldsymbol{x}_{\text{opt}}/\partial \boldsymbol{p}_k \mid \partial \boldsymbol{\lambda}/\partial \boldsymbol{p}_k\}$。

2. 由式（7.98）计算 $\mathrm{d}\boldsymbol{\phi}/\mathrm{d}\boldsymbol{p}_k$。

选项 2：

通过式（7.102）计算 $\mathrm{d}\boldsymbol{\phi}/\mathrm{d}\boldsymbol{p}_k$，放弃 $\{\partial \boldsymbol{x}_{\text{opt}}/\partial \boldsymbol{p}_k \mid \partial \boldsymbol{\lambda}/\partial \boldsymbol{p}_k\}$ 从而降低计算二阶导数的成本。

7.11　自动微分法

这是一种将符号和数值微分融合并应用于现有计算机代码的方法（Barthelemy 和 Hall，1995）。该方法基于链式微分，并将其扩展贯穿至程序代码始终，以得到输出关于输入的导数（见图 7.7）。

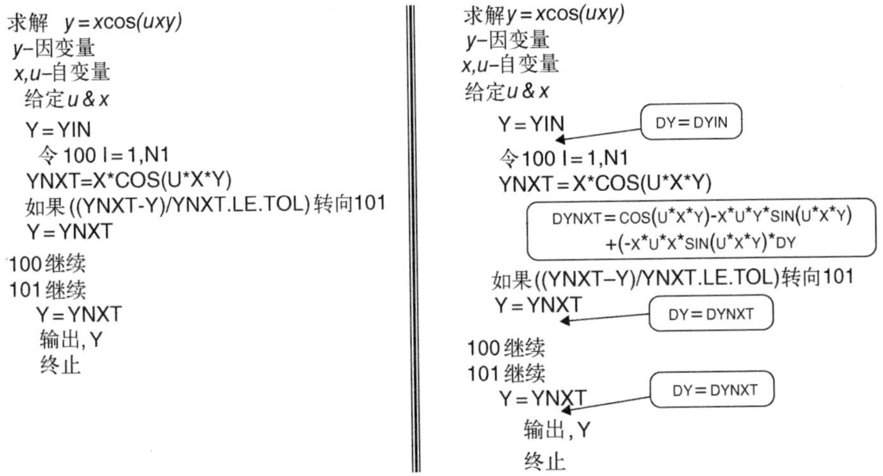

图 7.7　自动微分的例子

考虑一组假设的伪代码：

采用逐行移动的模式可以看到，左端项（LHS）的变量等同于右端项（RHS）表达式中输入变量（参数）的函数，这些函数参数要么是代码的输入，要么已在代码的前面某行处计算过其值。该模式使得我们可以选择行 $\boldsymbol{J} = \cdots$ 和 $\partial \boldsymbol{J}/\partial c$ 作为要计算的导数示例：

$$\frac{\partial \boldsymbol{J}}{\partial c} = \frac{\partial f_J}{\partial c} + \frac{\partial f_J}{\partial \boldsymbol{A}}\frac{\partial \boldsymbol{A}}{\partial c} + \frac{\partial f_J}{\partial \boldsymbol{E}}\frac{\partial \boldsymbol{E}}{\partial c} \tag{7.106}$$

$$\frac{\partial \boldsymbol{A}}{\partial c} = \frac{\partial f_A}{\partial c} \qquad (7.107)$$

从前面行中已得出

$$\frac{\partial \boldsymbol{A}}{\partial c} = \frac{\partial f_A}{\partial c} \qquad (7.108)$$

和

$$\frac{\partial \boldsymbol{E}}{\partial c} = \frac{\partial f_E}{\partial c} + \frac{\partial f_E}{\partial \boldsymbol{A}} \frac{\partial \boldsymbol{A}}{\partial c} \qquad (7.109)$$

为代码前序每一行构造这样的微分链,目的是获得式(7.106)中 RHS 上的所有项。这些项由符号微分生成,就像 Wolfram(1991)使用的代码那样具有符号操作能力。

原则上,无论在行 $\boldsymbol{J}$ =⋯之前有多少行代码,都可以执行上述过程。然而,级联表达式不可避免的展开过程会形成导数项的链式表达式,如果每个都以符号形式保存,将使得该程序很快就不再实用。因此,应该立即评估计算这些符号微分创建的项,并将其存储为数值形式而不是直接存储为符号表达式。这些值从一行传递到另一行,在需要时进行替换,不再需要时则将其丢弃,直到代码结束为止。结果就是输出变量关于输入变量的一组导数。

可以使用程序(如 Barthelemy 和 Hall 在 1995 年写的综述)对现有代码进行操作来执行自动微分。其将现有的源代码作为输入,并生成一个新的源代码作为输出,新代码通常会稍长一些,但仍然可以执行原代码的功能,另外,它可以计算输出关于输入的导数。在这些自动微分代码中,有一些允许用户可以根据自己的兴趣选择输出和输入侧的变量。包含二阶导数的程序也在开发过程中。

图 7.7 左侧显示了一个美国标准代码(American StandardCode, ASC)的示例(代码语法为 Fortran)。该代码的功能是求解最上面一行所示的超越方程,$y = x\cos(uxy)$。随后定义因变量和自变量。在分界线的右侧,该图紧挨着分界线下方示出了以符号形式求取导数的对应代码,即圆角矩形中的内容。每一个这样的导数表达式(其中 D(名称)表示 $\mathrm{d}y/\mathrm{d}x$)将通过调用符号微分子程序来生成,该调用内嵌在 ASC 中,并位于图中所示求导算式的相同位置处。在实际应用中,除非特别要求,否则内嵌的子程序调用将在代码清单中保持不可见。

注意,尽管这个例子中的导数 $\mathrm{d}y/\mathrm{d}x$ 可以通过解析法(7.1 节)得到,但是自动微分法所采用的路径是完全不同的。代之于生成式(7.6)的等效表达式,自动微分法仅仅模拟 ASC 的逻辑。因为该示例中的 ASC 是迭代的(因为示例中的函数是超越函数,所以必须进行迭代),导数也通过与 y 的原始解并行迭代获得。由于 $\mathrm{d}y/\mathrm{d}x$ 的迭代收敛可能比 y 的迭代收敛要慢,所以前者的终止准则必须进行调整。

> ▷ **说明 7.5**　自动微分
>
> 以下步骤列出了用户及通用自动微分代码(DC)的操作,以获取输出相对于输入变量的导数。
>
> 1. 用户提供要进行微分的 ASC 码,并选择感兴趣的输出和输入变量。
> 2. DC 扫描 ASC 码,以识别"="符号左侧变量作为 RHS 上变量函数进行计算的行。随后引导符号微分子程序生成"="符号 RHS 的偏导数。该扫描也确定每一个通过符号操作产生的偏导数,ASC 码的后续行中可能需要之(即前向累积模式)。
> 3. 在位于由来自第 2 步信息所指向的 ASC 码行之间的位置处,DC 将嵌入调用能够执行符号微分的子程序,并使得每个这样的调用紧跟在它要操作的 ASC 行之后。
> 4. ASC 码经由嵌入式符号微分子程序调用修改后变成新的源代码,并使用在原 ASC 码上操作的相同编译器编译生成新的可执行二进制代码(New Exe-cutable Binary Code,NEBC)。编译器必须能够访问从 NEBC 调用的符号微分子程序库。
> 5. NEBC 与 ASC 执行同样的操作。此外,它调用符号微分子程序,并立即对这些子程序生成的符号微分进行数值求解,并将其值代入第 2 步中所记录信息指向的位置。
> 6. 输出:与原 ASC 码的输出相同,同时还根据用户在第 1 步中的选择,生成输出变量关于输入变量的导数。

自动微分的主要优势是能够节省计算时间并保证精度。虽然执行 NEBC 所耗费的时间比执行 ASC 所耗费的时间长,但却比采用 FD 模式时重复执行 ASC 所需的时间要短得多。从精度角度看,有限差分技术中所需的步长对自动微分法来说并不是问题。此外,使用 DC 消除了前面所讨论分析技术所需的额外编码工作。然而,当在外推过程中使用通过自动微分得到的导数时,需要注意,如果代码中存在任何非线性,则导数值仅对于输入值的特定集合为真,并且在输入发生任何改变时都需要对其进行更新(分析方法同样需要考虑这个问题,见 5.1 节)。如果在程序执行期间,代码中存在由变量状态控制的任何分支或循环,则同样如此。在后一种情况下,输出可以是输入的不连续函数,使得 x_k、x_l 和 x_m 等基于导数的外推范围可能受到这些不连续性的限制。

7.12 对数导数表示的灵敏度

灵敏度分析不仅可以指导优化中的搜索过程,还可以直接支撑设计者的判断。为此,将 $\partial y_j / \partial x_i$ 表示为无量纲格式(对数导数):

$$\frac{\partial(\text{航程},\text{km})}{\partial(\text{展弦比})}= 400 \tag{7.110}$$

它表明这些变量变化时 x_i 对 y_j 影响的相对大小。它们之间的依赖关系可以解释为,当 x_i 每增加一个单位而引起的 y_i 增加的单位数(如果 x_i 为零或值太小,则可以选择合适的 x_i 参考值进行代替)。

例如,在一个研究运输机机翼展弦比对标称设计航程影响的问题中:

航程 = 10000km,机翼展弦比 = 20。

假设灵敏度分析返回值为

$$\frac{\partial(\text{航程},\text{km})}{\partial(\text{展弦比})}= 400 \tag{7.111}$$

相应的对数导数表示为

$$\frac{\partial(\text{航程})}{\partial(\text{展弦比})}= 0.8 \tag{7.112}$$

这也可以解释为标称展弦比 20 每增加 1%,即 0.2,则标称航程 $R = 10000$ 增加 1% 的 0.8 倍,即 80km。

很明显,无量纲格式更有利于人们的感知,而这在设计问题尤其是 MDO 问题中起到了关键作用。

通过计算导数来评估分析结果对自变量的灵敏度,大大降低了优化时间和成本,已经成为数值方法中一个非常重要且仍在快速发展的领域。其应用已远远超越简单指导自动搜索最优点的范畴,并扩展为通过交互操作模式来允许工程师在设计决策中将灵敏度数据与人为判断融合起来。Martins 和 Hwang 在其论文(2013)中提供了更多有关该主题及其应用案例的有用信息。

参 考 文 献

Barthelemy, J-F., & Hall, L. E. (1995). Automatic Differentiation as a Tool in Engineering Design. *Structural Optimization Journal*, 9(1), 1.

Barthelemy, J-F., & Sobieszczanski-Sobieski, J. (1983). Optimum Sensitivity Derivatives of Objective Functions in Nonlinear Programming. *AIAA Journal*, 21(6), 913–915.

Crandall, S. (1956). *Engineering Analysis*. New York: McGraw-Hill.

Haftka,R. T. (1982). Second-Order Sensitivity Derivatives in Structural Analysis. *AIAA Journal*,20,1765-1766.

Haftka,R. T. ,& Gurdal,Z. (1991). *Elements of Structural Optirnization*. Dordrecht:Kluwer Academic Publishers.

Lyness,J. N. (1967). Numerical Algorithms Based on the Theory of Complex Variable. In:*Proceedings of the ACM National Meeting*,Washington,DC/New York:ACM,pp. 125-133.

Lyness,J. N. ,& Moler,C. B. (1967). Numerical Differentiation of Analytic Functions. *SlAM Journal Numerical Analysis*,4(2),202-210.

Magnus,J. R. ,Katyshev,P. K. ,& Peresetsky,A. A. (1997). *Econometrics:A First Course*. Moscow:Delo Publishers.

Martins,J. R. R. A. ,& Hwang,J. T. (2013). Review and Unification of Methods for Computing Derivatives of Multidisciplinary Computational Models. *AIAA Journal*,51(11),pp. 2582-2599.

Martins,J. ,Sturdza,P. ,& Alonso,J. (2003) The Complex-Step Derivative Approximation. *ACM Transactions on Mathematical Software*,29,245-262.

McKeown,J. J. (1980). Parametric Sensitivity Analysis of Nonlinear Programming Problems. In:*Nonlinear Optimization:Theory and Algorithms*,Lecture 15. 1. C. W. Dixon,E. Spedicato,& G. P. Szego,eds. Boston,MA:Birkhauser,pp. 387-406,

Moore,H. (2014). *MATLAB for Engineers* (4th ed.). Natick,MA:MathWork,Inc.

Nelson,R. B. (1976). Simplified Calculation of Eigenvector Derivatives. *AIAA Journal*,14(9),pp. 1201-1205.

Petyt,M. (2010). *Introduction to Finite Element Vibration Analysis* (2nd ed.). Cambridge,University Press.

Przemieniecki,J. (1968). *Theory of Matrix Structural Analysis*. New York:McGraw-Hill.

Rektorys,K. (ed.) (1969). *Survey of Applicable Mathematics*. Cambridge,MA:MIT Press,p. 422.

Rogers,L. C. (1970). Derivatives of Eigenvalues and Eigenvectors. *AIAA Journal*,8,pp. 93-994.

Sobieszczanski-Sobieski,J. (1990a). Higher Order Sensitivity Analysis of Complex,Coupled Systems. AIAA Journal,28(4),756-758.

Sobieszczanski-Sobieski,J. (1990b). Sensitivity of Complex,Internally Coupled Systems. *AIAA Journal*,28(1),153-160.

Sobieszczanski-Sobieski,J. ,Barthelemy,J-F. M. ,& Riley,K. M. (1982). Sensitivity of Optimum Solutions to Problems Parameters. *AIAA Journal*,20(9),1291-1299.

Tuma,J. J. (1989). *Handbook of Numerical Catculations in Engineering*. New York:McGraw Hill.

Wang,B. P. (1991). Improved Approximate Methods for Computing Eigenvector Derivatives in Structural Dynamics. *AIAA Journal*,29(6),pp. 1018-1020.

Wilkinson,J. (1965). *The Algebraic Eigenvalue Problem*. Oxford:Clarendon Press.

Wolfram,S. (1991). *Mathematica* (2nd ed.). Champaign,IL:Wolfram Research Inc.

第8章 多学科设计优化架构

8.1 引 言

在第 2 章，我们介绍了多学科设计优化（Multidisciplinary Design Optimization，MDO）方法用于求解现代优化设计问题的相关基础知识。在前面章节中，我们也已经建立了一个针对工程优化设计问题的工具库，本章将对这本书的核心内容即 MDO 进行更加详细的阐述。考虑到现代工程设计问题往往涉及多个学科，MDO 为此提供了一整套包含多种方法、技术和工具的解决方案，用户可以根据具体的任务需求选择性地进行组合以应对不同的应用场景。截至目前，专家学者们已经提出了多种类型的 MDO 方法（Martins 和 Lambe，2013；Sobieszczanski – Sobieski 和 Haftka，1997），本章将从中选取一个典型示例作为代表。当然，对 MDO 的研究目前仍是一个非常热门的领域，一些新的方法极有可能会随着研究的不断深入而出现。

本章所要阐述的这种方法，自诞生至今 50 余年的时光中不断地演化和发展。始于一篇开创性的论文（Schmit，1960），它首次阐明了运筹学领域的标准优化问题，如非线性规划，可以转化为单一结构学科的工程设计问题（Schmit，1981）。从零开始设计一个存在学科交互作用的系统，最简单的方法是将原优化器（Optimizer，OPT）（或称为分析回路）中的单学科分析替换为系统分析。因此，我们从单级设计优化（Single – Level Design Optimization，S – LDO）入手，展开本章内容的探讨。

另一种在工程系统设计过程中进行优化的方法是将其独立地应用到每一个学科领域，以在满足学科约束的条件下改善局部学科目标。这种方法称为可行序贯方法（Feasible Sequential Approach，FSA），将在本章的 8.9 节进行详细介绍。

在这些优化方法不断发展的基础上，通过各学科及子系统之间的解耦与协调，来满足系统的总体目标，是 MDO 的研究趋势，而快速发展的大规模并行计算技术及相关的工程实践又进一步为 MDO 的研究提供了支撑。本章还将对协同优化（Collaborative Optimization，CO）和双层集成系统一体化（Bilevel Integrated System Synthesis，BLISS）这两种方法进行简要介绍。

在本章的 8.2 节和 8.3 节,我们将对前几章所用的术语及符号进行扩充以便于 MDO 的学习。紧接着,在 8.4 节和 8.5 节,将介绍优化任务的分解并建立规范的数据管理结构,以此作为处理复杂优化问题的解决方案。紧跟 8.5 节,将阐述一个适用于工程系统优化方法的案例。如果读者有兴趣在本章所述内容之外做进一步的研究,请参考 Balling 和 Sobieszczanski-Sobieski(1996)、Sobieszczanski-Sobiesk 和 Haftka(1997)、Martins 和 Lambe(2013)等关于 MDO 方法的文献。本章小结部分对 MDO 的通用原理及特性进行归纳,对最新的 MDO 方法进行评估,并预测 MDO 的未来发展趋势。

8.2　多学科优化问题的统一表述

多学科设计优化问题可以用一个统一的形式来表述,即通过一个 OPT 对设计变量做出调整,然后用一个分析器(Analyzer,AN)获取该变化对于目标和约束条件的影响。例如,AN 作为结构分析器来评估应力水平是否超过限值。从数学的角度来讲,假设一个优化问题,包含一组设计变量 x、一组行为或状态变量 y 及一组输入参数 p(此符号在下一节中有详细阐述)。则对于给定的一组参数 p,该问题可以写为

$$\begin{cases} \text{Min. } f(p,x) \\ \text{s. t. } g(p,x,y) \leqslant 0; \ h(p,x,y) = 0; \ q(p,x,y) = r \end{cases} \tag{8.1}$$

向量 r 的加入可以确保控制方程 q 在一个给定的误差范围内。本质上,它可以令算法在控制方程的作用下动态运行,而不是像算例 7.3 中那样采用离散的两阶段过程。上式把 x 和 y 写在统一的坐标向量中,该向量定义了控制方程 $q(p,x,y) = r$ 在空间 $[x\ y]$ 中的解集合 y 及最优点坐标 x_{opt}。虽然在原则上,它应该收敛到零,但是也可以将其收敛到一个很小的容差范围内,这个容差还可以随着优化的不断进行而自适应地减小。为简便起见,在式(8.1)所定义的优化问题中,通常将 $q(p,x,y) = r$ 包含在 $h(p,x,y) = 0$ 中。

上述优化过程在 $r = 0$ 的情况下可以写成如说明 8.1 所示的伪码形式;其中包含的术语如 ANy 等在 8.3.3 节中有完整的定义,为便于读者更加深入地了解细节,本章有多处说明(Panel),但并不要求读者在开始阶段就充分理解这些描述。

▷ **说明 8.1**　式(8.1)所定义优化问题的伪码
- -
向量 $[x\ y]$ 关于给定的 p 初始化

> 　　　循环至 101
>
> 在 AN 中,将 *x* 输入到 *q*(*x*,*y*)
>
> 　　　　通过调用 AN 来获得关于给定 *x* 的 *y*、*f*、*g* 和 *h* 的值
>
> 　　　　用来自 AN 的 *y* 替换原始的 *y* 值,并输入到 OPT
>
> 　　　　调用 OPT 来修改搜索空间[*x*]中的 *x* 以获得受 *g* 和 *h* 约束下的 *f*(*x*)
>
> 最小值
>
> 　　　　用修改后的 *x* 替换原来的 *x*
>
> 　　　　如果 *f*、*g* 和 *h* 收敛到允许的容差范围内,跳转至 101
>
> 　　　101 循环终止
>
> 输出:对于给定 *p* 的 *x*、*y*、*f*、*g*、*h* 和 *r*。

在上述公式中,OPT 通过 *r*-约束来调整 *x* 和 *y* 以满足控制方程,并且在行为约束 *g* 和 *h* 的限制下使目标最小化,这样它就能方便地执行原本赋给 AN 的函数。这种方法称为同步分析和设计(Simultaneous Analysis and Design,SAND)(Martins 和 Lambe,2013),其将在后面关于 MDO 的章节中再次出现。该方法的优点是表达方法最为简单,缺点是:

● 它扩大了搜索空间(*x* 和 *y*)的维度,使得其对一般问题的适用性受到问题规模大小的限制。这个缺点可以在未来通过应用大规模并发数据处理(Massively Concurrent Data Processing,MCDP)技术来弥补,因为该方法的各个控制方程都是独立求解的,所以适合于多处理器的同步处理。

● 它忽略了人类对于组建专家组的偏好(第 2 章 2.2 节,现代设计的本质)和专家对于其自由参与设计决策而不仅仅是执行分析的愿望。

● 它不能使用优化工具,这些优化工具往往已经被专家组证明有效且得到了广泛应用。

虽然最后两个缺点在可预见的未来仍然可能存在,把 SAND 计入在内是因为我们研究的每个方法都解决了与 SAND 相同的优化和分析问题,因此其公式可以作为一个主要的参考模板,便于查看如何将各种方法进行重新排列组合以适应不同的问题。

解决由式(8.1)所定义问题的一般方式是,将用于搜索定位得到的受 *g*(*x*)≤0 和 *h*(*x*)=0 约束的 *f*(*x*)最优值的设计空间[*x*],与给定 *x* 的控制方程 *q*(*x*,*y*)=0 的解分离,因此 AN 至少在理论上作为 OPT 的子程序运行。这一模式也是前序章节中的默认流程,并且可以将其转换为如说明 8.2 所示的伪码。

> 👆 **说明 8.2** 对优化问题的伪码重新排列,使得 OPT 在 x 空间中操作,AN 在 y 空间中操作
> --
> 关于给定的 p 初始化向量 $[x,y]$
>   循环至 101
>   在 AN 中,将 x 输入到 $q(x,y)$
>   通过调用 AN 来获得关于给定 x 的 y、f、g、h 值
>   用来自 AN 的 y 值替换已有的 y 值,并输入到 OPT
>   调用 OPT 来修改搜索空间 $[x]$ 中的 x 以获得受 g 和 h 约束下的 $f(x)$
>   最小值
>   用修改后的 x 替换原来的 x
>   如果 f、g 和 h 收敛到允许的容差范围内,跳转至 101
>   101 循环中止
> 输出:对于给定 p 的 x、y、f、g、h 和 r。

当所涉及的向量维数或函数的复杂性变得过大时,如果仍然想使用说明 8.1 或说明 8.2 的构想,则必须采取分解过程。虽然实际的分解可能会改变上述规划的形式,但这两个说明仍然可以作为研究分解的基本参考。在本章后续部分会看到,分解技术是采用通用 MDO 方法的必要前提,但我们首先需要扩充术语和符号,并解决数据的管理问题。

8.3 MDO 的术语和符号

本节把前面章节内容提炼成一组 MDO 单元模块,并将这些模块根据其名称、目的以及输入和输出数据定义为一个个黑箱(Black Boxes,BB)。因此,一个 BB 可以包括控制方程求解器或残差估计器、灵敏度分析、OPT 及最优的问题参数分析。根据不同的应用和 MDO 方法,一个 BB 也可以是上述集合的一个子集。

模块这一术语用于指代具有特定任务的专门程序,例如结构分析模块等。MDO 应用中的许多模块都可以视为 BB。控制论将 BB 定义为一个接收输入并产生输出信息的实体,而它内部的工作原理,虽然具有明确定义,但在一些特定的讨论场合,对于那些不需要展示的内容则可以有意地忽略掉。这些 BB 内部可能包括了数学模型、内部优化、计算机代码、归档数据、实验或人类专家的判断等,一组相互连接且存在信息交换(8.5 节)的 BB 就形成了一个系统的数学(抽象)模型。

在下面的小节中,将按照运算对象、耦合约束和运算符的顺序定义 MDO 流程。

8.3.1　运算对象

p:系统参数(常量),包括来自系统外部的输入,如施加在结构上的载荷。

x:设计变量,可分成两个子集:x_{sh}和x_{loc}。

x_{sh}:由至少两个模块共享并且由系统 OPT 控制的设计变量。

x_{loc}:模块的局部设计变量。

x_{opt}:空间 x 中的最优点。

y:行为(状态)变量,可分为三个子集:$y^{\vee}$、$y^{\wedge}$ 和 y_{loc}。

$y^{\wedge}$:在一个模块中计算并输出给系统内或系统外其他模块作为其输入的状态变量。

$y^{\vee}$:由系统其他模块输入到某一个模块中的状态变量。

$y^{\vee}_{L}$:由 BB OPT 控制的状态变量,用来匹配来自系统其他模块的状态变量。

y_{c}:耦合状态变量(见耦合约束部分),等于集合($y^{\wedge}$,$y^{\vee}$)。

y_{loc}:模块的局部状态变量,特指属于某一学科或模块的状态变量。

v:小写斜体表示向量 v 的一个元素。

$f(p,x,y)$:系统的目标函数(可能是一个多目标应用中的向量函数)。

$g(p,x,y) \leqslant 0$:不等式行为约束。

$c(p,x,y) = 0$:耦合约束,在下节有详细定义。

$q(p,x,y) = r$:在求解得到 y 之前产生一个非零残差控制方程;当求解得到 y 时,$r=0$;默认情况下,这些方程包含在等式约束 $h=0$ 中,仅上下文需要时才分别显示。

$h(p,x,y) = 0$:包括采用运算符 AN(见后续章节)求得控制方程 $q(p,x,y)=0$ 的解(见上一条)。

$(\quad)^{*}$:"目标(target)"数量,通常由用户设置并驱动优化程序得到其解。

8.3.2　耦合约束

耦合约束(耦合方程)强化了具有交叉连接的系统中两个或多个模块之间的一致性,一个模块的输出作为另一个模块的输入,反之亦然,如图 8.1 中一对通用模块所示。这种关系可以用四个联立方程表示,将一对 BB(BB_i 和 BB_k)之间的联立方程列写如下。其中,上标和下标的含义是,对于输出 $y^{\wedge}$,第一个下标指输出数据的 BB,第二个下标表示接收数据的 BB,对于 $y^{\vee}$,同理可推之:

$y^{\wedge}_{ik} = y^{\wedge}_{ik}(y^{\vee}_{ik})$,其中 $y^{\wedge}_{ik}$ 通过 BB_i 中的 AN 生成。

$y^{\wedge}_{ki} = y^{\wedge}_{ki}(y^{\vee}_{ki})$,其中 $y^{\wedge}_{ki}$ 通过 BB_k 中的 AN 生成。

$y^{\vee}_{ik} = y^{\wedge}_{ki}$。

$$\boldsymbol{y}^\vee_{ki} = \boldsymbol{y}^\wedge_{ik} \circ$$

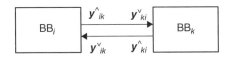

图 8.1　通过数据交换耦合的两个通用黑箱

因此,前两个方程可解读如下:从 BB_i 发送到 BB_k 的输出 $\boldsymbol{y}^\wedge_{ik}$ 是 BB_i 从 BB_k 接收到的输入 $\boldsymbol{y}^\vee_{ik}$ 的函数,反之,对于 $\boldsymbol{y}^\wedge_{ki}$ 同理;它们代表了每个 BB 中输入到输出的传递过程。后两个方程表示从 BB_i 接收到的输入等于从 BB_k 发送的输出,反之同理;它们实现了数据的连通性。

前述四个方程定义了 BB_i 和 BB_k 之间的双向数据链路,并代表了一组等式耦合约束,来确保一个 BB 的输出就是另一个 BB 收到的输入。此过程可以简化为一对耦合约束,反映输入到输出的传递过程以及一对 BB 之间的连通性:

$$\boldsymbol{c}_{ik} = \boldsymbol{y}^\vee_{ik} - \boldsymbol{y}^\wedge_{ki}(\boldsymbol{y}^\vee_{ki}) = 0$$

$$\boldsymbol{c}_{ki} = \boldsymbol{y}^\vee_{ki} - \boldsymbol{y}^\wedge_{ik}(\boldsymbol{y}^\vee_{ik}) = 0$$

在交换数据的一对 BB 中,如果两个 BB 之间的耦合如图 8.1 完全双向互通,从 BB_i 到 BB_k 的输出是从 BB_k 到 BB_i 的输入的函数,反之同理。前面提到的通用示例可以与 2.4.1 节所述飞行器案例中的气动结构耦合问题相匹配,我们只需作如下替换即可,让气动=模块 i,结构=模块 k 等。

z:( )* 数量的"目标"向量。

( )ᵃ:一个近似数量。

8.3.3　运算符

OPT:优化器,用于搜索输入变量 v 的空间,使得 $f(v)$ 取约束最小值;定义关于 v 的函数 $f(v)$,以及约束条件(如果有的话);输入和输出因需而定。系统级的 OPT 操作称为 SysOPT,而 BB OPT 则表示 BB 模块内部的 OPT。

AN:分析器,用于求解行为(状态)变量 y 的模块控制方程,并评估 f、g 和 h(或者 q)。三个简化版的 AN 操作采用如下方式标识:

- 第一个是 ANy,仅限于在忽略 f 和 g 的情况下求解 y,也就是说,只计算状态变量而不考虑计算目标和约束。

- 第二个是 ANr,仅限于评估 $q(p, x, y)$ 中的 r。

- 第三个是 ANfgh,对于给定的 x 和 y,在不考虑 r 的情况下评估 f、g 和 h。

上述四种分析运算符的输入和输出定义如下:

输入:x、p 和 $\boldsymbol{y}^\vee$,常见于 AN、ANy 和 ANr。

输出:对于 AN 为 y、f、g 和 h(可选 r)。

输出:对于 ANy 为 y。

输出:对于 ANr 为 r。

输入:对于 ANfgh 为 x、p 和 y。

输出:对于 ANfgh 为 f、g 和 h。

SA:系统级 AN 调用 ANy 并求解关于耦合变量 y_c。在系统中表示模块间相互作用的方程,即其耦合约束满足条件(8.3.2 节和 8.6 节)。典型的算法包括固定点迭代、高斯-赛德尔(Gauss-Seidel,G-S)迭代和在 y_c 空间把耦合方程残差减少到 0 的优化算法。这个过程通过调用 ANy 并输出变量 y_c 来实现,此外,还可以生成变量 $y_{\text{loc}}^{\wedge}$。SA 的细节内容将在 8.6 节进行讨论。

MIA:多学科集成分析器,将 SA、AN 或 ANy 集成为一个运算符。

SenA:灵敏度分析器,计算 y 相对于 x 的导数(在一个系统中对于单一模块的计算方法请参见第 7 章)。

SAS:耦合系统灵敏度分析器,计算系统 y(含 y_c)相对于 x 的导数(全局灵敏度方程见第 7 章)。

OSA:最优灵敏度分析器,计算 y、f、g 和 h 在最优点 x 处相对于参数 p 的导数。其简化情况是,利用灵敏度分析器(Sensitivity AN,SAN),只计算 f 关于 p 的导数(细节见第 7 章)。

上述模块在后续章节中均将以缩写形式出现。

8.4 从优化任务到子任务的分解

通过把任务分解为更小的子任务就可以同时利用更多的资源进行处理,并藉此减少系统的工作时间。分解一个设计任务有很多种方法,其中大多数方法对于工程师来说是很寻常不过的。我们将分解方法所依据的原则归纳为如下几类:

- 物理现象及其相关的工程学科(如结构和气动等);
- 物理实体(子系统,如机翼、机身、发动机等);
- 人类组织,通常体现在分包方法或者分散的地理关系。

人们还可以通过检查数据量及其结构来得到满足特定标准规则的分解方案(Haftka 和 Gurdal,1991;Jung、Park 和 Choi,2013)。无论采用何种分解形式,都会产生许多单元,这些单元就是 8.3 节中定义的模块。一个成功的分解方案至少要做到以下几点:

- 将目标、约束和设计变量从系统级分解到学科级层次(我们在后续考虑两级以上的系统时会重新讨论这个问题);

- 将设计任务中的整个数据划分到细节级别,这些数据量可能很大但却分布在不同的 BB 之间,使得系统级的数据量级反倒会小一些;
- 通过数据交换保留 BB 之间的天然耦合,以反映物理系统中相互之间固有的数据依赖关系;
- 精心定义 BB 以努力使它们能够独立处理并开展并行计算(MCDP)。

对这种多方面分解策略的具体实施依赖于下节规范定义的数据结构。

8.5　构建底层信息

系统模块之间的信息交换是分析、优化和分解 MDO 的关键组成部分。图 8.2 展示了一种表现设计过程所包含信息的常见方法,该方法用编码圆框(椭圆框)指代各种模块(BB),用实线表示这些源起和接收信息的实体之间的信息传递。

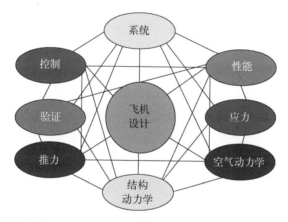

图 8.2　飞行器设计中涉及的大量学科(见彩图)

为了使 8.3 节中给出的 BB 定义更具一般性,将"实体"或 BB 定义为一个可以发送输出和接收输入数据的数学模型,其中可能包含前面章节所介绍的一个或多个运算符。BB 还可以表示实验、档案或者做出判断及做出选择的人或团体。为了支持这种一般性,对"信息"的内容进行更加广泛的定义,这里的信息可以是数值数据、符号数据、图片、书面文件,甚至是口口相传的内容等。从系统内部来讲,BB 通常与一个学科或一个系统的物理部分相关联。图 8.2 传递了将一个任务分解为多个子任务的设计理念,这些子任务通过实体之间的信息交换进行耦合,术语"模块"、"BB"、学科或"领域"都可以用来表示这种实体。

将飞机视为一个系统,其整体模型可由几个互相连接的数学模型组成,图 8.2 展示了输出数据转变为输入数据的过程。图 8.2 中的系统是一种极端情况,该系统的每一个实体都直接或间接地影响着其他实体,即"一切影响其他的一切"。为了将其应用到规范的 MDO 方法中,我们使用图 8.3 所示的流程图形式(Steward,1981a)来代替上述"互连圆框"的图形形式,尽管其作为示例来说是足够和有效的。这就是著名的 N 方图(N-Square Diagram,NSD)。在 NSD 中,每个 BB 通过其垂直边(左边或右边)输出,并从水平边(顶部和底部)接收输入。连接线用来表示数据通道:水平方向的连接线表示输出,垂直方向的则表示输入,模块从左上角到右下角按顺序执行。外部提供给系统的数据既可以通过整个图表的水平边从左上方进入,也可以将其视作一个专门提供输入数据的 BB,如图 8.3 中的"输入服务器"。若将第 2 章 2.4 节中所讨论的例子用 NSD 格式表示,其结果如图 8.4 所示。

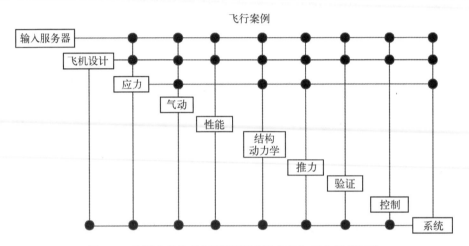

图 8.3　将耦合系统的"圆框图"重新表示为 N 方图(NSD)

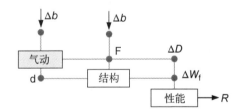

图 8.4　翼展增量对航程 R 的影响(参见 2.4.1 节的例子)

在一些数据通道交叉处的圆点表示数据的结合点,在这些结合点上数据从输出通道传递到输入通道,不发生这种传输的结合点就不需要这样的标记,术语 N 方暗示了包含 N 个这样交互的模块。NSD 有助于发现系统模块之间的数据流所固有的迭代。例如,如果图表看起来像图 8.5(a)那样,由于存在对角线下的数据反馈结合点,模块分析就无法从左上角到右下角依次进行。但是,如果对模块重新排序使得耦合出现在如图 8.5(b)所示的位置,则所有数据结合点都在对角线上方,即所有数据点都属于前馈类型。包括气动和结构模块的机翼模型如图 8.4 所示（也就是将图 2.3 以 NSD 的形式重新绘制），图中展示了机翼变形 d 和载荷 F 迭代的具体过程。

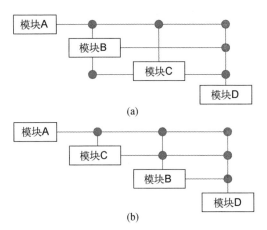

图 8.5　由于 C→B 的反馈数据耦合（a），模块顺序 A-B-C-D 需要迭代。对模块顺序重排列（数据连接 C→B 置于对角线上方）消除了数据反馈并可启用串行过程 A-C-B-D(b)

NSD 旨在对模块之间数据交换的信息进行规范化，它并未打算描绘出所有循环及分支模块的执行流程，这应当由流程图或书面形式的伪码及相应的 NSD 文档来描述。因此，NSD 的构造可从以任意（或随机）顺序放置在对角线上的模块开始。消除反馈及它们之间的迭代是大有裨益的，或者至少尽量最大程度地避免它们。通常，这些反馈按照模块在对角线上的顺序排列，通过有序排列（对相关行和列进行相应交换）可以很容易地将这些反馈以及相对应的迭代一起移除，如将图 8.5(b) 中的 B 和 C 对换。然而，有些迭代是耦合模块系统所固有的，无法通过置换去除这些迭代。在 NSD 中，这些迭代用成对的数据结合点表示，并且关于对角线对称，如图 8.4 所示，描述气动和结构之间相互作用的节点 F 和节点 d 就属于这种情况。如果数据结构适合并行处理，那么 NSD 会使得这种方法变得非常直观，如图 8.6所示。

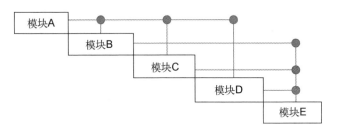

图 8.6　揭示所有模块并行处理可能性的数据传输模式

在大多数应用中,工程师对系统均非常熟悉,可以很快按照减少模块迭代规模的顺序将模块放置在 NSD 对角线上,而不是以任意顺序排列。当遇到 NSD 特别大或对期望排列顺序不明确的情况时,这种方法的效果就会变差。然而,我们可以使用数字化的 NSD 来构建数据结构矩阵(Data Structure Matrix,DSM)或数据依赖矩阵(Data Dependency Matrix,DDM),亦或将图 8.4 中由三个 BB 所组成系统的 NSD 形式转换成如表 8.1 所列的表格形式。Rogers(1989)已经开发出了对 DSM 进行自动化操作的方法,相关的基础理论可以在 Steward(1981b)和 Eppinger(2012)的专著中找到。

表 8.1　图 8.4 所示三个 BB 系统的表格形式

	y_{ji}-反馈	y_{ij}-反馈	
	#1	#2	#3
#1	气动	y_{12}	y_{13}
#2	y_{21}	结构	y_{23}
#3			性能

DSM 是分块稀疏矩阵且可以在不同细节级别进行定制。矩阵(或表格形式的 NSD)中的元素可以是需要传输的单个数据(数字),或者是指向数据文件(数字或字母数字)存储地址的指针,也可以采用前沿计算机技术所支持的任何物理形式,例如存储在"云"中。关于细节级别的选择,取决于计算时长,而计算时长则需要根据具体的应用背景及计算机的性能特点来确定。

无论任何细节级别的 DSM,均具有一个关键的特征,即 BB 的任何输入数据都必须可追踪且只能追溯到单个来源,该来源可以是另一个 BB 或者来自外部输入的 x_{sh} 和 p。反过来则不成立,因为来自任何 BB 的输出或其他外部输入均可能有多个接收的 BB。

现在我们来解释一下 DSM 及其相关的输入和输出向量。考虑到系统中某个 BB 所生成输出向量 $y^{\wedge}$ 中的特定元素可以被多个 BB 作为输入来接收,这对位于 NSD 之外的向量 x_{sh} 或 p 中的元素也同样适用。

定义两个向量:v_{R} 和 v_{L}。

$$v_{R} = \left[x_{sh} p y^{\wedge} \right]^{T} \tag{8.2}$$

式中:n 维向量 v_{R} 包含系统的所有外部输入,即将 x_{sh}、p 及作为其他 BB 输入的输出 $y^{\wedge}$ 一起作为输入向量。v_{L} 包含所有 BB 的输入并将其整合为一个维度为 m 的向量,且有 $m \geqslant n$:

$$v_{L} = \left[x_{sh} y^{\wedge} \right]^{T} \tag{8.3}$$

向量 v_{R} 和 v_{L} 通过关联矩阵 A 相连接,A 是表征系统中数据连接的运算符:

$$v_{L} = A v_{R} \tag{8.4}$$

式中:A 是一个 $m×n$ 型的 DSM 矩阵,它是由 0 和 1 组成的稀疏矩阵,且在任何一行中不会超过一个 1。v_L 中的任何特定元素均可以唯一地等于 v_R 的一个元素,但是 v_R 中的任何一个元素却可以映射到多个 v_L 的元素;因此,每列中可能有不止一个单位元。对结构分析和有限元方法(Finite Element Method,FEM)熟悉的读者可能会意识到,上述矩阵 A 可以实现与连接矩阵相同的功能,它们都可以将单个有限元 u(在系统坐标中)的弹性自由度与组合结构 U 的节点自由度通过 $u = AU$ 联系在一起。

暂且放下上述结构分析的案例不提,让我们回到存在耦合 BB 的一般案例,A 矩阵实际上隐含了真实应用中有关模块执行顺序的信息。为了将这些信息提取出来,考虑到 A 矩阵可以从其对应的 NSD 矩阵导出,假设信息流从左上角到右下角序贯执行,且 BB 分布在对角线上,即其下标满足 ii。因此,对于放置在 A 中 ki 位置的任何单位元素:如果 $k<i$,则 v_R 的元素就可以作为输入数据传递给处于激活时间窗口的 BB_i;如果 $k>i$,则该单位入口指向按次序执行 BB_i 之后输出的 v_R 元素,这表示需要进行迭代。DSM 流程还可以扩展应用于检查系统中所有重要数据的完整性,详细过程参见说明 8.3。

BB 之间输入输出数据的传输、控制及其在优化和分析中的排序贯穿于 MDO 方法之中。前面讨论的 NSD 和 DSM 为 BB 之间数据交换的起源及目的提供了明确、简洁的标识。这些标识与描述循环的流程图及描述过程时序的分支一起,从连接性和时间排序方面形成对设计过程的完整描述。

▷ **说明 8.3　检查 BB 输入数据的完整性和确定性**

1. 从 DSM(NSD)对角线上的 BB_i 开始,沿着第 i 列向上移动。

2. 在每一行 k,将 BB_i 的输入列表与 BB_k 的输出相比较并检查是否匹配。

3. 在最上面一行,确认 BB_i 的输入列表是否存在任何未检查到或多次检查到的项。

4. 如果未出现上述两种情况(未检查到或多次检查到),从上往下移动并重复第 1~3 步。

5. 如果没有出现上述两种情况,则针对 BB_i 的数据检查完成。

6. 如果存在未检到的项,需要在系统外找到其来源。

7. 对于那些不止一次被检查到的项,即其来源与系统中多个 BB 相匹配,则需要决定使用哪个来源(不允许出现不确定(二义或歧义)性的输入)。

8. 对系统中所有 BB 从第 1 步开始重复上述操作。

在很多应用场景中,系统可能是由基于现有货架式产品的计算机硬件、软件及数据独立开发得到的 BB 组合而成。然而,由于在数据格式、测量单位、字母数字的数据解释、数组维数及其内部排序等方面存在的各种不兼容性,可能无法直接进行输入输出数据之间的传递,正是这种不兼容性要求对输入数据进行预处理。考虑一个 BB,忽略其下标,假设在经过说明 8.3 所示的处理过程之后,系统已经可以识别其输入数据 $y^{\vee}$。但是,这些数据可能尚没有准备好作为输入以执行 BB 代码,因为该代码可能要求具有特定格式的输入数据 $y^{\vee}_{\mathrm{spec}}$,故有必要对其进行转换 $y^{\vee}_{\mathrm{spec}}=f(y^{\vee})$。因此,通过针对特定应用定制并添加到 BB 的预处理器代码 PreP,将 $y^{\vee}$ 变换为 $y^{\vee}_{\mathrm{spec}}$ 来实现上述函数关系。该转换可简记为

$$y^{\vee}_{\mathrm{spec}}=\mathrm{PreP}(y^{\vee})$$

通常,每个 BB 都有自己的 PreP 代码。因此,预处理在原则上能够解决所有的不兼容问题。但是,为方便起见,用户也可以选择采用后处理手段实现类似的效果。另一种需要后处理的情况,则是当原 BB 模块被一个输出内容 $y^{\wedge}$ 相同但输出格式不同的新 BB 模块替换时。对新输出进行后处理,可以得到替换前原 BB 的输出,节省了原本需要修改所有接收其输出数据的 BB 的 PreP 代码的工作。这为开发 BB 系统及其基于 NSD 的数据提供了指导:没有必要事先就建立数据格式标准。即从第一个 BB 开始,就可以直接将添加到系统中的每个 BB 所产生的输出 $y^{\wedge}$ 作为事实上的标准。然后,通过对新添加的下一个 BB 进行预处理,或对替换原 BB 的新 BB 进行后处理,来协调数据格式的不兼容性。

建立一个系统数学模型所需的信息及其所有数据的定义最初可能是模糊或不完整的结构形式。将这样的大量信息转换为适合于 NSD/DSM 处理的信息,需要设计人员的专业知识及计算机最大程度的辅助,包括借助 KBE 提供的工具。Jung 等人(2013)介绍的方法可以从耦合模块的原始数据中识别出最优组合,最新的研究成果已经开发出了解决某些针对大规模应用分解及排序问题的工具。另一方面,在许多应用中,通过工程经验和判断可以很容易地选择合适的分解及排序方案。当然,这些选择也可能会受到工程组织结构的影响。

8.6　系统分析(SA)

在大多数应用场景中,对于模块化系统的 MDO,其分析可以很自然地划分为模块分析(操作符 ANy;参见 8.3.3 节)和系统分析(操作符 SA),后者可以调用 ANy 并对模块之间的交互进行建模。本节将对 8.3.2 节中定义的系统级 AN 做详细的阐述。系统分析(SA)的实施过程为:将耦合变量 $y^{\wedge}$ 和 $y^{\vee}$ 看作未知量,并假设在 SA 的过程中,操作符 ANy 在每个 BB 中生成局部未知数 y_{loc} 的解,从而实现完整

的 SA。能够执行 SA 是第 7 章所介绍系统灵敏度分析(SSA)的前提条件。

图 8.7 展示了用于分析耦合 BB 系统的三种常用方法:高斯-赛德尔(Gauss-Seidel,G-S)迭代、雅可比(Jacobi)迭代以及可以将控制方程残差减小到零的优化方法,分别对应图中自上而下的 A 区、B 区和 C 区。针对一个包含三个通用 BB 的相同系统,通过让每个区域分别对应一种 NSD 列表形式的耦合分析方法,来展示其差异。该系统与表 8.1 中所列的系统相似,不同的是在这里它是完全耦合系统,并且为了强调 SA 中变量 y 的未知性,用 ANy 来代替学科标签。为使接下来的讨论更简洁并具有足够的普遍性,将系统的大小限制在三个模块。

G-S 迭代方法始于将标记为"初始猜测数据"的初始化信息输入"迭代开始数据"集合。在随后的迭代序列(从左上到右下)中,每个序贯而下的 BB 模块要么将迭代开始数据作为输入,要么将前序 BB 模块的输出(图中红色区域)作为输入。在迭代序列末尾(图中灰色区域),从"迭代结束数据"处得到输出数据并将其进行反馈,作为更新后的迭代开始数据。

在雅可比迭代法(固定点迭代法)模式下,如图 8.7 中的 B 区域所示,其每个模块的输出并不直接发送给下游接收模块,而是发送到"迭代结束数据"处,直到本次迭代结束为止。在下一次迭代开始之前,完成"迭代结束数据"对"迭代开始数据"的整体替换。

在 G-S 迭代法中通过直接使用最新数据可以加快系统收敛速度,但这也使它无法像雅可比迭代法那样进行多模块并行处理。从存储角度讲,假设 N 是所有 y_c 累积起来的长度之和,则雅可比法需要的量级为 $O(N^2)$,而 G-S 迭代法需要的量级仅为 $O(N/2)$。

对于第三种优化方法而言,则是通过求解联立的非线性方程组,来搜索未知变量空间内所有方程残差之和的最小值。在满足所有 $c_{ik}=0$ 的解处,该最小值为零(见 8.3.2 节)。图 8.7 中的 C 区域展示了优化法如何代替 G-S 或雅可比法来解决一个 SA 问题。

OPT 对( )* 指定的变量 y_{ij}^* 进行操作,以表明它们是为了与 ANy 序列的输出相匹配而提出的"目标(target)"。所有的目标变量应标准化为相同的数量级。OPT 将所有需要的 y_{ij}^* 作为输入发送给雅可比方法中需要执行的模块并生成 y_{ij},且 y_{ij} 的值起初可以与目标(*)的值不匹配。将差值($y_{ij}^*-y_{ij}$)的平方和返回到 OPT,利用 OPT 进行迭代调整,直到残差的平方和为零(无约束最小化),由此,通过匹配目标值的集合求解出了系统耦合方程组。和雅可比方法一样,所有残差可以同时进行评估。

需要注意的是,上述工具仅生成 y 的数据。为了获得约束 g 和 h 的数据,还需要在求解耦合方程后为每个模块调用 ANfgh 操作符。自此而下,我们将使用术语

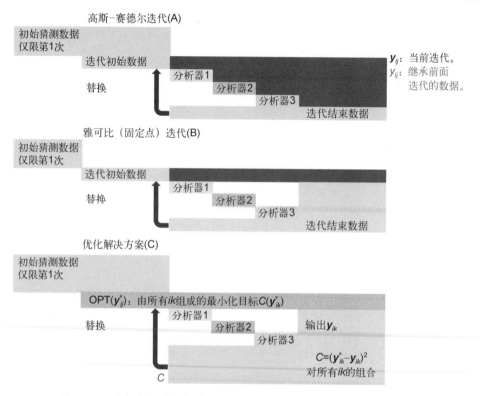

图 8.7　三个模块组成的耦合系统：三种不同模式的迭代算法（见彩图）

MIA 来替代前面提到的 SA，包括操作符 ANy 和随后所需的 AN。

　　提醒一：如果任何上述 SA 迭代策略出现收敛慢、没有收敛或发散的情况，可能因为系统是不稳定或接近不稳定的。例如，机翼出现了气动弹性发散或结构性的系统屈曲。所以，应该通过适用于该系统类别及其特殊性的方法进行稳定性检查，以确定是否需要对变量和参数施加额外的约束或界限。

　　提醒二：SA 可能需要较长的计算时间，因为它的核心就是求解联立方程组，由于系统中各个 BB 模块累积起来的 y 长度过大，以及 AN 存在的非线性特性，导致联立方程组的计算量较大。通过在各个 BB 中使用降阶保真度数学模型（Reduced Fidelity Mathematical Models，RFMM）和代理模型（Surrogate Models，SM）（第 11 章有此讨论），可以从根本上缩短计算时间。SM 近似的一个重要优势就是为系统创造了利用 MCDP 技术的机会。BB 是否使用 RFMM 和 SM 取决于它们的相对计算成本。利用 SM 来强化 SA，实际上是将 SA 任务分解成多个由 SM 拟合技术表征的子任务。

8.7　工程设计过程的演变

在过去的 40 多年中,规范化的优化方法逐渐显示出了它们的实用性,并逐渐与已经发展演化两个多世纪的工程设计过程融为一体。图 8.8 由顶层向下展示了整个设计过程,图中所示的系统设计任务,按照学科、物理子系统以及时间序列分布和地理位置分布(尤其是在当前经济全球化的背景下)的情况,划分成一个个子任务。

飞机设计通常根据一系列的功能需求为燃油和有效载荷确定其内部容积开始,并进一步对飞机布局产生影响(Raymer,1999,2002;Torenbeek,1982)。这为基于空气动力学知识来设计飞行器的外形奠定了基础,而其余学科也将适应其设计方案。与"气动优先"理论相悖的实例是 F-117 隐身战斗机,它的外形设计更多是出于减小雷达反射信号而考虑的。至于考虑地理分布的飞行器设计问题,近期投入使用的波音 787 为我们提供了范例。

图 8.8 中严格按照既定顺序排列的设计过程是一种理想化的结果,因为通常来说,为了压缩整体的设计日程,系统各个学科或子系统的次序会有所重叠,通过对可能的输入信息做出判断和假设,各个学科组可以在缺少上游模块输入的情况下启动设计任务。

随着设计过程从概念阶段到初期阶段、再到细节阶段直至最终结束,每个环节的设计过程由浅入深,由宽泛到具体。

虽然上述设计过程完成度很高、应用面很广,但由于序贯决策的限制导致其缺乏进一步扩展的潜力。

图 8.9 中的设计案例展示了一个不期望出现的结果,横轴是设计过程的时间轴,纵轴是设计自由度和产品相关知识的百分比。设计自由度由可以改变的设计变量个数决定,随着时间推移,这些变量所受的约束越来越多,导致设计自由度下降。另一方面,随着时间的推移,通过思考、分析和实验所获得的知识经验却在不断累积。由此得出一个关于设计自由度和知识积累的悖论:随着所获得的知识不断增加,设计自由度却在不断减小(Sobieszczanski-Sobieski,2006b)。这种悖论导致的一个后果就是,由于信息不完整,使得整个项目中的费用被不成比例地用在了前期设计阶段。

图 8.9 所示悖论导致的另一个后果是系统设计的次优性。通过下面的示例可以很容易地证明。如图 8.10 所示,将机翼设计变量简化为展弦比(Aspect Ratio,AR)和结构重量 w_{min},且后者可通过结构学科局部最小化。图中的轮廓线表示性能水平,如飞行距离,箭头指向表示更好的性能,即更远的航程。带有三角形标记

163

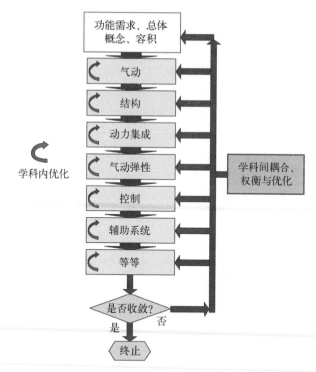

图 8.8　通过内部和跨学科优化增强飞行器设计过程（见彩图）

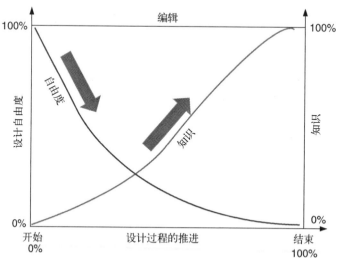

图 8.9　随着设计过程展开遭遇"获得的知识更多但关于
这些知识的设计自由度却在变少"的悖论

的曲线表示起飞滑跑距离和爬升速率等约束,三角形标记一侧表示约束无法满足。通过观察图 8.10,不难发现设计问题的最优值出现在 P_1 性能曲线的 O_1 点处。

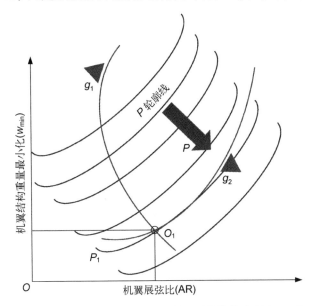

图 8.10　受两个约束 g_1 和 g_2 限制的最优性能出现在 O_1 点

图 8.11 中引入了一种具有自激振荡特性的约束,称为颤振,通常在设计后期才会发现这种约束对设计结果的重要影响。新约束的引入使 O_1 设计点不再可行,显然,新的最优值出现在 P_2 性能曲线的 O_2 点处,即通过同时改变结构和气动的设计方式来防止颤振。然而,如果 AR 设计已经固定(早期气动外形已经确认),则点 O_2 无法实现。只能通过单独调整结构尺寸来满足颤振约束,此时应当沿着 AR 不变的垂直线移动到点 O_3,O_3 点处的性能曲线 P_3 要比 O_2 点处曲线的性能更差。因此,通过对比 P_1、P_2 和 P_3 这三条性能曲线表明,对局部进行调整来满足新的约束需要付出代价,但引入来自其他学科的变量则可以减小这种代价。

导致次优性的另一个原因是对选择的局部目标进行模块内部优化。例如,飞行器结构优化的常规目标是使结构重量最小,而这种使机翼重量最小的优化通常并不考虑机翼弹性变形可能导致阻力增加的代价,从而抵消在飞机航程分析中由于减重所带来的收益(参见第 2 章 2.4.1 节中讨论的飞机设计示例)。因此,选择对局部目标进行优化可能影响多学科间的权衡,例如,该案例中重量与弹性之间的权衡。

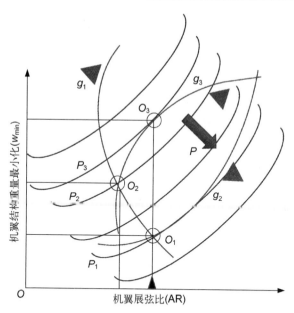

图 8.11　附加约束 g_3 使得原 O_1 点处的性能最优值 P_1 不可行。减少 AR 并增加 w_{min}

可以恢复可行性,当把最优点 P 移动到 O_2 点时会导致 P_2 相对于 P_1 的性能损失。

如果 AR 不变,将最优值 P 移动到 O_3 点则会导致 P_3 相对于 P_2 更大的性能损失

8.8　单级设计优化(S-LDO)

根据前面所讨论的问题,相关研究人员已经开发出了一些适用于工程设计的优化方法。我们通过一些最基本的优化问题,如式(8.1),对一个有代表性的优化例子进行演示,来看看它如何对图 8.8 所示的函数进行修改。

为了减轻 OPT 对 y 的控制,可以利用 SA 调用 BB 中的 ANy 来满足约束 $r(x, y) = 0$。为了利用封装到耦合分析模块中的分析解决方案,将优化问题表述为(省略 p)

$$\begin{cases} \text{Min. } f(x) \\ \text{s. t. } g(x) \leqslant 0, \ h(x) = 0 \end{cases} \tag{8.5}$$

式中:通过调用 ANy 来实现"最小化函数 $f(x)$"的迭代操作。

从原理上看,这种方法非常简单(8.4 节中对该算法进行了总结),与单一学科的优化算法类似,OPT 在单个学科范围内查询并分析设计变量变化所产生的影响。本质上,其基本概念可以阐述为,从另一个子程序级别对 OPT 的分析子程序进行扩展,相当于 AN 与 SA 之间的对应关系。这个方法通常称为 S-LDO 或者一体化设计

（All In One，AIO）。在该算法中，MIA 通过调用每个 BB 的 AN，针对由 OPT 提出的集合 x，分析得到 $g(x)$ 和包含 $c(x)=0$ 的 $h(x)$。说明 8.4 提供了一组简化的伪码。

▷ 说明 8.4　S-LDO（AIO）优化的伪码

定义及初始化：

x—包含所有系统级和学科级或子系统级变量在内的设计变量。

y—将状态（行为）变量划分为与模块局部状态变量相对应的集合。

$y^{\wedge}$—在模块输入输出之间转换的耦合状态（行为）变量，$y^{\wedge}$ 是 y 的子集。

F—目标函数。

$g(x)$—不等式约束；$h(x)$—等式约束（包括两个级别的控制方程，即包括 $c(x)=0$）。

100 调用 MIA，其调用每个 BB 的 AN 模块。

输入 x 并求解 y（包括其子集 $y^{\wedge}$）。

求解并输出：F、g 和 h。

调用优化器：

最小化：$F(x)=y^{\wedge}_s(x)$　　　　　　　a）y 的一个或多个元素

满足：$g(x)\leqslant 0,h(x)=0$

$x_L\leqslant x\leqslant x_U$　　　　　　　　　　b）边界约束

输出：x_0、F_0、$g(x)$ 和 $h(x)$（包括 $c(x)$）　　c）用于更新设计变量 x

终止，并将上述输出作为最小化解决方案，或者：

用输出的新 x 替换原来的 x；

从 100 循环。

若将这种简单结构扩展到图 8.8 右侧的整个循环中（假设不考虑学科内部优化），就会导致分析内容的规模剧增：利用 MIA 取代单学科 AN 对 OPT 产生响应，通过返回 f、g 和 h 的值，来控制 x 的变化，这个过程不断地重复直到解决式（8.1）所定义的问题为止。我们可以根据定义 $h(x)=0$，将 MIA 与单个学科中的控制方程在系统级进行等价处理。MIA 可以通过 SSA 进行增强，来计算系统分析输出关于输入量的导数，以便寻找问题的最优设计方案。SSA 可以通过有限差分或通过求解一组线性联立方程组即全局灵敏度方程（Global Sensitivity Equations，GSE）来完成（参见 7.3 节及 Sobieszczanski-Sobieski（1990））。如第 7 章所指出的那样，如果 SSA 中包含迭代的部分，那么使用 GSE 会非常有效。

SSA 的导数可以直接用于搜索或者用于构造近似模型(代理模型,SM),例如,构造一个泰勒级数的线性部分。SM 还可以利用 SA 生成的数据推导建立,这首先需要使用实验设计(Design of Experiment,DOE)方法在设计空间中生成试验点,然后在这些点处执行 SA。实际上,SM 仅仅是一种对试验点处的可用数据进行"曲线拟合"的方法。使用 SM 的目的是它可以比全尺度 SA 更快地响应 OPT 的查询,尽管该方法存在数据上的近似(见 11.4 节)。当对系统设计空间进行搜索时,必须周期性地更新 SSA、SA 和 SM,更新频率由 SA 的非线性程度所决定。总之,一旦 SSA 和 SM 是可用的(预先准备好),在设计中出现的"假设"问题就可以通过多种方式来解答,如图 8.12 所示。

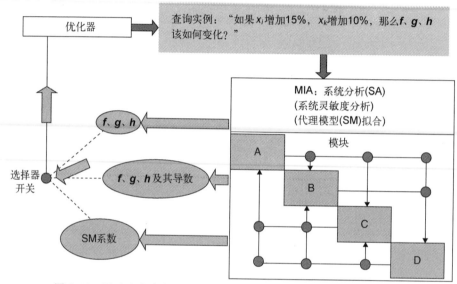

图 8.12 通过人为或自动程序控制"选择器开关"来选择如何响应查询

8.8.1 评价

如果想要 S-LDO 具备较强的实用性,MIA 的执行时间必须足够短。这一特性将其应用范围限制在了产品的早期(概念)设计阶段,这个时候的模块分析可能是低保真度的,并且输入和输出的数量还没有超出相对较小的团队所能管理和理解的范畴。快速响应时间和有限的数据量使 S-LDO 可以支持交互模式,包括赋予工程师改写 OPT 的权限。

S-LDO 的主要作用是,当设计过程早期不需要考虑过多的设计细节问题时,在某个设计点处对设计空间进行广泛而浅显的探索。在没有数值难题困扰的情况下,它将收敛于局部最优解,如果存在多个最优解(如非凸问题),它将找到其中的一个,具体是哪一个则取决于初始化的数据。因此,它可以为其他方法提供一个基准参考。鉴于这些原因,S-LDO 仍然在设计工具库中占有一席之地,并且已经在诸如 Galloway 和 Smith(1976)、Vanderplaats(1976 和 1982)、Bradley(2004)以及 Raymer(2011)等人所描述的多种计算机代码中得到了实现。在设计过程的后续阶段,S-LDO 生成的信息将会被更详细的分析结果所修正。

在设计过程的开始阶段,S-LDO 的特性使它适合作为其他工具的预处理器而使用。大规模并行计算的快速发展使人们有理由相信,S-LDO 在 MDO 设计中的作用将会越来越重要(Sobieski 和 Storaasli,2004)。

除了在工业中的实际应用之外,S-LDO 在理论研究方面也有额外的用武之地。它可以为开发 MDO 方法生成基准测试结果,并验证这些方法的结果是否足够小,这要求在可接受的成本范围内执行 S-LDO。它之所以能够实现上述这些功能,是因为它的执行不依赖于任何假设以及高级 MDO 方法中各种花样百出的辅助流程。

8.9　可行序贯方法(FSA)

如果我们具备无限的计算能力,如果 2.2 节中讨论的现实问题可以妥善解决,那么 S-LDO 方法可能会发展成为 MDO 的终极手段。然而就目前来看,还远非如此,FSA 方法及其变型(Sobieski 和 Kroo(2000)、Reed 和 Follen(2006)、de Weck 等(2007)及 Agte 等(2010))把近年来诸多学者共同努力所获得的优化方法融入到了图 8.8 所描述的设计过程中。

FSA 方法存在很多变型,为了便于解释它们的工作原理,我们使用一个特定的例子来表现。它是 FSA 方法中最简单但计算量最大的变型。假设模块内部的优化方程如下:

$$\begin{cases} \text{Min.} \ \boldsymbol{f}(\boldsymbol{x}_{\text{loc}}, \boldsymbol{y}^{\wedge}) \\ \text{s. t.} \ \ \boldsymbol{g}(\boldsymbol{x}_{\text{loc}}, \boldsymbol{x}_{\text{sh}}, \boldsymbol{y}^{\wedge}) \leqslant 0 \\ \qquad \boldsymbol{h}(\boldsymbol{x}_{\text{loc}}, \boldsymbol{x}_{\text{sh}}, \boldsymbol{y}^{\wedge}) = 0 \\ \text{取} \ \boldsymbol{x}_{\text{loc}} \end{cases} \tag{8.6}$$

式(8.6)所描述的问题同时涉及式(8.1)或式(8.2)定义的内部模块 AN,其详细介绍见说明 8.5。

式(8.6)在系统级可以表述为

$$\begin{cases} \text{Min.} \ \boldsymbol{f}(\boldsymbol{x}_{\text{loc}}, \boldsymbol{y}^{\wedge}) \\ \text{s. t.} \ \ \boldsymbol{g}(\boldsymbol{x}_{\text{loc}}, \boldsymbol{x}_{\text{sh}}, \boldsymbol{y}^{\wedge}) \leqslant 0 \\ \qquad \boldsymbol{h}(\boldsymbol{x}_{\text{loc}}, \boldsymbol{x}_{\text{sh}}, \boldsymbol{y}^{\wedge}) \leqslant 0 \\ \text{取} \ \boldsymbol{x}_{\text{sh}} \end{cases} \tag{8.7}$$

这种安排使得系统优化回路中嵌入了许多的模块内部优化和隐式 SA,如图 8.8 所示。这种嵌入对计算成本和组织结构造成的影响将在 8.9.1 节中讨论。

模块内部优化(参见说明 8.1 或说明 8.2)和底层分析,通过一组负责控制局部变量并执行分析的工程专业组在各个模块内分发和处理。系统级的任务主要包括两个部分:使系统目标最小化及使耦合方程满足。通常选择某个模块的输出变量作为系统目标,例如,以经济模块输出的投资回报作为系统目标。因此,它隐式地执行 SA 模块的功能。这种优化和分析的融合类似于式(8.1)所示的 SAND。

▷ **说明 8.5**　FSA 中模块(BB)内部优化的详细说明

定义:

x——负责模块的专业组有权改变的局部设计变量,例如结构的横截面尺寸。

假设:设计过程中来自上游模块的输入为常数 p。

定义:作为输出 y 元素之一的模块目标函数 $f(x)$。

按照说明 8.2 中调用特定学科模块(BB)的 AN 执行优化。

输出:x_0 和 $f(x_0)$,即最优目标和局部设计变量。

发送:发送给其他模块的输出。

通常在专业组内进行选择的学科模块目标,最好能够一目了然地积极影响系统目标。一个典型的例子是优化最小重量,其通常也有利于达成系统目标,例如有利于减少陆地、海上和空中交通工具的直接运营成本等。局部目标有利于系统目标的另一个例子是对最小阻力进行优化,它虽然只是涉及空气动力学知识,但却有利于提升飞机系统级别的性能。由此可见,这类选择能在一定程度上缓解第 2 章中气动—结构—性能实例所示的跨学科权衡难题。

8.9.1　实施选项

与任何新工具一样,用户为应用某种新工具所付出的成本及努力必须与其预期收益相匹配。出于这些现实因素的考虑,最终选择的方案可能并不总是理论最优解,而是更加符合现实应用和操作方式的结果。在这方面,FSA 的应用和实施是非常灵活多变的,常见的优化功能和选项如下:

● 在系统级使用 S-LDO(8.8 节)替换 OPT,以避免大量调用高保真度模块。在优化过程前期使用 S-LDO 建立系统关于目标(函数)、耦合和局部约束的优化设计,其设计精度受到 S-LDO 中简化模块的限制。但是,这种优化设计的结果足以满足剩余序列高保真度 AN 模块的初始化要求。虽然该序列可能仍然不满足约束,或者其优化目标达不到真正的最优结果,但是这些差异可能都很小,可以通过迭代返回 S-LDO 或者通过对高保真 BB 进行迭代并间或返回 S-LDO 来减小这些差异。

● 在模块内部的优化中使用 SM 来减少模块 OPT 对 AN 的调用次数。可以选择性地仅对计算量更大的模块使用 SM 拟合技术。

● 在模块和系统优化级别使用解析式灵敏度分析(第 7 章),以减少计算量。

● 绕过系统级 OPT,依靠系统模块的序贯迭代来改善目标并使耦合约束满足。

● 如果模块之间独立成对地耦合,例如气动与结构耦合,则应分别满足每对耦合的约束。

● 如果一些模块之间存在大量数据的交换且彼此敏感,可以选择将它们合并,以方便数据交换并减少系统中的模块数量。一些交叉学科,如气动弹性和气动伺服弹性,为模块间的合并提供了范例。

● 尽可能地使用并行计算。

● 以问题驱动的方式组合上述选项,来寻找最适合应用场景的优化手段。

8.9.1.1　评价

基于前文所述 FSA 应用方式灵活多变的特性,其诸多变型已经在工业和相关研究领域获得广泛应用(Reed 和 Follen, 2006; RTO, Agte/Goettingen, Agte 等, 2010),其中许多变型是针对特定应用而创建的,并且为这些应用场景所独有。这种方法不但加速了知识的产生,并可以在设计过程中长时间地保持设计自由度,如图 8.13 中从实线到虚线的变化所示。它减少了因设计过程的序贯性而造成的次优结果(如图 8.10 和图 8.11 所讨论的内容)。

由于 FSA 可以集成到现有的设计实践中,因此它可以作为一个工具,引入到本章后续描述的高级 MDO 方法中。

8.10　多学科设计优化(MDO)方法

AIO 和 FSA 所包含的优化方法仅能在一定程度上改进设计过程。MDO 研究中出现的方法允许在设计中更大范围地使用优化,从而避免了它们的缺点,并保留了它们的优点。本章并不追求把目前所有的 MDO 方法都一一介绍,而是选取了 CO 方法(Braun 和 Kroo, 1997; Sobieski 和 Kroo, 2000) 和 BLISS 方法(Sobieszczanski-Sobieski 等, 2003; Kim 等, 2006),以及 Martins 和 Lambe(2013) 与 Sobieszczanski-Sobieski 和 Haftka(1997)综述中出现的一些代表性例子。其共同思路是将少量的系统级变量从数量庞大且保留学科自主权限的局部变量和约束中分离出来。在通往系统级最优化的道路上,这些方法可以将系统级目标分散至局部设计决策。这种设计优化任务的分解开创了学科协同处理的广阔前景,为压缩项目的时间进程提供了帮助。这些方法针对性地解决了第 2 章 2.2 节所讨论工程设计过程的现实问题,说明 8.6 中阐述了 MCDP 开发的潜在优势。本章描述的方法始于一项对比研究(Brown 和 Olds,2005,2006),该研究基于同样的单级入轨运载火箭案例,对 CO 和 BLISS 方法与 AIO 和 FSA 方法进行了对比评估。

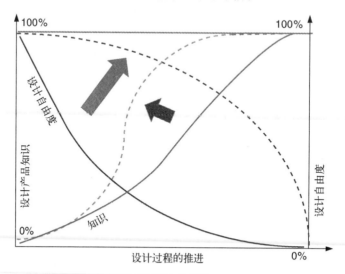

图 8.13 在设计过程中减轻知识与设计自由度之间的悖论(见图 8.9)

8.10.1 协同优化(CO)

CO 方法的提出使人们意识到,在一个大型工程团队中,可以设立一个专门负责考虑系统连接的团队,他们既不需要也不应当考虑学科或子系统设计的细节内容。CO 使得这样的团队能够利用与每个模块的输入及输出相匹配的"目标"变量来引导学科级设计决策(Braun 和 Kroo,1997)。在目标匹配的过程中,每个学科或子系统对于自身内部分析和优化工具的选择及使用具有完全的自主性。这些目标不是固定不变的,它们可以在系统级(系统 OPT)进行调整以对应子系统模块的输出,子系统模块通知系统每个模块与目标匹配的程度及其对系统目标的影响。后者通常是来自某个模块的特定输出数据。CO 方法也发展出一些变型。抛开具体的细节,下面的描述综合了这些主要版本的关键特征。

图 8.14 描述了 CO 方法的核心理念。考虑一个通用 BB 模块,它作为某个学科或子系统(其结构在图中作为示例出现)的数学模型,通过 BB OPT 对 BB AN 的调用来实现局部优化。图中仅对单个 BB 进行展示,因为其数据交换模式(不论是输入数据还是输出数据)与所有其他的 BB 并无二致。一般来说,在 BB 之间交换的数据由向量表示,每个数据单元表示为向量的单个元素。我们首先以通用术语

对该图进行讨论,稍后再举例说明。为了便于表述,建立一个由两个 BB 组成的系统,其中一个 BB 显示在图中,首先从外部开始观察这个 BB。该 BB 从另一个 BB (未显示)接收输入 $y^{\vee}$,从系统级接收设计变量 x_{sh}。但是,对于 CO 方法来说,并不能直接接收这些输入。而是需要从系统 OPT 接收 $[x_{sh}^{*}\ y^{\vee*}\ y^{\wedge*}]$ 作为匹配 BB 内部优化的"目标":$[x_{sh}^{*}\ y^{\vee*}]$ 在输入端,$[y^{\wedge*}]$ 在 BB 的输出端。输出也不能直接作为输入传输到另一个 BB 模块,而是需要通过 $y^{\wedge}$ 从 BB_i 输出,再以 $y^{\vee}$ 的形式输入给 BB_j,从而确保 $y^{\vee}=y^{\wedge}$ 与包含所有目标的向量 z 中的公共单元匹配,并标记为 $(\ )^{*}$,表示每个目标对应一对输入输出数据。因此,将 z 构造为 $z=[x_{sh}^{*}\ y^{\vee*}\ y^{\wedge*}]$,$z$ 向量并没有在图 8.14 中显示。

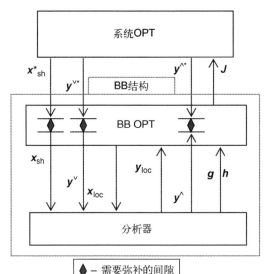

图 8.14　BB 之间的数据迭代及 CO 的系统优化

说明 8.6　大规模并发数据处理技术(MCDP)

MCDP 可通过各种硬件和软件来实现,典型的硬件选项是:
- 一台多处理器核心的计算机;
- 由多台单处理器或多处理器计算机相互连接而成的集群;
- 多台分散放置并通过网络连接的异构计算机,以及将这个网络组成虚拟多处理器计算机供用户使用的软件;
- 可重构为多处理器计算机的现场可编程门阵列(ees. ucf. edu;FPGA'14,2014)

　　在上述所有选项中,用一组计算机组成集群是一种最为经济的选择。可以通过商业上已成熟应用的切换硬件和执行软件将现有台式机工作站进行连接组成虚拟的多处理器计算机,从而实现这种方案。

最简单的并行计算模式是直接在处理器阵列上复制现有的单处理器代码(粗粒度并行),并使用不同的输入来执行。这压缩了诸如生成多个试验点来设计响应面(RS)(见说明 8.7)之类应用的处理时间。

一个中等水平的并行计算要求重写现有的代码以尽可能多地使用并行处理器。从长远来看,先进的并行计算将抛弃现有代码的底层解决方案,代之以从零开发新的代码来构成新的解决方案,以从本质上实现并行计算。

理想情况下,并行计算压缩的时间应该由分数 $1/p$(p 代表处理器个数)来表示,但是,由于处理器间通信所消耗的时间以及解决方案存在不可分发的部分,这种情况往往难以达到,尤其是后者对计算时间的压缩施加了硬性限制。例如,假设算法不可分发(不可并行化)的部分占到算法非并行执行总处理时间 T 的 $1/n$,并且在剩余 $1-1/n$ 的时间内可以进行理想的并行计算,即假设这部分处理时间减少到其 $1/p$。显然,当 $p \to \infty$ 时,T 仅减小到 T/n 而不是 T/p,这就是所谓的阿姆达尔定律(Amdahl's law)。

目标向量 z 中的元素排序反映了 8.5 节所述基于 NSD 及 DSM 的数据结构组织。其关键点是:

• 元素 x_{shi} 与特定 BB 相关,作为目标向量 z 对应的元素选择输入该 BB。

• 选择 BB 输出 $y^\wedge$ 中的元素 $y^\wedge_i$,并将其转换为另一个或多个 BB 模块的输入;这种传输通过发送和接收 BB 所共有的匹配目标值间接地进行。

• 对于 BB 输出中的每一个元素 $y^\wedge_i$,可能有 $n \geq 1$ 个元素 $y^\vee_j$ 被接收,因为某些 BB 的输出数据可能发送给不止一个接收 BB。

为了避免不确定性,每个 $y^\vee_j$ 必须来源于唯一的 $y^\wedge_i$,即确保 $y^\vee_j = y^\wedge_i$。因为 $y^\vee_j$ 和 $y^\wedge_i$ 都与 z 的元素 z_k 匹配,故该元素必须对两者都是唯一的:

$$y^\wedge_i = z_i = y^\vee_i \tag{8.8}$$

因此,z 中元素的数量 m 必须等于 $y^\wedge$ 中元素的数量 r,即 $m=r$,并且 $m=r \leq n$,以及 x_{sh} 中元素的数量:

• z 中元素的排序必须与 x_{sh}、$y^\wedge$ 和 $y^\vee$ 元素的排序相对应。

• 8.5 节所定义的连接矩阵 A 包含对 $y^\wedge$、$y^\vee$ 和 z 中元素进行索引所需的全部信息,以便在应用程序的物理环境中将它们代入式(8.8)。

BB 通过目标向量 z 与系统隔离,而系统 OPT 将目标向量 z 作为系统级设计变量进行控制。将目光转向 BB 内部(见图 8.14 所示 BB 框架),我们可以观察到 BB OPT 是对设计变量 $[x_{loc}, x_{sh}, y^\vee]$ 进行操作,其任务是控制这些变量在局部约束 g 和 h 下尽可能地与 z 中的目标( )* 相匹配。需要注意的是,虽然 $y^\wedge$ 在与目标匹配的变量列表中,但它不属于 BB 设计变量(左边三个指向 AN 的箭头)。这是因为 $\boldsymbol{y}^{\wedge}$ 是 AN 的产物,AN 接收 BB OPT 提供的 $[\boldsymbol{x}_{\text{loc}}\ \ \boldsymbol{x}_{\text{sh}}\ \ \boldsymbol{y}^{\vee}]$,并返回 $\boldsymbol{y}^{\wedge}$ 及约束 $\boldsymbol{g}$ 和 $\boldsymbol{h}$ 给 BB OPT。方程 $\boldsymbol{h}=0$ 代表 BB 控制方程的解,其中,$\boldsymbol{y}$ 可能需要通过 AN 分析得到。从几何关系来讲,目标匹配相当于弥补图中菱形符号所表示的间隙。在数学上,它是指在满足 $\boldsymbol{g}$ 和 $\boldsymbol{h}$ 的同时,将间隙的累积度量看作目标函数并使其最小化。因此,对于 $\boldsymbol{z}$ 中的每个目标量,使与之对应的 BB 返回设计结果,这些设计结果(包括 $\boldsymbol{y}^{\wedge}$)朝着与目标匹配的方向进行调整。我们不指望仅用一次返回就能实现完全的匹配,因而使用短语"调整"来描述这种迭代过程。

为了构造间隙的累积度量,我们用 $\boldsymbol{\Delta}^{\wedge}$ 和 $\boldsymbol{\Delta}^{\vee}$ 表示式(8.8)中两个方程匹配之前的两个矢量间隙:

$$\begin{cases} \boldsymbol{\Delta}^{\wedge}=\boldsymbol{z}-\boldsymbol{y}^{\wedge} \\ \boldsymbol{\Delta}^{\vee}=\boldsymbol{z}-\boldsymbol{y}^{\vee} \end{cases} \tag{8.9}$$

上式反映了 BB 之间的耦合。

类似地,假设 $\boldsymbol{\Delta}^{X}$ 是 $\boldsymbol{z}$ 和 $\boldsymbol{x}_{\text{sh}}$ 之间的间隙度量:

$$\boldsymbol{\Delta}^{X}=\boldsymbol{z}-\boldsymbol{x}_{\text{sh}} \tag{8.10}$$

上述三个 $\boldsymbol{\Delta}$ 对应于图 8.14 中三个菱形符号所示的间隙。对于特定 BB_i,可以将累积的单个间隙度量写为

$$J_i=(\boldsymbol{\Delta}^{X})^{\text{T}}\boldsymbol{\Delta}^{X}+(\boldsymbol{\Delta}^{\wedge})^{\text{T}}\boldsymbol{\Delta}^{\wedge}+(\boldsymbol{\Delta}^{\vee})^{\text{T}}\boldsymbol{\Delta}^{\vee} \tag{8.11}$$

该符号(向量点积的和)等于"间隙"向量的平方和,它可以扩展到 $\boldsymbol{\Delta}^{\vee}$ 的 n 个元素及 $\boldsymbol{\Delta}^{\wedge}$ 的 m 个元素,对应于如式(8.9)和式(8.10)所示 $\boldsymbol{z}$ 中的元素。

每个特定 BB_i 分别根据约束 $\boldsymbol{g}$ 最小化自己的标量 J_i,因此,我们有:

$$\begin{cases} \text{Min.} \quad J_i(\boldsymbol{x}_{\text{sh}}\quad \boldsymbol{x}_{\text{loc}}\quad \boldsymbol{y}^{\vee}) \\ \text{s.t.} \quad \boldsymbol{g}(\boldsymbol{x}_{\text{sh}}\quad \boldsymbol{x}_{\text{loc}}\quad \boldsymbol{y}^{\vee}\quad \boldsymbol{y}^{\wedge})\leqslant 0 \\ \qquad\quad \boldsymbol{h}(\boldsymbol{x}_{\text{sh}}\quad \boldsymbol{x}_{\text{loc}}\quad \boldsymbol{y}^{\vee}\quad \boldsymbol{y}^{\wedge})=0 \end{cases} \tag{8.12}$$

这种对特定 BB 的最小化必须与 DSM 和 NSD 中的连接信息相一致(8.2 节)。在实际应用中,$\boldsymbol{\Delta}$ 的数量级可能不同。为了避免数值上的困难,将这些值在式(8.11)中进行标准化,当然也可以对初始值进行标准化处理。在继续介绍下一节内容之前,注意到 $\boldsymbol{g}$ 和 $\boldsymbol{h}$ 不直接依赖于 $\boldsymbol{z}$,我们会在稍后的介绍中利用这一特点。

该优化的结果是产生一组新的变量 $[\boldsymbol{x}_{\text{loc}}\ \ \boldsymbol{x}_{\text{sh}}\ \ \boldsymbol{y}^{\vee}\ \ \boldsymbol{y}^{\wedge}]$,在目标约束允许的情况下,使 J_i 越来越接近于零,即在满足约束 $\boldsymbol{g}$ 和 $\boldsymbol{h}$ 的情况下保持 BB 的可行性。

跳出 BB 内部再来看看系统级,作为 $\boldsymbol{z}$ 中一个元素的系统目标 z_0,也是施加于 BB 输出 $\boldsymbol{y}^{\wedge}$ 中一个元素上的目标,其自然包含在系统级设计变量 $\boldsymbol{z}$ 的集合中。通过选择多个目标元素,可以实现多目标的设计要求。但是,多目标的情况目前还不在

我们考虑的范围内,因此在进一步的讨论中,z_{i0} 仍将代表单个系统目标,换句话说,它还是个标量。

根据先前定义的目标,由系统 OPT 执行的优化任务是双重的:使系统目标 z_{i0} 最小化,并且将每个 BB 的 J_i 减小到零,以弥补所有 BB 的间隙。这是通过将所有 BB 级优化(如式(8.13)中的目标)产生的标量 J_i 汇总到系统级约束向量 $\boldsymbol{J} = [J_i]$ 中实现的。因此,我们可以将系统 OPT 任务写为

$$\begin{cases} \text{Min.} & z_{i0}(\boldsymbol{x}_{sh}^* \quad \boldsymbol{y}^{\vee *} \quad \boldsymbol{y}^{\wedge *}) \\ \text{s. t.} & \boldsymbol{J} = 0 \end{cases} \tag{8.13}$$

式中:$\boldsymbol{J}$ 是关于 $J_i(i=1,\cdots,(\text{BB 的数目}))$ 的向量。因此式(8.13)所述的优化任务包括所有 z 和 BB 中的一切元素。

最小化的目标是将每个 J_i 减小到零以提高系统目标 z_0 并弥合每个 BB 的间隙 $\boldsymbol{\Delta}$,这会通过式(8.9)~式(8.13)隐式地执行 SA。但是,也可以选择在初期显式地执行 SA,并在之后定期显式地执行 SA 来减少 SysOPT 的负担。

系统级优化式(8.13)可以与几个互相独立的 BB 优化式(8.12)交替进行,来实现并行处理。由系统 OPT 提出对 z 进行调整,并从 BB 优化中接收这种调整对目标 z_{i0} 匹配影响的数据,这些影响通过 $\boldsymbol{\Delta}$ 进行度量。无论使用哪种搜索技术,系统 OPT 都会对下一个 z 提出调整,并且在 z 空间中形成朝向最优目标状态的搜索路径,以达到:

• 所有 $J_i = 0$,其中所有输出 $\boldsymbol{y}^{\wedge}$、输入 $\boldsymbol{y}^{\vee}$ 和 z 根据式(8.8)的要求匹配,以确保跨系统数据交换的一致性,即满足耦合约束式(8.9),并且隐式地求解 8.6 节中讨论的 SA。

• 在所有 BB 中都满足约束 $\boldsymbol{g}$ 和 $\boldsymbol{h}$,以确保设计在每个 BB 中都是可行的。

• 目标 z_{i0} 无法取到更小值。

我们现在采用一个简单的例子来描述 CO 的系统设计优化。假设系统优化的目标是在能够将重量为 P 的货物运送至距离为 R_r 的约束条件下,使飞机的总起飞重量(GTOW)最小,GTOW = [(W_s = 结构),(W_f = 燃料),(W_{other} = 其他),(P = 有效载荷)]。

将飞机简化为包含两个 BB 的机翼系统(气动和结构)以及与这两个 BB 相关的既定推力数据。由于 BB 的定义明确,因此并不需要标注"气动"和"结构"的标识符。

气动 BB 包括性能分析,其变量为 $\boldsymbol{x}_{sh}$、$\boldsymbol{x}_{loc}$、$\boldsymbol{y}^{\vee}$ 和 $\boldsymbol{y}^{\wedge}$,如下所示:

• 重量 $\boldsymbol{y}^{\vee}$:结构重量 W_s、燃料重量 W_f、其他重量 W_{other} 及有效载荷重量 P。

• $\boldsymbol{x}_{sh}$:翼展和后掠角。

• $\boldsymbol{x}_{loc}$:机翼前缘半径,机翼弯度大小和飞行剖面坐标。

- y_{loc}:指定的航程 R。
- 计算输出:升力 $y^\wedge$、y_{loc} 和航程 R。
- $g = 1 - R/R_r$,使 $R \geqslant R_r$ 成立。

在结构方面,BB 的变量包括 x_{sh}、x_{loc}、$y^\vee$ 和 $y^\wedge$:

- x_{sh}:翼展和后掠角。
- x_{loc}:结构厚度。
- $y^\vee$:升力
- 计算输出 $y^\wedge$:结构重量 W_s、燃料重量 W_f(取决于结构中可用的体积),及作为 z_0 的 TOGW。
- y_{loc}=学科内使用的应力,可用于系统外部的输出。
- g=应力/(许用应力)-1。
- h=翼展-机场门限=0。

z 中的目标值包括:

- x_{sh}:气动 BB 中的翼展和后掠角,与指定给气动和结构的目标相同。
- z 与 $y^\wedge$ 值相同:包括结构重量 W_s、燃料重量 W_f 以及同时作为结构输出和气动输入 $y^\vee$ 的 GTOW。
- z 与 $y^\wedge$ 值相同:同时作为气动输出和结构输入 $y^\vee$ 的升力。

这些是式(8.12)和式(8.13)所定义问题所需的数据,用于执行本示例的 CO 应用程序。作为总结,图 8.15 展示了 CO 的基本概念,首先将耦合 BB 解耦为独立的 BB,然后使其目标变量与系统 OPT 设置的目标匹配。

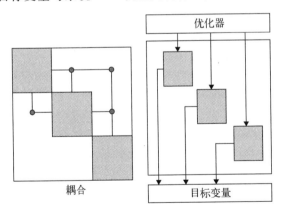

图 8.15　CO 将耦合系统(左侧 NSD)替换为所有
模块仅与系统级优化器通信的非耦合系统

8.10.1.1　利用最优灵敏度分析(OSA)增强协同优化(CO)

本书 7.10 节介绍了最优灵敏度分析(Optimum Sensitivity Analysis,OSA),它负

责计算约束最优值相对于优化参数(常数)的导数。在协同优化方法中,式(8.10)和式(8.13)包含目标向量 z 的元素,这些元素在 BB 约束最小化中保持不变。因此,将 BB 最优值关于 z 元素的导数作为优化参数(关于 OSA,参见第 7 章"灵敏度分析"),有助于系统级 OPT 在其 z 空间中进行最优搜索。

关于 OSA 的应用,在文献 Sobieszczanski-Sobieski、Barthelemy 和 Riley(1982)、Barthelemy 和 Sobieszczanski-Sobieski(1983a, 1983b)以及 Beltracchiand Gabriele(1988)中都有相关验证。正如 Braun、Kroo 和 Gage(1993)以及 Sobieski 和 Kroo(2000)所指出的那样,CO 为使用简化的 OSA 提供了机会,这是因为在 BB 优化中,约束 g 和 h 不是 z 的直接函数。由于 $\partial g/\partial z \equiv 0$ 和 $\partial h/\partial z \equiv 0$,使得第 7 章式(7.68)中的第二项消失,从而可以通过在式(8.12)中使用式(8.10)和式(8.11)对 J_i 求微分得到 $\partial J_i/\partial z$:

$$\frac{\partial J_i}{\partial z} = 2(z-y^{\wedge}) + 2(z-y^{\vee}) + 2(z-x_{sh}) \tag{8.14}$$

这些导数可以作为梯度来引导系统 OPT 搜索,并且可以用来对式(8.13)中 z 的约束向量 J 函数进行线性外推。因为式(8.14)中没有涉及约束,所以该外推法可以避免当约束进入或离开临界约束集时可能发生的不连续性(参见式(7.68)的讨论)。

8.10.1.2 响应面(RS)代理模型(SM)增强协同优化(CO)

上述 CO 版本要求对系统级优化设定的每个 z 向量重复所有模块优化。考虑到每个模块优化意味着执行多次模块分析并产生相应的计算成本,导致系统的总优化成本和计算时间随着 AN 的计算成本上涨而不断增加。代理模型(Surrogate Model,SM)为这种情况提供了改进措施。在 11.6 节和参考文献(Sobieski 和 Kroo(2000)及 Gill、Murray 和 Wright(1982))中讨论了构造 SM 的不同方法,其中之一是基于泰勒级数函数导数的外推法。接下来对使用响应面的 CO 进行详细讲解,如何在设计空间中构建响应面见说明 8.7。

在 CO 方法中,SM 可以作为整个 BB 在 z 空间中的近似,或者作为 BB 内部 AN 在其输入空间 $[x_{sh} \ y^{\vee}]$ 中的近似亦或两者兼有(Sobieski,1998;Sobieski 和 Kroo,2000)的方式插入优化流程。首选是插入整个 BB 的近似,因为 RS 的维度远小于其替代的方法维度。在 Sobieski 的论文(1998)中介绍了一个在 BB 中使用 RS 的案例,该案例将 CO 用于超声速飞行器的设计。它涉及了气动 BB,虽然设计变量较少,但气动求解的时间较长。

在利用响应面形式的代理模型增强 CO 的版本中,说明 8.8(Sobieski 和 Kroo,2000),通过在与 BB 相关联 z 空间上的分散试验点处执行 BB 内部优化,可以对每个 BB 创建一个 RS 来表示该 BB 的 J。任何 DOE 技术均可用于在代表用户判断的边界内对试验点集进行离散。一旦从系统 OPT 处接收到新的 z,RS 就会快速返回具有近似误差的 J。当系统 OPT 收敛时,通过在一组改进的试验点处执行 BB 来更新 RS,以便在下一次迭代之前减小其近似误差。根据 BB 最优点位置的不同,执行更新动作(自适应)的过程可能会不同。具体的选项包括:

- 当最小点落在刚刚使用过的试验点集内时,增加 z 空间中 BB 最优点附近的试验点密度。

- 当 BB 最优点落在边界处或边界附近时,这表明改进可能位于原试验点的边界区域之外。

所以建议在约束允许的原边界外创建新的试验点。

更新的程度和频率会随着非线性程度的增加而增加,并且在不同的 BB 之间也可能存在差异。

这种安排能够并行处理所有 BB 中的试验点,并使预测计算时间和计算量成为可能,因为在 SM 创建和更新过程中,需要计算的所有 BB 测试点数量是预先已知的。

⯒ 说明 8.7 拟合响应面近似方法

假设变量 x 的空间中放置了 n 个试验点。在每个点处进行计算以获得输入 x 的向量 y。现在定义一个近似函数:

$$f(x) = y(x) + e$$

式中:e 表示试验点的近似误差。

将 y 近似为二次多项式(RS 的一种)$y_{approx} \approx a_0 + b^T x + 1/2 x^T c x$,通过使 $\| e \|$ 最小来计算 a_0、b 和 c 的值。如果 y 是个向量,则可以这种方式为 y 的每个元素创建单独的 RS。对于存在较强局部变化的 $y(x)$,可以使用 Kriging(Cressie,1993)技术来增强 RS。

Forrester 和 Keane(2009)提供了包括二次多项式近似在内的多种近似方法综述,本书第 5 章所述基于神经网络的近似方法具有很好的发展潜力,因为其与二次多项式 RS 不同,单个神经网络就可以作为 x 的函数捕获整个向量 y。

⯒ 说明 8.8 利用 RS 增强 CO 算法

定义:$z = \begin{bmatrix} x_{sh} & y^{\vee *} & y^{\wedge *} \end{bmatrix}$

a)使用目标向量作为系统 OPT 的变量

1. 初始化 $\begin{bmatrix} x_{sh}^* & y^{\vee *} \end{bmatrix}$

2. 对于 BB_i:

采用实验设计(DOE)技术,在假设的边界内,对 BB 目标空间 z 设置试验点,并进行模块内部优化,对每个试验点的处理过程如下:

给定:z 目标

找到:$[\boldsymbol{x}_{sh} \quad \boldsymbol{y}^{\vee} \quad \boldsymbol{y}_{loc} \quad \boldsymbol{y}^{\wedge}]$ b)生成 $\boldsymbol{J}$ 所需的局部优化变量

最小化:

$\boldsymbol{J} = \Sigma((\boldsymbol{\Delta}^x)^2 + (\boldsymbol{\Delta})^2 + (\boldsymbol{\Delta}^{\vee})^2)$ STO $\boldsymbol{g} \leqslant 0, \boldsymbol{h} = 0$,其中,$\boldsymbol{h}$ 包含使用 AN 得到的 BB 控制方程解 $\boldsymbol{y}$

输出:$[\boldsymbol{x}_{sh} \quad \boldsymbol{y}^{\vee} \quad \boldsymbol{y}_{loc} \quad \boldsymbol{y}^{\wedge}]$

通过匹配 $\boldsymbol{J}$ 值拟合得到 RS(见说明 8.7)

对所有的 BBs 从#2 开始重复上述过程

执行系统优化:

给定:对所有模块的 $\boldsymbol{J}$ 分配一组 RS

找到:z c)系统级优化设计变量

最小化:y_o d)z 中作为系统目标的模块输出

满足:$c = 0$ e)加强耦合约束

输出:最优值 y_{ou} 和 z

通过增加试验点和调整边界来改进 RS 或终止。

恢复 BB 数据:包含 $\boldsymbol{y}_{loc}$ 的 $\boldsymbol{y}$ 及 $\boldsymbol{x}_{loc}$

    在 RS 增强的 CO 版本(CO/RS)中,从系统级传送到特定模块的目标值应该包括边界的下限和上限,以便对它们的散布施加合理限制。这定义了一个有界的输入空间,试验设计点依据 DOE 技术(例如,Box 等,2005;Sobieski 和 Kroo,2000;Sobieski,1998 以及本书第 11 章)得到的模式放置其中。随后,在这些点处执行模块内部优化,将该模块输出的 J 值由 RS 二次多项式表示,即将其表示为在点 z_{ref} 附近关于输入空间坐标 z 的函数:

$$J_i^a = J_{ref} + \text{grad}(z)^T (z - z_{ref})^T \boldsymbol{H} (z - z_{ref}) \tag{8.15}$$

式中:梯度向量 $\text{grad}(z)$ 和二阶导数 $\boldsymbol{H}$ 矩阵的维度分别为 n 和 $n \times n$,并且是 8.9 节讨论中所定义长度为 n 的 z 向量函数;$\text{grad}(z)$ 和 $\boldsymbol{H}$ 的元素是通过使用 DOE(11.4 节)技术将 RS 拟合为 J 的近似所获得的多项式系数。

    对于上述特定的 J_i^a,RS 表达式中的系数个数是(矩阵 $\boldsymbol{H}$ 是对称的)

$$N = \frac{1 + n + (n^2 - n)}{2 + n} = \frac{1 + 3n}{2 + n^2} \tag{8.16}$$

随着 n 的增加,计算成本的二次增长特性可降低为线性增长,如 Sobieski 和 Kroo

(2000)所述。为了进行这种简化,我们回到式(8.11),将构建单个 RS 来近似由 BB 计算得到的单个 J,替换为构建多个独立的线性 RS 来对 z 空间中 J 的每个 $\boldsymbol{\Delta}$ 分量进行近似。例如,$\boldsymbol{\Delta}_i^{\wedge}$ 的每个元素可以相对于 z 线性近似为

$$\boldsymbol{\Delta}_i^{\wedge} = \boldsymbol{\Delta}_{i\mathrm{ref}}^{\wedge} + \mathrm{grad}\,(z)^{\mathrm{T}}(z - z_{\mathrm{ref}}) \tag{8.17}$$

式中:grad(z) 代表拟合 $\boldsymbol{\Delta}_i^{\wedge}$ 值的线性 RS 超平面梯度,$\boldsymbol{\Delta}_i^{\wedge}$ 的值由其与 z 子空间中相关联的 $\boldsymbol{\Delta}^{\wedge}$ 在 DOE 试验点处计算得到。

接下来,将 $\boldsymbol{\Delta}$ 中的近似元素代入式(8.11)中获得近似的 J,计算成本仅仅是在 z 空间的 $n+1$ 个试验点处重复 BB 优化来生成所有系数,即可以在 z 空间中将 $\boldsymbol{\Delta}^{\wedge}$ 定义为式(8.17)所示的线性多项式。

上述方法所需计算时间等于与 n 成比例的各个 BB 优化消耗的时间总和,不同 BB 的计算时间可能不同。可以通过减少维数 n 以及使用并行计算来缩短计算时间,如在物理意义允许的条件下,可以通过减少 z 中元素的数量来减少 n。在这种情况下,我们可以使用连续函数来表示机翼表面上的空气动力,以代替密集离散地分布在机翼表面上的网格点处的空气动力。连续函数的系数相对较少,可以作为 z 中 $y^{\vee}$ 和 $z^{\wedge}$ 的元素。

对每个 RS 的拟合,是对每个模块在 z 空间中的所有试验点的独立操作,因此所有这些操作可以同时执行(说明 8.6)。在 RS 应用中,多处理器计算是一项关键技术,目前处理器数量已接近百万量级,并且还在不断增加。

如 Sobieski 和 Kroo(2000)指出的那样,可以将 BB 产生的最优 $[\boldsymbol{x}_{\mathrm{sh}}\ y^{\vee}\,|\,y^{\wedge}]$ 代入式(8.9)和式(8.10)中对应的 z 来获得额外的计算效率。根据式(8.11),这种替换直接令 $J_i = 0$,而没有任何附加的 BB 优化,即在计算工作量几乎为零的情况下为 J_i 提供了 z 空间中的额外数据。

在公开发表的文献中可以找到大量关于 CO 的应用实例,例如 Manning 和 Kroo (1999)介绍了一个超声速运输机布局优化的测试案例,Potsaid、Bellouard 和 Wen (2006)描述了一个设计电子显微镜的应用示例。

8.10.1.3　评价

图 8.15(右)是 CO 数据流,展示了独立于彼此的模块内部优化。如果可用的多处理器计算硬件数量足够多,那么在模块输入空间中 DOE 试验点处执行的多重优化,对于所有模块和所有 DOE 点来说都可以并发地执行。这些操作是"离线"的,正如第 2 章所讨论的"工程设计过程的现实"情况,系统优化还涉及推进学科的自主性和模块级调度的灵活性。

另一方面,该方法的收敛性严重依赖于二次 RS 作为模块代理的有效性。如果模块的输出不是一个二次多项式,则 RS 需要频繁更新导致收敛变慢。在日常工程实践中,CO 提出了一个模块内部优化问题,一些用户可能会发现其"没有物理意

义"且难以找到相关对象。在 Roth 和 Kroo(2008)提出的 CO 中已经意识到这个问题,并试图通过算法的重大改进解决该问题(见 Elham、VanTooren 和 Sobieszczanski-Sobieski(2014)论文中的实例)。

8.10.2　双层集成系统一体化(BLISS)

BLISS 方法和 CO 方法的出发点如出一辙,都是基于大任务分解、系统视角与学科细节的分离以及工程组自治的需求而提出的。因此,BLISS 与 CO 在很多方面尤其是概念方面有很多共同点,尽管它们在细节上仍存在差异。由于 CO 和本节内容之间存在重叠,我们建议先阅读 CO 部分以便更好地理解本节中介绍的 BLISS方法。

BLISS 使得系统配置组能够对学科进行控制,如图 8.16 所示。考虑到这种交互模式与系统中其他 BB 之间的交互模式并无二致,图中仅展示了系统级 OPT 与单个 BB 的交互情况。虽然将其标记为"结构"BB,但是图中的 BB 在形式上与其他 BB 并无本质不同,可以认为其是一个通用 BB。

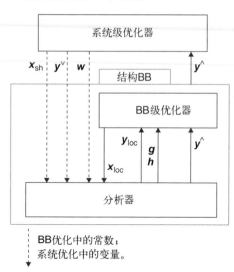

图 8.16　BLISS 中两个级别的优化

在 BLISS 中,系统 OPT 向 BB 发送 $[\boldsymbol{x}_{\mathrm{sh}}\ \boldsymbol{y}^{\vee}\ \boldsymbol{w}]$,该 BB 将它们直接传递给 AN,从而绕过 BB OPT,作为 BB 优化的常值参数。与 CO 方法把 $\boldsymbol{x}_{\mathrm{sh}}$ 和 $\boldsymbol{y}^{\vee}$ 作为"目标"输入不同,BLISS 可以把该向量直接发送给 AN,$\boldsymbol{w}$ 是由独立元素 w_i 组成的向量,后面将会介绍其作用。BB OPT 使用 $\boldsymbol{x}_{\mathrm{loc}}$ 作为设计变量,在约束 $\boldsymbol{g}$ 和 $\boldsymbol{h}$ 作用下使输出 $\boldsymbol{y}^{\wedge}$ 最小化,然后将其返回到系统级,并直接作为输入 $\boldsymbol{y}^{\vee}$ 传递给可能与该 BB 耦合的其他所有 BB,当然,这一传递过程受 8.5 节所述的连接性数据控制。

由于两级优化的概念要求,系统 OPT 必须具有能够控制所有 BB 输入的方法。BLISS 通过将 $[\boldsymbol{x}_{\text{sh}}\ \boldsymbol{y}^\vee\ \boldsymbol{w}]$ 作为系统级变量来实现这一要求。在这个集合中,$\boldsymbol{x}_{\text{sh}}$ 和 $\boldsymbol{y}^\vee$ 的含义不再赘述,现将变量 $\boldsymbol{w}$ 的含义说明如下。

该变量的使用受到了 Sobieszczanski-Sobieski 和 Venter(2005)研究的启发,该研究表明多目标优化可以通过一个复合目标函数的简单权宜之计来进行:

$$F_0 = \sum w_i F_i \quad i = 1, 2, \cdots, n \tag{8.18}$$

从控制比值 $F_i/F_k(i=1,2,\cdots,n,k=1,2,\cdots,k)$ 的角度来说,可以通过改变加权系数 w_i、w_k 来有效操控 $\{F_1, F_2, \cdots, F_i, \cdots, F_k, \cdots, F_n\}$ 的组成,加权系数标准化后可得

$$\sum w_i = 1 \tag{8.19}$$

例如,考虑机翼设计时的结构 BB,如图 2.3 所示,另外两个 BB 分别是气动 BB 和飞机性能 BB。输出 $\boldsymbol{y}^\wedge$ 包括机翼结构重量 W_s 和机翼弹性扭转变形角 ϕ_e。$\boldsymbol{y}^\wedge$ 中的两个元素,W_s 和 ϕ_e,均可以通过模块之间的数据通道(图 2.3 的讨论)影响到飞机性能的计算结果,例如对飞机航程 R 的影响,参考式(2.3)可得 $R=R(W_s,\phi_e)$。令 W_s 和 ϕ_e 作为多目标复合函数(式(8.18)和式(8.19))中的两个目标,并将加权系数 w_s 和 w_e 分别与 W_s 和 ϕ_e 相关联。通过设置 $w_s=1$ 和 $w_e=0$ 以及 $w_s=0$ 和 $w_e=1$,然后在这两个极端之间选取一些中间点进行优化,可以在轻薄柔软到沉重坚硬之间生成一系列的机翼。

两个目标彼此耦合,减小 ϕ_e 通常导致 W_s 增大,反之亦然。至于它们对 R 的影响,参考第 2 章中的 Breguet 方程可知,W_s 的增加将直接减小 R,ϕ_e 则通过调整气动阻力间接影响 R。通常来说,较大的 ϕ_e 会增大阻力,进而减小 R。减小 W_s 和 ϕ_e 将增加 R,但是前面提到的耦合会阻碍它们同时减小 R 的趋势,因此,W_s 和 ϕ_e 之间的权衡使得优化问题陷入了两个目标中哪一个应该占优的困境。因此只能通过做出一些取舍来解决这个难题。选择一个由 BB 优化得到的比例 (W_s/ϕ_e) 对系统级目标 $R=R(W_s,\phi_e)$ 进行优化,可以通过设置不同的参数 w 来选择对应的比例 w_i/w_k 进而协调两个目标,在该示例中通过选取特定属性 R 作为系统目标的量测。实际上,在系统级别生成的 R 可以对上述难题进行"仲裁"。

对于特定的 BB,以 $\boldsymbol{x}_{\text{sh}}$、$\boldsymbol{y}^\vee$、$\boldsymbol{w}$ 作为给定常数的 BLISS 优化可以表示为

$$\begin{cases} \text{Min.} \quad F = \sum_i w_i y^\wedge_i (i = 1, 2, \cdots, n) \\ \text{s.t.} \quad \boldsymbol{g}(\boldsymbol{x}_{\text{loc}}\ \boldsymbol{y}) \leqslant 0 \\ \qquad\quad \boldsymbol{h}(\boldsymbol{x}_{\text{loc}}\ \boldsymbol{y}) = 0 \\ \qquad\quad \boldsymbol{h} = 0 \text{ 包括使用 AN 得到控制方程的解 } \boldsymbol{y} \end{cases} \tag{8.20}$$

式(8.20)的解就是 $\boldsymbol{y}^\wedge$、$\boldsymbol{x}_{\text{loc}}$ 和 $\boldsymbol{y}_{\text{loc}}$ 的值。

为了符合广泛接受的标准,F 中的每个元素都应该最小化。然而,如本书前面

所解释的,在一些应用中,这种设定可能并不合适,如一些元素可能需要最大化,一些元素则需要最小化,因此有时候选择并不明晰。为了适应这种情况,我们允许加权系数 w_i 可以为正也可以为负,从而实现最小化或最大化 $y^\wedge_i$。

如果 $y^\wedge_i$ 的集合在数量级上变化很大,为了保证收敛,应当如 CO 中那样将元素 $y^\wedge_i$ 标准化(8.10.1 节)。

上述优化将 $\boldsymbol{y}^\wedge$ 返回到系统级别。对任意一个 BB 来说,$\boldsymbol{y}^\wedge$ 中的一个元素可以被指定为系统目标,用 y_0 表示。在所有 BB 中执行前述优化会在 $\boldsymbol{y}^\wedge$ 中产生一组输出。注意,作为式(8.20)的结果,所有 BB 在内部都是可行的,即每个 BB 的设计结果都是可行的,尽管从系统的角度看可能不是最优的。

为了找到用于系统优化的 BB 最优设计集合,现在将控制转向系统 OPT,其操作定义为:

$$
\begin{cases}
\text{Min.} & \boldsymbol{y}^\wedge_0 \\
\text{s. t.} & \boldsymbol{c}_{ik} = \boldsymbol{y}^\vee_{ik} - \boldsymbol{y}^\wedge_{ik}(\boldsymbol{y}^\vee_{ik}) = \varepsilon \\
& \boldsymbol{c}_{ki} = \boldsymbol{y}^\vee_{ki} - \boldsymbol{y}^\wedge_{ki}(\boldsymbol{y}^\vee_{ki}) = \varepsilon \\
& \sum w_i = 1
\end{cases}
\tag{8.21}
$$

式中:c 是涉及 BB_i 和 BB_k 中 AN 执行的耦合约束,它们之间的输出-输入交换已在 8.3.2 节中作了详细定义,并解释了其下标 ik 作为数据发送者和接收者的标识符含义。向量 w 中的元素标准化为 $\sum w_i = 1$,且松弛系数 ε 自适应地趋向于 0。

如果系统级优化本身是多目标函数,通过设置多个目标 $\boldsymbol{y}^\wedge_0$ 并采取第 6 章所述策略可以直接应用上述方法进行优化。

和 CO 一样,前述方程中变量的交叉寻址依赖于 8.5 节所述反映 BB 连接性的数据组织。此外,在典型 BLISS 应用的设计阶段,得益于先于此进行的基于 NSD 的系统性数据完备检查(说明 8.3),数据交换量变得足够庞大。

先执行一轮式(8.20),然后执行式(8.21),从而构成一个 BLISS 循环周期。BLISS 迭代可能需要几个这样的循环来实现收敛。

当式(8.21)中的耦合约束 c 在 BLISS 迭代结束时得到满足,会隐式地产生 SA 的解。通常的优化实践中,在等式约束中插入松弛因子 ε 并将其自适应地调整为 0 可以促进整个过程的收敛。系统整体迭代的收敛性,正如在 CO 中,通常得益于在初始化之后且在式(8.20)中的 BB 优化第一轮之前立即显式地执行一个 SA,并且此后周期性地执行 SA。在耦合约束满足的状态时启动 BLISS,从而使得系统关于 BB 交互是可行的。对 SA 的周期性重复使系统能够保持与上述状态比较接近,从而减轻 SysOPT 的计算负担。

原则上,BLISS 要求交替使用一轮 BB 优化和一个系统级优化。与 CO 一样,其涉及的大量计算工作量激发了对 SM 的需求。其中一种 SM 与 CO 中的类似，依赖于 BB 中所设计问题参数的最优灵敏度（后最优灵敏度分析），其中所述参数是式（8.20）中出现的 $[\boldsymbol{x}_{sh}\ \boldsymbol{y}^{\vee}\ \boldsymbol{w}]$。$\boldsymbol{y}^{\wedge}$ 关于这些参数的导数可通过最佳灵敏度分析得到，并藉此使得能够对 BB 的输出进行线性外推，系统 OPT 即可调用该外推作为 SM 来代替 BB 分析进行优化。使用先前所述近似方法的 BLISS 版本可参考 Sobieszczanski Sobieski、Agte 和 Sandusky（1998）的论文。

Sobieszczanski-Sobieski（2003）等介绍了在 CO 中如何使用 RS 形式的 SM，并已集成到商业软件中（Kim 等，2004）。其应用也已见诸文献报道，并且将其命名为 BLISS 2000，后面将进行详细介绍。

8.10.3　基于 SM 扩展 BLISS

若要生成一个 BB 输出 $\boldsymbol{y}^{\wedge}$ 的响应面近似模型，需要利用 DOE 在 BB 参数空间 $[\boldsymbol{x}_{sh}\ \boldsymbol{y}^{\vee}\ \boldsymbol{w}]$ 中产生一定数量的试验点，如依据式（8.20）。该参数空间的维数等于该向量的总长度 n_T，其中 $\boldsymbol{w}$ 的长度与 $\boldsymbol{y}^{\wedge}$ 的长度 n_y 一致，且 $\boldsymbol{y}^{\wedge}$ 中的每个元素都需要单独建立一个响应面。将每个响应面都看作一片"叶子"，系统从 BB 层级收到的完整数据库称为一束响应面叶（Sheaf of RS Leaves，SRSL）。由于每个响应面中的数据点量级是 n_T^2，因此为了近似 $\boldsymbol{y}^{\wedge}$，需要 n_y 片"叶子"，则 SRSL 的数据量级为 $\theta = n_T^2 n_y$。与 CO 方法类似，对涉及的向量进行冻结十分重要，这样就可以采用并行计算且使得互相独立地产生这些数据点成为可能。正如在 CO 方法里面讨论的那样，SRSL 在下一轮 BB 优化之前的周期性自适应与再生也是 BLISS 2000 程序的一部分。

说明 8.9 展示了 BLISS 2000 的详细伪码，图 8.17 展示了相应的流程图，图中高亮部分代表并行计算过程。执行一次图中的外循环对应于 BLISS 的一个运行周期。

在工业应用中，BLISS 2000 中的 BB 可能会使用不同的方法和工具，并根据局部学科情况设置不同的标准。其中某些 BB 可能仅需要分析，它们并不需要严格地同步执行。在某些情况下，一些 BB 模块并不必在每一次的系统优化中都调用，而只在系统级优化中需要时才调用。

如前所述，在典型 BLISS 应用的设计阶段，得益于先于此进行的基于 NSD 的系统性数据完备检查（说明 8.3），数据的交换量变得非常庞大。

在循环中逐步生成可行的 BB 设计，并逐步改善系统的性能。对于凸问题，Sobieszczanski-Sobieski（2003）等严格地证明了，BLISS 收敛时得到的解与 S-LDO（AIO）方法的解相同。实际上，往往会因为所花费的时间和成本与预期实现的优化目标不对等而中止这一进程。

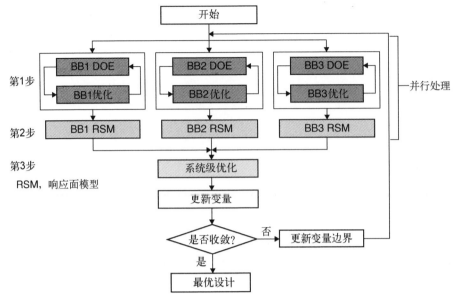

图 8.17 BLISS 流程图及其并行处理

BLISS 方法已经得到过很多测试案例的验证,如 Brown 和 Olds(2006)关于运载火箭的设计,Agte、Sobieszczanski-Sobieski 和 Sandusky(1999)以及 Sobieszczanski-Sobieski 等(2003)在飞机上的应用。Kim 等(2004)(后面的两篇文献采用了 SM 来增强 BLISS)也提到了该方法的商业化实践。上述所提及飞机设计应用的目标是实现一种超声速公务机的最优布局,如图 8.18 所示。

说明 8.9　双层集成系统一体化(BLISS)算法的伪码

注意,以 * 标记的步骤表示有机会同步执行

初始化:x_{sh}、$y^{\vee}$、w、x_{loc} 和 y

对每个 BB_i:DO* 直到 DO 终止:

使用 DOE 在 BB_i 的输入空间* 中设置试验点,忽略下标,$[z \ y^{\vee} \ w]$ 在其假定的上下限 UL 和 UU 范围内

执行模块内部优化*:

给定:每个试验点处的 $[z \ y^{\vee} \ w]$

找出:$[x_{loc} \ y]$　　　　　　　　a)局部设计变量和行为变量

最小化:$F = \Sigma w_i y^{\wedge}_i$,关于 x_{loc}　　b)局部目标函数式(8.18)

$i = 1, 2, \cdots, y^{\wedge}$ 的长度

满足约束:$g \leqslant 0$　　　　　　　c)局部不等式行为约束

| $h = 0$ | d）局部等式约束,包括通过 AN 求解的局部分析控制方程 |

输出：y_{loc}、$y^\wedge$　　　　e）耦合变量和局部变量

通过在试验点上拟合 RS 对 $y^\wedge$ 中的元素进行近似

DO 终止

输出：用于系统优化的 SRSL

给定：对所有模块 $y^\wedge$ 的 SRSL 执行系统优化

找出：$[z\ y^\vee\ w]$　　　　a）系统设计变量

最小化：$F = y_0$　　　　b）从其中一个模块中选择系统目标函数作为 $y^\wedge$ 的一个元素

满足约束：$c = (y^\vee - y^\wedge) = 0$　　　　c）耦合约束

输出：y_0 和 $[z\ y^\vee\ w]$　　　　d）优化系统设计变量和目标；并通过增加试验点和调整边界来完善 SRSL

终止或替换 z 和 y,并从第 2 行重复 BLISS 迭代

对于所有的 BB,恢复 y 和 x_{loc}^*

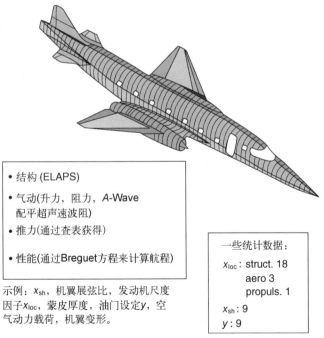

- 结构 (ELAPS)
- 气动(升力,阻力,A-Wave 配平超声速波阻)
- 推力(通过查表获得)
- 性能(通过Breguet方程来计算航程)

一些统计数据：

x_{loc}: struct. 18
　　　aero 3
　　　propuls. 1

x_{sh}: 9

y: 9

示例：x_{sh},机翼展弦比,发动机尺度因子x_{loc},蒙皮厚度,油门设定y,空气动力载荷,机翼变形。

图 8.18　Agte、Sobieszczanski-Sobieski 和 Sandusky(1999)用于测试 BLISS 方法的超声速公务机

187

Agte、Sobieszczanski-Sobieski 和 Sandusky(1999)在参考文献中给出了详细的推导过程,这里仅给出了一个简化案例。它从表 8.2 所列的符号开始,定义用于该案例的专业术语,因为其并不包含在 8.3 节介绍的通用术语中。将其数学模型简化为包含结构、气动、推力和性能共 4 个 BB,具体内容如图 8.19 所示,各 BB 间的数据交互直接标注在图中的连接线上。

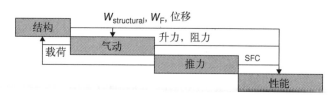

图 8.19　通过耦合数据的几个实例说明数据交换(NSD 格式)

结构模块的组成包括三明治结构的薄壁扭转翼箱及可用梁单元建模的机身,且二者均可以通过等效板进行有限元仿真(Giles,1995)。机翼沿翼展方向选定的几个横截面尺寸作为局部设计变量,机翼的最大应力应变作为约束条件。与气动共享的设计变量决定了机翼的几何形状和需要配平的尾翼体积。机翼的体积取决于燃油箱的大小。作用在机翼上的气动载荷可以拟合为一个函数,该函数的系数由载荷在翼展及翼弦方向的分布决定。该函数对机翼几何变形及机翼弹性变形带来的局部攻角很敏感。包括波阻在内的气动阻力也是机翼几何外形及弹性形变的函数。推力模块的仿真通过不同海拔及马赫数下推力与油耗的数值插值函数来表示。系统的目标函数是由 Breguet 方程根据起飞重量所计算出来的最大飞行距离(航程),在计算过程中,也考虑了跑道长度及复飞爬升率的约束。需要注意的是,由于马赫数及海拔的因素,飞行剖面变为飞行器自身优化的一个组成部分。

表 8.2　BLISS 示例中的术语

AR	展弦比
c	耦合等式约束
g	黑箱(BB,模块的另一种说法)的局部行为约束
h	等式约束对应的解析解
h	巡航高度(仅出现在表 8.3 中)
L/D	升阻比
Q	系统级设计变量,$[X_{sh} \mid Y^* \mid w]$,Z 的子集
R	航程,也称飞行距离
S_{vet}	机翼参考面积
T	油门设置

（续）

t/c	机翼深度
ts	横截面尺寸
U	局部设计变量，$[X_{\text{loc}} \mid Y^{\wedge}]$，$Z$ 的子集
U,L	上限和下限
L_{ht}	平尾位置坐标
Ma	马赫数
w	次优目标函数中的加权因子
W	重量
W_{T}	总重量，起飞总重量（GTOW）
X_{loc}	BB 的局部设计变量
X_{sh}	直接影响两个或多个 BB（模块）的共享设计变量
Y^{*}	从一个 BB 输入到另一个 BB 的行为变量
$Y^{\wedge}$	从一个 BB 输出的行为变量，$Y^{\wedge}$ 的一些元素可以指定为 Y^{*}
$Y^{\wedge}_{\text{s}}$	在特定 BB 的输出中选择特定的数据项作为系统目标
Z	$[X_{\text{sh}} \mid X_{\text{loc}} \mid Y^{*} \mid Y^{\wedge}]$ 一个未分解、组合分析及优化问题的变量向量（以飞机设计为例，包括机翼的展弦比和后掠角 X_{sh}，机翼蒙皮厚度和复合材料铺层定向角 X_{sec}，弹性变形导致的机翼气动外形改变 Y^{*} 和 $Y^{\wedge}$，以及导致机翼变形的空气动力载荷）
Λ	后掠角
λ	梢根比
Θ	扭转导致的机翼有效面积变化
下标	
E	发动机
F	燃油
HT	平尾
s	系统目标
T	GTOW
w	翼
O	最优
上标	
a	估计值
$\wedge$	BB 的输出
*	从一个 BB 输入到另一个 BB 或由系统优化器生成的输入

189

为了说明式(8.21),图 8.20 展示了向 BB 系统发送输入数据的系统级 OPT,表 8.3 详细列出了这些数据。在这个阶段,每个 BB 均是由根据式(8.20)预先优化得到的其 RS 表示,以便能够即时地对式(8.21)所示系统级优化产生的新输入做出响应。为了保持实例的简洁性,将设计变量的个数减到了最少。表 8.3 中括号内的值对应于通过式(8.21)最后一行标准化之前系数 w 的数量,即标准化之后该数量减少了 1。

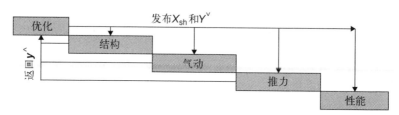

图 8.20 系统 OPT 发布所有输入 $\boldsymbol{x}_{sh}$ 和 $\boldsymbol{y}^{\vee}$,

并从 BB 的 RS 代理接收近似 $\boldsymbol{y}^{\wedge}$($\boldsymbol{x}_{sh}$、$\boldsymbol{y}^{\vee}$ 和 $\boldsymbol{y}^{\wedge}$ 的定义见表 8.2)

表 8.3 4 个学科(BB)的变量及其 RS 数据的维数

| BB | 输出 | 输入变量 | | | 输入个数 | 点数(NS) |
		$X_{sh} X_{sh}$	$Y^{\vee} Y^*$	系数个数(w)		
结构	W_T, W_F, Θ	$t/c, AR_w, \Lambda_w, S_{ref}, S_{HT}, AR_{HT}, \lambda$	L, W_E	(3)2	11	78
气动	$L, D, L/D$	$t/c, h, M, AR_w, \Lambda_w, S_{ref}, S_{HT}, AR_{HT}, \lambda$	W_T, Θ, ESF	(3)2	14	120
推力	SF, C, W_E, ESF	h, M	D	(3)2	5	21
性能	Range	h, M	$W_T, W_F, L/D, SFC$	N/A	6	28

注:ESF—发动机尺度因子;SFC—比油耗

即使系统维数已经降低了很多,但该方法依然会产生大量的临时数据。作为个数有限但具有代表性的数据样本,表 8.4 列出了 10 次 BLISS 循环的数据变化轨迹及收敛结果(列出的均是通过第 10 次迭代值标准化之后的数据)。该优化从一个不可行状态开始,在到达一个可行状态的同时,性能函数即飞行距离(R_{an})提高了 47%,改善非常显著。通常情况下,优化首先从一个不可行状态开始,以降低目标函数为代价来使设计变得可行,如第 4 章所述。设计变量的收敛过程存在从单调到波动不同的情况,这是由于采用了响应面作为代理模型,在每个循环后都要额外地修正该模型造成的误差。在本次应用中,采用 Kriging 技术对响应面模型进行了增强(Cressie,1993)。

表 8.4　10 个 BLISS 周期的数据变化样本

标准化参数[①]	循　环											循环 10 次的结果
	0	1	2	3	4	5	6	7	8	9	10	
M	1.08	1.01	1.07	1.10	1.05	1.03	1.00	0.99	1.00	0.99	1.00	1.633
GTOW	1.06	1.11	1.19	1.12	1.05	1.02	1.02	1.01	1.01	1.00	1.00	14246kg
S_{ref}	0.69	0.35	0.77	0.83	0.77	0.72	0.85	0.86	0.93	0.98	1.00	53.7m²
ESF	1.94	1.22	0.90	1.05	1.10	1.03	0.97	1.00	1.03	1.01	1.00	0.517
t/c	2.16	2.89	2.89	1.60	1.69	1.55	1.31	1.26	1.12	1.02	1.00	0.035
$t_{s1}^{②}$	1.04	1.03	1.05	1.07	1.04	1.00	0.98	1.00	0.99	0.99	1.00	9.75cm
$T/\%$	1.70	1.03	1.52	1.22	1.10	1.07	1.01		0.98	1.00	1.00	20.6
平均气动弦长 $L_{ht}/\%$	0.71	0.61	1.00	1.00	0.60	0.76	1.00	1.00	1.00	1.00	1.00	350
w_1	0.00	0.00	0.48	1.19	1.90	1.67	2.14	1.43	1.10	1.00	1.00	0.210
w_3	0.00	1.79	1.61	1.02	1.16	0.89	1.25	1.02	1.00	1.02	1.00	0.560
R_{rs}	—	0.77	0.93	1.20	0.76	0.91	0.97	0.99	0.98	0199	1.00	5247

① 由第 10 周期的值标准化;② 机翼上蒙皮内侧部分的三明治夹层厚度

如果这是一个全尺度的应用设计,那么在产生 RS 数据的过程中,由于在每个 BB 内部涉及如式(8.21)所示对每个试验点的优化,将会消耗大量的计算量。但是,如果采用 MCDP 方法,则可以对所有 BB 试验点同时进行分析,8.2 节中系统优化所需响应面数据的计算完成时间,就取决于耗时最长的 BB 运行时间。由于响应面模型几乎是实时响应,图 8.20(式(8.21))中系统级优化的计算耗时可以忽略不计。这种融合了 MCDP 技术的 MDO 方法,有希望将 MDO 扩展应用于之前认为难以解决的问题。

8.10.3.1　评价

BLISS 将学科级和系统级进行解耦,以使系统配置组能够专注于系统性能的问题,而学科和子系统组则在保留其领域内完全自主权的同时处理详细信息。在模块内部优化中使用的目标函数加权和与模块的输出足够接近,以便模块的负责工程师进行解释。该方法在系统和局部模块均可以利用 MCDP 技术。与 CO 一样,BLISS 迭代过程的收敛速率,取决于近似模型的精确度,这也为应用新的近似技术提供了动力,如用神经网络替代响应面模型。

8.11　小　　结

前面章节详细介绍了一个颇具代表性的 MDO 方法应用案例。在本章最后,对该 MDO 案例的一些通用特征进行简要回顾。

8.11.1 分解

除了 AIO,工程设计方法的基本主题就是分解,每个大型项目都需要开发广泛的工作前端并压缩进度表。MDO 中出现的分解可根据分析的级别不同将其分为:BB 内部的灵敏度分析(第 7 章)、系统级分析(8.6 节)以及系统和子系统级的优化。

生成一个令人满意的分解方案,其难度可以通过两个可量化的特征空间来测算:耦合广度(带宽)和耦合强度。当模块间存在大量信息交换时,说明耦合的广度很大,而当模块 A 输出的微小变化即可引起与之相耦合的模块 B 输出相对较大的变化时(对数导数;7.6.1 节),说明该耦合的强度很大。

图 8.21 显示了耦合广度和耦合强度坐标系中的分解难度。随着系统模块间的耦合程度从简单轻微变成广泛强烈,甚至系统模块间的完全互联,分解的困难也从简单直接变得难以实现。幸运的是,不论多么复杂的工程系统,都很少出现后者这种极端情况。解决该问题的另一个有利因素是快速发展的并行处理技术,其本质上与分解的概念相兼容。该技术使得最近还可能认为是难以解决的问题在不远的未来变成可能,从图 8.21 中来看,其将实用性的前沿推向图中右上角。

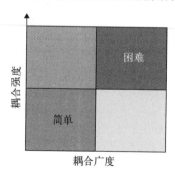

图 8.21 根据耦合广度和耦合强度评估分解难度

加快知识的生成会导致设计自由度的损失(见图 8.9),MDO 的累积效应有望用于缓解这一设计过程矛盾(见图 8.13)。

8.11.2 近似和代理模型

利用近似和大规模并发处理技术来支持分解,可通过地理上分散的专业组独立、同时和离线地的生成数据。如图 8.22 所示,近似(代理)模型作为将数据从模块级传递到系统级优化的媒介,可以替代模块级别的分析和优化。不必强迫对每个 BB 使用相同类型的 SM 来近似。相反,每个 BB 均可以用最适合于其特性的 SM 类型来近似。

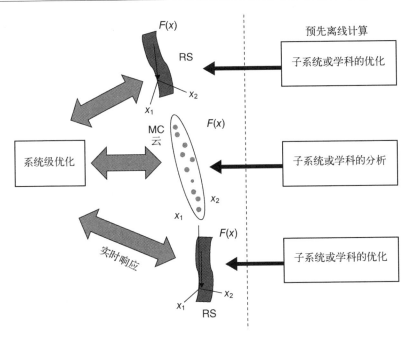

图 8.22　CO 和 BLISS 方法的本质:对细节级别执行
离线操作,并将其计算结果通过近似传递到系统级

8.11.3　系统分解

工程系统典型数学模型的内部组织非常复杂,需要规范地定义其数据组织(NSD 和 DSM)。系统中的 BB 在其内部可以视为另一个系统,并再次使用 NSD 和 DSM。借助于这种自相似性,可以将分解递归地应用到任何与应用相关的深度,并对系统内部的系统进行建模(Sobieszczanski–Sobieski,2006a)。

8.11.4　系统与 BB 间的交互

系统内部存在各种交互,一个极端情况是系统影响两个 BB 之间的数据传递,却没有对它们进行优化控制,例如在 FSA(8.9 节)一个变型中的序贯迭代过程。另一个极端情况是系统优化对所有的 BB 进行集中控制,如 S-LDO(8.8 节)。介于这两个极端情况之间的是,系统 OPT 通过"硬"连接的方式向 BBs 传递数据,即将其设计变量作为给定参数直接插入 BB 中,如 S-LDO,再如将 x_{sh} 输入到 BLISS 的 BB 中(8.10.2 节)。与之相反,数据传递中的软连接是指通过 CO 中的目标(8.10.1 节)或者通过 BLISS 中的加权系数 w 进行传递。

对于与上述过程相反的交互过程,即从 BB 到系统级的传递则有多种方案,如在 S-LDO 中传输 BB 内部约束值,或者在 CO 中传递系统目标与 BB 目标变量间的不匹配,或者在 BLISS(以及 CO 中的部分)中传递 BB 内部优化结果的近似。

8.11.4.1 贯穿设计过程的 MDO 及其计算敏捷性

对于现代复杂系统的设计来说,在进行高保真度分析的后期设计阶段,发现一些新的信息,并需要对上游设计阶段已经形成的设计决策进行更改的情况并不罕见(图 8.9、图 8.10、图 8.11 及其讨论)。为了应对这些不期而遇的信息,需要一种称为“设计和计算敏捷性”(Agte 等,2010)的技术,即根据设计过程中得到的最新可用信息,易于调整设计细节及模型精细度的能力。

MDO 和 MCDP 具备整合计算基础设施的潜力,并为整个设计过程提供贯穿始终的计算灵活性。要实现上述功能,还需要在 MDO 之外为整个设计过程提供一个维持数学模型参数化的附加模块。通常在设计早期将模型参数化,以便于将由气动和结构共享的机翼几何模型 x、y、z 坐标变为系统级设计变量(如翼展、弦长和后掠角)的函数。这种函数关系会一直保留到细节设计阶段,它可以用作描述高精细度机翼所需的大量数据基础,能够在任何需要的时候通过修改初始 x、y、z 坐标来快速生成高精细度模型,而不必重复参数化操作。若不能保留,为了在依赖 MDO 的系统设计中使用高保真数据,参数化建模将成为一个挥之不去的梦魇。

8.11.5 优化自身的局限性

对源于运筹学研究的优化来说,其理念就是在设计空间中进行搜索,这也意味着其只能在这个指定的空间中找到一个更优的设计方案。反过来,设计空间又由设计变量的选择及其初始化来定义。因此,不论是学科优化还是 MDO,也无论是显示的还是隐式的,均无法在初始定义的设计空间之外找到一个设计方案。例如,将飞机系统的优化初始化为双翼布局。通过选择一些合适的设计变量(这本身就非常具有挑战性)并实施优化,则得到的最优设计方案可能是双翼布局,也可能是单翼布局,包括上单翼、中单翼和下单翼。但是,如果选择的初始化机翼类型为单翼,则根本不会出现双翼布局的结果,因为双翼布局和单翼布局相比存在质的不同,双翼甚至不会隐式地出现在单翼布局的概念中。

8.11.6 跨越设计理念的优化

根据早期出现的一些局限性,比如不同设计理念之间的竞争,尤其他们之间不存在连续的转换时,可以推断得到一个重要的指导原则。这个指导原则要求对每个设计理念均进行优化,并将它们的最优结果进行比较以做出一个相对公平的选择。例如,考虑一架运输机的设计问题,它可能搭载两个、三个或者四个发动机。对每个理念的最优设计进行比较,则可以确保一个优秀的设计理念不会因为考察不充分而被一个劣质的设计理念所淘汰。

一般来说,在人工智能可以提供一个有实用意义的解决方案前,人类的创造力和优化算法将在工程设计中始终保持共生的关系,在这方面的最新研究成果可参见第 9 章介绍的知识工程。

8.11.7 现有的商业软件框架

分解机制以及最终设计基础支撑设施的有效使用,可通过民用领域中的商业软件框架以及一些工业企业为满足自己使用需求开发的专有工具来实现。Salas 和 Townsend(1998)为我们提供了一些现有软件架构的综述,并对它们的优缺点作了评价。

典型的框架包括数据库及其数据操作能力、容纳用户提供模块的设施、图形交互界面(GUI)以及按照用户选择的方法序贯执行相应模块(尽管也可能包含一些默认的方法)。通常,能力大小和复杂程度在上述要素中的分布并不均匀,从当前可用的框架来看,方法论部分反倒是最落后最需要发展的。原则上,一个好的框架应该就可以实现本书所讨论的所有方法,但是要做到这一点严重依赖于框架中方法论部分的适应性,因为该框架控制着模块的排序、数据的管理以及用户的界面。

8.11.7.1 方法选择

本书概述了用于设计工程系统的方法论及工具,期望可以为潜在用户提供最适合当前应用范围的选择。理想情况下,在进行该选择时,应该基于现场测试获得的可用结果,即让不同的工程团队在隔离条件下,使用不同的方法对相同工件进行设计,然后对设计结果进行对比。然而出于对设计成本的考虑,现实中往往并不具备这样的测试条件。

在无法进行这样理想测试的情况下,前面所述 Brown 和 Olds(2005,2006)进行的研究工作,为我们提供了一种独立、客观的方法,来对比前面所述四种方法(AIO、FSA、CO 和 BLISS)的优劣。其以运载火箭作为试验对象,以给定任务下的火箭净重最小为设计目标。它肯定了 S-LDO 结果作为基准的作用,并展示了 FSA 的次优性以及以 BLISS 为代表的一些 MDO 方法的优势。该研究将"实施的难易程度"作为一个主观却是对用户很重要的标准。按照这个标准,FSA 显然是最好的方法,考虑到它在设计中长期使用的传统,这并不出人意料,但由于它倾向于产生次优结果,因此其目标结果是最大的,而 BLISS 的优化结果则非常接近基准值。

如果无法得到明确的测试结果,那么最终的选择将依赖于下列因素所占的权重:

- 问题的内在模块化程度
- 问题的规模大小与所涉及的相关学科数量,包括设计变量和约束的数量,分

析的运行时间,数据量(包括中间结果),数据耦合的规模,以及设计变量、外部输入和内部耦合对输出量的灵敏度

- 具有冲突倾向的元素数量

- 产品的特性:重复相似性,例如,一个飞机公司的运输机,或航天器公司会为每个新任务创造一个独特的航天器

- 在设计过程使用工具的位置(参见图 8.12 的观点)

- 大规模并行计算的可用性

- 计算过程中对人类判断和决策的依赖程度

- 人类组织的考虑因素,如承包商/分包商层次结构,单个综合组织,以及团队的地理分布。

现在让我们对照上述选项检查前面所介绍的几种方法,首先从 S-LDO 开始。在概念设计阶段,数学模型非常简单并且可以通过较低的计算成本(运算时间和数据存储量)执行,最重要的是,设计团队可以仅用少量熟悉设计细节的工作人员,就能够轻而易举地理解和解释设计结果,故该方法成为自然而然的第一选择。如果工程组经常设计同一类别但细节不同的产品,那么研发更高质量和更强应用适用性的 AN 是值得的,因为频繁使用会分摊其初始阶段的高额投资。

随着项目设计在团队规模和信息容量方面的扩大,将可能需要在 FSA 和 MDO 方法之间进行选择。理论家们也许会因为 FSA 存在得到次优结果的可能性而将其排除出去。但是,相反的观点认为 FSA 是一种历史悠久的方法,非常适合人类组织的运作方式,并且其可以在个别 BB 模块上开放性地引入优化工具,而不必让整个公司承受大规模的根本性变革。因此,如果次优问题的影响是决定性的,一个合理的方案是从 S-LDO 开始设计过程,然后用 FSA 增强 BB 模块内部优化,同时应用灵敏度分析和代理模型工具,使人们认识到后者有其存在的价值,而不仅是作为优化的辅助。

从 FSA 切换到 MDO,比如 CO 或 BLISS,意味着工程优化方式的重大变化,并寄希望于该变化能够克服"更多知识导致更少设计自由度"的悖论及其产生的次优性。如果 S-LDO 和 FSA 的组合方法可以用在并行计算中,那么实现 MDO 的过程将会更加简单。如果公司生产的产品范围广泛,则引入 MDO 方法将获得额外的优势,可以将 MDO 作为公司所生产产品的标准框架,仅通过替换 BB 来适应不同的产品应用即可。为了节约时间和成本的一致性以及简化操作,同样的"单框架可替换 BB"理念可从概念设计(其可以替代 S-LDO)扩展到详细设计的整个过程。这个理念有可能模糊、改变、甚至最终取消诸如概念设计、初步设计等设计阶段之间的传统边界,同时由于可以更早地获得更详细、更高保真度的数据(图 8.13),修改早期设计方案的灵活性也更高。

　　关于特定 MDO 方法的选择,最主要的标准是该方法能够适应工程设计过程的实际情况(2.2 节)以及其需要的学习成本(Brown 和 Olds,2005,2006)。

　　无论选用哪种 MDO 方法,建立在 NSD 和 DSM 概念上的数据库及相关的数据处理能力,均构成了其最重要的基础,其质量也决定了设计过程计算基础设施的实用性和有效性。这种基础设施的另一个基本要素是称为 MCDP 的计算机技术。事实上,该技术已经改变了评估和比较优化方法的标准,当只能采用单处理器执行时,运行时间是决定性的标准,而当大量处理器同时工作时,处理器数量变成了新的标准。相同的道理也适用于从若干特定应用及等效的代码中选择一个 BB。

8.11.7.2　建议

　　综上所述,为帮助工程团队进行大型复杂系统的设计,本章愿意提供以下建议:

　　如果设计对象的类别是重复一致的,比如飞机公司,那么一个合理的选择是投资一个能够应用于早期设计阶段的 AIO 工具,以及用于其余设计阶段的 MDO 方法。

　　如果设计对象在其性质上差异很大,如针对每个独特任务设计不同的航天器,则使用可替换模块的 MDO 方法可能是更好的选择,从而可以"切换"保真度以适应不同设计阶段的要求。

　　用 MDO 方法取代 FSA,大规模并行计算的内在兼容性强化了它们的分解能力和自主性,却没有 FSA 方法固有的次优性。

　　应用 MDO 方法的前提条件是对数据流的清晰组织、对模块耦合的充分理解以及对数据完整性的保证,所有这些都可以通过 NSD 和 DSM 方法及其应用程序来实现。

　　一个有效支撑设计过程的基础设施,会充分利用大规模并行计算的优势,且随着该技术的发展而发展,并通过利用成熟的商业框架而避免不必要的实现成本。

　　在上述建议的指导下,结合 MDO 方法及计算机技术的最新研究成果和未来发展趋势,相信可以确保第 2 章所讨论的工业设计过程能够最终实现。

参 考 文 献

Agte,J. S. ,Sobieszczanski-Sobieski,J. ,& Sandusky,R. R. (1999). Supersonic Business Jet Design Through Bi-Level Integrated System Synthesis. SAE 1999-01 5622. The SAE World Aviation Congress,San Francisco,CA, October 19-21; awarded SAE 2000 Wright Brothers medal.

Agte,J. ,de Weck,O. ,Sobieszczanski-Sobieski,J. ,et al. (2010). MDO:Assessment and Direction for Advance-ment an Opinion of One International Group. *Structural and Multidisciplinary Optimization*,40(1-6),17-33.

Balling,R. J. ,& Sobieszczanski-Sobieski,J. (1996). Optimization of Coupled Systems:A Critical Overview of

Approaches. *AIAA Journal*, 34(1), 6-17.

Barthelemy, J-F. M., & Sobieszczanski-Sobieski, J. (1983a). Extrapolation of Optimum Design Based on Sensitivity Derivatives. *AIAA Journal*, 21(5), 797-799.

Barthelemy, J-F., & Sobieszczanski-Sobieski, J. (1983b). Optimum Sensitivity Derivatives of Objective Functions in Nonlinear Programming. *AIAA Journal*, 21(6), 913-915.

Beltracchi, T., & Gabrlele, G. (1988). An Investigation of New Methods for Estimating Parameter Sensitivity Derivatives. In: *Proceedings of ASME Design Automation Conference* (Vol. 14), ASME, Houston, TX, September 1988.

Box, G. E., Hunter, W. G., Hunter, J. S., & Hunter, W. G. (2005). *Statistics for Experimenters: Design, Innovation, and Discovery* (2nd ed.). New York: Wiley.

Bradley, K. R. (2004). A Sizing Methodology for the Conceptual design of Blended-Wing-Body Transports, NASA CR-2004-213016, September 2004.

Braun, R. D., & Kroo, I. M. (1997). Development and Application of the Collaborative Optimization Architecture in a Multidisciplinary Design Environment, Multidisciplinary Design Optimization: State of the Art. In: Alexandrov, N., & Hussaini, M. Y., eds., *Proceedings of the ICASE/NASA Workshop on Multidisciplinary Design Optimization*. Philadelphia: Society for Industrial and Applied Mathematics, pp. 98-116.

Braun, R. D., Kroo, I. M., & Gage, P. D. (1993). Post-Optimality Analysis in Aerospace Vehicle Design AIAA Paper 93-3932, AIAA Aircraft Design Systems and Operations Meeting, Monterey, CA, August 1993.

Brown, N. F., & Olds, J. R. (2005). Evaluation of Multidisciplinary Optimization (MDO) Techniques Applied to a Reusable Launch Vehicle, AIAA Paper No. 2005-0707; and in (2006). *Journal of Spacecraft and Rockets*, 43(6), 1289-1300.

Brown, N. F., & Olds, J. R. (2006). Evaluation of Multidisciplinary Optimization Techniques Applied to a Reusable Launch Vehicle. *Journal of Spacecraft and Rockets*, 43(6), 1289-1300.

Cressie, N. (1993). *Statistics for Spatial Data*. New York: Wiley.

Elham, A., VanTooren, M., & Sobieszczanski-Sobieski, J. (2014). Bilevel Optimization Strategy for Aircraft Wing Design Using Parallel Computing. *AIAA Journal*, 52(8), 1770-1783.

Eppinger, S. D. (2012). *Design Structure Matrix Methods and Applications*. Cambridge, MA: MIT Press.

Forrester, A. I. J., & Keane, A. J. (2009). Recent advances in surrogate-based optimization. *Progress in Aerospace Sciences*, 45(1-3), 50-79.

FPGA' 14. (2014). The 2014 ACM/SIGDA International Symposium on Field-Programmable Gate Arrays. Monterey, CA, February 26-28, 2014. Available at: www.ees.ucf.edu/isfpga/2014/index.html (accessed March 15, 2015).

Galloway, T. L., & Sruith, M. R. (1976). General Aviation Synthesis Utilizing Interactive Computer Graphics, SAE Technical Paper 760476.

Giles, G. 1. (1995). Equivalent Plate Modeling for Conceptual Design of Aircraft Wing Structures, AIAA 95-3945, 1st AIAA Aircraft Engineering Technology and Operations Congress, Los Angeles, CA, September 19-21.

Gill, P. E., Murray, W., & Wright, M. H. (1982). *Practical Optimization*. London: Emerald Group Publishing Ltd.

Haftka, R., & Gurdal, Z. (1991). *Elements of Structural Optimization* (3rd ed.). Dordrecht: Kluwer Academic Publishers, Decomposition and Multilevel Optimization.

Jung, S., Park, G-B., & Choi, D-H., (2013). A Decomposition Method for Exploiting Parallel Computing Including the Determination of an Optimal Number of Subsystems, *Journal of Mechanical Design*, 135(4), 041005.

Kim, H., Ragon, S., Soremekun, G., Malone, B., & Sobieszczanski-Sobieski, J. (2004). Flexible Approximation

Model Approach for Bi-Level Integrated System Synthesis, AIAA Paper No. 2004-4545, August 2004.

Kim, H., Ragon, S., Mullins, J., & Sobieszczanski-Sobieski, J. (2006). A Web based Collaborative Environment for Bi-level lntegrated System Synthesis, AIAA Paper 2006-1618. 47th AIAA/ASME/ASCE/AHS/ASC Structures, Structural Dynamics, and Materials Conference, May 1-4, Newport, RI.

Manning, V. M., & Kroo, I. M. (1999). Multidisciplinary Optimization of a Natural Laminar Flow Supersonic Aircraft, AIAA Paper 99-3102.

Martins, J. R. R. A., & Lambe, A. (2013). Multidisciplinary Design Optimization: A Survey of Architectures. *AIAA Journal*, 51(9), 2049-2075.

Potsaid, B., Bellouard, Y., & Wen, J. T-Y. (2006). A Multidisciplinary Design and Optimization Methodology for the Adaptive Scanning Optical Microscope (ASOM). *Proceedings of SPIE*, 6289, 62890L1-62890L12.

Raymer, D. P. (1999). *Aircraft Design: A Conceptual Approach* (3rd ed.). Washington, DC: American Institute of Aeronautics and Astronautics.

Rayruer, D. P. (2002, May). *Enhancing Aircraft Conceptual Design using Multidisciplinary Optimization* (Report 2002-2). Stockholm: Royal Institute of Technology.

Raymer, D. (2011). *Conceptual Design Modeling in the RDS-Professional Aircraft Design Software*; AIAA Paper 2011. Orlando, FL: AIAA Aerospace Sciences Meeting.

Reed, J., and Follen G. (eds.). (2006). Chapter 1, pp. 5-6, 11, 13, 15; Chapter 3, pp. 1-2, 28-54.

Rogers, J. 1. (1989). A Knowledge-Based Tool for Multilevel Decomposition of a Complex Design Problem, NASA TP-2903, May 1989.

Roth, B., & Kroo, I. (2008). Enhanced Collaborative Optimization: Application to an Analytic Test Problem and Aircraft Design. In: 12*th AIAA/ISSMO Multidisciplinary Analysis and Optimization Conference*. AIAA Paper 2008-5841, September 2008.

Salas, A. O., & Townsend, J. C. (1998). Framework Requirements for MDO Application Development, AIAA Paper No. 98-4740, September 1998.

Schmit, L, A. (1960). A Structural Design by Systematic Synthesis. In: *Proceedings of Second Conference on Electronic Computation*. New York: ASCE, pp. 105-122.

Schmit, L. A. (1981). Structural Synthesis-Its Genesis and Development, *AIAA Journal*, 10(10), 1249-1263.

Sobieski, I. P. (1998). *Multidisciplinary Design. Using Collaborative Optimization*. PhD Dissertation, Stanford University, Stanford, CA, August 1998.

Sobieski, I. P., & Kroo, I. M. (2000). Collaborative Optimization Using Response Surface Estiruation, *AIAA Journal*, 38(10), 1931-1938.

Sobieski, J., & Storaasli, O. (2004). Computing at the Speed of Thought. Feature article in Aerospace America, pp. 35-38. The monthly journal of the American Institute of Aeronautics and Astronautics.

Sobieszczanski-Sobieski, J. (1990). Sensitivity of Complex, Internally Coupled Systems, *AIAA Journal*, 28(1), 153-160; also in Haftka, R. T., & Gurdal, Z. (1992). *Elements of Structural Optimization* (3rd ed.). New York: Kluwer Academic Publishers, pp. 408-409.

Sobieszczanski-Sobieski, J. (2006a). Integrated System-of-Systems Synthesis (ISSS). In: 11*th AIAA/ISSMO Multidisciplinary Analysis and Optimization Conference*, AIAA-2006-7064. Portsmouth, VA, September 6-8.

Sobieszczanski-Sobieski, J. (2006b). Integration of Tools and Processes for Affordable Vehicles, Final Report of the NATO Research and Technology Organization, Research Task Group Applied Vehicle Technology 093, NATO-RTO-TR-AVT-093, December 2006, 352pp. Available at: http://www.rta.nato.int/abstracts.asp (accessed March

15,2015).

Sobieszczanski-Sobieski,J. ,& Haftka,R. T. (1997). Multidisciplinary Aerospace Design Optimization: Survey of Recent Developments. *Structural and Multidisciplinary Optimization*,14(1),315-325.

Sobieszczanski-Sobieski,J. ,& Venter,G. (2005). Imparting desired attributes in structural design by means of multiobjective optimization. In: *Proceedings of the 44th AIAA SDM Conference*,AIAA 2003-1546. Norfolk,VA,April 7-10,2003; and (2005). *Structural and Multidisciplinary Optimization*,29(6),432-444.

Sobieszczanski-Sobieski,J. ,Barthelemy,J-F. M. ,& Riley,K. M. (1982). Sensitivity of Optimum Solutions to Problem Parameters. *AIAA Journal*,20(9),1291-1299.

Sobieszczanski-Sobieski,J. ,Agte,J. S. ,& Sandusky Jr. ,R. R. (1998). Bilevel Integrated System Synthesis (BLISS)-Detailed Documentation. NASA/TM-1998-208715,August 1998.

Sobieszczanski-Sobieski,J. ,Altus,T. D. ,Phillips,M. ,& Sandusky,R. (2003). Bilevellntegrated System Synthesis for Concurrent and Distributed Processing,*AIAA Journal*,41(10),1996-2003.

Steward,D. V,(1981a),The Design Structure System: A Method for Managing the Design of Complex Systems. *IEEE Transactions on Engineering Management*,28(3),71-74.

Steward D. V. (1981b). *Systems Analysis and Management: Structure,Strategy and Design*. New York: Petrocelli Books,Inc.

Torenbeek,E. (1982). *Synthesis of Subsonic Airplane Design*. Amsterdam: Delft University Press.

Vanderplaats,G. N. 1976. Automated Optimization Techniques for Aircraft Synthesis,AIAA Paper 76-909. In: *Proceedings,AIAA Aircraft Systems and Technology Meeting*,Dallas,TX,September 27-29.

Vanderplaats,G. N. (1982). ACSYNT Online User's Manual. Available at: http://fornax. arc. nasa. gov:9999/acsynt. html (accessed March 15,2015).

de Weck,O. ,Agte,J. ,Sobieszczanski-Sobieski,J. ,et al. (2007). State-of-the-Art and Future Trends in Multidisciplinary Design Optimization,AIAA-2007-1905. In: 48th *AIAA/ASME/ASCE/AHS/ASC Structures,Structural Dynam. ics,and Materials Conference*,Honolulu,HL April 23-26.

第9章　知 识 工 程[①]

9.1　引　　言

本章介绍了知识工程(Knowledge Based Engineering,KBE)的基本原理,并阐述了KBE如何支撑并赋能复杂产品的多学科设计优化(Multidisciplinary Design Optimization,MDO)。目前,KBE已经突破了CAD系统及其他可行的参数化方法和设计空间探索方法的局限。本章在给出KBE定义的基础上,讨论了其在工程设计方面的应用和对MDO应用的支撑,同时介绍了KBE系统的工作原理和主要特征,尤其是它们的嵌入式编程语言。该语言是KBE系统的核心组成部分,用于对复杂工程产品建模必备设计知识的捕获和重用。本书最重要的内容之一是提供了自动完成准备多学科分析(Multidisciplinary Analysis,MDA)过程的能力。本章还介绍了可嵌入KBE应用的主要设计规则,举例说明了KBE与传统基于规则的设计系统,尤其是传统CAD工具之间的主要差别,结尾部分讲述了KBE的主要发展阶段及其在更广阔的PLM/CAD领域的发展趋势。

对工程设计界而言,KBE是一门相对较新的学科,因此本书将深入地介绍其中一些基础问题,而不是简单概述。对于那些只想从原理上了解KBE是如何用于支持MDO,或评估KBE对于构建或购买MDO系统是否有价值的读者,可以阅读9.2节至9.5节内容。

对于那些曾依靠CAD几何建模及其操作来开发MDO系统的读者来说,推荐阅读9.8节和9.15节的内容,这些章节讨论了KBE与传统CAD的相似之处以及KBE的其他特征。

推荐那些早已注意到KBE的存在及其潜在价值,或者对KBE更为基础的技术细节感兴趣的新一代MDO工程师们,应重视本章所有的后续部分。尤其是9.12节至9.14节的内容,相信正在考虑开发内部KBE系统的高级开发人员或高级程序员会很感兴趣。

---

① 　本章原文内容由 Gianfranco La Rocca 撰写。

9.2 支撑 MDO 的 KBE

在第 2 章中,我们讨论了 MDO 如何适应现代设计框架,引出了应用于计算设计系统的 FE、CFD 及其他类似代码。现在我们开始思考,如何利用 KBE 去支撑一套由复杂程序和软件构成的 MDO 系统。

正如前面章节所言,只有在设计师将设计思想具象化为设计空间或数学超空间后,MDO 才能为具体的设计任务提供技术支撑,这里提到的超空间同样是由设计或输入参数 p 及设计变量 x 所定义(见 8.2 节)。为了将设计任务转化为 MDO 问题,必须将需求列表转化为数值 p、x 的边界、一组行为或状态变量 $y(p,x)$、$y(p, x)$ 的值或边界(约束)及一个目标函数 $f(x,p)$ 的形式。对于每一组给定的 (p,x),都需要评估或计算其对应的 y 值,在设计流程中还需要通过优化方法进行迭代运算。和上述定义所蕴含的搜索及分析策略一起,MDO 系统有时还需要对问题进行分解(见第 8 章),尽管本书第 8 章充分描述了各种优化方法的数学原理,但要将它们嵌入到大型复杂工程产品的设计系统中并非易事,KBE 正是在将数学工具转化为有效 MDO 系统的过程中引入的。

KBE 是一种可以同时把设计规范 $[x\ p]$、优化设计规范 $[f\ g\ h\ q]$、设计分析规范 $[y]$ 融合进有效 MDO 软件包的支撑技术。在第 8 章,我们展示了如何将这种形式化结构变成一组包含软件优化模块(Optimization Modules, OPT)和分析模块(Analysis Modules, AN)的 MDO 单元模块(Building Blocks, BBs)。KBE 可在 $[p\ x\ y]$ 包括复杂几何体生成及操作的情况下构建支持 OPT 和 AN 的 BBs。KBE 无意取代任何现有如 FE 和 CFD 代码之类的分析工具,也不会取代当前优化和工作流程集成系统的功能,但却提供了建模和处理复杂系统的独特解决方案,使得给定的产品模型转换为运行各种分析工具所需的,且可以完全自动化处理的特定数据集。而且,KBE 可以比传统的 CAD 系统更好更快地支撑几何产品的无人操作(如通过优化器)。由于 KBE 完全采用了基于规则的方法,这使得即使是面对拓扑变化很大的产品,它也可以探索足够大的设计空间。另外,KBE 提供了一种可以在同一产品模型中以完全关联的方式捕获几何及非几何信息的独特方法,虽然仍需要配置一些多学科计算系统,但后者显然已超出传统 CAD 系统的范畴。

9.3 KBE 是什么

我们从一个简单的定义开始讨论 KBE 在本书中的含义:

KBE 是基于已捕获并存储在特定软件应用程序中的产品和流程知识,以便在全新产品或原产品变型的工程设计中直接使用和重用。

KBE 的实施需要应用一类称为 KBE 系统的特殊软件工具,它为工程师提供了捕获和重用工程知识的方法及方法论。KBE 系统的名称源于知识系统(Knowledge Based System,KBS)与工程的合并,而 KBS 是人工智能(Artificial Intelligence,AI)领域的主要成果之一。KBE 系统代表了 20 世纪 70 年代以来 KBS 与工程需求之间结合的演变,换句话说,KBE 系统是 KBS 基于规则的推理功能与工程所需求的 CAD 几何操作及数据处理功能之间的结合。

典型的 KBE 系统通常为用户提供了面向对象的编程语言,以及一个(有时更多)基于完全非均匀有理 B 样条(Nonuniform Rational B-spline,NURBS)几何引擎的集成或紧密连接的 CAD 引擎。程序管理语言允许用户捕获和重用工程规则和过程,而面向对象(Object-Oriented,OO)建模方法则非常适合工程师对世界的认知:将系统抽象为由参数和行为定义的对象集合,并通过一定关系将其联系起来。CAD 引擎通过编程语言访问和控制工程设计中的几何操作需求。第一个商用 KBE 系统名为 ICAD,于 1984 年由麻省理工学院的 AI 实验室和 CAD 公司 Computervision(现为 PTC)开发。这部分内容主要是希望能够解决读者听到 KBE 时想到的第一个问题:是否存在不依赖知识的工程? 我们认为除了一些非专业的特例以外,毫无疑问,所有的工程都基于知识。

言及于此,有必要简单澄清一下这里的"知识"一词具体是什么意思,以及我们如何使用这个术语来区分其与数据和信息的不同概念。然而,有些术语在平常使用过程中并不正确,尤其是信息和知识可以互换使用的情况下。实际上,数据-信息-知识(和智慧)的分级是认识论学者以及知识管理和 IT 专家们长期讨论的主题。这种讨论超出了本章的范畴,但这关系到我们对数据、信息和知识的定义。数据是实体,如符号、数字、字符和信号等,除非将其与前后文内容联系起来,否则没有任何意义。信息是具有意义的处理后数据,收集数据处的上下文赋予了它们意义、相关性以及目的。信息可以由人和计算机存储、传输和处理,通常用结构或格式组织来对数据进行加密,并将其存储在硬件或者软件载体中。知识则是理解和解读信息的状态并加以实现,知识应用的结果就是新信息的生成。例如,包含表面几何描述的 IGES 文件可被视为一条信息。IGES 文件通过数字和符号(即数据)进行编码,只有当其上下文内容已知时,即明确其为 IGES 文件的数据时,它才能带来一些有意义的信息。像这样读取 IGES 文件,重构表面模型,将其与平面相交,并且在非空相交的情况下,计算相交所得曲线长度的算法即可认为是通过 KBE 系统获取知识的一个简单示例。

KBE 支持几何建模和操作,因此有必要分析它与传统 CAD 系统的不同之处。实际上,二者之间的差异非常大,其根源在于这些技术的应用范围。CAD 系统源于数字化的绘图/草图系统,它可以帮助设计师记录他们的设计结果。CAD系统提供的几何建模功能使得用户可以完成设计并存储结果,它与系统交互的信息几乎都是具有关系并被注释的点、线、面和体的几何集合。这些数据提供了足够的信息,使制造工程师能够构建一个可实现的系统,进而得到设计产品。在这种操作模式下,虽然别人知道设计师存储的信息是"什么",但只有他们自己知道这些信息是"如何"产生以及"为什么"是这样。因为在转换到系统之前必须了解所设计产品的样子,从某种意义上说,CAD系统是一个"后验"系统。为了与KBE区分开,可以说CAD是基于几何或基于绘图/草图的工程。

而KBE系统支撑的工程则与CAD不同。设计师试图传达的内容是"如何"和"为什么"而不是"什么",因为在KBE系统中还寄存着他们想法背后的知识和基本原理,而不仅仅是CAD系统中的几何图形。要做到这样,就不仅仅是几何图形操作这么简单,还需要包含程序设计及软件开发的过程。在很多情况下,工程中的"如何"和"为什么"都依附于工作手册、数据库、提示表及其他许多参考资料。这些知识很大一部分通常以深度编译的形式存储在设计师的头脑中,而且并不一定适合直接应用到KBE系统中。构建KBE应用程序的难点在于明确并充分利用这些知识,进而将其编入可以生成各种产品信息,包括几何模型、图纸和非几何相关数据的应用程序中。此间产生的应用程序通常称为生成模型,因为它能够自动生成设计而不是简单地记录设计。

图9.1取自La Rocca的论文(2012),它依据将MDO应用于飞机多模型生成器(Multimodel-Generator,MMG)的开发案例,介绍了生成模型辅助飞机设计的过程(La Rocca、Krakers和van Tooren,2002;van Tooren,2003),即在很少或完全没有人为干预的情况下,向生成模型提供一组输入值,利用嵌入的知识来处理该输入就可以生成所需的一组输出数据(几何和/或非几何)。9.9节提供了使用KBE开发此类MMG的具体方法。设计人员可以通过用户界面(User Interface,UI)交互式的处理生成模型,也可以利用脚本命令启动批处理模式从而完全自主地处理生成模型。向生成模型发送批处理请求可由设计师或适当的软件工具来完成,当在优化框架内运行指定的KBE应用程序时,后一种情况就是典型的(也是必需的)由KBE支撑的MDO设计过程,如9.5节所述。

因此,KBE系统是"先验"系统,任意一项设计均可根据系统中的知识完成。关于产品结构和内容的知识表示为显式的类/对象;关于几何生成和其他工程过程的知识表示为规则、算法和流程的集合,9.7节提供了通过KBE编程语言将这些知识、规则和过程进行形式化的详细信息。

知识由一组特定的数据和信息$[p \ x]$激活,它代表生成模型的输入(例如图9.1中飞机MMG的四个输入文件)。这表明可以通过改变输入数据和信息来构建由p

或 p 的函数所决定的不同设计,以及由 x 或 x 的函数所指定的这些设计的不同变化。由几何和其他工程数据表示的设计现在只是一个结果(例如图 9.1 中的异构输出文件集),而不是开始。这意味着几何信息的类型和内容以及生成模型的其他输出可以取决于输出端的用户,而这正是 KBE 方法在支撑 MDO 时的重要特性。在多学科环境下这种特性尤其有用,如第 2 章所述,CAD 环境中的几何定义通常不同于 FE 环境或 CFD 环境中的几何定义。这些差异与学科有关:空气动力学家对飞机的外形感兴趣,而结构专家对机身的载荷路径更感兴趣,因此很有必要对同一架飞机进行不同的表述。此外,不同的学科往往还采用不同的几何数学描述。虽然 CAD 主要使用 NURBS 作为基本几何单元(Piegl 和 Tiller,1997),但 FE 却使用的是多项式形函数。尽管将这两个领域进行统一的等几何(isogeometry)表示已成为一个研究热点(Cottrell、Hughes 和 Basilevs,2009),但工业实践中仍将不得不在未来一段时间内继续处理这些差异。我们将在 9.4、9.5 和 9.9.2 节中对这些差异进行更广泛的描述。

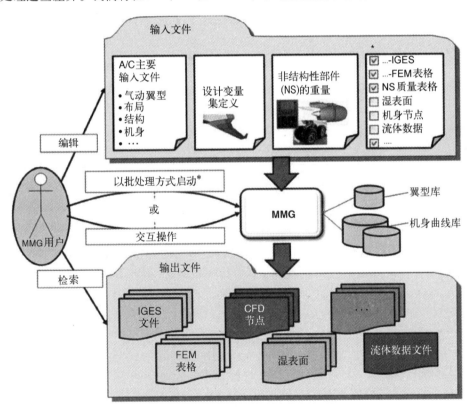

图 9.1　飞机生成模型(MMG)的操作方法及其输入/输出架构。生成模型可以通过交互式和批处理的方式进行操作。在批处理的情况下,用户必须提供输出文件列表作为输入(参见输入文件夹中的第四个文件)(见彩图)

利用 KBE 系统构建的应用程序还可用于生成工作(工程)流程,这些工作流程随后由作为商业 MDO 工作流程管理系统一部分的工作流程管理器执行,例如 Optimus(www.noesissolutions.com)或 ModelCenter(www.phoenix-int.com)。虽然这是一种输出类型的示例,并非几何模型,但仍然是 KBE 生成模型的结果。生成工作流程代表了 KBE 技术另外一种相对较新的应用方式(Chan,2013;van Dijk,2012),虽然该方式的先进性目前尚未被认可,但它仍然吸引了 MDO 从业者和 MDO 工作流管理系统商业伙伴的兴趣。生成工作流程的过程中,KBE 生成模型可以根据工作流程管理系统的请求实现产品升级,并通过 KBE 应用程序中存储的知识选择适当的优化方法和调整方法设置优化工作流程本身。这种情况下,KBE 应用程序将不再是内嵌在 MDO 框架中的一种工程服务,因为优化服务会以附加力法的形式存在于 KBE 应用程序中,同时还可以根据现有的优化问题进行选择和设置。需要注意的是,这种利用 KBE 的方式和链接到 MDO 工作流管理过程中的传统 CAD 系统并不相同。

9.4　KBE 什么时候用

什么时候使用 KBE 会比较方便?显然,只有在需要快速生成给定产品的不同配置和变型时,才会比较方便。这在许多实际工程案例中,并不是必需的,所以将精力放在知识显式化和编写 KBE 应用程序上可能是一种糟糕的投资。一次性设计和不需要优化或不需要探索设计空间从而生成设计变型的设计通常也不在 KBE 的应用范围之内。但在很多情况下,开发 KBE 应用程序是值得的,例如当需要设计大量几乎相同部件的时候。飞机结构中的长桁、肋板、框架、支架、夹子和防滑钉等就是这种"所有都不同,但所有都相似"部件的示例。在传统的 CAD 环境中,"手工"为它们建模需要花费大量的时间和精力①,而开发 KBE 生成模型自动地进行处理早已被证实非常成功(Mohaghegh,2004;Rondeau 和 Soumilas,1999;Rondeau 等,1996)。在进行概念设计时,尤其是拓扑变化频繁和产品配置需要不断更新的情况下,使用 KBE 自动重复设计活动的优势是显而易见的。在产品拓扑被冻结后的详细设计中,这种方法也很有优势,因为在最后一刻进行小的更改需要大量的手工返工。在这种情况下,使用 KBE 可以在设计过程后期赋予设计师进行更改的自由。

---

①　高端 CAD 系统为设计人员提供了创建某些功能的智能副本的可能性,这些功能可以重复使用并自动适应边界条件的某些变化。例如,翼肋的智能副本可以在同一 CAD 模型中重复使用多次,因为它能够使其法兰的几何形状适应机翼表面的局部形状。然而,这些智能副本的适应性相当有限,并且不允许任何拓扑变化,例如,桁架肋无法成为板型肋。

通过 MDO 应用程序,我们可以生成一个产品设计系列中的不同变型,并对比先前的已有设计来评估其性能,进而探索设计空间。在这种情况下,KBE 在以下几个方面非常有用:

(1) 它允许生成鲁棒参数产品模型,允许拓扑变化和自由地进行自适应修改,这在那些使用传统 CAD 系统构建的产品中通常是不可能的。在考虑巨大的离散差异时,这是很重要的,例如当游艇设计师希望考虑单个和多个船体结构时发生的差异。这些差异必须分别独立优化,然后直接比较以竞争最佳设计。

(2) 它通过自动生成必要的学科抽象模型,以支撑 MDO 框架中集成的异构分析工具集(低保真和高保真,内部开发和现有的)。

(3) 它减轻了优化器管理空间集成约束的负担,而空间集成约束可以通过合理定义的生成模型从本质上得到保证。这很重要,因为用户不需要定义设计变量或约束以避免两个组件相互交叉或保证在优化过程中两个需要保持一定相对位置的物体相互分离。

KBE 生成模型是开发 MDO 系统的关键,因其使得 MDO 系统不需要为了分析的保真度而牺牲多学科性,并且能够处理代表实际工业案例的复杂问题。为了阐明这一说法,在 9.5 节中,我们将讨论当前 MDO 系统的不同示例,并将它们与基于 KBE 的高级实现进行比较。

9.5 KBE 在开发先进 MDO 系统中的作用

正如在 8.3 节中看到的,MDO 系统是一组连贯的单元模块(BB)。为便于讨论,将 BB 分为三个主要功能组件(见图 9.2)。

(1) 一个建模和分析组件,用于计算产品设计变型的多学科响应(y 向量)。该模块一般表示为 MDA,如图 9.2 所示,它可以是 8.3.3 节中提到的任何 AN 类型。

(2) 一个设计点生成器,用于轻松地对设计空间进行采样并定义产品变型(由参数 p 和设计变量 x 决定),这些变型将由上述建模和分析组件进行建模和分析。

(3) 一个优化器,用于根据建模和分析组件中的结果 y 在设计空间中找到最优点 x_{opt}。

在实践中,优化器在人脑的辅助下执行上述(2)和(3)的功能,因此在图 9.2 中以单个模块进行表示。

第 8 章讨论了 MDO 系统的不同实现,本章将为 MDO 系统的产品建模部分添加三个实现变型:

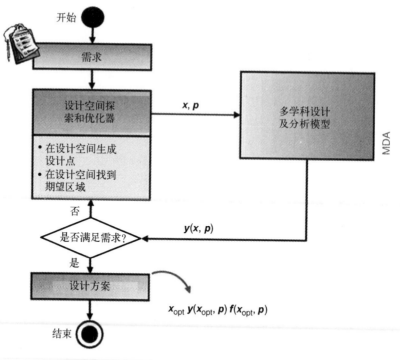

图 9.2　工程设计的通用 MDO 系统示意图(见彩图)

（1）一种无几何实现，通常用于早期概念设计；

（2）一种网格扰动实现，它利用了产品具体但学科特定的几何表示，特别适用于后期概念设计和详细设计；

（3）一种模型在环实现，它提供了使用从单一来源中提取的专用产品抽象（几何和/或元数据）来提供多学科分析的可能性，而优化器在每个循环中系统地更新该来源。

首先讨论 KBE 支持的 MDO 无几何实现，这在传统产品的早期概念设计中最常用。作为一个示例，考虑图 9.3 所示飞机概念设计的无几何 MDO 系统结构。如果读者不是航空工程师，其他类似的复杂工程设计问题，如汽车、船舶、桥梁设计等，也可以将这种航空描述映射到自己的设计学科。在这个 MDO 系统实现中，需要设计的产品由一组参数 p、设计变量 x 和行为变量 y 来描述，包括可表示为多组（耦合）方程组约束的多目标函数。对于典型的飞机设计来说，p 和 x 包括参数/变量，例如重量比、性能系数（例如机翼升力系数）、结构载荷值和几何相关量，如升力面、弦长和翼展、掠角等，优化器可以通过调整这些参数值，从而最小化给定的目标函数。在无几何设计过程中，这些与几何相关的值可以说都是使用简单的方程式导出和定义的，而不是从类似 CAD 的实际模型中计算或导出的（因此以无几何命名)。在优化过程的最后,优化设计向量可以用来生成简单的绘图(如使用某种 CAD 系统)进行可视化检查。因此,在无几何 MDO 系统中,几何模型只是在优化过程结束时生成的可选副产品。在这种类型的 MDO 系统实现中,KBE 可用于支持绘图及其他几何模型的自动生成,或用于实现各种尺寸规则。但是,在这两种情况下,它都不会在 MDO 过程中扮演任何关键角色,也不会对现有的 CAD 系统和编程语言带来任何好处。这种类型的设计优化方法只有在设计人员拥有半经验或统计模型时才可能,这些模型通常是基于与所考虑的产品配置相似且已经过验证的产品来进行配置。然而,对参考和统计数据的需求限制了这些模型对新型或者完全不同配置产品的适用性。在这种情况下,有必要回到"第一原则"分析,并使用需要对给定产品配置进行合适几何表示的高保真工具(用以计算 y)。

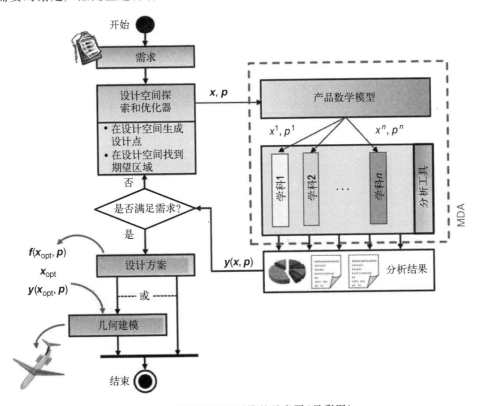

图 9.3 无几何 MDO 系统的示意图(见彩图)

网格扰动的实现(再次参见图 9.4 中的航空航天示例)使用了为生成计算网格所需的基准产品配置的详细几何模型。在优化过程中,对(部分)网格进行扰动,考察形状修改对目标函数和约束的影响。当使用特殊的网格参数化技术时,优化器会干扰单个网格点或多个网格点。MDO 系统的应用证明了它在概念设计过程的后期阶段(飞机设计中的初步设计,见第 2 章),即需要"砂纸工作"来改善成熟产品配置时的重要性(Samareh,2004;Zang 和 Samareh,2001)。由于需要生成新的网格,所以在优化期间不可能出现产品的拓扑变化,即通常只允许小的扰动,以防止网格质量的恶化或生成不希望出现的不连续导致计算循环失败。该系统的另一个主要局限是,一个网格的生成(包括在优化过程中进行修改)通常需要根据系统中主要分析代码的需求进行定制,这就使得其他分析工具可能必须处理不适应其特定需求的产品表述。在这种类型的实现中,KBE 可用于控制网格的生成和处理。但是,在这个功能中,KBE 是否能够提供大多数分析工具和现有网格生成器在预处理能力方面的优势则有待商榷。在这类系统中,一个更有趣的开发 KBE 潜能的机会,是在基于最终网格形状(重新)生成 CAD 模型的过程。然而,与之前的 MDO 系统实现类似,KBE 将位于实际的 MDO 流程之外。

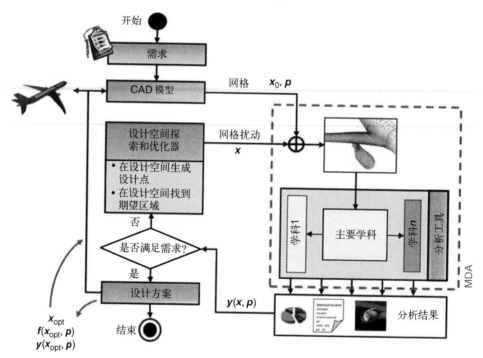

图 9.4　基于网格扰动的 MDO 系统示意图(见彩图)

第三组 MDO 系统实现是将生成模型引入循环中,克服了本节前面所述两种方法的局限性。这种方法的一个优点是,可以使用那些高保真分析工具通常需要用到的实际几何表示来进行学科分析,这使得其可以更好地适应现代产品无法仅仅从几个总体参数中捕捉到的几何复杂性。这些几何表示,以及其他(不一定是几何的)产品抽象描述,都是根据多学科系统分析器(BB SA)中每个工具的特定需求生成的,并在每个优化循环中系统地更新。这样的 MDO 系统有潜力在不损害保真度水平的情况下,解决真正的多学科设计问题,同时还可以支持设计过程中考虑大的形状和拓扑变化的早期阶段。当然,这些 MDO 系统也可以支持更成熟的需要专门详细的几何模型进行高保真分析的设计阶段。这种能力允许其早期使用高保真分析工具来处理半经验和基于统计方法不可靠或不可用的新配置设计。然而,这种方法给产品建模系统带来了负担,而产品建模系统是 MDO 框架中的关键部分。这个"产品抽象生成器"的需求不限于简单的几何操作,而是需要一个完整的参数化建模方法、记录和重用产品及流程知识的获取机制,包括几何和非几何特性——KBE 提供了所有这一切!

图 9.5 显示了一种先进的生成模型在环 MDO 系统抽象表示的示例,称为工程设计引擎(DEE)(La Rocca 等,2002;van Tooren,2003)。尽管该方法专门为飞机设计而开发,但同样可以用于支撑其他类似的工程产品设计。在图 9.5 中,9.3 节(图 9.1)中讨论的 MMG 扮演了 KBE 生成模型的角色,其任务是将产品的详细信息以通用形式呈现并转换为分析数据文件。9.9 节提供了构建 MMG 的方法。

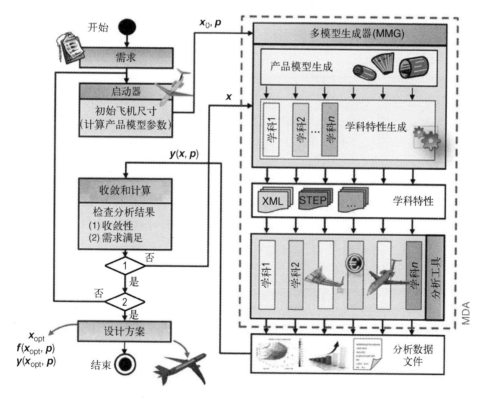

图 9.5　DEE 流程图:先进的生成模型在环飞机 MDO 系统(见彩图)

该图还显示 DEE 包含一个名为启动器(initiator)的系统,该系统为生成模型所需的设计参数 p、设计变量 x 和状态变量 y(可选)提供(与前面讨论的无几何 MDO 系统类似)一组初始值。通过将启动器和 MMG 耦合到优化器来引导 MDO 过程,可以使优化器从可行的解决方案开始探索设计空间。在这一点上,读者可以回顾第 2 章中的一些内容,其中讨论了本章主题的一些基础知识,并且无疑希望读者在阅读第 8 章后可以回顾本章内容。

有必要思考一下为什么设计师需要 KBE 系统来支撑开发这类 MDO 框架。为什么不使用参数化的 CAD 系统来开发生成模型? 这是因为 CAD 系统是记录设计的工具,或者更确切地说,是记录几何设计的工具。它并没有记录流程、规则、算法和实践的能力,也就没有全面考虑几何和非几何因素及元数据和性能指标等与几何特征没有直接关系的数据从而生成设计实例的能力。此外,CAD 系统是面向交互操作的,它利用脚本①高效地进行自动化处理的能力有限。虽然大多数高级的 CAD 系统都有自动检测矛盾或冲突的能力,如部件之间的重叠,但这些功能的目的是让设计人员意识到这些问题,然后找到合适的解决策略,进而手动实施解决这些矛盾或冲突。在 MDO 框架中,则是试图最小化用户交互操作的需求,代之由 KBE 系统应用适当的知识来自动地完成这些工作。然而,正如其他章节所述,这并不意味着用户就可以放之任之,当解决问题的算法遇到明显的困难时,往往需要用户直接处理;当然,程式化的 KBE 系统可以协助用户完成这项任务。当 MDO 系统需要自动地预防及管理空间集成问题时,KBE 为其在不破坏模型或不允许算法进入不可行域的前提下搜索设计空间所采用的优化器规则做出了重要贡献。通过使用高级编程语言及类似 CAD 的几何建模和操作功能,KBE 允许用户捕获和重用产品及流程(包括检查、解决方法和任何类型的过程及算法等)知识。可以说 KBE 代表了目前设计领域中可用的最灵活、最全面的 MDO 支撑解决方案。我们并不是说通过编程的方法建模和绘制几何图形比传统 CAD 系统交互的方法更方便(参见 9.15 节)。即使 CAD 系统并没有达到支撑 MDO 系统设计复杂产品时要求的自动化设计等级,它仍然是绘图、绘制草图以及细节设计的首选工具。

在介绍了 KBE 的主要特性及它们与 DEE 部分内容即 MDO 系统实现的关系后,现在转而深入介绍 KBE 系统如何工作。在此过程中,我们将概述编程语言的类型和一些基本的技术信息。需要强调的是,本章提供的内容并无意完全深入地揭示 KBE 方法和语言,而是试图提供足够多的信息使读者基本理解,间或深入地

---

① 高端 CAD 系统最近正在发展类似 KBE 系统的部分功能,如提供额外的软件包来允许脚本(即提供了以文本文件的形式来记录和执行序列命令的可能性)和/或更通用的编程方式。尽管脚本化的 CAD 应用在计算效率上与真正的 KBE 应用尚不具备可比性,且前者仅重点关注几何层面,但高端 CAD 系统和 KBE 世界之间的交叉重叠正在不断增强(更多内容见 9.15 节和 9.16 节)。

了解更高层次的部分技术细节。对于已经使用过依赖 CAD 进行几何生成和操作的 MDO 系统的读者,建议阅读 9.8 节和 9.15 节,其中讨论了 KBE 与传统 CAD 的相似性及其附加特性;对于考虑开发自有 KBE 系统的高级开发人员和程序员,9.12 节、9.13 节和 9.14.1 节将非常有趣;对于新一代没有或者没有完全意识到 KBE 存在及其潜力的 MDO 工程师,本章的其余部分都将很有帮助。

9.6　KBE 系统和 KBE 语言的原则及特征

开发 KBE 应用程序的主要工作是使用 KBE 编程语言编写代码。最先进的 KBE 系统通常为用户提供一种高级的、面向设计的语言,其主要特征将在 9.7 节、9.8 节和 9.10 至 9.13 节中详细讨论。我们首先概述 KBE 开发人员的典型"工作环境"。图 9.6 显示了一种具有代表性的商用 KBE 系统的屏幕截图,在本例中使用的是来自 Genworks 公司(www.genworks.com)的通用声明语言(General-Purpose Declarative Language,GDL)。KBE 开发人员通常在图中所示的两个终端上操作:一个是自定义的文本编辑器,用于编写、调试和编译代码;另一种是图形界面,用于测试、查询和浏览 KBE 应用程序生成的结果(产品几何形状、产品树结构、所有变量和参数值等)。

图 9.6　Genworks 公司的 KBE 系统 GDL 界面图

213

除了这个开发和测试用的图形用户界面(Graphical User Interface,GUI),还可以作为 KBE 应用程序的一部分生成更高级且完全自定义的用户界面(User Interfaces,UI)。自定义 UI 有助于在其工作环境中部署和维护最终的 KBE 应用程序。一旦在 MDO 系统中完成实现,KBE 应用程序通常作为优化器和分析工具在后台进行服务。使用第一个终端,开发人员可以与包括一个带有编辑器、编译器和调试器的编程语言的 KBE 开发平台进行交互。KBE 编程语言包含驱动几何内核(CAD 引擎)所必需的所有命令,这个几何内核可以和 KBE 系统集成在一起,也可以和其紧密相连。

目前最流行的 KBE 语言均是面向对象(Object Oriented,OO)的,其中之一的 Lisp 编程语言最初是一种为使用链表的计算机程序员而创造的实用数学符号。Lisp 程序是一些表达式树的集合,每个表达式都返回一个值,这与 Fortran 截然相反,后者明确区分表达式和语句。该语言最早于 1958 年由 McCarthy 发明,它得到了人工智能领域的青睐,并一直使用和发展至今,而且从 1984 年推出的一个流行版本[①] Common Lisp 开始,已经出现了许多变型和更新。Graham(1995)的著作很详细地介绍了 Lisp 编程语言,对于那些不是非常熟悉面向对象建模概念的读者,推荐参考以下文献:Rumbaugh 等(1991)、Shmuller(2004)和 Sully(1993)。

用户可以从市场上轻松获得多种商用或开源的 KBE 系统,它们通常都提供一种通用编程语言或从通用编程语言演变扩展而来的专用编程语言。现在介绍几个比较流行的 KBE 系统:

• Genworks 的 GDL 是基于 Common Lisp 的 ANSI 标准版本,它利用了 Common Lisp 对象系统(Common Lisp Object System,CLOS)。目前有一个称为 GenDL 的 GDL 开源版本,本章后续提供的大多数 KBE 代码示例都是使用 GDL 或 GenDL 编写的。

• TechnoSoft 的自适应建模语言 AML(Adaptive Modeling Language),这种编程语言最初是用 Common Lisp 编写,随后用类似于 Lisp 的语言专门编写而成。如今,它可能是市场上最先进、最成熟的 KBE 系统。

• Heide 公司开发的 KBE 专用语言 Intent!,现集成在 Siemens NX 公司的 KBE 软件包 Knowledge Fusion(KF)中,也同样属于 Lisp 风格的语言系列。

• ICAD 的设计语言 IDL,它基于一个早期带有 Flavors 对象系统的 ANSI Common Lisp 版本,其中的 Flavors 对象系统是 MIT 人工智能实验室早期为 Lisp 开发的面向对象扩展。尽管 ICAD 系统已不再使用,但包括波音和空客在内的多家

---

① 据观察,Lisp 与现代广受欢迎的 Python 语言非常相似,这从逻辑上可以说明 Python 在很大程度上受到了 Lisp 的启发,"使用 Lisp 程序,适当的缩进,然后删除每一行开头的开括号及其对应的闭括号,最终得到一个类似 Python 的程序"(Norvig,2014)。

企业仍在运行 10 多年前开发的 ICAD 应用程序。

宏扩展系统是 Lisp 区别于其他通用编程语言的一个显著特性。它允许程序员（在本例中是 KBE 语言的开发人员，而不是 KBE 应用程序的开发人员）在 Lisp 中创建新的语法或称为超集的"小语言（little languages）"。换言之，Lisp 提供了编程其他编程语言的可能性，之前介绍的 GDL 和 IDL 两种 KBE 语言就是 Lisp 超集的示例。使用超集的优点是可以使用新的特殊操作符，向用户提供比底层通用语言更高级、更友好且更有领域针对性的语言结构。在 9.7 节中，我们将详细讨论 GDL 的操作符 define-object，并阐述了它对于设计工程师用结构化和直观的方式开发复杂产品生成模型的重要性。这些操作符使得 KBE 开发人员在不需要接触与经典代码开发相关的复杂内容及密集型软件开发活动的情况下，就可以开发底层 Lisp 语言，尤其是其面向对象的范式。

然而，KBE 语言带来的不仅仅是面向设计人员的词汇表，它还通过两个原始元素扩展了从 Lisp 继承过来的面向对象建模风格，即运行缓存（runtime caching）和依赖跟踪（dependency tracking）机制及需求驱动评估（demand-driven evaluation）方法，这使得其可以开发支持快速测试及原型化的高效工程应用程序。9.12 节和 9.13 节详细介绍了 KBE 语言的这些特性，并提供了示例和相关的技术细节。

9.14 节讨论了 KBE 语言控制几何内核及其与几何内核通信的能力，并通过示例深入介绍了其底层工作系统。

9.7　定义类和对象层次结构的 KBE 操作符

如今的 KBE 系统都提供了一个用于定义类和对象层次结构的基本操作符。掌握这种属于定义范畴的操作符的使用方法，是开发所有 KBE 应用程序的基础。

我们现在讨论 GDL 代表性的操作符 define-object。读者可以参考附录 A，以逐步了解 GenDL（GDL 的开源版本）以及使用此操作符的类的定义。虽然使用了不同的名称和语法，但 ICAD、AML 和 KF 提供了相同定义的相似版本[①]。表 9.1 强调给出了与 GDL 操作符 define-object 相似的结构，即 ICAD 的 defpart 结构、KF 的 DefClass 结构和 AML 的 define-class 结构。

[①]　这三个 KBE 工具的相似性并非偶然。与 ICAD 一样，基于 Common Lisp 的 GDL 是应用实践最短的，它可以使用预处理器来处理大部分 ICAD 代码。Intent! 是基于 UGS Knowledge Fusion 的 KBE 语言，由 Heide 公司授权给 Unigraphics（现为 Siemens NX）。Heide 则是 ICAD 系统的主要开发人员之一。更详细的 KBE 谱系见第 9.16 节。

表 9.1　GDL、IDL、Knowledge Fusion 和 AML 的类定义操作符等效表

GDL	IDL	Knowledge Fusion	AML
define-object 类名（继承类的列表）	defpart 类名（继承类的列表）	DefClass 类名（继承类的列表）	Define-class 类名（继承类的列表）
: input-slots : input-slots:settable （或:defaulting）	: inputs : optional-inputs	所有数据类型（data type①）后跟行为标志（behavioral flag②）parameter（附带可选默认值）	: properties
: computed-slots	: attributes	若干数据类型规范及可选行为标志（例如 Lookup、Uncached 和 Parameter）	
: computed-slot:settable	: modifiable-attributes	数据类型后跟行为标志 Modifiable	
: trickle-down-slots	: descendant-attributes	所有属性均默认可继承	
: objects : hidden-objects^c	: parts : pseudo-parts^c	child（单个子对象） 子对象名一般以"%"开头③	: subobjects
: type"类名" : sequence	: type 类名 : quantify	Class；类名 序列子对象的列表数量	类"类名" : quantity

① KF 与 IDL 和 GDL 不同，它不支持动态类型（参见 9.10 节）。因此，必须始终指定属性的类型，如数字（number）、字符串（string）和布尔（Boolean）等。在 IDL 和 GDL 中，就像在 Lisp 中一样，值属于一个不是先验固定而是运行中自动识别的类型。
② 行为标志符可用于指定属性的行为。标记 Parameter 可用于创建关键字的对应关系：input 和：input-slot。
③ 这些对象在对象树中不可见。当%用作属性名称的第一个字符时，将不会从对象定义外部看到此属性

操作符 define-object 是在 KBE 应用程序中实施面向对象编程的基本方法。它允许定义类、超类、对象以及继承、聚合和关联的关系。Rumbaugh 等（1991）和 Shmuller（2004）的专著中均有针对面向对象编程的基本介绍。所有 KBE 应用程序都由类似 define-object 的声明组成，这些声明根据复杂产品建模时的需要进行适当地交互连接，正是这个操作符 define-object 的网络构成了生成模型（或产品模型）。define-object 的基本语法如下（附录 A 中的示例）：

（define-object name（mixins）specifications），其中：

● name 是正在创建的用户自定义类名。

● mixins 是其他类（通过名字识别）的列表（可以是空的），这些类的特性由正在定义的类继承。mixins 可以是正式的超类，其中定义的类是真正的专业化类，也可以是其他继承方法和/或组件对象的类。

specifications 包括以下项目：

● input-slots（输入槽）：为了生成类的特定实例化而分配的属性——值对列表（list of property—values pairs）。这些属性代表类协议，即为了创建实例而"传入"的最小的值列表，此列表可以为空或具有指定的默认值。

● computed-slots(计算槽):以表达式表示且一旦计算后即返回其值的属性——值对列表。这些表达式可以是生产规则、数学公式和工程关系等(见 9.8 节中介绍的示例),也可以是其他槽的返回值,上述槽要么由同一对象定义(即输入槽和计算槽),要么由任何子对象或任何 mixins 及相关对象定义。当需要其他对象的槽时,必须指定它们的引用链(定义见下文)。

● objects(对象):子对象列表,也就是将成为类实例化一部分的组件对象。对于每个子对象来说,必须指定以下内容:

a. 子对象名称(name)。

b. 子对象的类型(type),即为了创建此对象而实例化的类名称。

c. 成对的属性名称和值,其中属性名称必须与关键字类型(type)指定的类的输入槽相匹配(即它们必须与子类的协议充分匹配),值就是当子对象需要实例化时的表达式计算值。与计算槽类似,这些表达式可以引用给定 define-object 表达式及其 mixins 定义的任一槽,也可以参考通过引用链指定的任何子对象或其他继承对象的槽。

d. functions:每个由名称(name)、参数列表(list of arguments)和主体(body)定义的函数列表。这些与标准 Lisp 函数不同,因为它们在指定的 define-object 中运行,并与计算槽类似,它们的主体既可以引用由给定 define-object 所定义对象的槽,也可以引用由其他 define-object 语句所定义对象的槽。

引用链是从根到叶顺序访问对象(或产品)树以获得给定槽值的对象列表。引用链可以认为是给定槽的"地址"。考虑图 9.7 所示的产品树,它由翼身融合体(Blended Wing Body,BWB)飞机产品模型(La Rocca,2012)实例化而来。根对象 Bwb 需要使用以下引用链:(the Fuselage (Fuselage-Structure 0) (Rib 2) weight)从而获得对象 Rib 2 的计算槽 weight 的值,该值是对象 Fuselage-Structure 0 的一部分,并依次是对象 Fuselage 和对象 Bwb 的一部分。注意,不同对象的槽不会直接显示在产品树中,但可以通过给定 KBE 系统 UI 的专用检查器窗口进行访问(请参见图 9.6)。通过引用链,树中的任何对象都可以获得树中其他任何对象的任何槽值,并使用它计算其计算槽的值。例如,产品树的根对象 Bwb 可以包含一个假想的计算槽,称之为 total-weight,并定义其为对象树中所有结构组件对象 weight 槽值的和。

产品树可以包含的分支数量没有限制,KBE 应用程序的开发人员可以定义尽可能多的类(使用操作符 define-object),以便在需要的细节层次对给定产品进行建模。如图 9.7 的 UI 屏幕截图示例所示,树的某些分支已被评估到叶(例如 Fuselage-Structure 0 和 Connection-Structure 的分支),而其他分支则是部分评估,例如 Fuselage-Structure 1 的子对象显然是因为尚未评估而并未显示。这是 KBE 一个称为需求驱动计算的相关特性,该特性将在 9.13 节中详细介绍。正因为有了这个特性,KBE 系统才可以在高效利用计算机内存的同时管理非常大的产品树。如果仅需要 Fuselage-Structure 0 的 Rib 2 的重量值,无论是直接由用户还是由树中某个其他对象间接的要求,只需要计算包含该对象的产品树分支即可。此外,此过程只会评估计算槽 weight 的值,而不计算其他任何槽(除非需要计算 weight 槽的值)。

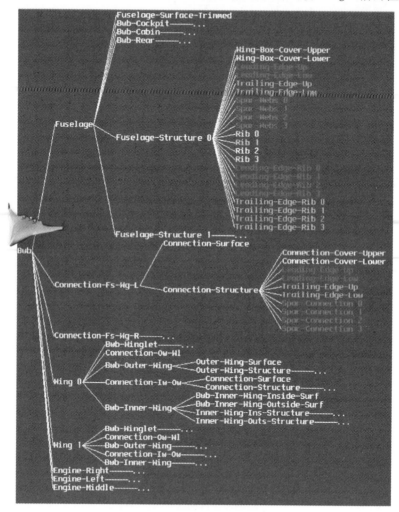

图 9.7　产品树示例(见彩图)

9.7.1　产品模型的四种 KBE 语言定义方式

为了让读者更真实地理解上面讨论的操作符 define-object 的用法,并进一步区别不同 KBE 语言之间的相似性和差异,下面给出了一个简单的代码示例。我们所用示例是一个由四条直腿支撑的长方形板组成的桌子(见图 9.8),其模型使用表 9.1 中列出的四种 KBE 语言进行定义。

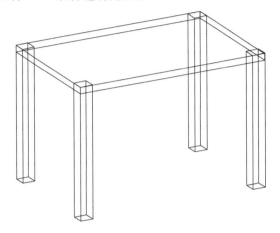

图 9.8　桌子模型

　　桌子示例的 IDL 代码如列表 9.1 所示。IDL 有一个允许对象在空间中进行彼此相对定位的定位语法。在本例中,table-top 的顶部表面与 table 边框的顶部对齐,边框是包含给定几何对象的最小尺寸的平行六面体。IDL 还提供了多种可以应用于序列对象几何定向的模式,如在本例中,所有桌子直腿可通过维度为 2×2 的(2D)矩阵模式进行定位。最后,请注意在产品树中传递不同消息时可能存在一定程度的隐含性,如 table-top 使用父对象 table 的长度和宽度定义其大小(就像它是一个 box 实例),而桌子直腿的矩阵模式(:quantify 语句)使用 table 的边框来控制其各个腿的位置(box 实例)。

列表 9.1　IDL 代码示例

```
(in-package:IDL-USER)
(defpart table(box)
 :optional - inputs
 (:length 30
  :height 20
 :attributes
 (:width(/(the:length)1.5))
 :parts
 ((table-top :type box
            :height 1
            :position(:top 0.0))
```

```
(legs :type box
     :quantify(:matrix:lateral 2:longitudinal 2)
     :length 2
     :width 2)))
```

　　GDL 的句法和语法与 IDL 类似,如列表 9.2 所示。与 IDL 相比,它定位桌子腿的方法更加冗长,因为其缺少一个:matrix 选项来定义类似矩阵的序列对象。这就需要对序列中的每个子组件进行显式转换为对应的程序集组件,以便通过将其边框的中心相对于主程序集对象的边框进行转换来定位每个子对象。

列表 9.2　GDL 代码示例

```
(in-package:gdl-user)
(define-object table(box)
 :input-slots
 ((length 30)
  (height 20))
 :computed-slots
 ((width(/(the length)1.5)))
 :objects
 ((table-top :type'box
             :height 1
             :center(translate(the center)
                               :up(*0.5(-(the height)
                               (the-child height)))))
 (legs :type'box
     :sequence(:size 4)
     :length 2
     :width 2
     :center
   (translate(the center)
     (if(member(the-child: index)'(0 2)):right:left)
     (*0.5(-(the width)(the-child width)))
     (if(member(the-child: index)'(0 1)):rear:front)
     (*0.5(-(the length)(the-child length)))))))))
```

　　AML 编码方法(列表 9.3)在序列元素定位方面与 GDL 类似。对象序列是通过实例化图元类 series-object 来定义的。需要注意的是,其使用单或双"^"符号来区分具有相同名称却分别在主程序集层次和组件层次定义的属性。

列表 9.3　AML 代码示例

```
(in-package:AML)
(define-class table-class
 :inherit-from(box-object)
 :properties
 length 30
 height 20
 width(/^length1.5)
 :subobjects(
 table-top :class'box-object
          height 1
          orientation(list(translate
                          (list 0 0
                          (*0.5(-^^height ^height)))))
 legs :class'leg-series-class
      length 2
      width 2))
 (define-class leg-series-class
 :inherit-from(series-object)
 :properties(
 length 2
 width 2
 quantity 4
 class-expression' box-object
 init-form'(
  length ^length
  width ^width
  orientation(list(translate
                  (list(member! index'(0 2))
                      (*0.5(- ^^width ^width))
                      (*0.5(- ^width ^^width)))
                  (list(member! index'(0 1))
                      (*0.5(- ^^length ^length))
                      (*0.5(- ^length ^^length))
                  )))))))
```

KF 方法(列表 9.4)与前两个示例中说明的建模方法相似。注意,标记 parameter 用于区分如表 9.1 所列的输入参数和计算参数。与 IDL 和 GDL 使用动态类型方法不同(请参阅 9.10 节),KF 必须声明给定槽的期望值类型。对于几何图元来说,KF 允许用户直接访问 Siemens NX 公司的 ParasolidCAD 内核,因为 KF 是 KBE 语言 Intent! 与 SiemensCAD 系统集成的结果。

列表 9.4 Knowledge Fusion 代码示例

```
#!UG/KBE 17.0
  (DefClass:Table(ug_block)
    (Number Parameter)length:30;
    (Number Parameter)height:20;
    (Number)width: length:/1.5;

    (Child)table_top:
    {
      class;ug_block;
    height;1;
    origin:center:+vector(0,0,0.5 * (height:-child: height))
  };
  (Child List)legs;
  {
    class;ug_block;
    length;2;
    width;2;
    origin: center:+
    vector (if(child: index:==0)|(child: index:==2)
            then 0.5 * (width:-child: width:)
            else 0.5 * (child: width:-width:),
            if(child: index:==0)|(child: index:==1)
            then 0.5 * (length:-child: length:)
            else 0.5 * (child: length:-length:),
            0);
  };
```

9.8　KBE 规则

在 KBE 中,用于定义属性(槽)、指定对象数量和类型以及与外部工具通信等的表达式称为通用术语规则(或工程规则)。因此,可以认为 KBE 是执行基于规则设计的技术。这是对 KBE 的正确描述,给出了其与传统基于规则的系统的根本区别,即 KBE 中所有规则都是如果-然后(IF-THEN)类型,且推理机制和知识库之间存在明确的分离(La Rocca,2011;Negnevitsky,2005)。

在大型异构的 KBE 规则集中,有一些与支撑第 8 章所述的 MDO 方法有特定的关联,也与本章所讨论的所有方法示例都有关联。这些规则可分为五类,将在下面的小节中分别介绍。虽然采用的例子是基于 GDL 语言编写的,但在大多数现有的 KBE 语言中都存在等同的表达式。

9.8.1　逻辑规则(或条件表述)

逻辑规则的基本语言结构是 IF-THEN 语句。GDL、AML 和 IDL 等之类的 KBE 语言提供了通常继承自 Common Lisp 的更复杂条件表达式,其允许 KBE 系统基于数值或偏好信息做出有条件的决策。这些决策可以用来在优化过程中处理不允许违反的约束。列表 9.5 给出了 ecase 和 cond 规则的两个例子及其相应的操作说明。

列表 9.5　逻辑规则示例

规则示例	解释

`:colour-consideration (ecase col-`
`            our`
`    (red: "my favourite")`
`    (green: "boring")`
`    (yellow: "flashy")`
`(otherwise: "what colour is this?"))`
	对槽 colour-consideration 进行计算,将槽 colour 的表达式与三个选项进行比较。如果表达式的计算结果为其中一个测试结果,如红、绿或黄,则规则的返回结果为,"my favourite"、"boring" 和 "flashy"。如果表达式结果并不是其中任意一个测试结果,则返回另一个表达式(如果有)或 nil。

`:size-consideration(cond`
`((>a 100) "very large")`
`((<a 1) "very small")`
`(t "just enough!"))`
	在表达式顺序计算的基础上,对槽 size-consideration 的值进行分配。如果所有的测试结果都为 nil,返回值为 nil。在这种情况下,最后一个测试结果一定为真,所以当前两个测试失败的时候,则为第三个分配字符串"just enough!"

9.8.2 数学规则

数学规则包括用于矩阵和向量代数的三角函数及运算符。基本的数学运算符,如加、减、乘和除是 Common Lisp 函数,其他很多则是 KBE 语言提供的函数和运算符。列表 9.6 给出了一个计算飞机升力的表达式示例,此 KBE 语言使用的符号是前缀表示法,也称为波兰表示法,其特征在于将运算符放在运算对象的左侧。这种语言虽然与其他的传统工程语言不同,但基础数学过程并无二致。示例显示,每个运算对象实际上是一个在括号中的表达式,同时还可以包含另外的表达式等。这些可能比给定示例中复杂得多的规则,通常用于评估计算槽和子对象的输入。本示例中的术语 rho、V、S 和 CL 是定义在给定 KBE 应用程序中某个类的槽名称,各种表达式中的操作符 the 表示需要计算来评估给定的槽值。在本示例中,rho、V、S、CL 和 L 一样为同一对象定义的槽,因此可写为简单的表达式(the S)、(the CL)等。如果 S 和 CL 为不同对象的定义槽,如对象为 wing,就无法简写为 the 的形式,用户需要明确指出完整的引用链(见 9.7 节),在该示例中为(the wing S)和(the wing CL))。

列表 9.6　数学规则示例

规则示例	解释

`(:L(* 0.5`
`    (the rho)`
`    (^2 (the V))`
`    (the S)`
`    (the CL)))`
	用下述数学表达式转换得到的前缀符号计算机翼升力:
	
	$$L = \frac{1}{2}\rho V^2 \cdot S \cdot C_L$$

任何复杂程度的数学规则都可以用于前一小节所述逻辑规则的前因和后果。

9.8.3 几何操作规则

KBE 语言中存在一组允许生成和操作(处理)几何实体的规则,如列表 9.7 所示,其是用于生成一系列从基本图元(点、曲线、圆柱等)到复杂曲面和立体等几何实体的语言结构。这类规则的存在使得 KBE 语言能够适用于 MDO 应用程序中使用的产品模型在环方法。所有实例化的几何实体都是提供长度、面积、体积和质心等属性计算方法的对象。任何几何实体的所有单元(例如立体的顶点和表面及曲面的边界曲线等)都包括计算或提取其参数或笛卡儿坐标的方法,如曲率半径、控制点、法向量等。除了立体之间的布尔操作之外,操作规则还允许用户对任何已定义的几何实体执行如投影、相交、挤压、剪裁、合并等处理。

列表 9.7 几何操作规则示例

规则示例	解释

`(define-object container(box)`
`  :computed-slots`
`  (length 10`
`  Width 20`
`  height(+(the length)`
`      (the width))))`
	定义一个名为 container 的类,它的类型为 box,是一个 GDL 的几何图元。槽 height 是通过一个数学规则(实际上是一个简单的参数化规则)来定义,它包含其他两个槽。

`(define - object wing (lofted - sur-`
`face)`
`:computed-slots`
`(curves(list`
`      (the root-airfoil)`
`      (the mid-airfoil)`
`      (the tip-airfoil))))`
	定义一个名为 wing 的类,其类型为 lofted-surface,是一个 GDL 的几何图元。这个类的实例将会依据列表 curves 中的曲线插值产生一个光滑平面。

`:objects(`
`(my-curve: type' surface-intersec-`
`tion-curve`
`  :surface-1(the first-surf)`
`  :surface-2(the second-surf)))`
	定义一个名为 my-curve 的子对象,它的类型为 surface - intersection - curve,是一个 GDL 的几何图元。这个对象将会在先前定义的两个名为 first-surf 和 second-surf 的平面之间生成相交曲线。

```
:computed-slots
(distance-object(the wing-surface
(:minimum-distance-to-curve
(the reference-curve)))))
```

槽 distance-object 用名为 minimum-distance-to-curve 的 GDL 函数计算，该函数返回先前定义的两个对象 wing-surface 和 reference-curve 之间的最小距离。

经典的参数规则(parametric rules)属于这么一类，其通过表达式将一个模型单元的尺寸、位置和方向定义为另一个模型单元尺寸、位置和方向的函数。

读者可以参考附录 A 了解这些几何操纵规则的其他示例，包括它们如何用于构建简单的机翼表面。

几何操作规则对于 9.5 节中讨论的产品模型在环实现来说至关重要。这些规则允许定义完全关联的几何模型，对模型中单个元素做出的更改将自动传递到模型的其他部分。例如，我们可以将机翼的肋板定义为一个通过相交曲线线性插值获得的平板，这些相交曲线实质就是已定义肋板的上下表面相交而产生的。通过这种方式，当优化器增加机翼的厚度时，所有肋板都会自动适应并跟随新的机翼表面。图 9.9 是一个翼身融合体(BWB)飞机的示例，其中外部机翼的上反角及翼型中心截面的厚度做了夸大处理。由于几何模型的关联定义，内部结构元素会自动适应新的飞机形状，而不会产生任何如间隙和重合之类的空间集成问题。在图 9.9 的右下小图中，可以观察到发动机的位置也会自动适应，这是因为在该示例中，发动机位置同样以某种方式进行了限定，以保证其表面与飞机机身之间的最小距离。

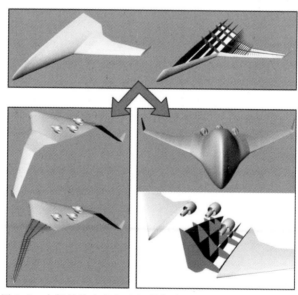

图 9.9　内部结构定义与飞机外部表面相关联并适应其修改

在 KBE 系统中,任何类型的几何模型都可以如 9.14 节详细介绍的那样,通过这些几何操作规则及其集成的 CAD 内核进行定义。然而,CAD 系统典型的交互建模方法在 KBE 系统中通常是不具备的。这是因为 KBE 的主要目标是为设计人员提供通过规则捕获和形式化建模过程的方法,而不是提供草图或技术绘图环境,对这些需求而言,传统的 CAD 系统仍然是其首选工具。不过,有些 KBE 系统允许将编程方法和 CAD 系统的典型交互方法部分结合起来:即可以使用经典 CAD 系统的 UI 以交互方式生成相对复杂的几何模型,然后将其"转化"为可在 KBE 应用程序中重用的类(因此需要翻译为代码)。

所有的 KBE 系统都有一个图形视图窗口(参见图 9.6 中的示例),它可以显示和检查建模产品的几何外形。此窗口与几何模型的交互通常是有限的,而且随着不同的 KBE 系统而变化,这些交互包括从简单的缩放、平移和旋转操作到模型零件和特征的选择性提取及检查等。

9.8.4　配置选择规则(或拓扑规则)

配置选择规则用于动态修改和控制对象树中的对象数量或类型,即它们可以修改任何产品和流程的 KBE 模型拓扑。列表 9.8 中提供了一些示例,请注意如何定义一个动态对象系列以使其中的每个实例都可以单独指定属性和类型。

列表 9.8　配置选择规则示例

规则示例	解释
```:objects((my-beam :type'beam :sequence(:size (round(div(the total-load) (the allowable- beam-load))) :beam-length (if(eql(the-childindex)1)108)))```	对象 my-beam(它们是所有 beam 类的实例)的数量使用操作符 sequence 定义。在这种情况下,对象的数量通过计算数学规则获得(total-load 除以 allowable-beam-load)。序列中每一个对象的属性 beam-length 都基于 IF-THEN 规则进行计算。序列中的第一个对象(即当 the-child index 等于 1 时)被赋予一个值 10,其他对象则赋予 8。
```:objects((my-beam :type'beam :sequence(:size (if(>(thetotal-load)100)32)))```	不同于上一情况,对象的数量是通过计算 IF-THEN 规则获得。根据 total-load 的槽值,将实例化 3 或 2 个 my-beam 对象。

``
:objects (
  (airfoil :type
(if(>(theMach-numb)0.75)
   'supercritical-airfoil
   'NACA0014)))
``
	根据逻辑规则的运算,为了获得对象 airfoil,需要在运行过程中选择类型 (type)和类(class)进行实例化。当槽 Mach-number 的值大于 0.75 时,类 su-percritical-airfoil 将会代替简单的 NACA 翼型实例化。

``` :objects((aircraft-tail :type(if(the tailless?) 'nil 'conventional-tail))) ```	在运行期间选择生成对象的类(type)并实例化的情况下,如果槽 tailless? 计算为真,则不生成 aircraft-tail 对象,其将作为另一个 conventional-tail 类的实例在别处生成。

9.8.5　通信规则

此类规则包括所有允许 KBE 应用程序与其他软件及数据存储库进行通信和/或交互的特定规则。现有的规则允许 KBE 应用程序访问数据库或其他文件,以解析和检索数据并处理获取的信息。另有一些用于创建包含 KBE 应用程序所生成数据及信息的文件,例如,KBE 应用程序可以生成使用标准几何交换数据格式(如 STL、IGES 和 STEP)或通用输出标准(如 XML)及任何自由格式 ASCII 文件的输出。最后,还有一些规则可以在运行时启动外部应用程序,等待收集结果,然后返回主线程。此类规则对于将 KBE 应用程序作为 MMG 嵌入 MDO 框架来说非常重要。此外,它们还允许 KBE 应用程序建立 MDO 框架(如通过命令外部的工作流管理系统调用某个优化器执行优化过程),见 9.3 节(Chan,2013;van Dijk,2012)。

9.8.6　经典 KBS 和 CAD 的扩展

在同一个 KBE 应用程序中,用户可以混合使用或关联使用几何处理、配置选择及通信规则等。这使得 KBE 与传统的 KBS 及 CAD 区别开来,也使得 KBE 成为支撑先进 MDO 系统产品模型在环方法技术实现的绝佳选择,详见附录 A 中的具体案例。

KBS 通常不具备 9.8.3 节中讨论的几何操作规则,因为其并不包含这些几何操作规则计算时所需的空间概念及组件/零件/特征的相对定位。KBE 规则允许通过简明的编程语言执行和记录在传统参数化 CAD 系统中需要大量鼠标单击及菜单项选择的操作。将几何操作规则与逻辑规则和配置选择规则(9.8.1 节和 9.8.4 节)相结合的能力为所有已定义产品模型的可控性及灵活性增加了新的途径,使得用户在运行时就可以系统地检查、纠正以及预防空间集成问题,并实现产品配置的巨大变化。这些规则即使在最先进的 CAD 系统中通常也并不具备,而这也显示了 KBE 的功能强大之处。此外,9.8.5 节展示了通信规则的可用性,特别是其读取或编写定制数据、标准数据及几何数据交换格式的能力,使得 KBE 应用程序能够与现有的 CAD 系统进行通信,并与公司内部或分布式企业拥有的更广泛的设计、优化及仿真工具相集成。

9.9   开发 MMG 应用程序的 KBE 方法

在更深入地介绍 KBE 语言的特征及其特殊功能之前,本节旨在说明如何使用 KBE 开发 MMG 工具(见 9.4 节和 9.5 节)。

MMG 系统在 MDO 框架中有两个主要作用。第一个是提供灵活的建模系统,能够生成我们所优化产品的诸多配置和变型。根据优化器建立的一组设计变量值,在没有直接用户交互的情况下,也必须能够生成这些模型。第二个是自动应用过去由学科专家手动执行的规则、算法和操作过程,目的是从产品模型的一个实例中提取在 MDO 系统中运行的各种分析工具所需的抽象(即一组特定学科的数据和信息)。

KBE 系统可以使用两个专用功能模块来开发 MMG 应用程序:高级图元(High-Level Primitives,HLP)和能力模块(Capability Modules,CM)。这两个模块将在下一小节中介绍。尽管本书所述并不是开发 MMG 应用程序的唯一方法,但在多个 MDO 系统的实现中已经证明其有效性,而且在开发可重用、可扩展且易于维护的 KBE 应用程序方面非常方便。

9.9.1   支持参数化建模的高级图元(HLP)

要实现前面提到的两个 MMG 功能中的第一个功能,一个便利的方法便是首先开发一套合适的 HLP,这些图元可以看作是一种用于组装我们所要分析及优化产品架构的乐高积木模块。这些模块必须以参数化的方式进行定义,以使用户可以通过改变控制参数的值对其进行变形和调整,进而生成需要探索的配置变量。和前面类似,我们仍然使用一个与飞机相关的例子来说明这个概念。假设我们需要开发一个支撑飞机 MDO 系统的 MMG,并且对常规和新型的配置均感兴趣,如前面提到的 BWB 飞机。为了开发一个 MMG 来研究诸多不同的飞机配置和变型,第一步便是确定一组足够多的 HLP 集,即为探索所需设计空间最方便的乐高积木模块集。这个过程要求 KBE 开发人员进行识别不同机型之间相似元素的抽象练习。如图 9.10 所示,传统的管翼飞机(tube-and-wing aircraft)与 BWB 配置明显不同。

然而,它们还是具有相似的元素,如图中所示的机翼及连接部分。这两个元素和机身部件模块一起为我们的 MMG 提供了最小的 HLP 集。根据面向对象建模的范式,每个 HLP 都是一个由一组属性和方法定义的类。通过为类属性分配不同的值集,可以生成相同类的不同及特定实例,从而生成感兴趣的不同产品。

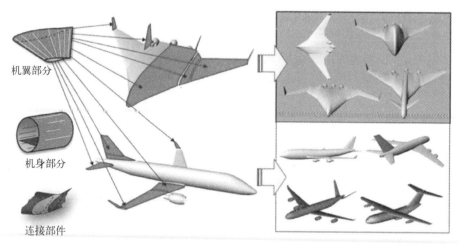

机翼部分

机身部分

连接部件

图 9.10　高级图元(HLP)产品建模方法

9.7 节中所述 GDL 操作符 define-object(以及其他 KBE 语言中的相应操作符)提供了对这些图元进行建模的方法。操作符 define-object 中的输入(input-slot)和/或计算槽(computed-slot)表示定义给定 HLP 形状所需的属性,如翼展、根弦长、根梢比和后掠角等可以作为定义机翼部分 HLP 形状的属性。通过为 HLP 的输入槽分配不同的值集,并相应地计算各种计算槽,即可生成机翼部件 HLP 的不同实例来构建传统飞机的机翼和尾翼、BWB 飞机的机身和机翼以及超声速飞机的三角形机翼和鸭翼(前置翼)等。通过实例化一定数量的不同 HLP 并为每个实例分配所需的形状及定位参数,即可生成同类飞机配置的诸多变型,如图 9.10(右)所示。KBE 系统中用于定义诸多 HLP 集的参数可以认为是 HLP 的(建模)自由度,并决定了可生成特定实例的范围(La Rocca,2011;La Rocca 和 van Tooren,2010)。在优化过程中,这些参数中的一些可以保持不变($\boldsymbol{p}$),其他最符合设计者需要的参数则视为设计变量($\boldsymbol{x}$)。

每个 HLP 都可以建模为多个类的聚合,如可以使用一个类构建给定 HLP 的外部形状,另一个类构建其内部结构。此外,内部结构类可以定义为多个类的组合,如肋板类、翼梁类或蒙皮类等。所有的层次结构都可以使用操作符 define-object 中的对象(object)列表来定义(见 9.7 节)。

HLP 方法是对给定产品进行建模的一种实用且高效的方法。它为给定的模型生成器提供了灵活性和扩展性：如果需要新功能来构建新的产品变型，用户可以定义额外的 HLP 或额外的 HLP 组件并将其添加到初始 MMG，而无须构建新的 KBE 应用程序。

由于其形状和数量取决于要建模产品变型（包括拓扑变化）的范围及所需建模的细节级别，所以并不存在一种标准的方法来定义一组合适的 HLP 集。如果 MMG 的范围是对飞机整机进行 MDO 研究，那么图元的类型将与通常解决飞机子系统（如电气布线系统）或飞机运动部件系统（如副翼、舵、襟翼）所需的类型不同。另一方面，我们可以开发一组 HLP 集，如翼梁图元、翼肋图元、铰链图元等，这样就可以通过一个 MMG 对完全不同类型的飞行器可动部件进行建模，正如 van der Laan 和 van Tooren（2005）描述的工作那样，参见图 9.11 中的示例。

图 9.11　由同一产品模型生成的完全不同的飞行器运动部件实例（如方向舵、减速板、升降舵、副翼，图中进行了去除蒙皮处理以显示内部结构）

9.9.2　支撑分析准备的能力模块（CM）

对于 MMG 的第二个主要功能，即自动生成模型抽象以支撑 MDA，操作符 define-object 同样可提供一个方便的解决方案。为了定义 HLP，KBE 开发人员首先需要进行抽象练习：根据从 MDO 框架中所集成分析工具的负责专家处得到的知识，使用 9.8 节中介绍的 KBE 规则及其必要组合，必须完成对用于准备给定学科模型（如准备有限元模型）的典型规则及流程的标识和形式化。虽然这并不是一个简单的练习，但在这一过程中有很多可以获得上述类型设计知识的机会。例如，无论要分析的产品是什么，定义有限元模型所需的预处理步骤都是一样的，并且本质上说是基于规则的。使用 define-object 运算符，我们可以在称为 CM 的专用类中捕获这些规则。通过将一个或多个 CM 连接到 HLP，用户可以将这些预处理规则用于实例化给定 HLP 生成的任何特定模型。例如在需要建立某种空气动力学分析模型时，我们就可以定义一个 CM，通过其将图 9.10 所示由任意 HLP 集实例化生成的外表面转换为节点图（即包含给定表面上所提取点的笛卡儿坐标的文件）。其他在机翼部分 HLP 实例上运行的 CM 示例如图 9.12 所示。

得益于支持面向对象建模，一旦 HLP 获得了某种能力（链接到某个 CM），该图元的所有实例都会自动继承该能力,这对 MMG 的整体性能均有相应影响。实际上,在单个 HLP 级别开发的自动预处理功能会自动传播到整个产品模型层次。例如,如果将用于表面转换为节点图的 CM 连接到图 9.10 中所示的 HLP,则所有使用这些图元生成的飞机模型都可以自动转换为节点图以支持气动分析。

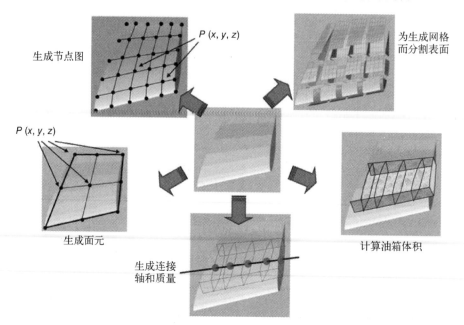

生成节点图

$P(x, y, z)$

为生成网格而分割表面

$P(x, y, z)$

生成面元

生成连接轴和质量

计算油箱体积

图 9.12 用于生成高级图元实例多个抽象的能力模块(CM)(左上:表面转换成点云。右上:翼结构划分为多个可网格化的表面。右:计算所选翼梁和翼肋之间的体积。底部:将结构模型表示为一组离散质量。左:将表面转换成面元以用于面元代码分析)

存在将 CM 连接到 HLP 的不同实现解决方案。例如,CM 可以包含在 HLP 类的 mixins 列表中;或者也可以将其设置为 HLP 的一个子对象类型(请参阅 9.7 节关于操作符 define-object 的详细定义)。

使用 CM 捕获过程知识是非常有效和高效的。如果在 MDO 系统中添加了新的分析工具,则可以定义一个新的专用 CM 来预处理使用相同 HLP 集生成的产品模型。

如 La Rocca 等(2002)、Morris(2002)和 Morris 等(2004)所述,这种通过 HLP 和 CM 定义 MMG 的方法早已用于开发 BWB 模型生成器,详见在附录 B 中的示例。如图 9.13 所示,BWB 的 MMG 能够以完全自动化的方式提取不同却一致的子模型,这些子模型可适用于各种各样的分析工具,包括已上市的商业工具,也包括行业和学术界合作伙伴开发的内部工具。软件通信框架负责向 MMG 发送指令(批处理操作)并通过 Web 连接分发生成的模型。MMG 可为低保真和高保真空气动力学分析提供模型,为气动弹性分析提供二维平面模型,为有限元分析提供结构模型,并为重量和配平估计提供了油箱及非结构重量分布。MMG还提供了着眼于飞机特定结构细节的能力,例如门的空隙以支持更进一步的局部优化。

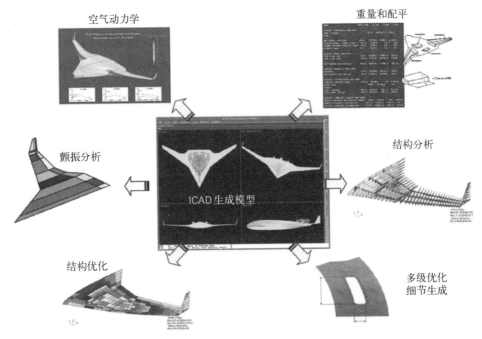

图 9.13　MMG 在 MOB 分布式 MDO 框架中的作用(MMG 为大量的分布式分析工具
提供专用模型,包括低保真和高保真及内部开发和商业出售的多种分析工具)

9.10　灵活性和控制:动态类型、动态类实例化和对象量化

在 9.10 节至 9.14 节中,我们将再次回到 KBE 语言的技术特征,其中一部分直接继承自如 Lisp 的底层面向对象语言,这在本节和 9.11 节中都有描述。其他特征则不是底层通用语言的原有功能,而是非常明确的 KBE 功能。这些特征将在 9.12 节、9.13 节和 9.14 节中详细说明。

基于 Lisp 的 KBE 语言(如 IDL 和 GDL)的特征之一是值具有类型,但不具有属性(Attributes,如槽),或者说属性不是必需的。它与 Fortran 等通用编程语言不同,槽的类型不需要提前声明,而是可以根据观察到的返回值类型动态建立。例如,给定属性的值可以在运行时从布尔型(例如"NIL")变换为整数型。这种编程风格通常称为动态类型(Graham,1995;Seibel,2005)。

在 KBE 语言中,对象类型可以动态变化,但子对象的类型必须在定义时指定。同时,它们的类型规范并不要求是固定编码的静态符号,而可以是一个在运行时返回符号的表达式,如列表 9.8 中的示例所示。在这种情况下,要实例化的类名称可以视为变量。此外,定义实例数量可根据特定规则随运行时计算而改变的子对象序列也比较简单,示例亦如列表 9.8 所示。因此,在 KBE 系统中定义对象序列与在许多 CAD 系统中创建相同部分或相同功能的"副本"是不同的。通过 9.8.4 节中说明的配置选择规则可知,KBE 系统允许实例化可变长度的对象序列,对象中的每个元素可以使用不同的参数值或不同的参数集来定义,使得每个元素可以通过不同的类进行实例化。因此,产品树的拓扑结构,即产品树中的对象数量和类型并不是固定的,而是在运行过程中可通过模型实例化进行重新配置,且无需重新启动应用程序。

9.11 声明式和函数式编程风格

本节将讨论一些可能超出"KBE 猎奇者"直接兴趣的 KBE 语言技术特征,但 KBE 开发人员和具有编程经验的设计人员会很欣赏这部分内容。

使用 KBE 语言编写代码时,没有"开始"或"结束",因此槽的声明顺序和对象的列表之间并不相关,这是由语言的声明式风格决定的。在计算机科学中,声明式编程是一种编程范式,是一种通过只表述计算逻辑而不描述其控制流程来构建计算机程序结构和元素的方式(Van Roy 和 Haridi,2004)。为了更好地理解声明式编程的概念,请对比考虑列表 9.9 和列表 9.10 给出的两段代码。注意,在这两个列表中,计算槽以不同的顺序列出。在列表 9.10 中,首先列出了计算槽 height,但它依赖的槽 number-of-block 和 block-height 却在其后面。由于语言的声明式风格,槽的声明顺序无关紧要。程序解释器/编译器将确定它们在运行时的正确计算顺序,因此用户会发现这些看上去不相同的代码完全等效。

列表 9.9 按过程顺序定义槽

```
(define-object tower (base-object)
  :computed-slots (
  (number-of-blocks 50)
  (block-height 10)
  (height (* (the number-of-blocks)
        (the block-height)))))
```

列表 9.10 未按特定顺序定义槽

```
(define-object tower2 (base-object)
  :computed-slots (
  (height (* (the number-of-blocks)
             (the block-height)))
  (number-of-blocks 50)
  (block-height 10)))
```

这种声明式风格不同于任何过程都必须依照正确的事件时间顺序逐步定义的命令式/过程式编程范式,Fortran、Basic 和 Pascal 均是命令式语言的典型代表。由于 Common Lisp 同时支持这两种风格(Seibel,2005),故基于 Common Lisp 的 KBE 语言也是多范式语言。虽然声明式编码的优势在编写和运行期间都很明显,但就一个已确定顺序的序列而言,在必须执行一系列操作来求取单个表达式的计算结果时,使用过程式编码方法也非常有用。

基于 Common Lisp 的 KBE 语言也支持函数式编程(functional programming)。这是一种很多声明性语言均具有的代表性编程范式,它将计算(computation)视为数学函数的评估(evaluation),并且尽力避免状态量和易变数据(也称为副作用)。函数式编程强调的是那些只依赖输入函数参数而不依赖程序执行状态来获得其结果的函数。因此,使用相同的参数值调用函数两次,每次都会产生相同的结果。因此消除副作用,避免任何不依赖于函数输入的状态变化,从而使理解和预测程序的行为变得更容易,这是函数式编程的关键优势之一。在列表 9.9 给出的代码示例中,槽 height 是通过将函数应用到其他另外两个槽来计算的,即不需要程式化地给槽 height"设置"数值,只需指定用于计算此值的函数即可在需要时进行计算。Mathematica(www. wolfram. com/mathematica)和 Modelica(www. modelica. org)等建模语言也属于函数式语言的范畴。

理解了 KBE 语言的功能特性,就可以理解这种语言与集成在给定 KBE 系统中的 CAD 引擎进行通信(进而控制)的方式。事实上,KBE 语言在几何操作过程中保持其功能行为,尽管连接/集成几何内核的操作方式通常是过程性的。正如 9.14 节中详细讨论的那样,几何实体永远不会在 KBE 系统中进行修改,但会创建新实例,而它们先前的实例则以原始状态保留在内存中,直到不再需要为止。例如,即便在迭代过程中修改了定义拟合曲线的点,存储在内存中的拟合曲线对象也不会被迭代修改。通过使用不同的输入参数执行相同的生成函数,在每次迭代中均会生成一个新的拟合曲线对象。

9.12　KBE 特性:运行缓存和依赖跟踪

9.10 节和 9.11 节中描述的 KBE 语言特性直接继承自构建它们的通用语言,如 define-object(或其他 KBE 语言中的直接对应部分)之类的操作符均提供了底层语言对象的高级接口和所谓的运行缓存及依赖跟踪机制。这种机制在底层 Common Lisp 中并不存在,其与需求驱动机制(9.13 节)及控制外部几何内核的能力(9.14 节)一起,代表了任何一种真正 KBE 语言的显著特征。

缓存指的是 KBE 系统具有在运行时记忆计算值(如计算槽和实例化对象)结果的能力,以便在需要时不用重新计算即可重用它们。依赖跟踪机制用于跟踪缓存值的当前有效性,一旦这些结果不再有效(过期),就将其设置为未绑定(unbound),并在再次需要它们的时候重新计算。

依赖跟踪机制是关联建模(associative modeling)的基础,是工程设计应用的热点。例如,翼肋的形状可以根据机翼的气动面形状来定义。一旦形状发生修改,依赖跟踪机制将通知系统,给定的翼肋实例不再有效,它将连同依赖它的所有信息(对象和属性)一起从产品树中删除。新的翼肋对象及其属性和其他受此影响的信息,只有在需要时才会自动地进行恢复/更新/重新评估(请参阅 9.13 节中的需求驱动实例化)。

现在,我们将深入了解运行缓存和依赖跟踪机制是如何工作的,图 9.14 说明了当系统需要槽值时后台发生的情况。如当系统要求"获取"给定的槽值时,图 9.14 中的上图给出了使用通用编程语言时的流程示意,图 9.14 中的下图则是基于 KBE 运行缓存和依赖跟踪机制的扩展情况。

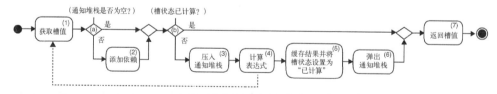

图 9.14　基本的槽值计算活动流程图(上图);基于 KBE 运行缓存和依赖
跟踪机制的扩展活动流程图(下图)

在这两种情况下,为了返回槽值,均需要计算关联的槽表达式。但是,通用编程语言实现的是图 9.14 中所示的线性过程(1-4-7),在每次需要槽值的时候均重复该过程,而 KBE 系统则仅在槽引用链发生变化时才重新计算槽表达式。为此,需要设置一个特殊的记录机制,包括图 9.14 下图中所示的额外步骤(2、3、5、6)和决策门(a、b)。

这种机制依赖于两种基本类型的内存分配。第一种称为依赖堆栈(dependency stack),它包含一个在运行时更改的槽动态列表(dynamic list),用于"通知"槽的依赖关系。第二种是缓存,对于每个槽而言,它将记录以下信息:

(1) 槽状态(slot status),可以是:

● 未绑定(unbound),给定槽的值未计算、未分配或已变为无效;

● 已计算(evaluated),给定槽的值已通过一些函数求值获得;

● 设置(set),强制分配给定槽的值。

(2) 槽值(slot value):该槽的存储值,可用于之后的请求。在未绑定状态的情况下,该值默认等于零(Nil)。

(3) 依赖槽列表(list of dependent slots):当给定的槽变为未绑定或者设置为一个新的值时(见后面说明),这个列表中包含的所有依赖槽都将被解除绑定,并将它们的缓存值设置为零。

这两种内存分配类型的具体实现可能因 KBE 平台的不同而有所不同,但基本原则并无二致。在图 9.14(下图)所示的示例中,依赖堆栈称为"通知堆栈"(notify stack),顾名思义,槽使用这个机制来"互相"通知其内在的依赖关系,否则彼此可能并不知情。

让我们以一个将某物体的高度与其长度和宽度联系起来的简单表达式求值为例,介绍缓存和依赖跟踪的整个过程。当通过使用如列表 9.12 第一行所示的命令 make-self 生成列表 9.11 中所定义的 Sample 类实例时,槽的初始状态如表 9.2 最左边一列所列。

列表 9.11 定义一个名为 Sample 的类

```
(define-object Sample ()
  :input-slots
  ((length 2)
    (width 3))
  :computed-slots
  ((height (+ (the length) (the width)))))
```

列表 9.12 生成类 Sample 实例的命令列表;计算槽高;将槽长设置为 1

```
gdl-user > (make-self 'Sample)
gdl-user > (the height)
gdl-user > (the (set-slot ! :length 1))
```

表9.2　槽 height 计算前后的槽属性（长+宽）

槽	初始化			获取后			设置后		
	状态	缓存	依赖关系	状态	缓存	依赖关系	状态	缓存	依赖关系
length	:未绑定	零	零	:已计算	2	（height）	:设置	1	零
width	:未绑定	零	零	:已计算	3	（height）	:已计算	3	（height）
height	:未绑定	零	零	:已计算	4	零	:未绑定	零	零

当前,假设我们首次要求计算槽 height（列表 9.12 中的第二个命令行）,通知堆栈为空（图 9.14 中的决策门 a）,槽的状态为未绑定（图 9.14 中的决策门 b）。因此,槽 height 被推送到通知堆栈（图 9.14 中的步骤 3）,并计算其表达式（步骤 4）。为了进行此计算,需要先计算槽 length,然后计算槽 width。于是当前的进程被置于保持状态,并将两个新的"获取槽值"（步骤 1）请求发送回 Sample 实例,如图 9.14 中的虚线所示。当关联的进程检查通知堆栈（决策门 a）时,它们将在顶部位置找到槽 height,且 length 和 width 都将槽 height 作为其依赖项进行添加（步骤 2）。从中我们可以看出,虽然这种机制通知了槽之间的依赖关系,但其并不能使槽明确它们各依赖什么槽。

在计算槽表达式（步骤 4）之后,将结果存储在缓存中,同时将槽的状态更新为"已计算"（步骤 5）。表 9.2 的中间一列显示了所有计算进程结束时的槽属性。此时,给定槽从通知堆栈中弹出自身（步骤 6）并最终返回其值（步骤 7）,这种弹出对于避免将给定槽标识为需要计算的后续槽的依赖槽来说是很有必要的。每个槽都负责在计算进程期间从通知堆栈压入（步骤 3）和弹出（步骤 6）自身。其他槽不允许删除（弹出）其依赖槽,因为一个槽可能具有多个依赖项,因此只要计算值的线程还在持续,就应保留在通知堆栈中。

如果在（决策门 b）上显示请求槽的状态是"已计算",则跳过步骤 3-6,直接从缓存中检索槽值（步骤 7）。

另一种情况是对其中一个槽的新值进行强制分配（设置或强制）而不是从任何表达式求值获得。请注意,这可能是唯一没有依据 9.11 节所讨论函数式风格使用语言的情况,图 9.15 以设置槽 length 值为 1（列表 9.12 中的第三个命令行）为例说明了其发生过程

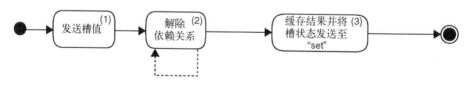

图 9.15　KBE 语言设置槽的活动流程图

表 9.2 中间一栏描述了步骤 1 之前发生的情况。在图 9.15 中的第 2 步（解除绑定依赖项），系统访问要设置槽的依赖项列表和存储在缓存中且其状态更改为"未绑定"的槽列表，随后删除其刚刚失效的值，并为它们分配默认值零。在步骤 3，将缓存中给定槽的状态修改为"设置"并分配新值。解除依赖的过程（步骤 2）是迭代的，并应用到依赖列表中的所有槽。将给定依赖槽的值设置为未绑定的过程也是递归的，因为该依赖项的所有依赖项也要被设置为未绑定，如图 9.15 中的虚线所示。表 9.2 中右侧一列显示了设置槽过程结束时缓存中的状态。请注意，槽 height 的值尚未重新计算，并且保持为未绑定，直到明确需要其值的时候才会发生变化（请参阅 9.13 节中的需求驱动计算）。

内存使用和管理是缓存机制的一个问题，这也是早期 KBE 系统在容量有限的计算机上运行时的限制，但现在台式计算机的飞速发展几乎消除了这个问题。基于 Lisp 的 KBE 系统在给定情况下，即每当一个值或一个对象失效时，垃圾收集器（garbage collector）负责自动且一目了然地从用户那里收回内存中的相对空间。

虽然缓存和依赖跟踪机制可以有效提高计算性能，但它增加了进程的运行时间并减缓了每一个单独的计算过程。由于一个单独计算过程重复计算所需的时间比该机制下额外增加的时间更久，使得采用缓存和依赖跟踪机制是值得的。而为了提高性能，大多数 KBE 系统提供了"关闭"所选槽缓存和依赖跟踪机制的选项。

9.13　KBE 特性：需求驱动计算

一般来说，KBE 系统有两种可能的操作方式，分别是即时计算（eager evaluation）和延迟计算（lazy evaluation），这两种操作方式可以与传统 KBS（Negnevitsky，2005）的正向和反向链接推理机制进行类比。在默认情况下，KBE 系统使用的是一种需求驱动的延迟计算方法。使用这种方法的系统会对满足用户直接请求所需的表达式链，或试图满足用户需求的另一个对象的间接请求进行计算，例如对某些属性/槽的计算或对象的实例化。针对前面所述 BWB 的设计问题（图 9.7），系统只在需要该肋板的重量时才会创建一个给定的翼肋实例。同样的道理，只有当需要翼肋时，才会产生翼面。按照这种需求驱动的方法，此因果过程将不停地继续下去，直到得到用户请求的信息（如给定翼肋的重量）为止。

应该认识到，一个典型的对象树可以由数百个分支组成，并包含数千个属性。因此，可以根据需要计算特定属性和产品模型分支，而不需要从根本上计算整个模型的能力，有效地避免了计算资源的浪费。

需求驱动方法还支持代码原型，因为它允许开发人员只关注 KBE 应用程序的有限部分,而其他部分可以是不完整甚至不正确的。由于后面的部分在运行时不会自动计算,除非明确要求,否则语言解释器/编译器不会生成任何可能阻止开发人员测试感兴趣的特定分支的错误。

KBE 系统也可以设置为"即时地"计算受给定属性或对象任何变化所影响的所有值链。在这种情况下,操作模式类似于若单元格值发生变化则所有链接该单元格的值都会自动更新的电子表格(spreadsheet)应用程序。如在 KBS 领域中通常提到的那样,此功能可以用于定义事件触发器或守护程序(demon)(Negnevitsky,2005)。这些是在某些事件发生时自动激活的无声过程,例如在违反约束或规则的情况下,或者当用户单击屏幕的某个区域时启动了某个过程,就可以自动显示提醒消息。

9.14 KBE 特性:几何内核集成

许多通用语言可以通过 API 或外部函数接口来集成和控制外部几何内核。然而,KBE 系统实现和操作外部几何内核的连接方式却是异于常规,而且是 KBE 技术的基石之一。通过分类规则操作几何的能力(见 9.8.3 节)使得 KBE 以一种比 CAD 和通用编程更合适的方式支撑 MDO 及工程设计。

几何内核是在经典 CAD 系统下运行的引擎,即 CAD 引擎。该引擎执行用户通过 GUI 发送的所有复杂几何图形生成和操作的命令。不同的 CAD 系统可以为相同的几何内核提供完全不同的 GUI。这个内核由一系列可以定义及操作曲线、曲面、实体等几何对象的数值方法和库组成。

KBE 语言提供了专用的命令和函数(即 9.8.3 节中介绍的几何操作规则),用于访问和操作这些几何库,而无需要求用户额外理解具体的数值方法实现,即并不要求用户采用和这些库一样的编写语言(通常是 C/C++)。不过,用户可以通过 KBE 语言公开的多种几何内核构造函数(constructor functions)来访问其主要设置,并能够检索每个已生成几何特征的详细信息。这些信息可能包括各种各样的数据,如曲线和曲面上任意点的导数值、法向量、曲线方向、面积、体积、边界曲线等,均可以在 MDO 系统运行过程中由其优化和分析模块调用。此外,这些信息可以与 9.8 节中描述的任何规则一起访问、操作和使用,这使得开发非常复杂的智能生成模型成为可能,如 9.3 节中讨论的 MMG。这个工具很重要,因为在 9.5 节中讨论的模型在环 MDO 系统中,使用的优化模块经常需要这种类型的信息。

表 9.3 概述了集成或连接到四个商业 KBE 系统的几何内核。一些列出的 KBE 系统包括它们自己的专有 CAD 内核,而另一些系统完全或部分依赖于第三方解决方案,如 Parasolid 或 ACIS。现在使用的各种开源 CAD 内核,如 Open CASCADE 技术,同样可以封装或集成到新的或现有的 KBE 系统中。

表 9.3 集成或连接到四个商用 KBE 系统的几何建模内核

GDL	ICAD	AML	Knowledge Fusion
内置用于 2D 和 3D 几何图元的线框建模模块 为基于 NURBS 进行曲线、平面以及实体建模的 SMLib™	基于 NURBS 曲线和曲面的专有建模模块 用于实体建模的 Parasolid	基于 NURBS 曲线和平面的专有建模模块 以下任一可用于实体建模的模块: SHAPES™ ACIS™ Parasolid	Parasolid（Siemens NX 自带的专有 CAD 内核））

基于面向对象技术,KBE 语言 CAD 内核接口可以通过将正在使用的特定内核表述成对象实例化的方式进行构建。在 KBE 语言(如 GDL)中,所有可用的几何图元(如基于一组支撑曲线插值生成一个曲面图元 lofted‐surface)都调用并执行 SMLib 内核(www. smlib. com)的专门函数。这种体系结构允许用类似方式连接替代的内核和 CAD 系统,只需通过重新实现所有与替代 CAD 引擎协同工作的指定功能即可。

9.14.1 节将以 CDL 系统为例来说明 KBE 语言和 CAD 内核之间的连接是如何工作的。这一节的技术水平超越了 KBE 猎奇者的需求,但具有编程和 CAD 经验的高级 KBE 用户及设计人员会很感兴趣。

9.14.1 KBE 语言如何与 CAD 引擎交互

为了理解像 GDL 这样的 KBE 语言是如何与 SMLib 内核通信并利用其几何建模功能的,我们将讨论列表 9.13 中给出的代码片段。该代码的内容是通过由两组点拟合得到的两个翼型曲线生成(放样)翼面,附录 A 扩展了此代码。假设编译了列表 9.13 中的代码并创建了类 wing 的实例,该实例由穿过两个拟合曲线的放样曲面所定义,即 airfoil-root 和 airfoil-tip。

列表 9.13

```
(define-object wing (lofted-surface)
:computed-slots
(curves (list (the airfoil-root)(the airfoil-tip)))
:objects(
(airfoil-root :type 'fitted curve
              :points (the list-of-root-points)
(airfoil-tip :type 'fitted curve
              :points (the list-of-tip-points)))
```

图 9.16 展示了访问名为 myWing 的 wing 类实例翼面的过程。根据对象的类型,每个几何对象都有一个名为 surface 或 curve 的默认槽,对其求值需要在 SMLib 中触发构造函数的外部函数调用(foreign function call)。几何内核与 KBE 核心语言一起运行,并共享系统内存。针对 GDL 图元的放样曲面,外部函数调用需要援引名为 iwbSplineSurface_createSkinnedSurf 的 SMLib 库构造函数,并需要一组支撑曲线作为其输入来构造放样曲面。

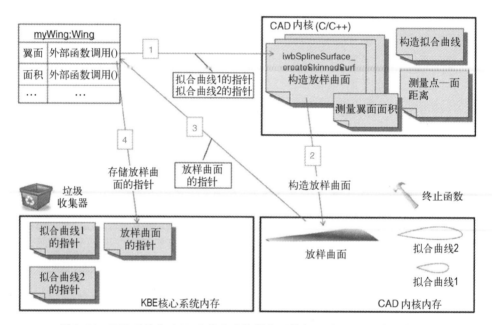

图 9.16 KBE 系统和 CAD 内核生成放样曲面的交互过程(1~4 为连接器)

现在我们假设之前已经作为类 fitted curve 的实例生成了两条曲线,并以 Fitted Curve 1 和 Fitted Curve 2 的名称存储在内存中的 CAD 部分,如图 9.16 右下部分所示。这两条曲线在 CAD 内存中的位置之前已经传递给 KBE 系统,KBE 系统将这些信息作为两个内存指针存储在缓存中,如图 9.16 左下部分所示。

当需要计算 surface 槽时,外部函数调用将拟合曲线的位置作为参数发送到专用 CAD 放样函数中(图 9.16 中的连接器 1)。CAD 构造函数生成放样曲面并将其存储在 CAD 内核存储器(连接器 2)中;然后,它给出存储曲面的内存位置并将其作为返回值送回外部函数调用(连接器 3)。最后,KBE 系统将曲面指针存储在其缓存(连接器 4)中。

图 9.17 说明了当需要计算槽 area(面积)时发生的故事。同样的情况下,计算槽的表达式也被外部函数调用所代替。当需要时,它会在 CAD 库中触发一个计算

给定曲面面积的专用函数。将指向放样曲面的指针作为参数发送(图 9.17 中的连接器 1),给定的 CAD 函数计算指定曲面(连接器 2)的面积,并将其值返回到包含在 KBE 对象(连接器 3)area 槽的外部函数调用。最后,将面积值存储在 KBE 系统的缓存中(连接器 4)。

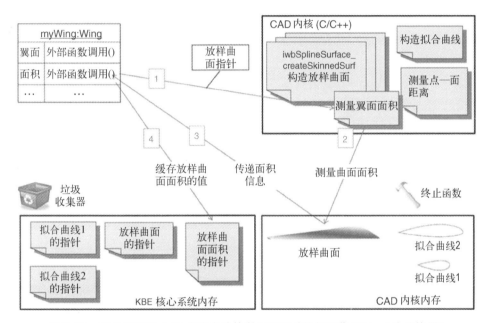

图 9.17　KBE 系统和 CAD 内核在计算翼面面积时的相互作用(1~4 为连接器)

需要注意的是,尽管 CAD 库是使用面向对象编程定义的,但是不可能直接从放样曲面的构造函数中得到面积值(用面向对象的说法是,"发送 area 的消息")。KBE 语言负责调用适当的 CAD 函数来测算面积,但必须提供要测算面积的曲面指针并作为该函数的输入参数。同样,当触发生成放样曲面的 CAD 函数时,CAD 内核不会主动地首先生成支撑曲线;根据需求驱动的计算原则,KBE 语言将负责引导 CAD 系统首先生成支撑曲线。

最后,让我们研究一下当拟合某一支撑曲线(如列表 9.13 中所示的 list-of-tip-points)的点集发生变化时会发生什么情况。该过程如图 9.18 所示。旧的拟合点列表一旦失效,KBE 语言的依赖机制立即开始解除所有绑定这些点的值和对象。垃圾收集(garbage-collection)机制则收回用于存储指针的内存,包括最初由这些点生成的拟合曲线指针,及使用上述拟合曲线构建的放样曲面指针,当然也包括放样曲面面积计算值的指针。这一机制在图 9.18 中显示为连接器 1,相应的箭头和叉号表示内存中的失效对象。

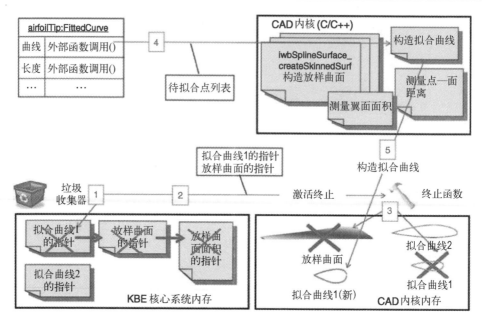

图 9.18　KBE 系统和 CAD 内核在修改现有对象期间的交互(1~5 为连接器)

原始拟合曲线和原始放样曲面仍存储在 CAD 内存中。因此,KBE 语言负责指导其垃圾收集机制,以激活必要的 CAD 终止函数(Finalization functions)(连接器 2)。终止(Finalization)是指在对象变成"垃圾"并需要释放其内存时提前定义的函数。使用由 KBE 垃圾收集机制提供的指针,CAD 终止函数将删除拟合曲线 1 和放样曲面(参考连接器 3 和失效几何对象上的叉号)。

此时,包含在翼尖(airfoil tip)对象中曲线槽的外部函数调用触发指定用于生成一个新拟合曲线的 CAD 定义函数,并将新的一组点集作为参数发送(连接器 4)。最后,生成新的拟合曲线并将其存储在 CAD 内存中(连接器 5)。与此同时,如前所述,将内存位置发送回 KBE 对象并存储在缓存中。

通过触发生成新的几何实体而不是修改现有对象的状态,将 KBE 语言(9.11 节)的函数范式扩展到 CAD 系统,也使其不再仅仅依赖于 CAD 系统固有的参数化能力。虽然这可能会导致 CAD 系统占用大量内存,但 KBE 语言的缓存和依赖跟踪机制解决了这个问题,并通过调用垃圾收集机制和 CAD 终止函数管理 KBE 语言及 CAD 内核使用的内存区域。

9.15　CAD 还是 KBE?

KBE 是否比 CAD 更好,亦或是相反,这本质上是个错误的问题。二者没有绝对意义上的优劣,而且我们在这里也并不认为 KBE 应该取代 CAD。本书感兴趣的一点是,作为 MDO 支撑,KBE 编程方法在特定情况下比 CAD 系统的交互式操作更合适。对这两种方法便利性的讨论超出了本章范畴,建议读者遵循以下准则:

* 当关注的只是几何生成和操作时;当与几何模型进行直接交互、视觉渲染和检查等方面是必备功能时;当进行一次性设计和进行艺术创作或启发式创作,而非基于工程规则的建模工作时;当模型变量仅用简单的数学表达式和基本的参数关系就可以控制时;以及当关注细节设计时;使用传统的 CAD 系统就比部署一个 KBE 系统更方便,因为建模工作可以从使用特征及组件的插件库中获益。

* 当需要一种语言捕获设计意图而不是仅仅获得一个设计输出时,KBE 系统的编程方法提供了最好的解决方案。例如,在 9.8.4 节中描述的配置选择规则中,就展示了使用该语言表达设计意图的实际能力。CAD 系统旨在为人类设计过程的最终结果提供最好的记录,而 KBE 系统则致力于记录人类的设计过程(即设计意图)而不仅仅是它的最终结果。

* 当需要一种语言在支持自动化的同时保证一致性时,建议使用 KBE 生成模型。如图 9.1 所示,就像拥有了一个在某种可播放媒体上记录的过程一样。对于不同的有效输入值集,每次"播放"生成模型时,无论运算符是什么也无论重放多少次,同样的过程就会不断地重复(例如应用同样的规则和推理机制)。但是,工程设计中很多的人在循环(除了过程监督)反而成为实现自动化的一个障碍,如设计优化就是其中之一。

* 当涉及集成外部设计及仿真工具的灵活性时,KBE 语言可能更具竞争优势。CAD 和 KBE 系统都能够通过标准数据交换格式(如 IGES 和 STEP 等)连接彼此或者连接到其他工具。但是,在需要基于 ASCII 临时交换文件时的特殊情况下,一种功能齐全的编程语言可以提供更为便捷的解决方案以生成专用的编译器和解析器。更为重要的是,当连接工具的输入需要经过特定且知识密集的预处理时,KBE 系统可以更好地支持这些过程,而且可以在更大程度上实现自动化。

* 当给定的产品设计需要具有美学方面的特征并需要生成相关细节,但其配置和尺寸又同时需要 MDA 及优化方法时,则需要联合应用 CAD 和 KBE 应用程序以提供最好的解决方案。在这种情况下,用 CAD 系统绘制的几何图形可以作为 KBE 应用程序的输入,而 KBE 应用程序则可以用于支持复杂的 MDA(和优化)过程,并将(部分或全部)工程产品交付给 CAD 系统,以进一步进行一些更详细、更深入的交互性工作。

最后,不论是交互式还是自动化,启发式还是基于规则,几何相关或不相关,以及一次性设计或重复性设计,其设计过程的方方面面都是共存且相互关联的:CAD 和 KBE 都可以为这个过程做出贡献,而如何将二者有机地整合起来,则是 CAD 和

KBE 系统开发人员的共同关注点。

9.16　KBE 技术的发展趋势

第一个商用 KBE 系统早在 20 世纪 80 年代即投放市场,但在最近的 10 ~ 15 年里才开始真正应用,也就是说,KBE 在其最初的 15 年里并没有取得与 CAD 系统同样的市场地位。造成这种情况的原因可归纳为以下几个方面:

● 软件许可及必需的硬件成本过高。对于第一代 KBE 系统来说,其完整开发许可的成本约为每年 10 万美元,且这些开销都是运行此类系统(Lisp 机器)所必需的。这种情况一直持续到 20 世纪 90 年代中期,Unix 工作站才以低一个数量级的价格进入市场。

● 缺乏通用的文献、应用实例以及度量标准。专业的 KBE 文献有限,很难找到成功应用 KBE 系统的有用信息,同时缺乏一个良好的度量标准(Verhagen 等,2012)来评估 KBE 相对于传统方法的潜在优势,这些都削弱了 KBE 的发展力度。

● 缺乏成熟的 KBE 开发方法。最初,既没有明确的指南,也没有标准的流程和技术来帮助开发人员生成可重用、可维护的有效应用程序(Lovett、Ingram 和 Bancroft,2000;Sainter 等,2000)。

● 可达性低。由于该技术自身的复杂性,与现代 CAD 系统相比,需要针对不同类别的用户提供专门的培训项目。实际上,使用编程方法需要更高的抽象能力和更强的分析背景,而这也是软件开发人员和工程师比常规 CAD 操作人员更典型的特征。

● KBE 供应商的营销方法失当。正如 Cooper 所阐述的那样(Cooper 和 Smith,2005),最早一批 KBE 供应商的营销模式阻碍了其产品的推广。由于客户需要承担很大的投入来采用如此复杂和昂贵的技术,供应商觉得有必要扮演多重角色,导致他们同时是 KBE 系统供应商、咨询服务商和 KBE 终端用户应用程序的销售人员。

KBE 的第一次成功实施是由一群富有且心胸开阔的技术精英组织完成的。最终,一些技术发展和战略变化造就了 KBE 在工业和研究领域的可持续发展现状:

● 硬件成本大幅下降。曾经,开发 KBE 需要一台极其昂贵的 Lisp 机器,然后是一台工作站,而如今任何一台笔记本电脑的运行速度都要比原来高出 10 倍。许多 KBE 供应商专门调整了他们的系统,以适应主流操作系统和计算机体系结构,即运行 Windows 操作系统的简单台式机。但是,目前只有少数几个 KBE 系统可以使用 Linux 和 Mac。

● 工程产品的复杂性不断增加,促进了越来越复杂的计算机辅助工程工具的开发。这种趋势有利于 KBE 的推广,因为这自动减少了其与 KBE 工具之间的相对复杂性。

- 最有名的支持 KBE 应用程序结构化开发的专有方法,MOKA(面向 KBE 应用程序的方法和工具)成功问世(Stokes,2001)。使用 MOKA(Oldham 等,1998)与原有的特定应用程序相比,开发时间缩短了 20%~25%。然而,MOKA 没有解决 KBE 应用程序(如 MMG)在 MDO 系统中的作用问题,而是将其范围限制在开发独立的 KBE 应用程序(Chan,2013)。

- 最后,开发 PLM 解决方案的顶级公司已经认识到 KBE 方法的价值,并通过 KBE 增强了他们的高端 CAD 产品:

  - 1999 年,PTC 为 Pro/ENGINEER 2000i 引入了行为建模工具包,该工具包允许捕获引导 CAD 引擎的规则。

  - 2001 年,UGS 从 Heide 公司获得了 KBE 语言 Intent!,并将其嵌入到 Unigraphics 中形成了 KF(2007 年 UGS 成为 Siemens PLM 软件的一部分)。

  - 2002 年,Dassault Systèmes 收购了 KTI 及其产品 ICAD。但 Dassault Systèmes 随后中断了 ICAD 项目,现在则利用 KTI 专业知识开发 CATIA V 的 KBE 插件(KnowledgeWare)。

  - 2005 年,Autodesk 收购了 Engineering Intent Corporation,并将他们的 KBE 系统与 Autodesk Inventor 集成,形成了 AutodeskIntent(现为 Inventor Automation Professional)。

  - 2007 年,在收购了 Design Power 公司之后,Bentley 将他们的 KBE 系统 Design++与 Microstation 集成在了一起。

基于 McGoey(2011)的描述,KBE 发展及供应商谱系的主要分支如图 9.19 所示。请注意,除了市场上仅有的真正 KBE 系统 GDL 和 AML 之外,其他所有的系统都是 KBE 增强的 CAD 系统,其中集成了真正的 KBE 语言或某些 KBE 功能来增强核心的 CAD 功能。增强型 CAD 系统和真正的 KBE 系统之间的主要区别在于,前者完全以 CAD 为中心,不会进行任何数据处理,也不可能实现任何与某些集合对象的定义无关或非直接嵌入的算法(Cooper 和 La Rocca,2007;Milton,2008)。典型的 KBE 系统则恰恰相反,在其基本软件包里并不包含真正的 CAD 内核,尽管该功能可以通过额外的软件许可获得(见表 9.3)。

虽然 KBE 系统尚未在工程设计中找到真正属于自己的位置,但相比以前已取得了长足进步,目前取得的突破主要包括以下几个方面:

- KBE 正开始进入主流的 CAD/CAE 软件系统,尽管目前在新系统中出现的"KBE 元素"对大多数 CAD 用户来说仍然是一个陌生(有时是陌生)或者不熟悉的领域。

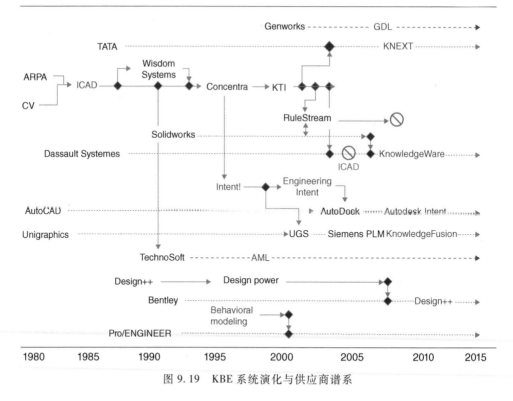

图 9.19　KBE 系统演化与供应商谱系

• 技术知识现在得到了广泛支持和普适营销能力的补充,这有助于促进 KBE 技术从大型集成商向中小型企业的大量客户传播。

• KBE 现在的入门成本(包括硬件、许可证和培训)已降低到许多公司有机会评估在其业务中添加 KBE 系统的影响程度。

对于 KBE 的发展,接下来的挑战是让 MDO 领域的从业人员了解 KBE 系统的模式,并为 MDO 框架中实现生成产品模型开发标准。KBE 系统开发人员和 MDO 系统开发人员之间的密切合作对于协调两个平台的功能来说是极其必要的,只有这样才能集成为对工业设计而言十分简便可靠的设计工具。

致　　谢

作者感谢 R. E. C. van Dijk 为本章的缓存和依赖追踪部分(9.12 节)以及多种 KBE 语言编码(9.7.1 节)所做出的杰出贡献。作者同时感谢 D. J. Cooper 提供的重要反馈意见和其在 KBE 语言与 CAD 内核集成机制方面分享的宝贵知识(9.14.1 节)。

参 考 文 献

Chan, P. K. M. (2013). *A New Methodology for the Development of Simulation Workflows. Moving Beyond MO-KA*. Master of Science thesis, TU Delft, Delft.

Cooper, D. J. , & La Rocca, G. (2007). Knowledge‐Based Techniques for Developing Engineering Applications in the 21st Century. *7th AIAA Aviation Technology, Integration and Operations Conference*, Belfast: AIAA.

Cooper, D. J. , & Smith, D. F. (2005). A Timely Knowledge‐Based Engineering Platform for Collaborative Engineeringand Multidisciplinary Optimization of Robust Affordable Systems. *International Lisp Conference 2005*, Stanford: Stanford University.

Cottrell, J. A. , Hughes, T. J. R. , & Basilevs, Y. (2009). *Isogeometric Analysis: Towards Integration of CAD and FEA*. Chichester: John Wiley & Sons Inc.

Graham, P. (1995). *ANSI Common Lisp*, Englewood Cliffs, NJ, Prentice Hall.

La Rocca, G. (2011). *Knowledge Based Engineering Techniques to Support Aircraft Design and Optimization*. Doctoral Dissertation, TU Delft, Delft.

La Rocca, G, (2012). Knowledge Based Engineering: Between AI and CAD. Review of a Language Based Technology to Support Engineering Design. *Advanced Engineering Informatics*, 26(2), 159‐179.

La Rocca, G. , & Van Tooren, M. J. 1. (2010). Knowledge‐Based Engineering to Support Aircraft Multidisciplinary Design and Optimization. *Proceedings of the Institution of Mechanical Engineering, Part G: Journal of Aerospace Engineering*, 224(9), 1041‐1055.

La Rocca, G. , Krakers, L. , & Van Tooren, M. J. 1. (2002). Development of an ICAD Generative Model for Blended Wing Body Aircraft Design. *9th AIAA/ISSMO Symposium on Multidisciplinary Analysis and Optimization*. Atlanta, GA.

Lovett, J. , Ingram, A. , & Bancroft, C. N. (2000). Knowledge Based Engineering for SMEs: A Methodology. *Journal of Materials Processing Technology*, 107, 384‐389.

Mcgoey, P. J. (2011). A Hitch‐hikers Guide to: Knowledge Based Engineering in Aerospace (& other Industries). *INCOSE Enchantment Chapter*. Available at: http://www. incose. org/ (accessed April 30, 2014).

Milton, N. (2008). *Knowledge Technologies*. Monza: Polimetrica.

Mohaghegh, M. (2004). Evolution of Structures Design Philosophy and Criteria. *45th AIAA/ASME/ASCE/AHS/ASC-Structures, Structural Dynamics & Materials Conference*, Palm Springs, CA: AIAA.

Morris, A. J. (2002). MOB, A European Distributed Multi‐Disciplinary Design and Optimization Project. *9th AIAA/ISSMO Symposium on Multidisciplinary Analysis and Optimization*, Atlanta, GA: AIAA.

Morris, A. J. , La Rocca, G. , Arendsen, P. , et al. (2004). MOB, A European Project on Multidisciplinary Design Optimization. *24th ICAS Congress*, Yokohama, Japan: ICAS.

Negnevitsky, M. (2005). *Artificial Intelligence: A Guide to Intelligent System*. Harlow: Addison‐Wesley.

Norvig, P. (2014). *Python for Lisp Programmers*. Available at: http://www. norvig. com/python ‐ lisp. html (accessed February 4, 2015).

Oldham, K. , Kneebone, S. , Callot, M. , Murton, A. , & Brimble, R. (1998). Moka: A Methodology and Tools Oriented to Knowledge‐Based Engineering Applications. *Conference on Integration in Manufacturing*, Goteborg, Sweden.

Piegl, L. , & Tiller, W. (1997). *The NURBS Book*. Berlin: Springer‐Verlag.

Rondeau, D. L. , & Soumilas, K. (1999). The Primary Structure of Commercial Transport Aircraft Wings: Rapid

Generation of Finite Element Models Using Knowledge-Based Methods. In: MSC, ed. *Proceedings of the* 1999 *Aerospace Users' Conference*, Long Beach, CA: MacNeal-Schwendler Corporation.

Rondeau, D. L., Peck, E. A., Williams, A. F., Allwright, S. E., & Shields, L. D. (1996). Generative Design and Optimization of the Primary Structure for a Commercial Transport Aircraft Wing. *6th NASA and ISSMO Symposium on Multidisciplinary Analysis and Optimization*, Bellevue, WA: AIAA.

Rumbaugh, J., Blaha, M., Premerlani, W., Eddy, F., & Lorensen, W. (1991). *Object-Oriented modeling and design*. Englewood Cliff, NJ: Prentice-Hall.

Sainter, P., Oldham, K., Larkin, A., Murton, A., & Brimble, R. (2000). Product Knowledge Management Within Knowledge-Based Engineering Systems. *ASME Design Engineering Technical Conference*, Baltimore, MD.

Samareh, J. A. (2004). Aerodynamic Shape Optimization Based on Free-Form Deformation. *10th AIAA/ISSMO Multidisciplinary Analysis and Optimization Conference*, Albany, NY: AIAA.

Seibel, P. (2005). *Practical Common Lisp*. Berkeley, CA: Apress.

Shmuller, J. (2004). *Understanding Object Orientation*. UML (3rd ed.). Indianapolis, IN: SAMS.

Stokes, M. (2001). *Managing Engineering Knowledge - MOKA: Methodology for Knowledge Based Engineering Applications*. London/Bury St Edmunds: Professional Engineering Publishing.

Sully, P. (1993). *Modelling the World with Objects*. Englewood Cliff, NJ: Prentice-Hall.

Van Der Laan, A., & Van Tooren, M. J. 1. (2005). Parametric Modeling of Movables for Structural Analysis. *Journal of Aircraft*, 42(6), 1605-1613.

Van Dijk, R. E. C. (2012). Next Generation Design Systems: Knowledge-Based Multidisciplinary Design Optimization. In: REC, ed. *Proceedings of the Optimus World Conference*, Munich, Germany, pp. 1-2.

Van Roy, P., & Haridi, S. (2004). *Concepts, Techniques, and Models of Computer Programming*. Cambridge, MA: MIT Press.

Van Tooren, M. J. 1. (2003). Sustainable Knowledge Growth. TU Delft Inaugural Speech. Delft: Faculty of Aerospace Engineering.

Verhagen, W. J. C., Bermell-Garcia, P., Van Dijk, R. E. C., & Curran, R. (2012). A Critical Review of Knowledge-Based Engineering: An Identification of Research Challenges. *Advanced Engineering Informatics*, 26(1), 5-15.

Zang, T. A., & Samareh, J. A. (2001). The Role of Geometry in the Multidisciplinary Design of Aerospace Vehicles. In: SIAM, ed. *SLAM Conference on Geometric Design*, Sacramento, CA.

第10章　不确定性多学科设计优化[①]

10.1　引　　言

在实际产品工程中,由于对产品系统本身知识的缺乏及其运行环境的不完全认知,往往会产生各种各样的不确定性。以结构设计为例,其不确定性可能源自结构学科的模型假设和简化使设计分析结果存在未知误差(Morris,2008)、制造过程中由加工精度或材料性能缺陷导致的结构性能不确定性以及使用过程中结构所承受载荷的可变性等,这些不确定性因素会导致系统性能发生变化或波动,给结构正常使用带来影响,甚至会造成严重的功能障碍以致任务失效。因此,在寻求最佳设计方案时,非常有必要从系统设计之初就考虑各类不确定性因素的影响。传统优化设计过程中,为了保证系统在考虑不确定性情况下的可行性,往往基于裕度设计思想或其他预定义安全系数重新制定对设计所施加的约束。然而,裕度的界定往往基于过往经验,并不适用于新产品的设计,所以需要基于数学不确定性理论开展更为先进和精确的分析方法,确保在设计过程中系统地、合理地处理不确定性问题。这些新方法被称为不确定性设计(Uncertainty-Based Design,UBD)(Zang 等,2002),其旨在针对性地解决以下两个问题:

(1)提高系统的稳健性,降低系统性能对不确定性影响的敏感程度。

(2)提高系统的可靠性,降低潜在的临界条件下发生故障和失效的风险。

根据上述两个目的,可将不确定性设计优化方法分为稳健设计优化(Robust Design Optimization,RDO)和可靠性设计优化(Reliability-Based Design Optimization,RBDO)两类。

UBD 优化的历史可追溯至 20 世纪 50 年代(Dantzig,1955;Freund,1956)。从那时起,UBD 已经在诸多领域取得了重大研究进展和成功应用,尤其是对系统可靠性和稳健性有严格要求的航空航天与土木工程等领域。复杂系统中的学科通常是紧密耦合的,而不确定性的影响在学科之间又相互交叉传播,因此需要采取整体的方法来解决多学科不确定性设计优化问题,通过充分挖掘耦合学科间的协同效

[①]　本章原文内容由 Wen Yao 撰写。

应来提升整个系统的设计水平。为了考虑多学科环境中的不确定性并将相互作用的学科融入设计优化过程,不确定性多学科设计优化(Uncertainty-Based Multidisciplinary Design Optimization,UMDO)方法便应运而生。

本章内容系统地阐述了不确定性多学科设计优化(UMDO)理论,简要介绍了典型 UMDO 的基本理论和一般方法,关于该领域最新算法的全面回顾和详细介绍可以参考文献(Yao 等,2011)。本章内容结构安排如下:首先,简要介绍 UMDO 的基础工作,包括解决 UMDO 问题的基本概念和一般流程;其次,阐述了 UMDO 的关键步骤,包括存在不确定性情况下的不确定性分析和不确定优化;最后,结合具体算例说明 UMDO 方法的应用。

10.2 不确定性多学科设计优化的基础知识

10.2.1 基本概念

定义 10.1 不确定性(Uncertainty):物理系统及其环境的固有可变性以及人对物理系统及其环境认知的不完整性。

不确定性大体上可以分为两类:随机不确定性和认知不确定性。随机不确定性描述的是物理系统及其运行环境的内在变化规律,又被称为客观不确定性、A 类不确定性或偶然不确定性,无法通过收集的更多信息或数据来消除,因而也不可简化。认知不确定性描述的是由于人的认识不足或者知识缺乏而造成的不确定性,也被称为主观不确定性、B 类不确定性或者认识不确定性,可以通过知识状态的增加或搜集更多的数据来消除,因而可以简化(Helton 和 Burmaster,1996)。随机不确定性一般通过随机变量或时变随机过程的思想建模,并采用概率论的方法进行处理。相较于概率方法,运用非概率方法处理认知不确定性问题的研究相对新颖,近年来也取得了快速的发展,由此发展出了一些典型的非概率方法包括贝叶斯理论、区间分析方法和凸集方法、可能性理论、证据理论等(Yao 等,2011)。

为了指出上述两种不确定性问题的区别所在,这里通过以下示例进行简单说明。在结构设计中,需要考虑机械加工零件的制造误差、实际结构几何形状与理论设计的偏差以及加工制造完成后的未知缺陷。在设计阶段,实际结构几何形状的不确定性源于加工制造误差的不确定性,如果可以通过试验获得大量数据描述该不确定性的分布情况,加工制造的不确定性就可以视作随机不确定性并以随机变量的方式建模,其实这种情况在实际工程中通常被描述为正态分布(高斯分布)。但是由于某种原因(例如该机器是一台新产品的时候,无论是出于时间还是费用的考量,概率取样试验的成本都非常高昂)不能进行大量的试验来测量机器的制造公差,且又不能精确地描述其加工制造不确定性的分布,此时的不确定性就应该被视作认知不确定性,描述它的一种简单方法就是用一个或几个区间来约束其可能的变化范围。

本章以概率论为基础,讨论了不确定性条件下的 UMDO 问题,为工程应用奠定了良好的基础。为了方便读者更好的理解本章内容,接下来将介绍一些概率论的基础知识,关于非概率方法的更多内容,请有兴趣的读者参考相关教程(Helton 等,2008)。

对于离散随机变量 x,首先定义一个包含离散随机不确定性变量所有可能取值的样本空间 Ω,集合 $\Omega = \{x_1, x_2, \cdots\}$,样本空间中的每个元素 $x \in \Omega$ 被赋予一个位于 0 和 1 之间的概率值,且样本空间中所有元素的概率之和等于 1。将样本空间中的点映射为"概率"值的函数称为概率质量函数(Probability Mass Function,PMF),即离散随机变量在每个特定取值处的概率。对于连续随机变量 $X \in \mathbb{R}$,则存在完整描述实数随机变量 X 概率分布的累积分布函数(Cumulative Distribution Function,CDF),定义 $F(x) = \Pr\{X \leqslant x\}$,其中 x 为随机变量 X 的可能取值,$\Pr$ 表示分布律,则函数 $F(x)$ 表示的是 X 小于和等于 x 的概率。如果函数 $F(x)$ 是绝对连续的,则可以相对于 X 进行微分得到概率密度函数(Probability Density Function,PDF)$p(x)$。对于集合 $E \in \mathbb{R}$,E 中随机变量 X 的概率是 $\Pr\{X \in E\} = \int_{x \in E} p(x)\,\mathrm{d}x$。基于概率分布的基础理论可定义随机变量的测度,例如平均值、标准差(Std.)、统计矩等,表 10.1 所列为典型的几类概率分布模型。

表 10.1　典型概率分布类型

分布类型	参数	概率分布	均值	标准偏差
二项分布	$n \geqslant 1$ $0 < p < 1$	$\Pr\{X = x\} = \binom{n}{x} p^x (1-p)^{n-x}$ $x = 0, 1, 2, \cdots, n$	np	$np(1-p)$
泊松分布	$\lambda > 0$	$\Pr\{X = x\} = \dfrac{\lambda^x \exp(-\lambda)}{x!}$ $x = 0, 1, 2 \cdots$	λ	λ
均匀分布 $U(a, b)$	$a < b$	$p(x) = \begin{cases} \dfrac{1}{b-a}, & a < x < b \\ 0, & \text{其他} \end{cases}$	$\dfrac{a+b}{2}$	$\dfrac{(b-a)^2}{12}$
正态分布 $N(\mu, \sigma^2)$	μ $\sigma > 0$	$p(x) = \dfrac{1}{\sqrt{2\pi}\,\sigma} \exp\left[-\dfrac{(x-\mu)^2}{2\sigma^2} \right]$	μ	σ^2
指数分布 $\mathrm{EXP}(\theta)$	$\theta > 0$	$p(x) = \begin{cases} \dfrac{1}{\theta} \exp\left(-\dfrac{x}{\theta} \right), & x > 0 \\ 0, & \text{其他} \end{cases}$	θ	θ^2

定义 10.2 稳健性(Robustness):系统性能在不确定性影响下的稳定程度。

定义 10.3 可靠性(Reliability):系统及其组件在规定时间内、规定的工作条件下无故障地执行预定功能的能力。

定义 10.4 稳健设计优化(RDO):追求系统性能稳定、降低系统性能对不确定性影响的敏感度的优化设计方法。稳健性优化旨在降低目标函数响应值对不确定性因素影响的敏感程度,追求优化目标(系统性能)的稳健性。如图 10.1 所示,在确定性最优 x_1 处,若随机变量 x 的可能变化范围为 $\pm\Delta x$,当 x 在区间 $[x_1-\Delta x, x_1+\Delta x]$ 范围内变化时,目标函数响应值 f 的最大变化值为 Δf_1;在稳健优化 x_2 处,同样假设变量 x 的变化范围为 $\pm\Delta x$,当 x 在区间 $[x_2-\Delta x, x_2+\Delta x]$ 范围内变化时,目标函数响应值 f 的最大变化值为 Δf_2。可以看出,Δf_2 远远小于 Δf_1,表示此时的函数响应值对于变量 x 的变化不太敏感,也就是说更具稳健性。在 RDO 中,为了施加优化过程的稳健性约束,通常通过重新构造目标函数来描述不确定性影响下目标函数响应的变化情况,通常以目标函数响应值的标准差作为典型的度量指标,则目标函数响应的表达式为

$$目标函数 = k\mu_f(\boldsymbol{x},\boldsymbol{p})/w_{\mu_f} + (1-k)\sigma_f(\boldsymbol{x},\boldsymbol{p})/w_{\sigma_f} \qquad (10.1)$$

式中:设计变量 $\boldsymbol{x}$ 和系统参数 $\boldsymbol{p}$ 受到不确定性的影响;下标 f 指优化目标函数;μ_f 与 σ_f 分别为函数 f 在不确定性影响下的均值和标准差;k 为加权因子;w_{μ_f} 和 w_{σ_f} 为缩放因子。由于优化中既需要对目标性能进行优化,同时还需要降低其对不确定性影响的敏感度,因此将优化目标函数均值和标准差的加权之和作为新的目标函数,以此引导优化搜索朝着目标函数响应和系统对不确定性敏感性最小化的方向进行(这里用标准差测量)。在不确定性情况下分析函数响应不确定分布(例如均值和标准差)的方法称为不确定分析,具体内容将在 10.3 节中详细介绍。

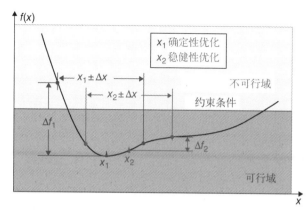

图 10.1 稳健设计的示意图

定义 10.5　可靠性设计优化(RBDO):也称为基于可靠性的设计优化,是实现最优可靠设计的一种方法,通过考虑满足可靠度约束的设计方案,在实现预期可靠度要求的基础上对目标性能进行优化。为了说明忽略不确定性影响的确定性优化与 RBDO 之间的差异,图 10.2 所示给出了两个变量的优化问题。其中,确定性最优值 x_1 位于约束边界上,但是如果考虑到设计变量 x 的不确定性影响,其变化范围将是 x_1 周围的正方形区域,且正方形区域中的大部分点落入不可行域的可能性较高,因此不能满足可靠性要求。反之,可靠性最优值 x_2 从约束边界移动到可行域,从而可确保设计变量 x 变化范围内的所有点都位于可行域中,以此保持优化设计所需的可靠性水平。因此,在 RBDO 中是通过对可靠性要求施加约束来考虑不确定性的影响,概率约束可以表示为:

$$\Pr\{g(\boldsymbol{x},\boldsymbol{p}) \geqslant c\} \geqslant R_{\mathrm{T}} \tag{10.2}$$

式中:设计变量 $\boldsymbol{x}$ 和系统参数 $\boldsymbol{p}$ 受到不确定性的影响,且约束函数响应值不小于极限状态 c 的概率必须大于或等于目标可靠度水平 R_{T}。如何计算 $\Pr\{(\boldsymbol{x},\boldsymbol{p}) \geqslant c\}$ 并同目标可靠度进行对比则可以运用可靠性分析,详见 10.3.3 节。

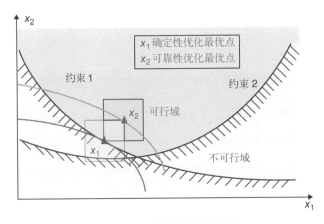

图 10.2　可靠性设计示意图

10.2.2　不确定性多学科设计优化流程

为了方便读者对不确定性多学科设计优化(UMDO)有一个系统的认识,本节主要介绍 UMDO 问题的一般求解流程,并对 UMDO 关键技术进行梳理。如图 10.3 所示,求解 UMDO 问题的一般流程主要包括优化和不确定性分析两部分。优化部分本质上是前面章节中所述确定性优化问题的扩展,即在考虑不确定性约束影响的情况下对目标施加可靠性约束或稳健性要求。不确定性分析则是嵌套在优化问题中的一部分,旨在定量分析优化过程中每个搜索点(采样点)由于不确定性影响而导致的目标和约束函数响应值(例如:目标稳健性和约束可靠性)的不确定分布情况。

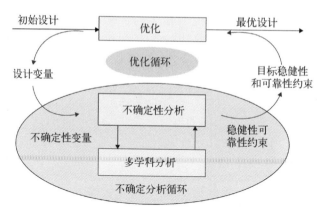

图 10.3　UMDO 求解过程流程图(Du、Guo 和 Beeram,2008)

　　UMDO 本质上来说是一个双层循环嵌套问题,外层的优化算法执行寻优搜索,且在每个搜索点通过调用内层的不确定分析来评估设计方案及其不确定特性,如果目标和约束是关于不确定输入的简单函数(如线性函数),则可以直接计算输出不确定分布情况。但通常来讲,优化设计目标函数一般是复杂的非线性方程甚至是黑箱问题,根本无法通过解析的形式来计算不确定性的分布结果,若采用蒙特卡罗采样方法或在其他可靠性分析方法(见 10.3 节)中进一步推进优化过程(在此双循环优化过程中通常称为次级优化或内层优化)则会涉及大量的仿真计算。在内层循环中,通常需要调用很多次系统分析以进行不确定性评估。需要注意的是,对于密切耦合的多学科复杂系统而言,运行系统分析相当耗时,因为其不仅涉及到复杂的多学科分析(Multidisciplinary Analysis,MDA)[1],还可能需要多次学科迭代分析才能收敛到一致的系统输出。相较于确定性优化而言,UMDO 由于双循环嵌套的特性使其计算量更为庞大,因此为了减少计算量,行之有效的方法是提高不确定性分析的效率,这样在内层优化过程中每个搜索点的计算量也将随之减少。10.3节将会介绍较为广泛使用的不确定性分析方法,以及为平衡计算精度和计算效率二者之间的关系而发展出的蒙特卡罗法和泰勒展开法等,而提高 UMDO 效率的另一类重要方法是将双循环嵌套程序重新构造成单循环问题,或者使用分解法将复杂问题分解为若干子问题,以便能够使用并行计算技术(Concurrent Computing Technology)(本书其他地方也称作大规模并行数据处理)进行处理,详见 10.4 节。

---

　　① 关于 MDA 过程的讨论和说明详见本书第 7 章和第 8 章。

10.3　不确定性分析

不确定分析方法可以分为侵入式和非侵入式两种形式（Keane 和 Nair，2005）。侵入式方法将物理系统模型中的不确定性变量进行随机展开，并将其代入系统分析模型中，包括重新构造控制方程和修改仿真程序，一个较为典型的例子是多项式混沌展开（Polynomial Chaos Expansion，PCE）方法，其采用正交多项式展开来表示随机过程，并将随机过程及其多项式混沌展代入初始控制方程以定义扩展系数。与侵入式方法相比，非侵入式方法将系统模型作为黑箱处理，直接对系统的输出进行随机展开，建立系统输出对不确定性的显示表达式，无需对系统模型本身进行修改，避免了方法研究与实际对象的耦合关联，因此非侵入式的源代码也可用于其他用途。非侵入式方法针对大量并行数据的处理特别有效，原因在于源代码可以直接复制到多个处理器上并行处理。本节主要讨论非侵入式的具体内容。

将系统模型定义为 $y=f(x)$，其中 x 为随机不确定性向量，y 是系统响应，假设定义域 Ω 上向量 x 的联合概率分布函数为 $p(x)$，对于 y 的任意函数 $\phi(y)$，其期望值可以通过以下表达式得到：

$$I = E(\phi(y)) = \int_{\Omega} \phi(f(x)) p((x)) d(x) \tag{10.3}$$

当 $\phi(y)=y^k$ 时，I 是第 k 阶矩的估计；当 $\phi(y)=y$ 时，I 是系统响应 y 的期望值；当 $y \leqslant y_0$ 时 $\phi(y)=1$，当 $y \geqslant y_0$ 时 $\phi(y)=0$，则 I 是 y 的概率分布 y_0 分位点对应的分位数。需要注意的是，在实际问题中系统模型往往非常复杂，式（10.3）通常无法直接通过积分求解。由此发展了一系列近似得到式（10.3）的数值计算方法，例如蒙特卡罗法（Monte Carlo Simulation，MCS）、泰勒展开法（Taylor Series Approximation）以及用于可靠性分析的一次可靠度法（First-Order Reliability Method，FORM）和二次可靠度法（Second-Order Reliability Method，SORM），这些内容将会在后续章节中详细介绍，特别是针对多学科耦合复杂系统的 UMDO 问题，提出了基于分解协调的不确定分析方法。

10.3.1　蒙特卡罗法

蒙特卡罗法又称为抽样法，是在不确定性变量取值空间进行抽样，并计算各个样本点对应的系统响应值，然后基于样本信息分析系统响应的概率分布特征和其他统计量的一类进行重复采样和仿真的数值统计算法（Landau 和 Binder，2005）。当样本点足够多时，MCS 方法就可以任意精度获取系统响应的均值、方差、分布函数和密度函数等统计信息，因此，MCS 方法常用于验证和评估不确定性分析策略的精确性。基本的 MCS 方法主要包括三个步骤：

步骤 1：根据不确定性变量的概率分布情况随机生成 n_s 个样本点。常见的有以下几种采样策略：当系统模型运算量较低时，可以通过随机采样法生成大量样本点进行分析；当系统模型对运算量要求很高时，则使用实验设计（Design of Experiment，DOE）方法获得均匀分布的样本（见第 11 章），例如拉丁超立方抽样（Latin Hypercube Sampling，LHS），LHS 根据需要将每个变量的范围划分为 n_s 个等概率不相交区间，并且从每个区间随机选择一个采样值，然后将每个变量对应的 n_s 个采样值随机配对形成 n_s 个样本，囿于其分层取样的特性，LHS 可以更有效地体现样本容量相对较少的不确定性信息。

步骤 2：采用确定性模型计算每个样本点处的系统输出响应值，得到 n_s 个样本对 $[x_{(i)}, y_{(i)}]$，$i = 1, 2, \cdots, n_s$。

步骤 3：对于这 n_s 个样本，近似计算式（10.3）中的积分值：

$$I = \widetilde{\phi} = \frac{1}{n_s} \sum_{i=1}^{n_s} \phi(y_{(i)}) \tag{10.4}$$

$\phi(y)$ 的标准差估计如下：

$$\sigma_\phi^2 \approx \frac{1}{n_s - 1} \sum_{i=1}^{n_s} (\phi(y_{(i)}) - \widetilde{\phi})^2 \tag{10.5}$$

则式（10.4）估计误差为

$$\mathrm{err} = \frac{\sigma_\phi}{\sqrt{n_s}} \tag{10.6}$$

由式（10.6）可以看出，估计误差与问题的维度无关，因此 MCS 方法非常适合应用于大规模不确定性分析问题。由于式（10.6）中估计误差与 $1/\sqrt{n_s}$ 成正比，也就意味着当估计误差提高一个数量级将导致样本数量会随之提高两个数量级，对于复杂耗时系统模型的 UMDO 问题而言，大量采样可能会导致 MCS 法的计算量过于庞大，而且 UMDO 问题需要经过多学科耦合仿真迭代才能达到一致的系统输出响应。针对这一问题，提出了集成不同采样方法的改进 MCS 方法，重要性抽样（Importance Sampling，IS）方法就是其中一种典型而有效的代表（Ang 和 Tang，1992），其主要原理是通过在重要区域采样而提高采样效率。

IS 方法也称作加权抽样，其基本思想是对定义域中那些对被估计参数影响较大的"重要"子集进行频繁采样，以此减少估计值的方差进而提高精度。因此，IS 的基本策略是选择一个"鼓励"从那些重要子集中进行采样的分布类型，并使用该分布替代模型中的初始分布生成用于统计分析的样本。假设采用分布函数 $h(\boldsymbol{x})$ 作为重要性抽样的概率密度函数，则式（10.3）可以改写为如下形式：

$$I = E(\phi(y)) = \int_\Omega \phi(f(\boldsymbol{x})) \frac{p(\boldsymbol{x})}{h(\boldsymbol{x})} h(\boldsymbol{x}) \, \mathrm{d}\boldsymbol{x} \tag{10.7}$$

根据 $h(\boldsymbol{x})$ 生成 n_s 个样本点 $\left[\widetilde{\boldsymbol{x}}_{(i)},\widetilde{y}_{(i)}\right]$，$i=1,2,\cdots,n_s$，式（10.7）近似为：

$$I = \widetilde{\phi}_{\mathrm{IS}} = \frac{1}{n_s} \sum_{i=1}^{n_s} \phi(\widetilde{y}_{(i)}) \frac{p(\widetilde{x}_{(i)})}{h(\widetilde{x}_{(i)})} \tag{10.8}$$

式（10.5）的标准差 $\phi(y)$ 与式（10.6）的估计误差可以改写为如下形式：

$$\widetilde{\sigma}_\phi^2 \approx \frac{1}{n_s - 1} \sum_{i=1}^{n_s} \left(\phi(\widetilde{y}_{(i)}) \frac{p(\widetilde{x}_{(i)})}{h(\widetilde{x}_{(i)})} - \widetilde{\phi}_{\mathrm{IS}} \right)^2 \tag{10.9}$$

$$\mathrm{err}_{\mathrm{IS}} = \widetilde{\sigma}_\phi / \sqrt{n_s}$$

由式（10.9）可以看出，选取合适的 $h(\boldsymbol{x})$ 有望将估计误差值 $\mathrm{err}_{\mathrm{IS}}$ 降低为零。参考文献（Ang 和 Tang，1992；Hinrichs，2010）对 $h(\boldsymbol{x})$ 的选取方法进行了详细讨论，本节不再赘述，本章 10.3.3 节中将重点讨论重要性抽样方法在小概率事件中的应用。

10.3.2　泰勒展开法

泰勒展开法可用于分析系统响应值在随机不确定性传递影响下的低阶矩信息。分析系统模型 $y=f(\boldsymbol{x})$ 在点 $\boldsymbol{x}_0$ 处的响应值分布矩信息近似等于 f 关于随机向量 $\boldsymbol{x}$ 元素输出的偏导数，首先将其在点 $\boldsymbol{x}_0$ 处做一阶泰勒展开，即

$$y(\boldsymbol{x}) \approx f(\boldsymbol{x}_0) + \sum_{i=1}^{n_x} \frac{\partial f(\boldsymbol{x}_0)}{\partial x_i}(x_i - x_{i0}) \tag{10.10}$$

式中：n_x 是系统不确定性变量的向量维数；x_i 和 x_{i0} 分别为 $\boldsymbol{x}$ 和 $\boldsymbol{x}_0$ 的第 i 个分量。根据式（10.10）可以计算由不确定性向量 $\boldsymbol{x}$ 引起的输出不确定性，系统输出 $y=f(\boldsymbol{x})$ 在点 $\boldsymbol{x}_0$ 处的均值和标准差近似计算公式为

$$\begin{cases} \mu_y = E(y) \approx f(\boldsymbol{x}_0) + \sum_{i=1}^{n_x} \dfrac{\partial f(\boldsymbol{x}_0)}{\partial x_i} E(x_i - x_{i0}) = f(\boldsymbol{x}_0) \\[2mm] \sigma_y = \sqrt{\sum_{i=1}^{n_x} \left(\dfrac{\partial f(\boldsymbol{x}_0)}{\partial x_i} \right)^2 \sigma_{x_i}^2 + 2 \sum_{i=1}^{n_x} \sum_{j=i+1}^{n_x} \dfrac{\partial f(\boldsymbol{x}_0)}{\partial x_i} \dfrac{\partial f(\boldsymbol{x}_0)}{\partial x_j} \mathrm{cov}(x_i, x_j)} \end{cases} \tag{10.11}$$

式中：$\mathrm{cov}(x_i, x_j)$ 为不确定性变量 x_i 和 x_j 之间的相关系数。若向量 $\boldsymbol{x}$ 中各元素之间不相关，忽略二阶信息，则系统输出标准差的近似计算公式为

$$\sigma_y = \sqrt{\sum_{i=1}^{n_x} \left(\frac{\partial f(\boldsymbol{x}_0)}{\partial x_i} \right)^2 \sigma_{x_i}^2} \tag{10.12}$$

对于存在学科耦合的 UMDO 问题，一阶泰勒展开法也可以同第 7 章中讨论的全局灵敏度方程（GSE）结合使用，以此分析存在学科交叉不确定性传播情况下的系统输出不确定性（Gu 等，2000）。考虑一种有 n_D 个耦合学科的 UMDO 问题，用 T_i 表示学科 i 的分析模型（分析工具），用 $\boldsymbol{y}_i$ 表示学科 i 的输出向量，分析模型 T_i 的输

入包括设计变量向量 $\boldsymbol{x}$ 和其他学科输出的耦合状态量向量 $\boldsymbol{y}_i = [\boldsymbol{y}_j] (j \neq i)$，$\boldsymbol{y}_i$ 由 $\boldsymbol{y}_i = T_i(\boldsymbol{x}, \boldsymbol{y}_i)$ 计算得出。考虑到设计变量 $\boldsymbol{x}$ 随 $\Delta \boldsymbol{x}$ 变化的不确定性且分析模型存在偏差 ΔT_i，则输出不确定性具有以下估计形式：

$$
\begin{bmatrix} \Delta \boldsymbol{y}_1 \\ \Delta \boldsymbol{y}_2 \\ \vdots \\ \Delta \boldsymbol{y}_{n_D} \end{bmatrix} = \begin{bmatrix} \dfrac{\mathrm{d} \boldsymbol{y}_1}{\mathrm{d} \boldsymbol{x}} \\ \dfrac{\mathrm{d} \boldsymbol{y}_2}{\mathrm{d} \boldsymbol{x}} \\ \vdots \\ \dfrac{\mathrm{d} \boldsymbol{y}_{n_D}}{\mathrm{d} \boldsymbol{x}} \end{bmatrix} \Delta \boldsymbol{x} + \begin{bmatrix} \boldsymbol{I}_1 & -\dfrac{\partial T_1}{\partial \boldsymbol{y}_2} & \cdots & -\dfrac{\partial T_1}{\partial \boldsymbol{y}_{n_D}} \\ -\dfrac{\partial T_2}{\partial \boldsymbol{y}_1} & \boldsymbol{I}_2 & & \vdots \\ \vdots & & \ddots & \vdots \\ -\dfrac{\partial T_{n_D}}{\partial \boldsymbol{y}_1} & & \cdots & \boldsymbol{I}_{n_D} \end{bmatrix}^{-1} \begin{bmatrix} \Delta T_1(\boldsymbol{x}, \boldsymbol{y}_1) \\ \Delta T_2(\boldsymbol{x}, \boldsymbol{y}_2) \\ \vdots \\ \Delta T_{n_D}(\boldsymbol{x}, \boldsymbol{y}_{n_D}) \end{bmatrix}
$$

$$(10.13)$$

Du 和 Chen(2000)提出了一种基于泰勒展开和灵敏度分析的多学科系统不确定性分析方法(System Uncertainty Analysis Method, SUAM)，旨在估计参数不确定性和模型不确定性条件下多学科系统输出的均值和方差，其导出的耦合状态变量方差估计方程除采用标准变量 $\boldsymbol{y}_i$ 代替 $\Delta \boldsymbol{y}_i$ 之外，其他形式基本与式(10.13)相同。

10.3.3　可靠性分析

可靠性分析方法是不确定分析中的一类特殊方法，特指用于计算系统响应值在不确定性影响下满足约束条件的可靠度或失效概率，图 10.4 对具有两个随机输入变量的线性约束函数可靠性分析进行了说明。

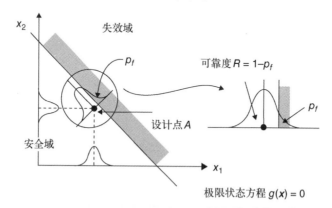

图 10.4　两随机变量线性约束函数的可靠性分析示意图

不失一般性，在设计点处给定约束条件 $g(\boldsymbol{x}) \geqslant 0$，则系统失效概率 p_f 可通过以下积分表达式求出：

$$p_f = \int_D p(\boldsymbol{x})\,\mathrm{d}\boldsymbol{x} \tag{10.14}$$

式中:定义失效区域 D 为 $g(\boldsymbol{x})\leqslant 0$;$p(\boldsymbol{x})$ 为不确定性变量 $\boldsymbol{x}$ 的联合概率密度函数,系统可靠度 $R=1-p_f$。通常,该积分表达式一般很难进行解析计算,因为联合概率分布函数 $p(\boldsymbol{x})$ 和失效区域 D 几乎不能以解析形式显式定义,而且多重积分求解难度很大,特别是对于一个具有高耗时分析模型的复杂系统来说尤其严重。对于这种情况,可以采用工程问题中更为广泛使用的一次可靠度法(First-Order Reliability Analysis Method,FORM)和二次可靠度法(Second-Order Reliability Analysis Method,SORM)等可靠性分析方法(Zhao 和 Ono,1999)。FORM 和 SORM 总体上包括以下三个步骤:

步骤 1:将原空间中的非高斯随机变量 $\boldsymbol{x}$ 转化为标准正态空间 $\boldsymbol{U}$ 中的标准正态独立分布的高斯随机变量 $\boldsymbol{u}$,从 $\boldsymbol{x}$ 到 $\boldsymbol{U}$ 的变换形式为 $\boldsymbol{x}=T(\boldsymbol{u})$,则式(10.14)可转换为

$$p_f = \int_{D_u} \phi(\boldsymbol{u})\,\mathrm{d}\boldsymbol{u} \tag{10.15}$$

式中:$\phi(\boldsymbol{u})$ 为标准正态联合概率密度函数;D_u 为原失效域 D 转换到标准正态空间 $\boldsymbol{U}$ 中的失效区域,由极限状态方程 $G(\boldsymbol{u})=g(T(\boldsymbol{u}))=0$ 定义。

步骤 2:在极限状态函数上搜索最大可能点(Most Probable Point,MPP),也称为最可能失效点、设计点或者检查点,该点在极限状态函数中具有最大概率密度。通常来讲寻找 MPP 可以视作具有以下形式的优化问题:

$$\begin{cases} \min_{\boldsymbol{u}} \|\boldsymbol{u}\| \\ \mathrm{s.\,t.}\ \ G(\boldsymbol{u})=0 \end{cases} \tag{10.16}$$

用 $\boldsymbol{u}^*$ 表示式(10.16)的最优点,该点位于离原点最远的极限状态曲面上。该优化问题可以通过常用的 HL-RF(Hasofer、Lind、Rackwitz 和 Fiessler)迭代方法求解,其迭代格式如下:

$$\begin{cases} \boldsymbol{u}^{(k+1)} = (\boldsymbol{u}^{(k)}\cdot\boldsymbol{n}^{(k)})\boldsymbol{n}^{(k)} + \dfrac{G(\boldsymbol{u}^{(k)})}{\|\nabla G(\boldsymbol{u}^{(k)})\|}\boldsymbol{n}^{(k)} \\ \boldsymbol{n}^{(k)} = -\dfrac{\nabla G(\boldsymbol{u}^{(k)})}{\|\nabla G(\boldsymbol{u}^{(k)})\|} \end{cases} \tag{10.17}$$

式中:$\boldsymbol{n}^{(k)}$ 为 $G(\boldsymbol{u})$ 在 $\boldsymbol{u}^{(k)}$ 处的最速下降方向向量。式(10.16)优化问题也可以直接通过等式约束优化方法求解,例如第 4 章及 Peiling 和 Der(1991)提到的梯度法、增广拉格朗日法、序列二次规划法和罚函数法。

步骤 3:通过极限状态函数位于最大可能点 MPP 的切平面对原极限状态超曲面进行一阶或二阶近似,进而用极限状态函数近似估计失效概率。如图 10.5 所示

（采用一阶泰勒展开），则基于该近似的极限状态超平面可对失效概率估计如下：

$$P_f \approx \Phi(-\beta) \qquad (10.18)$$

式中：$\beta = \|\boldsymbol{u}^*\|$ 是可靠度指标（安全性指标）；$\Phi(\cdot)$ 是标准正态 CDF。对于高度非线性极限状态方程而言，为了提高估计精度，极限状态超曲面可由 SORM 方法中的二次超曲面近似得到（Breitung，1984）。Zhao 和 Ono（1999）全面研究了 FORM 和 SORM 的精度及其适用范围，虽然 FORM 的精度有限，但由于其计算效率较高，在实际工程中得到了广泛应用。

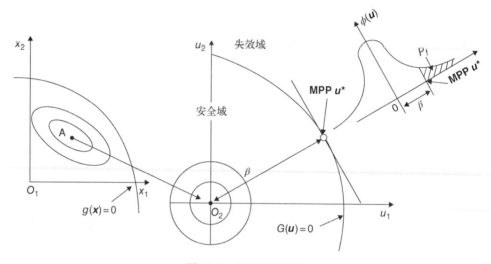

图 10.5　FORM 示意图

除了上述估算可靠度的数值近似方法，MCS 方法也是另外一种很好的选择，因为这种方法易于实现且应用灵活，可兼容任何类型的概率分布和任何形式的约束函数。定义指标函数 $I[g(\boldsymbol{x}_{(i)}<0)]$，若 $\boldsymbol{x}_{(i)}$ 在失效区域 D 中，则 $I[\cdot]=1$，否则 $I[\cdot]=0$。则式（10.14）可改写为如下形式：

$$p_f = \int_\Omega I[g(\boldsymbol{x}) < 0]p(\boldsymbol{x})\mathrm{d}\boldsymbol{x} \qquad (10.19)$$

由容量为 n_s 的相互独立样本数据对 $[\boldsymbol{x}_{(i)},\boldsymbol{y}_{(i)}]$，通过 MCS 可得到式（10.19）的无偏差估计量为

$$p_f \approx \widetilde{p}_f = \frac{1}{n_s}\sum_{i=1}^{n_s} I[g(\boldsymbol{x}_{(i)}) < 0] \qquad (10.20)$$

式中：$\xi_{(i)} = I[g(\boldsymbol{x}_{(i)}<0)]$，$\{\xi_{(i)}\}$ 是 n_s 个独立随机 0/1 实验结果的序列集合，$\xi_{(i)}$ 是独立伯努利实验（结果为 0 或 1 的独立随机实验）且其结果是 1 情况下的概率为 p_f，$\xi_{(i)}$ 的期望值为 $\mu = \mathrm{E}(\xi_{(i)}) = p_f$，标准差 $\sigma = \sqrt{\mathrm{var}(\xi_{(i)})} = \sqrt{p_f(1-p_f)}$，用 $z_{1-v/2}$ 表示

标准正态分布的 $1-v/2$ 分位数,对于给定的置信度水平 $1-v$, $|\tilde{p}_f-p_f|$ 的误差范围 ε 为:

$$\varepsilon = z_{1-v/2}\frac{\sigma}{\sqrt{n_s}} = z_{1-v/2}\sqrt{\frac{p_f(1-p_f)}{n_s}} \tag{10.21}$$

误差百分比 $\tilde{\varepsilon} = \varepsilon/p_f$ 为:

$$\tilde{\varepsilon} = z_{1-v/2}\sqrt{\frac{1-p_f}{n_s p_f}} \tag{10.22}$$

由式(10.22)可以看出,已知要求的置信度水平和误差百分比,当 p_f 非常小时,样本容量 n_s 就会变得异常庞大并且会出现难以计算的困难,而 10.3 节提到的 IS 方法是解决该问题颇为有效的方法,其基本思想是从 MPP 和失效区域 D 附近的样本点中提取更多信息,因此抽样分布应通过基于 PDF 的 IS 方法从初始分布转移到 MPP(平均值转移到 MPP),如图 10.6 所示,在 MPP 处失效概率约为 50%。由式(10.22)可以推断出,已知相同的误差百分比和置信度水平,则初始分布与转移分布的抽样数量比率对于 $p_f=1\%$ 分布为 100,对于 $p_f=0.1\%$ 分布为 1000,这清楚地表明 IS 方法可以有效减少计算量。

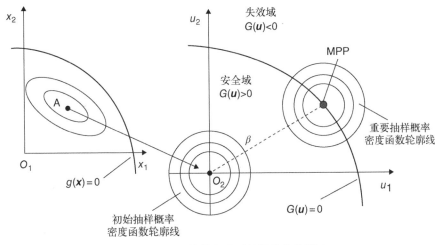

图 10.6　重要抽样方法对抽样分布的影响

10.3.4　基于分解的不确定性分析

对于多学科紧密耦合的复杂系统,往往需要通过迭代求解学科分析模型来获取系统多学科相容解,如果只为了其中一个学科优化设计而运行 MDA 显然非常耗时。如果将 MDA 直接视作黑箱问题嵌套在前面所述不确定性分析模型中反复运行,则会导致巨大的计算量,例如 MCS、FORM/SORM 等。为了提高计算效率,可以使用计算代价较小的高保真学科模型(见第 11 章)。另外一种减小计算代价的重要方法是利用基于分解和协调的不确定性分析策略,基于此可将不确定性分析问题分解为多个学科或者子系统的不确定性分析问题,并且每个子分析问题都可以控制在一个可接受的水平范围内,分解后的子问题还可以使用分布式并行计算进一步减少计算时间。因此,在不确定性分析过程中,只运行学科层分析可以有效减少系统层 MDA 数量,典型的包括并行子系统不确定分析方法(Concurrent Subsystem Uncertainty Analysis Method,CSSUA)(Du 和 Chen,2000)、隐式不确定性传播方法(Implicit Uncertainty Propagation Method,IUP)(Gu 和 Renaud,2001)、协同可靠性分析方法(Collaborative Reliability Analysis Approach)(Du 和 Chen,2005)等,这里主要介绍 CSSUA。

考虑有 n_D 个耦合学科的 UMDO 问题,用 T_i 表示学科 i 的分析模型,用 y_i 表示学科 i 的输出向量,输入 T_i 包括共享设计变量 x_s、局部设计变量 x_i 和其他学科输出耦合状态向量 $y_i = [y_j] (j \neq i)$,$y_i = T_i(x_s, x_i, y_i)$。在 CSSUA 中,首先会在每个学科内同时计算每个子系统均值和标准方差作为输出。对于学科 i 的不确定性分析,其他学科耦合状态变量的平均值 μ_{y_j} 和方差 $\sigma_{y_j} (j \neq i)$ 则是按照系统级向下传递的,据此计算出学科 i 状态变量的均值和方差分别用 $\mu_{y_i}^*$ 和 $\sigma_{y_i}^*$ 表示。接着,基于多学科不确定性分析的结果,耦合状态变量均值和方差的兼容性可以通过下列系统级优化来实现。

$$\begin{cases} \text{find}: \mu_{y_i}, \sigma_{y_i} (i = 1, 2, \cdots, n_D) \\ \min: \sum_{i=1}^{n_D} [\|\mu_{y_i} - \mu_{y_i}^*\| + \|\sigma_{y_i} - \sigma_{y_i}^*\|] \end{cases} \qquad (10.23)$$

经过系统级优化之后,μ_{y_j} 和 σ_{y_j} 完成更新并通过多学科不确定性分析重新进行传递得到新的 $\mu_{y_j}^*$ 和 $\sigma_{y_j}^*$,重复这两个步骤直到迭代收敛为止,最终得到所有状态变量的均值和方差。

10.4 不确定性优化

不确定性优化方法是在不确定性影响下根据稳健性和可靠性设计要求对设计空间进行寻优的方法,不确定性优化主要涉及两类问题,即目标稳健性和约束可靠性。求解目标稳健性本质上是一个多目标优化问题,运用目标函数均值和方差加权之和求解多目标优化的方法在诸多文献中也到了广泛的研究,本书第 4 章和第 6 章也详尽地介绍了这些方法,但是为了完整性,本章内容将再次进行讨论并引入了新的参考文献,以便更加具体地与之在不确定性情况下的实际应用联系起来。

不确定性优化研究的两类问题:第一类目标稳健性的内容涉及到第 6 章讨论的方法,包括如式(10.1)所示的两个目标(复合目标函数)加权和、基于偏好的物理规划方法(Chen 等,2000;Messac 和 Ismail-Yahaya,2002)和折中规划方法(Compromise Programming,CP)(Chen、Wiecek 和 Zhang,1999;Govindaluri 和 Cho,2007)。第二类可靠性约束在第 5 章中已经进行了描述,包括遗传算法和进化优化方法(Li、Azarm 和 Aute,2005;Rai,2004)。在这些方法中,计算目标均值和变量的关键可通过 10.3 节中讨论的不确定性分析方法得到,例如,通过泰勒展开可直接计算出与设计变量和系统参数相关的不确定性均值及方差。而求解约束可靠性要复杂得多,因为可靠性(或者失效概率)的计算更为困难,特别是在失效事件发生概率很小的情况下(如 10.3.3 节所述),因此,本节内容主要针对此问题展开讨论。为了求解约束可靠性,较为广泛使用的方法包括可靠性指标法(Reliability Index Approach,RIA)和性能测度法(Performance Measure Approach,PMA),详见 10.4.1 节。二者的区别在于前者需要计算每个搜索点的可靠性指标并与目标值进行比较,而后者需要计算与目标失效概率相对应的约束响应值,并将其与每个搜索点的约束极限值进行比较。因此,这两种基于传统嵌套优化和可靠性分析框架的方法计算量比较大,为了解决该问题,开发出了将嵌套式框架合并或解耦成单层过程的单层优化(Single Level Approach,SLA)方法,详见 10.4.2 节。此外,由于可靠性约束较为简单,在实际应用中除了前面所述的 SLA 方法,还有精度不高但是更为简便的近似方法,如将可靠性约束转换为准确定性约束,详见 10.4.3 节。最后,书中特别考虑了 UMDO 问题中复杂系统的多学科性质,该问题需要基于类似 10.4.4 节确定性 MDO 问题中基于分解和协调的方法将复杂的 UMDO 问题分解为若干子问题。

10.4.1　可靠性指标法(RIA)和性能测度法(PMA)

为了求解可靠性约束 $\Pr\{g(x,p)\geqslant 0\}\geqslant R_T$,核心任务是在不确定性影响下将约束失效的概率保持在可接受的水平范围内,R_T 是为满足约束条件 g 而指定的可靠性要求,等效于约束失效 $g\leqslant 0$ 的概率不大于指定的目标值 $p_{Tf}=1-R_T$,设计变量 x 和系统参数 p 均受随机不确定性的影响。在优化过程中,一种直接的方法就是在各个搜索点对不确定性约束条件进行可靠性分析,计算其满足约束的可靠度 p_f(或者约束失效概率),并将其与目标值 p_{Tf} 进行比较,判断是否满足可靠性要求。可靠性分析广泛采用 FORM 和 SORM 方法,主要思路是通过计算出可靠性指标 β 对可靠度进行估算,并与预定的可靠度要求 R_T 对应的可靠性指标 $\beta_T=-\Phi^{-1}(p_{Tf})$ 进行比较以判断是否满足可靠性约束条件,若 $\beta>\beta_T$,则满足可靠性约束,因此该方法称为可靠性指标法(RIA)。

优化过程中,如果在每个搜索点上计算可靠性指标的计算量十分巨大,且该过程并不需要计算每个搜索点的可靠度指标,则只需要判断每个搜索点是否满足可靠性约束要求即可,且并无必要准确计算出搜索点处的具体可靠度值,由此发展出了性能测度方法(PMA)。PMA 方法的基本思想是对于每个约束函数 g,计算其随机分布响应值 p_{Tf} 的分位点 $g^{p_{Tf}}$,记为

$$\Pr\{g \leqslant g^{p_{Tf}}\} = p_{Tf} \tag{10.24}$$

若 $g^{p_{Tf}} \geqslant 0$,那么 $\Pr\{g \leqslant 0\} \leqslant p_{Tf}$,即满足可靠性约束条件,因此该优化问题只需要在每个搜索点计算 $g^{p_{Tf}}$ 即可。在 PMA 方法中,分位点值 $g^{p_{Tf}}$ 可通过求解下列优化问题计算:

$$\begin{cases} \min_{\boldsymbol{u}} G(\boldsymbol{u}) \\ \text{s. t.} \quad \|\boldsymbol{u}\| = \beta_T \end{cases} \tag{10.25}$$

该优化问题实际为 FORM 中求解最大可能点优化问题的逆问题,其最优解 $\boldsymbol{u}^*_{\beta=\beta_T}$ 称为逆最大可能点(inverse MPP),由此可以估算分位点值为 $g^{p_{Tf}} = G(\boldsymbol{u}^*_{\beta=\beta_T})$,不同于 RIA,求解该约束问题只需在约束 $\|\boldsymbol{u}\| = \beta_T$ 确定的超球面上搜索使 $G(\boldsymbol{u})$ 最小的单位向量方向 $\boldsymbol{u}^*_{\beta=\beta_T}$ 即可,此方法比式(10.16)搜索最大可能点更加简单。针对 RIA 和 PMA 的比较研究表明,相较于 RIA,PMA 在数值精度、简性性和稳定性方面有诸多优势(Choi 和 Youn,2002a,2002b;Lee、Yang 和 Ruy,2002),目前比较广泛采用的方法有适用于凸约束函数的改进均值(Advanced Mean Value,AMV)方法、适用于非凸约束函数的共轭均值(Conjugate Mean Value,CMV)方法以及适用于凸和非凸约束函数的混合均值(Hybrid Mean Value,HMV),亦可直接采用等式约束优化器对该优化问题进行求解,详见文献(Choi 和 Youn,2002a)。

AMV 方法迭代求解逆最大可能点的迭代格式为

$$\begin{cases} \boldsymbol{u}^{(1)}_{\text{AMV}} = \beta_T \cdot \left(-\dfrac{\nabla G(0)}{\|\nabla G(0)\|} \right) \\ \boldsymbol{u}^{(k+1)}_{\text{AMV}} = \beta_T \boldsymbol{n}(\boldsymbol{u}^{(k)}_{\text{AMV}}), \boldsymbol{n}(\boldsymbol{u}^{(k)}_{\text{AMV}}) = -\dfrac{\nabla G(\boldsymbol{u}^{(k)}_{\text{AMV}})}{\|\nabla G(\boldsymbol{u}^{(k)}_{\text{AMV}})\|} \quad k \geqslant 1 \end{cases} \tag{10.26}$$

CMV 方法迭代求解逆最大可能点的迭代格式为:

$$\begin{cases} \boldsymbol{u}^{(0)}_{\text{CMV}} = 0, \boldsymbol{u}^{(1)}_{\text{CMV}} = \boldsymbol{u}^{(1)}_{\text{AMV}}, \boldsymbol{u}^{(2)}_{\text{CMV}} = \boldsymbol{u}^{(2)}_{\text{AMV}} \\ \boldsymbol{u}^{(k+1)}_{\text{CMV}} = \beta_T \cdot \dfrac{\boldsymbol{n}(\boldsymbol{u}^{(k)}_{\text{CMV}}) + \boldsymbol{n}(\boldsymbol{u}^{(k-1)}_{\text{CMV}}) + \boldsymbol{n}(\boldsymbol{u}^{(k-2)}_{\text{CMV}})}{\|\boldsymbol{n}(\boldsymbol{u}^{(k)}_{\text{CMV}}) + \boldsymbol{n}(\boldsymbol{u}^{(k-1)}_{\text{CMV}}) + \boldsymbol{n}(\boldsymbol{u}^{(k-2)}_{\text{CMV}})\|} \quad k \geqslant 2 \\ \boldsymbol{n}(\boldsymbol{u}^{(k)}_{\text{CMV}}) = -\dfrac{\nabla G(\boldsymbol{u}^{(k)}_{\text{CMV}})}{\|\nabla G(\boldsymbol{u}^{(k)}_{\text{CMV}})\|} \end{cases} \tag{10.27}$$

HMV 方法在每一次迭代中,首先根据连续三次迭代获取的约束函数最速下降

方向判断约束函数的凸或非凸特征,即

$$\xi^{(k+1)} = (\boldsymbol{n}^{(k+1)} - \boldsymbol{n}^{(k)}) \cdot (\boldsymbol{n}^{(k)} - \boldsymbol{n}^{(k-1)}) \qquad (10.28)$$

如果 $\xi^{(k+1)}$ 的符号为正,则约束函数在当前迭代点 $\boldsymbol{u}_{\mathrm{HMV}}^{(k+1)}$ 处为凸函数,采用 AMV 方法在本次迭代中求解逆最大可能点 MPP,反之若 $\xi^{(k+1)}$ 的符号为负,则采用 CMV 方法。

无论是 RIA 方法还是 PMA 方法,都需要在优化中的每一个搜索点进行最大可能点或逆最大可能点计算,实质上均为双层迭代的优化算法,当应用于学科分析相对复杂的大型系统优化设计时,计算量将变得异常庞大甚至无法承受。

10.4.2 单层算法

针对前面提到的计算负担问题,近年来发展了一系列单层算法(Single Level Approach,SLA),将嵌套的双层循环解耦为两个独立的子问题序贯执行(单层序贯优化法)或者将二者融为一个单层优化问题(单层融合优化法)。下面两个小节将分别对其进行介绍。

10.4.2.1 单层双向量法

单层双向量法(Single Level Double Vector,SLDV)通过对应的一阶库恩-塔克(KT)最优必要条件,取代了 PMA 中搜索逆 MPP 的内层优化问题,并将这些 KT 最优必要条件作为约束条件作用于外层优化,从而省去了内层不确定性分析,同时满足了可靠性要求(Agarwal 等,2004)。融合后的优化问题可以表述为

$$
\begin{cases}
\text{find } \mu_x, \boldsymbol{u}_1, \cdots, \boldsymbol{u}_{N_{\mathrm{hard}}} \\
\min f \\
\text{s. t. } G_i(\boldsymbol{u}_i, \boldsymbol{\eta}) \geqslant 0 \quad i = 1, 2, \cdots, N_{\mathrm{hard}} \\
\quad h1_i \equiv \| \boldsymbol{u}_i \| \| \nabla_u G_i(\boldsymbol{u}_i, \boldsymbol{\eta}) \| + \boldsymbol{u}_i^{\mathrm{T}} \nabla_u G_i(\boldsymbol{u}_i, \boldsymbol{\eta}) \\
\quad h2_i \equiv \| \boldsymbol{u}_i \| - \beta_i \\
\quad h1_i = 0 \quad i = 1, 2, \cdots, N_{\mathrm{hard}} \\
\quad h2_i = 0 \quad i = 1, 2, \cdots, N_{\mathrm{hard}} \\
\quad g_i(\mu_x, \mu_p) \geqslant 0 \quad i = 1, 2, \cdots, N_{\mathrm{soft}} \\
\quad \boldsymbol{x}^L \leqslant \mu_x \leqslant \boldsymbol{x}^U
\end{cases}
\qquad (10.29)
$$

式中:β_i 为对应于第 i 个可靠性约束要求的目标可靠性指标;$G_i(\boldsymbol{u}_i, \boldsymbol{\eta})$ 为标准正态空间中第 i 个主动约束的极限状态方程;$\boldsymbol{\eta}$ 为 $\boldsymbol{p}$ 在标准正态空间 $\boldsymbol{U}$ 中的转化形式;$\boldsymbol{u}_i$ 为第 i 个主动约束的逆 MPP;N_{hard} 为主动约束(硬约束,指违反或处于临界值的约束条件)的数量,N_{soft} 为被动约束(软约束,指没有违反的约束条件)的数量。实际应用中仅考虑硬约束的可靠性,软约束仍保留在初始 $\boldsymbol{x}$ 空间中,初始优化搜索空间

扩展为包含所有硬约束的初始设计变量和逆 MPP。在满足 KT 条件的情况下,该式在数学上等价于初始双层优化问题。主要问题在于如果硬约束的数量很大,设计变量的数量就会大大增加,换而言之,对于具有 n_X 维设计变量的初始优化而言,增广设计变量的数量为 $n_X = (1+N_{hard})$,通过将双层优化整合到单层融合优化中,实质上会增加优化计算的负担并降低计算效率。此外,在外层优化中强制执行大量等式约束也可能导致数值稳定性和收敛性变差(更多关于等式约束的讨论详见第 11 章基于 K-S 函数的方法),且 KT 条件是由 PMA 一阶可靠性分析算法导出的,对于高度非线性的不确定性问题,其精度并不能保证。

10.4.2.2 单层单向量法

单层单向量法(Single-Loop Single-Vector,SLSV)根据前一个循环逆最大可能点的极限状态方程方向余弦和预设安全因子,对当前循环约束条件的逆最大可能点进行近似计算,以此取代通过不确定性分析获取逆最大可能点的内层循环(Chen、Hasselman 和 Neill,1997)。融合后优化问题可以表述为

$$\begin{cases} \text{find } \boldsymbol{\mu}_x \\ \min f \\ \text{s. t. } G_i(z_i^{(k)}, \boldsymbol{\eta}) \geqslant 0 \quad i = 1, 2, \cdots, N_{hard} \\ z_i^{(k)} = \mu_z^{(k)} + \beta_i \alpha_i^{*(k-1)} \quad i = 1, 2, \cdots, N_{hard} \\ \mu_z^{(k)} = \mu_x / \sigma_x \\ \alpha_i^{*(k-1)} = \nabla_z G_i(z_i^{(k-1)}, \boldsymbol{\eta}) / \|\nabla_z G_i(z_i^{(k-1)}, \boldsymbol{\eta})\| \quad i = 1, 2, \cdots, N_{hard} \\ g_i(\mu_x, \mu_p) \geqslant 0 \quad i = 1, 2, \cdots, N_{soft} \\ x^L \leqslant \mu_x \leqslant x^U \end{cases} \quad (10.30)$$

式中:$z_i^{(k)}$ 为第 i 个硬约束条件下随机优化变量和随机系统变量对应第 k 次循环中的近似逆 MPP;α_i^* 为第 i 个硬约束条件在 z_i 处的 MPP 方向余弦;需要注意的是,极限状态函数 G_i、MPP 向量 z_i 和转换后的系统参数 $\boldsymbol{\eta}$ 均位于独立的标准正态空间中。实际应用中,对于多约束情况,一般首先判断约束条件是硬约束或软约束,然后只需对硬约束条件进行上述转换以提高其可靠度,而对于安全的软约束条件则无需考虑其可靠性问题,以此可以降低计算量。该方法的最大可能点计算简便,通过多次迭代 z_i 能够逐步收敛至满足可靠度要求的最优点,可以大大提高优化效率。

相较于前述两种单层融合算法,单层序贯优化算法旨将嵌套的双层循环解耦为内层不确定分析和外层优化搜索相互独立的子问题,并将优化搜索和不确定性分析序贯执行,由此构成一个单层循环。在每次单层循环中,基于前一次循环中不确定性分析获得的信息,将可靠性约束转化为等价确定性约束,以此将不确定性优化问题转化为确定性优化问题;完成确定性优化后,对优化方案进行可靠性分析,

分析结果用于指导下次确定性优化；按顺序排列不确定性分析和确定性优化并交替执行，经过多次迭代，最终收敛到符合可靠性要求的最优状态。该方法特别适用于多学科优化问题，因为它可以将 UMDO 问题分解为独立的不确定性分析和确定性 MDO 问题。对于独立的确定性 MDO 问题，存在多种 MDO 架构来提高其效率，例如第 8 章中讨论的 AAO、SAND、IDF、MDF 和 BLISS 等。

单层序贯优化过程中，如何将可靠性约束条件转化为满足要求的等价确定性约束条件是该方法的关键所在，接下来针对该问题讨论两种典型的算法。

1）序贯优化和可靠性评估法

序贯优化与可靠性评估法（Sequential Optimization and Reliability Assessment，SORA）将基于可靠性的优化问题分解为确定性优化和可靠性分析两个子问题序贯求解直至收敛。其将可靠性优化问题转换为确定性优化问题的思路是：通过平移约束函数，使平移后对于约束函数确定的极限状态边界上任意点，其对应预定义可靠度要求的逆最大可能点位于原约束函数定义的可行域内或极限状态边界上，然后以该平移后的约束函数作为确定性约束条件作用于下一次确定性优化中（Du 和 Chen，2002），图 10.7 所示给出了移动约束边界的示意图。

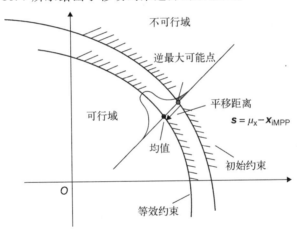

图 10.7　SORA 移动约束边界示意图

第 k 次迭代确定性优化可以表示为如下形式：

$$\begin{cases} \text{find } \boldsymbol{\mu_x} \\ \min f \\ \text{s.t. } g((\boldsymbol{\mu_x}-\boldsymbol{s}^{(k)}),\boldsymbol{p}_{\text{iMPP}}^{(k-1)}) \geqslant 0 \\ \boldsymbol{s}^{(k)}=\boldsymbol{\mu_x}^{(k-1)*}-\boldsymbol{x}_{\text{iMPP}}^{(k-1)} \\ \boldsymbol{x}^L \leqslant \boldsymbol{\mu_x} \leqslant \boldsymbol{x}^U \end{cases} \tag{10.31}$$

式中：$\boldsymbol{\mu_x}^{(k-1)*}$ 为第 $k-1$ 次循环优化的最优解，$(\boldsymbol{x}_{\text{iMPP}}^{(k-1)},\boldsymbol{p}_{\text{iMPP}}^{(k-1)})$ 是 $\boldsymbol{\mu_x}^{(k-1)*}$ 对应约束函

数的对应逆最大可能点。当达到式（10.31）的最优解 $\boldsymbol{\mu}_x^{(k)*}$ 且通过可靠性分析得到其逆 MPP，接着即可计算得到第 $k+1$ 次循环的确定性优化约束转移向量 $\boldsymbol{s}^{(k+1)}$。如果存在多个约束，则根据前文对每个约束的平移确定性边界，分两步迭代确定性优化和可靠性分析，直到收敛为止。

2）可靠性指标近似法

可靠性指标近似法（Reliability Index Approximation Approach，RIAA）是将可靠性指标或失效概率的一阶泰勒展开用于下一次循环的确定性优化中，通过确定性显式函数估计可靠度指标和约束失效概率，由此将可靠性约束条件转换为确定性约束条件，表述如下：

$$\begin{cases} p_f^k + \displaystyle\sum_{i=1}^n \frac{\partial p_f}{\partial \mu_i^{k*}}(\mu_i^{k+1} - \mu_i^{k*}) \leqslant p_{ft} \\ \\ \beta_f^k + \displaystyle\sum_{i=1}^n \frac{\partial \beta_f}{\partial \mu_i^{k*}}(\mu_i^{k+1} - \mu_i^{k*}) \geqslant \beta_{ft} \end{cases} \quad (10.32)$$

式中：p_f^k 和 β_f^k 分别为第 k 次确定性优化循环中最优解 $\boldsymbol{\mu}_i^{k*}$ 的约束失效概率和可靠性指标；p_{ft} 和 β_{ft} 分别为预定义的目标失效概率和可靠性指标；μ_i^{k+1} 为第 $k+1$ 次优化中设计变量的第 i 个分量的平均值。在独立可靠性分析中，p_f^k 和 β_f^k 可通过常见的可靠性分析方法计算得出。如果使用 FORM、SORM 和 MCS 方法，则可以解析地计算出可靠性指标和失效概率相对于设计变量的灵敏度，并将其作为可靠性分析的附加结果，从而避免额外的性能评估。该方法相较于 SLDV 和 SLSV 更为灵活，因为确定性约束条件的制定并不局限于特定的可靠性分析方法，如基于 MPP 的方法等。然而，当前设计变量与前一次迭代的最优值相差较大时，一阶近似精度会受到限制，这可能会影响收敛性。

10.4.3 近似可靠性约束转换技术

除了 SLA 方法之外，还有精度不高但更容易将可靠性约束转换为四边形约束的近似方法——近似可靠性约束转换技术（Approximate Reliability Constraint Techniques），由于其计算简单而在实际工程中得到广泛应用。下面介绍参考文献（Parkinson、Sorensen 和 Pouthassan，1993；Sundaresan、Ishii 和 Houser，1993）中提到的三种典型方法。

10.4.3.1 最坏可能分析法

最坏可能分析（Worst-Case Analysis）方法假定所有不确定设计变量 $\boldsymbol{x}$ 和系统参数 $\boldsymbol{p}$ 的不确定性扰动最坏情况可能同时发生，并假设当所有变量和参数发生最坏扰动组合的情况下，系统违反约束的可能性最大。对于约束 $G(\boldsymbol{x},\boldsymbol{p}) \geqslant 0$，设计变量 $\boldsymbol{x}$ 和系统参数 $\boldsymbol{p}$ 对约束函数的影响可由一阶泰勒展开计算：

$$\Delta g(\boldsymbol{x},\boldsymbol{p}) = \sum_{i=1}^{n} \left| \frac{\partial g}{\partial x_i}\Delta x_i \right| + \sum_{i=1}^{m} \left| \frac{\partial g}{\partial p_i}\Delta p_i \right| \qquad (10.33)$$

式中，Δx_i 和 Δp_i 分别为设计变量 $\boldsymbol{x}$ 和系统参数 $\boldsymbol{p}$ 不确定性的变化区间（容差），为了使设计约束值保持在安全范围内，可靠性约束条件近似等效为以下形式：

$$g(\boldsymbol{x},\boldsymbol{p}) - \Delta g(\boldsymbol{x},\boldsymbol{p}) \geqslant 0 \qquad (10.34)$$

由于该方法假设所有不确定性设计变量和参数的扰动最坏情况可能同时发生，因此亦可视作减小安全范围以适应最坏情况的变化，由于在实际中情况未必如此，故而在此条件下该方法对于约束的处理过于保守。同时，由于泰勒展开的精度限制，也可能造成对约束可靠性产生误判。但是由于该方法计算简便，在不确定性设计优化中仍被大量采用。

10.4.3.2 角空间评估法

角空间评估法（Corner Space Evaluation Method）与最坏可能分析法的思想相似，对于约束 $G(\boldsymbol{x},\boldsymbol{p}) \geqslant 0$，首先假定包含标称值 $\boldsymbol{x}_t$ 和容差 $\Delta \boldsymbol{x}$ 的设计变量 $\boldsymbol{x}$ 以及包含标称值 $\boldsymbol{p}_t$ 和容差 $\Delta \boldsymbol{p}$ 的不确定性参数向量 $\boldsymbol{p}$，容差空间 S_T 定义为靠近设计点并具有标称值的一组点的集合，其中每个点表示由每个变量中的不确定性而引起的可能组合：

$$S_T(\boldsymbol{x}_t,\boldsymbol{p}_t) = \{\boldsymbol{x}: |\boldsymbol{x}_t - \boldsymbol{x}| \leqslant \Delta \boldsymbol{x}, \boldsymbol{p}: |\boldsymbol{p}_t - \boldsymbol{p}| \leqslant \Delta \boldsymbol{p}\} \qquad (10.35)$$

定义角空间（Corner Space）W 由容错空间 S_T 中所有角点构成，表示如下：

$$W(\boldsymbol{x}_t,\boldsymbol{p}_t) = \{\boldsymbol{x}: |\boldsymbol{x}_t - \boldsymbol{x}| = \Delta \boldsymbol{x}, \boldsymbol{p}: |\boldsymbol{p}_t - \boldsymbol{p}| = \Delta \boldsymbol{p}\} \qquad (10.36)$$

为了在任何变化情况下满足约束的稳健性，可以通过保持角空间始终在容差空间约束边界内来实现，由此可靠度约束条件可近似等效为下式：

$$\min\{g(\boldsymbol{x},\boldsymbol{p}), \forall \boldsymbol{x},\boldsymbol{p} \in W(\boldsymbol{x}_t,\boldsymbol{p}_t)\} \geqslant 0 \qquad (10.37)$$

图 10.8 所示为该方法在二维边界约束问题中的示意图，与最坏可能分析法相比，该方法的最大优点是无需对约束函数进行偏导计算。

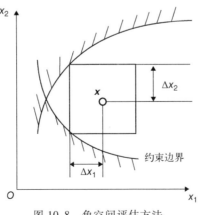

图 10.8 角空间评估方法

10.4.3.3 近似矩法

对于用统计特征定义的不确定性可以使用标准差来估计约束函数的输出响应特性：

$$\sigma_g = \sqrt{\sum_{i=1}^{n} \left(\frac{\partial g}{\partial x_i} \sigma_{x_i} \right)^2 + \sum_{i=1}^{m} \left(\frac{\partial g}{\partial p_i} \sigma_{p_i} \right)^2} \tag{10.38}$$

接着可以将约束重新表述为

$$g(\boldsymbol{x}, \boldsymbol{p}) - k\sigma_g \geq 0 \tag{10.39}$$

式中：k 为反映目标可靠性水平的任意常数；如果约束响应遵循包含均值 $\mu = G(\boldsymbol{x}, \boldsymbol{p})$ 和标准差的正态分布，$f = g(\boldsymbol{x}, \boldsymbol{p}) - k\sigma_g$ 的值不小于零的概率等于 $1 - \Phi((f-\mu)/\sigma_g) = \Phi(k)$，其中，$\Phi(\cdot)$ 为 CDF 标准正态分布，则当 $k = 3$ 时可靠度可达到 99.87%。该方法易于计算是因为其只需解析地计算 σ_g 而无需进行可靠性分析，但是当可靠性约束输出的概率分布类型未知且输出为非正态分布时，式(10.39)会产生很大的误差。

10.4.4 基于分解的方法

和确定性 MDO 问题中提升计算效率的策略类似，基于分解和协调的多学科不确定分析过程也可以提高 UMDO 的计算效率。因此，现有 IDF、BLISS、CSSO、ATC 等确定性分解算法，仍然可以作为将 UMDO 大型嵌套循环优化和不确定性分析问题分解为多个学科级或子系统级不确定性优化问题的参考方法，由此每个子问题都变得易于处理。此外，通过学科间的耦合，此类问题也更易进行分布式计算，Gu 和 Renaud(2001)提出的稳健协同优化(Robust Collaborative Optimization, RCO)就是这种方法的典型代表。

RCO 的灵感起源于确定性协同优化(Collaborative Optimization, CO)(参见 MDO 方法章节)并主要用于解决 UMDO 问题，该问题考虑了设计变量 $\boldsymbol{x}$(即变量 $\Delta\boldsymbol{x}$)和学科分析工具 T_i(估计偏差 ΔT_i)中存在的不确定性影响，RCO 的优化流程如图 10.9 所示。

RCO 系统级优化问题可表述为如下形式：

$$\begin{cases} \text{find } \boldsymbol{x}_{\text{sys}} = (\boldsymbol{x}_{\text{sh}}^0, \boldsymbol{y}^0) \\ \min f + \gamma \sum_{i=1}^{N_D} d_i^* \\ d_i^* = \| \boldsymbol{x}_{\text{shi}}^* - (\boldsymbol{x}_{\text{sh}}^0)_i \|_2^2 + \| \boldsymbol{y}_{\cdot i}^* - \boldsymbol{y}_{\cdot i}^0 \|_2^2 + \| \boldsymbol{y}_i^* - \boldsymbol{y}_i^0 \|_2^2 \\ \text{s. t. } \boldsymbol{x}_{\text{sys}}^L \leq \boldsymbol{x}_{\text{sys}} \leq \boldsymbol{x}_{\text{sys}}^U \end{cases} \tag{10.40}$$

式中：$\boldsymbol{x}_{\text{sys}}$ 为包含共享设计变量 $\boldsymbol{\mu}_{x\_\text{sh}}$ 和辅助设计变量 $\boldsymbol{\mu}_y$ 的系统级设计变量，即 $\boldsymbol{\mu}_{y \cdot i}$ 为耦合状态变量 $\boldsymbol{y}_{\cdot i}$ 的平均值。向量 $(\boldsymbol{\mu}_{x\_\text{sh}})_i$ 为第 i 个学科中共享设计变量的本学科

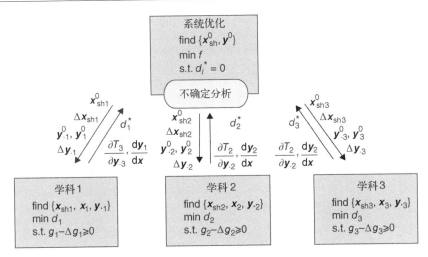

图 10.9　RCO 流程图（Gu 和 Renuad,2001）

局部设计变量,γ 为用于强制学科间兼容性的惩罚因子,即在满足本学科约束的条件下,优化目标使系统级设计变量、耦合输入该学科的状态变量和本学科输出状态变量的取值与系统级分配的目标值差异 $d_i^*(\cdot)$ 最小,详见第 8 章介绍的使用分解和多级优化来解决优化设计问题的内容。

学科优化旨在匹配系统级优化器传递的最优设计,并同时满足局部可靠性约束条件。学科 i 优化问题表述如下:

$$
\begin{cases}
\text{find}: \boldsymbol{x}_{Di} = (\boldsymbol{x}_{\text{sh}i}, \boldsymbol{x}_i, \boldsymbol{y}_{\cdot i}) \\
\text{min}: d_i = \| \boldsymbol{x}_{\text{sh}i} - (\boldsymbol{x}_{\text{sh}}^0)_i \|_2^2 + \| \boldsymbol{y}_{\cdot i} - \boldsymbol{y}_{\cdot i}^0 \|_2^2 + \| \boldsymbol{y}_i - \boldsymbol{y}_i^0 \|_2^2 \\
\text{s.t.}\ g_i - \Delta g_i \geqslant 0, \ \Delta g_i = \left| \dfrac{\partial g_i}{\partial \boldsymbol{x}_{Di}} \cdot \Delta \boldsymbol{x}_{Di} \right| \\
\quad \boldsymbol{x}_{Di}^L \leqslant \boldsymbol{x}_{Di} \leqslant \boldsymbol{x}_{Di}^U
\end{cases}
\tag{10.41}
$$

设计变量 $\boldsymbol{x}_{\text{sh}}$ 和 $\boldsymbol{x}_i$ 的变化可由 $\Delta \boldsymbol{x}$ 直接给出,计算 Δg_i 的关键在于得到 $\Delta \boldsymbol{y}_i$,该值可以通过式(10.13)中的泰勒展开方法从系统级传递到学科级估算得到。各学科优化完成之后,求解最优值 d_i^* 与式(10.13)中所需的关键参数信息并传递到系统层,即 $\mathrm{d}\boldsymbol{y}_i/\mathrm{d}\boldsymbol{x}$ 和 $\partial T_i/\partial \boldsymbol{y}_i$,然后采用更新后的 d_i^* 值再次执行系统级优化过程,一直重复执行两层优化过程直到收敛为止。

10.5　算　　例

本节对 UMDO 标准测试算例中的减速器优化问题进行讨论,减速器优化问题为典型的非层次系统优化问题(Padula、Alexandrov 和 Green,1996),采用前面所述的概率联合优化过程和混合不确定性优化过程,对考虑多种不确定性因素的优化问题进行求解,最大限度地使减速器在应力、挠度和几何约束下的体积最小化,如图 10.10 所示。

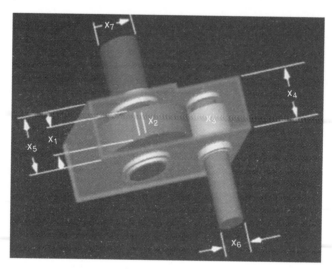

图 10.10　减速器示意图

初始确定性优化可改写为如下形式:

$$
\begin{cases}
\text{find}: \boldsymbol{x} = \left[x_1, x_2, x_3, x_4, x_5, x_6, x_7\right] \\
\text{min}: f(\boldsymbol{x}) = 0.7854 x_1 x_2^2 (3.3333 x_3^2 + 14.9334 x_3 - 43.0934) - \\
\qquad 1.5079 x_1 (x_6^2 + x_7^2) + 7.477 (x_6^3 + x_7^3) + 0.7854 (x_4 x_6^2 + x_5 x_7^2) \\
\text{s. t.}\ g_1: 27.0/(x_1 x_2^2 x_3) - 1 \leqslant 0,\ g_2: 397.5/(x_1 x_2^2 x_3) - 1 \leqslant 0 \\
\qquad g_3: 1.93 x_4^3/(x_2 x_3 x_6^4) - 1 \leqslant 0,\ g_4: 1.93 x_5^3/(x_2 x_3 x_7^4) - 1 \leqslant 0 \\
\qquad g_5: A_1/B_1 - 1100 \leqslant 0,\ g_6: A_2/B_2 - 850 \leqslant 0 \\
\qquad g_7: x_2 x_3 - 40.0 \leqslant 0,\ g_8: 5.0 \leqslant x_1/x_2 \\
\qquad g_9: x_1/x_2 \leqslant 12.0,\ g_{10}: (1.5 x_6 + 1.9)/x_4 - 1 \leqslant 0 \\
\qquad g_{11}: (1.1 x_7 + 1.9)/x_5 - 1 \leqslant 0 \\
\qquad A_1 = \left[\left(\dfrac{a_1 x_4}{x_2 x_3}\right)^2 + a_2 \times 10^6\right]^{0.5},\ B_1 = a_3 x_6^3 \\
\qquad A_2 = \left[\left(\dfrac{a_1 x_5}{x_2 x_3}\right)^2 + a_4 \times 10^6\right]^{0.5},\ B_2 = a_3 x_7^3
\end{cases} \tag{10.42}
$$

$$\begin{cases} a_1 = 745.0,\ a_2 = 16.9,\ a_3 = 0.1,\ a_4 = 157.5 \\ 2.6 \leqslant x_1 \leqslant 3.6, 0.7 \leqslant x_2 \leqslant 0.8, 17 \leqslant x_3 \leqslant 28, 7.3 \leqslant x_4 \leqslant 8.3 \\ 7.3 \leqslant x_5 \leqslant 8.3, 2.9 \leqslant x_6 \leqslant 3.9, 5.0 \leqslant x_7 \leqslant 5.5 \end{cases} \quad \text{(10.42 续)}$$

参考文献(Tosserams、Etman 和 Rooda,2007)中将该问题分解为三个学科的优化设计子问题,值得注意的是,此处的学科一词实际上具有子系统的含义,其中学科一涉及齿轮设计,而学科二和学科三分别涉及两个轴承的设计,各个学科设置如图 10.11 所示。

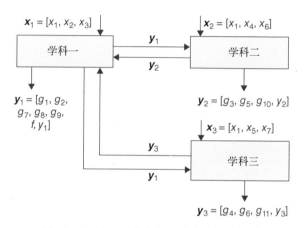

图 10.11　减速器优化问题的交叉耦合关系

学科一:
$$\boldsymbol{x}_1 = [x_1, x_2, x_3],\ \boldsymbol{y}_1 = [g_1, g_2, g_7, g_8, g_9, f, y_1],\ \boldsymbol{y}_{\cdot 1} = [y_1, y_2]$$

学科二:
$$\boldsymbol{x}_2 = [x_1, x_4, x_6],\ \boldsymbol{y}_2 = [g_3, g_5, g_{10}, y_2],\ \boldsymbol{y}_{\cdot 2} = [y_1]$$

学科三:
$$\boldsymbol{x}_3 = [x_1, x_5, x_7],\ \boldsymbol{y}_3 = [g_4, g_6, g_{11}, y_3],\ \boldsymbol{y}_{\cdot 3} = [y_1]$$

式中

$$\begin{cases} f = 0.7854 x_1 x_2^2 (3.3333 x_3^2 + 14.9334 x_3 - 43.0934) + y_2 + y_3 \\ y_1 = x_2 \cdot x_3 \\ y_2 = -1.5079 x_1 x_6^2 + 7.477 x_6^3 + 0.7854 x_4 x_6^2 \\ y_3 = -1.5079 x_1 x_7^2 + 7.477 x_7^3 + 0.7854 x_5 x_7^2 \end{cases} \quad \text{(10.43)}$$

7 个设计变量中,x_3 是轮齿数,其他设计变量与齿轮和轴承尺寸有关,因此当考虑与式(10.42)相关的不确定性时还应考虑制造公差的影响,因此除了 x_3 外,设计变量应被视为具有制造不确定性的随机变量,详见表 10.2。

表 10.2　随机设计变量不确定性分布

符号	x_1	x_2	x_4	x_5	x_6	x_7
分布	正态	正态	正态	正态	正态	正态
标准/μm	21	1	30	30	21	30

在不确定性的影响下,目标函数和约束函数的响应也是不确定的,在这个算例中,目标函数响应的均值皆已最小化,要求约束函数响应值不低于目标可靠性水平的安全范围,综上所述,确定性优化问题(10.42)可被重新表述为 RBO 问题,即

$$
\begin{cases}
\text{find}: \boldsymbol{\mu}_x = \left[\mu_{x_1}, \mu_{x_2}, \mu_{x_3}, \mu_{x_4}, \mu_{x_5}, \mu_{x_6}, \mu_{x_7}\right] \\
\min: \mu_f \\
\text{s. t.}\quad \Pr\{g_i \leqslant 0\} \geqslant 99\%,\ 1 \leqslant i \leqslant 11 \\
\quad 2.6 \leqslant \mu_{x_1} \leqslant 3.6,\ 0.7 \leqslant \mu_{x_2} \leqslant 0.8,\ 17 \leqslant \mu_{x_3} \leqslant 28,\ 7.3 \leqslant \mu_{x_4} \leqslant 8.3 \\
\quad 7.3 \leqslant \mu_{x_5} \leqslant 8.3,\ 2.9 \leqslant \mu_{x_6} \leqslant 3.9,\ 5.0 \leqslant \mu_{x_7} \leqslant 5.5
\end{cases}
\tag{10.44}
$$

为了解决上述 UMDO 问题,采用单层优化方法组织优化过程,即基于 SORA 方法(见 10.4.2 节)将 UNDO 问题分解为相互独立的确定性 MDO 问题和不确定性分析子问题,并将其按顺序交替求解直至收敛为止,其中,确定性 MDO 问题可以通过现有的任一 MDO 程序来求解。在该数值算例中,综合使用了并行子空间优化(Concurrent Subspace Optimization, CSSO)(Sellar、Batill 和 Renaud, 1996)和优化求解器 SQP,原因在于基于不确定性优化问题比确定性优化问题计算量更大,所以选取确定性优化作为优化初始点比选取任意初始点更为有效。在该算例中,将初始确定性问题(10.42)的确定性最优值设置为起点。

表 10.3 列出了优化结果,由此可以看出,在确定性最优处的主动约束 g_5、g_6、g_8 和 g_{11} 的可靠度不超过 0.5,远低于可靠度 0.99 的要求水平。对于 UMDO 优化问题,虽然目标性能比确定性优化略差,但是优化结果满足所有的可靠度要求。该算例清楚地说明了 RBDO 方法在不确定性条件下提高设计可靠性的有效性,以及折中考虑优化目标和可靠性要求之间的有效性。由于提高可靠性通常需要付出一定的代价,例如牺牲产品性能或其他客观价值等,设计者应根据具体情况进行权衡以便合理地设定可靠性要求。

表 10.3　优化结果

优 化 方 法	确定性优化	UMDO 优化
设计变量	3.5, 0.7, 17, 7.3, 7.7153, 3.3502, 5.2867	3.5348, 0.7, 17, 7.3, 7.8952, 3.3838, 5.3396
目标	2994.355	3054.617

（续）

优化方法		确定性优化	UMDO 优化
约束	$\Pr\{g1 \le 0\}$	1	1
	$\Pr\{g2 \le 0\}$	1	1
	$\Pr\{g3 \le 0\}$	1	1
	$\Pr\{g4 \le 0\}$	1	1
	$\Pr\{g5 \le 0\}$	0.498	1
	$\Pr\{g6 \le 0\}$	0.5	1
	$\Pr\{g7 \le 0\}$	1	1
	$\Pr\{g8 \le 0\}$	0.494	1
	$\Pr\{g9 \le 0\}$	1	1
	$\Pr\{g10 \le 0\}$	1	1
	$\Pr\{g11 \le 0\}$	0.492	1

10.6　小　　结

随着对产品可靠性和稳健性的要求不断提高,学术界和工业界越来越关注考虑不确定性的设计和优化方法。虽然近年来数学不确定性理论和 UBD 优化算法得到了快速发展,但仍然面临着计算过于复杂的巨大挑战,严重阻碍了 UMDO 在实际工程中的广泛应用。目前,并行计算技术正处于快速发展的阶段,计算能力已经得到了极大提升。然而,计算资源并不是无限的,因此,未来的研究方向应该是在给定成本水平和大规模并行数据处理技术使用程度的前提下,朝着不断提高 UMDO 效率的方向发展。此外,尤其在概念设计阶段,由于知识的缺乏,工程中通常同时涉及随机不确定性和认知不确定性,所以解决混合不确定性的非概率方法理应成为另外一个尤为重要的研究焦点。对于应用 UMDO 方法的工程师来说,明确不确定性来源是很重要的基础性工作,因为这些不确定性因素对产品性能及二者之间的关系模型有很大影响。同时,工程师可在此基础上进一步提升对数学不确定性理论的理解,例如概率论和证据理论等,这样就更加可以得心应手地选择合适的工具来解决优化设计问题。

参 考 文 献

Agarwal,H.,Renaud,J.,Lee,J.,& Watson,L.,(2004). A Unilevel Method for Reliability Based Design Optimization. In: *Proceedings of the 45th AIAA/ASME/ASCE/AHS Structures, Structural Dynamics, and Materials Conference*, Palm Springs, CA.

Ang, G. L., & Tang, W. H. (1992). Optimal Importance-Sampling Density Estimator. *Journal of Engineering Mechanics*, 118(6), 1146-1163.

Breitung, K. (1984). Asymptotic Approximations for Multinormal Integrals. *Journal of Engineering Mechanics*, 110(3), 357-366.

Chen, X., Hasselman, T. K., & Neill, D. J. (1997). Reliability Based Structural Design Optimization for Practical Applications. *Proceedings of the 38th AIAA/ASME/ASCE/AHS Structures, Structural Dynamics, and Materials Conference*, Kissimmee, FL, April 19-22, 2004.

Chen, W., Wiecek, M. M., & Zhang, J. (1999). Quality Utility: A Compromise Programming Approach to Robust Design. *Journal of Mechanical Design*, 121(2), 179-187.

Chen, W., Sahai, A., Messac, A., & Sundararaj, G. J. (2000). Exploration of the Effectiveness of Physical Programming in Robust Design. *Journal of Mechanical Design*, 122(2), 155-163.

Choi, K. K., & Youn, B. D. (2002a). On Probabilistic Approaches for Reliability-Based Design Optimization (RBDO). In: *9th AIAA/ISSMO Symposium on Multidisciplinary Analysis and Optimization*, Atlanta, GA.

Choi, K., & Youn, B. (2002b). An Investigation of the Nonlinearity of Reliability-Based Design Optimization. *28th ASME Design Automation Conference*, Montreal, Canada.

Dantzig, B. G. (1955). Linear Programming under Uncertainty. *Management Science*, 1(3-4), 197-206.

Du, X., & Chen, W. (2000). An Efficient Approach to Probabilistic Uncertainty Analysis in Simulation-Based Multidisciplinary Design. In: *The 38th AIAA Aerospace Sciences Meeting and Exhibit*, Reno, NV.

Du, X., & Chen, W. (2002). Sequential Optimization and Reliability Assessment Method for Efficient Probabilistic Design. In: *Proceedings of ASME 2002 Design Engineering Technical Conference and Computers and Information in Engineering Conference*, Montreal, Canada.

Du, X., & Chen, W. (2005). Collaborative Reliability Analysis under the Framework of Multidisciplinary Systems Design. *Optimization and Engineering*, 6, 63-84.

Du, X., Guo, J., & Beeram, H. (2008). Sequential Optimization and Reliability Assessment for Multidisciplinary Systems Design. *Journal of Structural and Multidisciplinary Optimization*, 35(2), 117-130.

Freund, R. J. (1956). The Introduction of Risk into a Programming Model. *Econometrica*, 24(3), 253-263.

Govindaluri, S. M., & Cho, B. R. (2007). Robust Design Modeling with Correlated Quality Characteristics Using a Multicriteria Decision Framework. *Journal of Advanced Manufacturing Technology*, 32(5-6), 423-433.

Gu, X., & Renaud, J. E. (2001). Implicit Uncertainty Propagation for Robust Collaborative Optimization. In: *Proceedings of DETC'01 ASME 2001 Design Engineering Technical Conferences and Computers and Information in Engineering Conference*, Pittsburgh, PA.

Gu, X., Renaud, J. E., Batill, S. M., et al. (2000). Worst Case Propagated Uncertainty of Multidisciplinary Systems in Robust Design Optimization. *Journal of Structural and Multidisciplinary Optimization*, 20(3), 190-213.

Helton, J. C., & Burmaster, D. E. (1996). Treatment of Aleatory and Epistemic Uncertainty in Performance Assessments for Complex Systems. *Reliability Engineering and System Safety*, 54(2-3), 91-94.

Helton, J. C., Johnson, J. D., Oberkampf, W. L., & C. J. Sallaberry (2008). *Representation of Analysis Results Involving Aleatory and Epistemic Uncertainty*. SAND2008-4379. Sandia National Laboratories. Albuquerque, NM, USA.

Hinrichs, A. (2010). Optimal Importance Sampling for the Approximation of Integrals. *Journal of Complexity*, 26

(2),125-134.

Keane, A. J., & Nair, P. B. (2005). *Computational Approaches for Aerospace Design: The Pursuit of Excellence*. Chichester: John Wiley and Sons.

Landau, D. P., & Binder, K. (2005). *A Guide to Monte Carlo Simulations in Statistical Physics* (2nd ed.). Cambridge, NY: Cambridge University Press.

Lee, J., Yang, Y., & Ruy, W. (2002). A Comparative Study on Reliability-Index and Target-Performance-Based Probabilistic Structural Design Optimization. *Computers and Structures*, 80(3-4), 257-269.

Li, M., Azarm, S., & Aute, V. (2005). A Multi-Objective Genetic Algorithm for Robust Design Optimization. In: *Proceedings of the 2005 Conference on Genetic and Evolutionary Computation*, Washington, DC.

Messac, A., & Ismail-Yahaya, A. (2002). Multiobjective Robust Design Using Physical Programming. *Structural and Multidisciplinary Optimization*, 23(5), 357-371.

Morris, A. J. (2008). *A Practical Guide to Reliable Finite Element Modelling*. Chichester: John Wiley & Sons.

Padula, S. L., Alexandrov, N., & Green, L. L. (1996). MDO Test Suite at NASA Langley Research Center. In: *Sixth AIAA/NASA/ISSMO Symposium on Multidisciplinary Analysis and Optimization*. AIAA Paper No. 96-4028, Bellevue, Washington, September 4-6.

Parkinson, A., Sorensen, C., & Pouthassan, N. (1993). A General Approach for Robust Optimal Design. *Transactions of the ASME*, 115(1), 74-80.

Peiling, L., & Der, K. A. (1991). Optimization Algorithms for Structural Reliability. *Structural Safety*, 9(3), 161-177.

Rai, M. M. (2004). Robust Optimal Design with Differential Evolution. In: *10th AIAA/ISSMO Multidisciplinary Analysis and Optimization Conference*, Albany, NY.

Sellar, R. S., Batill, S. M., & Renaud, J. E. (1996). Response Surface Based, Concurrent Subspace Optimization for Multidisciplinary System Design. In: *34th AIAA Aerospace Sciences Meeting and Exhibit*, Reno, NV.

Sundaresan, S., Ishii, K., & Houser, D. R. (1993). A Robust Optimization Procedure with Variations on Design-Variables and Constraints. *Advances in Design Automation*, 69(1), 379-386.

Tosserams, S., Etman, L. F. P., & Rooda, J. E. (2007). An augmented Lagrangian Decomposition Method for Quasi-Separable Problems in MDO. *Structural and Multidisciplinary Optimization*, 34, 211-227.

Yao, W., Chen, X., Luo, W., et al. (2011). Review of Uncertainty-Based Multidisciplinary Design Optimization Methods for Aerospace Vehicles. *Progress in Aerospace Sciences*, 47(6), 450-479.

Zang, T. A., Hemsch, M. J., & Hilburger, M. W., et al. (2002). *Needs and Opportunities for Uncertainty-Based Multidisciplinary Design Methods for Aerospace Vehicle*. Hampton, VA: Langley Research Center.

Zhao, Y., & Ono, T. (1999). A General Procedure for First/Second-Order Reliability Method (FORM/SORM). *Structural Safety*, 21(2), 95-112.

Zou, T., & Mahadevan, S. (2006). A Direct Decoupling Approach for Efficient Reliability-Based Design Optimization. *Journal of Structural and Multidisciplinary Optimization*, 31(3), 190-200.

第 11 章 控制和降低优化计算成本和计算时间的方法

11.1 引　　言

在多学科设计优化(MDO)的复杂世界中,人们容易认为工程师可以在不必考虑待解决问题性质的情况下,直接依靠 MDO 产品中可用的算法及计算机的强大计算能力来确定相关的解决方案。这种想法实际上是应该被摒弃的,因为如果不采用某种方式加以控制的话,那么优化分析的计算行为会快速增加。结果可能会导致分析工作的计算量占到总计算量的 90% 以上,并且随着设计变量个数的增加,其增长速率可能会从二次型到三次型变化。与之相似,约束函数数量的增加也会使得计算需求随之增长。同时,为了有效支撑如第 8 章所述的分解数据组织模式,必须要引入一些附加操作,这也会增大计算的工作量。

在确定所要采用的特定 MDO 设计方法之前,建议利用 11.2 节中介绍的度量标准,从控制计算工作量的角度分析所要设计的问题性质;11.3 节介绍了通过变量转换来提升计算效率的策略,但前提是要充分了解优化分析模块中所使用数学函数的非线性及连续性程度;11.4 节讨论了如何在保证所要求精度的前提下,减少问题中设计变量和状态变量个数的问题;11.5 节介绍了通过减少优化算法中的约束条件,来减少计算工作量、削减计算成本的方法,某些优化问题的数学表达是定义在形状可变的可行域内的,比如几何规划问题,Alan Morris(1982)的著作中对这种问题进行了描述,本书不再赘述;11.6 节和 11.7 节中介绍了通过合理的设置设计试验点,并借助灵敏度分析选择精确的代理模型(Surrogate Models,SMs),大幅减少优化计算工作量的方法;在 11.8 节中则讨论了 n 维空间数值优化的某些特性。

本章中所讨论的减少计算工作量的方法,已经在某些结构分析问题中得到验证,例如针对轴向拉伸和压缩应力的计算优化问题,可将优化循环的分析调用次数减少到 10 次左右,当涉及弯曲应力的分析时,分析调用次数可减少到 50 次左右。同时由于是在不考虑设计变量数量的情况下降低优化计算量,这就避免了优化计算成本随设计变量数量增加而呈指数增长的问题。

11.2　计 算 耗 费

本章介绍了多种控制和减少单学科及多学科设计优化计算工作量的方法。容易认识到,"计算工作量"的概念不能简单的通过某一个度量指标来衡量,它应该涉及不同的度量指标,诸如:

- 中央处理器(CPU)时间(计算机只包含单个处理器);
- CPU 总时间(计算机包含多个处理器);
- 数据传输时间;
- 运行时间;
- 需用的数据存储空间;
- 需用的处理器个数;
- 通过特定计算服务定价算法所得的货币成本;
- 人为因素相关的无形资产,如学习某一特定方法需用的时间以及合作伙伴的数量等;
- 设计项目花费的日历时间。

本章介绍的技术在各个方面都不同程度的涉及了上述指标。

11.3　引入中间变量以降低函数非线性

正如 11.1 节所指出的,应当充分了解优化分析模块中的数学函数所表达的意义,这样才能更好地发挥变量转换的优势。在结构优化问题中,涉及到结构厚度、面积等设计变量时,为了降低数学函数的非线性,一般可以用变量的倒数作为中间变量。例如一个矩形截面梁的重量问题:令 h 为截面梁的高度,b 为其宽度,最小长度为 L,则其体积可用公式 $V = AL$ 来定义,其中 $A = hb$ 表示矩形横截面积,惯性矩可表示为 $I = bh^3/12$。首先,考虑由于轴向载荷 P 产生的应力 $\sigma = P/A$,如果 A 是单个设计变量,则加入中间变量 $Z = 1/A$ 后的应力约束为 $g = (\sigma/\sigma_a) - 1 \leqslant 0$,其中 σ_a 表示容许应力。尽管为了满足线性函数 $g = PZ/\sigma_a - 1 \leqslant 0$ 的约束会损失 $V = AL$ 的线性度,但是这样做仍然能够改善优化收敛的速度,因为相对于目标函数非线性的影响,约束函数非线性对优化收敛的影响要更大。

可以通过对应力约束函数的表达式进行简单变换,得到相似的约束线性化效果:$g = 1 - \sigma_a/(P/A) \leqslant 0$,而这种形式的约束函数不会损失 V 的线性度。

在上述示例中,如果将弯曲引起的极端应力力矩 M 作为约束函数,则有 $\sigma = (M/I)h/2 = 2M/(bh^2/6)$,将 h 视为设计变量,则中间变量 $Z = 6/h^2$ 可以避免产生应力函数的二次逆,有 $\sigma = (2M/b)Z$,该函数是 Z 的线性函数。此外,A 的表达式也会发生变化,由 $A = bh$ 改写为 $A = 6^{1/2}bZ^{-1/12}$,这时的 $V = AL$ 存在诱导非线性。

上述示例阐述了能否降低非线性与问题自身性质有关,可以通过检查问题所涉及的函数来确定是否能够降低非线性,此外,该方法还可以推广到类似的应用中。

11.4 减少设计变量个数

由于优化问题的整体计算成本通常取决于设计变量的个数,因此尽可能减少设计变量的数量是优化问题中需要着重考虑的问题,但需要避免的一个误区是不要让数学模型的解析求解过度地影响设计变量个数的设置(令设计变量 x 的维数为 m)。在结构优化问题中,有限元分析可能需要成千上万个元素来支撑,但并不是要为每个元素都分配设计变量以控制其横截面的尺寸,从实用性的角度出发,有一些元素是由工业因素来决定的,因此设计变量的数量可能会比所需元素的数量少一个量级。

在本节中,我们会回顾设计链接的概念,并通过缩减变量基的方式控制优化问题的维度。如可以简单地通过计算关系式 $x(y)$ 将 x 从属于一个短向量,即主变量 z,以减小 n 维设计变量 x 的维数。本节介绍了能够执行此操作的几种方法。

11.4.1 分组链接

最简单的链接便是将 x 中的 n 个变量 x_i 归集到 n_z 个子集(组)中,然后令特定子集中的所有变量 x(下标省略)以某种形式等价于主变量 z,使得

$$x = Tz \tag{11.1}$$

式中:T 为每一行中除了值为 1 的单个元素外,其他元素均为 0 的 $n \times n_z$ 维矩阵。

考虑对一个加筋板进行有限元分析的问题,我们可以用 n 个矩形元素进行建模(见图 11.1)。

每个元素的厚度 t 都可以视为独立的 x_i。但是可以对元素进行分组,使得图中每个矩形区域中的所有元素都具有相同厚度 t,并将 t 视为式(11.1)中的主变量 z。

为了增加设计灵活性,上述关系中的 T 可以一般化为

$$T = T(w) \tag{11.2}$$

式中:变换矩阵 $T(w)$ 由权重系数 w 构成,$T(w)$ 能够将式(11.1)中的 x_i 表示成 z_j 线性组合的形式。这种类型的转换是现代 CAD 软件工具中的常用功能。

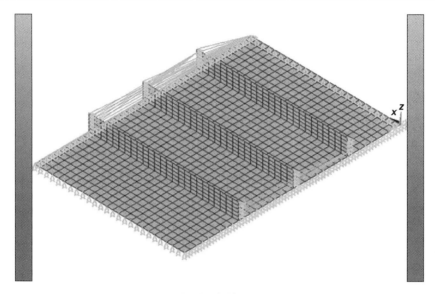

图 11.1　纵梁增强加筋板的有限元划分

11.4.1.1　解析函数链接

为进一步实现一般性,可利用 T 的元素建立包含 z 的解析函数模型,进而得到 x。该方法可以用于确定从翼尖到翼根呈抛物线式增加的机翼盖厚度,当然这类几何控制问题也可以用非均匀有理 B 样条(Nonuniform Rational B-Spline,NURBS)曲线来描述。

11.4.1.2　组合先验设计链接

可以将新设计应用在已经完成并具备一定优点的类似设计上,这样做是期望能从已有的成功设计中衍生出继承其优点的新设计。可以根据 Vanderplaats(2007)介绍的例子对此进行说明,即如何在现有翼型的基础上设计新的翼型,如图 11.2 所示,在位于弦长同一比例的第 i 个弦位置 u_i 处测量出坐标 y_i^j,然后用向量 $\mathbf{y}^j$ 表示所有的坐标 y_i^j。

给定每个翼型的 $\mathbf{y}^j$,可以基于加权平均的方式缩放弦长,以创建新的翼型:

$$x_i = s \sum \mathbf{y}^j z_i^j \tag{11.3}$$

其中主变量 z 为权重系数,可以通过调整 s 进行任意缩放。

由此示例可知,如果存在具有一定优势的同类设计,则可以通过这些设计衍生出新设计,但需要满足以下要求:

- 每个设计 j 必须用相同长度的向量 $\mathbf{y}^j$ 描述;
- 每个设计的分析中必须包含 $\mathbf{y}^j$ 的所有元素 y_i;
- 每个设计中 z^j 的元素 y_i 必须具有相同的物理意义,这样取平均值才有物理意义。

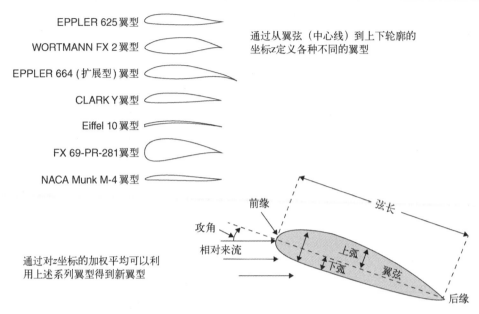

图 11.2　在现有翼型的基础上设计新的翼型

这种设计方法的另一个优点是可以保证派生设计模型的平滑度,如果允许每个设计模型的坐标任意改变,则无法保证派生设计模型的平滑度。此外,使用 NURBS 也可以保证许多工程应用中所需模型的平滑度。

11.5　减少与优化器直接相关的约束个数

优化成本与设计变量的数量以及约束个数都是成正比的,例如,在运输机、汽车或船舶的结构优化问题中,必须保证成千上万个位置点的加载都不会引起应力破坏,若是所有情况均考虑的话,就会导致计算成本过高。下面介绍两种通过减少约束个数以实现降低优化计算成本的技术。

11.5.1　分离满足约束和违反或近违反约束

在迭代优化的过程中经常将一组 m 个约束,分解为在可行域中能够被满足的 m_s 个休眠约束 $\pmb{g}^{\mathrm{d}}(1 \times m_s)$,以及只能在较小的区间内满足或违反的 m_v 个参与约束 $\pmb{g}^{\mathrm{p}}$。由此有 $\pmb{g}^{\mathrm{d}} < -\pmb{g}^*$,且 $\pmb{g}^{\mathrm{p}} \geqslant \pmb{g}^*(1 \times m_v)$,其中 $\pmb{g}^*$ 是由不同约束阈值组成的集合,如 $g_1^* = -0.25$。通过将集合 $\pmb{g}^{\mathrm{d}}$ 暂时设置为休眠的,并在优化迭代分析中忽略 $\pmb{g}^{\mathrm{d}}$,仅利用参与约束 $\pmb{g}^{\mathrm{p}}$ 进行,便可以显著减少计算量。

约束可以在 $\pmb{g}^{\mathrm{d}}$ 和 $\pmb{g}^{\mathrm{p}}$ 集合之间相互迁移,因此,需要在进行数次迭代以后重新评估约束集,对一个或另一个集合的约束分配进行修改。此外,g^{p} 集合中的约束可以从 $g \leqslant 0$ 放宽到 $g \leqslant \text{TOL}$,其中 TOL 是一个容许超出约束的小量,例如超出 2%~3%,TOL 对于不同的约束,大小是不同的。在第 4 章中介绍有效集策略的概念时讨论过,为了获得最大效益,用户的判断和对问题的了解程度,是设置参数 g^* 和 TOL 值的关键因素。

11.5.2　用单个约束表示一组约束

在一些应用中,可以很容易地将约束归集成集合,这就使得在设计变量发生变化时,特定约束集合中的约束可能会产生共同的、相似的响应。这就为单个约束表示一组约束,以减少优化分析迭代中约束的数量提供了契机。

例如,考虑一个深度为 h 的机翼结构,其顶部和底部面板由桁条加固的复合材料蒙皮构成,如图 11.3 所示。

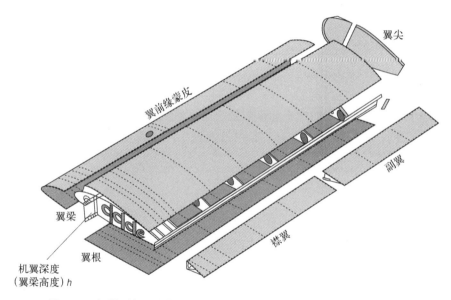

图 11.3　机翼顶部和底部面板承受的面内力与弯矩成正比,与 h 成反比

每个面板都必须承受与翼横截面弯曲力矩及 h 的倒数成正比的平面内力,需要在面板上的几个位置点检查其应力约束。由于 h 与所受应力成反比,所以可以选择最大程度违反(或最小程度满足)的应力约束来表示面板应力约束,这样做是为了通过调整得到满足或改善所有约束的期望 h。同样,随着迭代优化的展开,需要对该期望进行周期性的检查。

11.5.3 用包络线代替约束

减少单个函数约束个数的另一种方法是 Kreisselmeier 和 Steinhauser(1979)使用的包络函数,也称为 Kreisselmeier-Steinhauser(KS)函数,如图 11.4 所示。

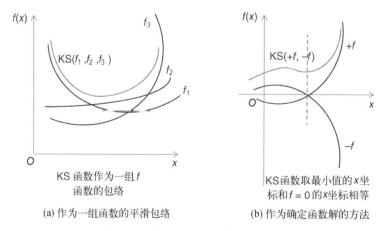

(a) 作为一组函数的平滑包络   (b) 作为确定函数解的方法

图 11.4   KS 函数

KS 函数是一组 $f_k(\boldsymbol{x})$(其中 $k=1,2,\cdots,m$)形式的可微包络函数(在下面的讨论中,用 f_k 表示 $f_k(\boldsymbol{x})$)。假定上述函数关于 $\boldsymbol{x}$ 是连续的,但关于 $\boldsymbol{x}$ 的导数不一定是连续的,则 KS 函数可用以下两种等价的形式表示:

$$\mathrm{KS}(f_k) = \left(\frac{1}{r}\right) \ln\left(\sum \exp(r,f_k)\right) \quad k=1,2,\cdots,m \quad (11.4)$$

$$\mathrm{KS}(f_k) = f_{\max} + \left(\frac{1}{r}\right) \ln\left(\sum \exp(r(f_k - f_{\max}))\right) \quad k=1,2,\cdots,m \quad (11.5)$$

式中: $f_{\max} = \mathrm{MAX}(f_k)$ 为函数集合 f_k 的极大值函数,也是其分段包络; r 为控制 KS 函数与 $f_{\max}$ 接近度的系数。KS 函数有如下性质:

$$f_{\max} < \mathrm{KS}(f_k) < f_{\max} + \frac{\ln(m)}{r} \quad k=1,2,\cdots,m$$

可将裕度 $c = \ln(m)/r$ 设定为任意值,且有

$$r = \frac{\ln(m)}{c} \quad (11.6)$$

KS 函数的两种形式(式(11.4)和式(11.5))可以得到相同的函数值,但是在实际的编程计算中,第一种形式可能会产生极大的 f_k 值并导致数据溢出错误,因此第二种形式更为常用。

图 11.4(a)给出了三个示例函数的包络函数曲线,任何位置 x_i 处都可以编程

使用 MAX 函数 $f_{\max} = \mathrm{MAX}(f_k)$ 得出估计值。在优化过程中,可以用 $g_{\max} = \mathrm{MAX}(g_i)$ 作为约束函数集 $g_i(\boldsymbol{x})$ 的包络。然后,使用约束 $g_{\max} \leqslant 0$ 对问题进行优化,理论上这样做可以满足所有 g_i(其中 $i = 1, 2, \cdots, m$)约束。

若选择使用 $g_{\max} = \mathrm{MAX}(f_k)$,即将分段包络用于一组函数的话,便无法使用梯度引导搜索,这是因为 f_k 在 $f_k(x_i)$ 曲线的交点处是不可导的。使用 KS 函数不会存在这些问题,因为 KS 函数的函数值和斜率都是连续的,且在分段包络的不连续处也是平滑的。

系数 r 能够控制 KS 包络的平滑度以及与 $g_{\max} = \mathrm{MAX}(f_k)$ 分段包络的接近度,可以通过增大 r 控制裕度 $\ln(m)/r$,使 KS 接近 $g_{\max} = \mathrm{MAX}(f_k)$。显然当 r 取值足够大时,两者之差可以忽略不计,但这与使用 KS 函数的目的相违背,因为这样会再次出现斜率不连续的情况。KS 函数应用于一组约束时可称之为聚合约束。

为了针对实际问题设置合适的 r,首先需要确定裕度 c。根据第 4 章中的式(4.1)~式(4.4),$g(\boldsymbol{x}) \leqslant 0$ 可替换为

$$g_{\mathrm{ks}} = \mathrm{KS}(g(\boldsymbol{x})_k) \leqslant c \tag{11.7}$$

根据式(11.6),假设 $m = 1000$ 且 $g_{\max}$ 可接受的违反裕度是 10%,则有 $c = 0.1$,$r = 69$;当 $c = 0.01$ 时,有 $r = 11.5$。

在保证 $c>0$ 的条件下,可以不断减小 c 的值,因此通常先给 c 赋一个较大的值,以使优化能够收敛,再将 c 减小一个数量级,然后计算 r 并重新开始优化。当搜索到最优值附近且不存在满足 $g_{\max}$ 裕度的约束时,作为补救可将式(11.6)中的 c 改成 $-c$。为了获得更高的精度,还可以将 x 初始化为最后的($+c$)与修改后的($-c$)的最优值中点,并继续下一次迭代。或者将 c 减小为 $1/2c$,根据式(11.6)和式(11.7),期望的 KS 值一般接近于裕度 c 的一半。

11.5.3.1　KS 函数的导数

为了便于将 KS 函数与梯度引导优化算法相结合,可通过链式规则直接求导得到函数的解析表达式,根据式(11.4),$f'(x_i) = \partial f_k / \partial x_i$,$D = \left(\sum \exp(r, f_k) \right)$,$k = 1, 2, \cdots, m$,有

$$\frac{\partial \mathrm{KS}}{\partial x_i} = \frac{1}{\left(\sum \exp(rf_k) \right) \left(\sum (\exp(rf_k) f'_k) \right)} \tag{11.8}$$

根据式(11.5),去掉 $1/r$,可得等价形式:

$$\frac{\partial \mathrm{KS}}{\partial x_i} = \frac{1}{\left(\sum \exp(r(f_k - f_{\max})) \right) \left(\sum (\exp(r(f_k - f_{\max})) f'_k) \right)} \tag{11.9}$$

同样地,上述表达式在优化过程中也适用于 $g(\boldsymbol{x})$ 函数,而导数 $g'_k(x_i)$ 则可通过第 7 章中介绍的灵敏度分析方法得到。

11.5.3.2　通过 KS 函数满足等式约束

KS 函数也可用作满足等式约束 $h(x)=0$(寻求函数解)的工具,因为这些约束通常很难进行数值计算求解,通过满足 $h(x)<0$ 且 $h(x)>0$ 的条件来达到满足 $h=0$ 约束的目的,效率是很低的,这样做会将搜索空间局限在可行域和不可行域之中,而不是在开放区域 x 中进行搜索。

Sobieszczanski-Sobieski(1991)证明了以下定理:

如果函数 $f_k(x)$ 在 x_r 处满足 $f_k(x)=0$,则对于任何正的 r 值,都有 f_k 和 $-f_k$ 的 KS 函数在 x_r 处取最小。KS 函数的最小值满足 $+f_k<KS_{min}<f_k+\ln2/r$,且随着 r 的增大而更加接近 f_k。

如图 11.4(b)所示,显然 $KS(+f(x),-f(x))$ 取最小值时的 x_0 与 $f(x)=0$ 的 x 值是相等的。用 $h(x)$ 代替式(11.5)中的 $f(x)$,并用 h_{ks} 作为 KS 的简写,可以通过 KS 函数确定 x_0 的值,如下式,其中 $h=0$,r 值不定,h_{ks} 的最小值取决于 r:

$$0<h_{ks}=KS(+h,-h)\leqslant\frac{\ln2}{r} \tag{11.10}$$

因此,在不涉及优化问题时,KS 函数也可以用于求取函数解。如果存在一组 $h_i=0$ 的约束,则可用 h_{ks} 表示 m_h 对 $(+h,-h)$ 的 KS 函数:

$$h_{ks}=KS((h,-h)_1,(h,-h)_2\cdots(h,-h)_i\cdots(h,-h)) \quad i=1,2,\cdots,m_h \tag{11.11}$$

上述 h_{ks} 表示的是在 x 空间中能够呈现多个最小值的超曲面,每对 $(+h,-h)$ 都存在最小值,h_{ks} 的最小值为

$$0<h_{ks}=KS(+h,-h)_j\leqslant\frac{\ln(2m_h)}{r} \quad j=1,2,\cdots,m_h \tag{11.12}$$

式中,在第 j 个最小值处有 $h_j=0$,式(11.11)和式(11.12)中,KS 函数便是用作求取一组非线性方程解的工具。

示例 11.1:取数值算例如下,两个变量 u 和 v 的函数集合为

$$\begin{cases} f_1=-1+(u-3)^2+(v-2)^2 \\ f_2=-1+(u-2)^2+(v-1)^2 \end{cases}$$

将其根轨迹绘制在 u-v 平面,如图 11.5 所示,其根轨迹分别是以点 (3,2) 和点 (2,1) 为中心,半径为 1 的单位圆。

根据式(11.9),可以确定表示 $f_1=0$ 和 $f_2=0$ 的根轨迹圆,式(11.10)可以确定两圆的交点,两个交点表示存在同时满足两个非线性方程 $f_1=0$ 和 $f_2=0$ 的解,这类似于优化问题中包含两个 $h_i=0$ 的等式约束问题。

两个圆的交点之一为 (2,2),对于 $r=50$,表 11.1 中给出了该点和四个相邻点 (1.9,2),(2.1,2),(2,1.9) 和 (2,2.1) 的 KS 值。

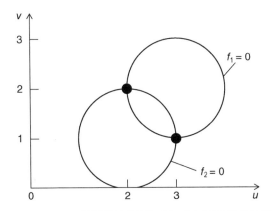

图 11.5　$f_1 = 0$ 和 $f_2 = 0$ 的根轨迹（函数 f_1 和 f_2 在两圆相交处同时取零）

表 11.1　$r = 50$ 时交点及其相邻点处的 KS 值

v	u		
	1.9	2.0	2.1
1.9	0.2225386	0.1900034	0.1938629
2.0	0.2100012	**0.0277259**	0.1900034
2.1	0.2338629	0.2100012	0.2225386

11.5.3.3　KS 函数表示等式和不等式约束

如果优化过程中同时出现了等式和不等式约束，可以使用 KS 函数同时表示这两种约束。

确定使 $f(\boldsymbol{x})$ 取最小的 $\boldsymbol{x}$ 值：

$$g_{ks} = KS(g_i) \leqslant TOL_g \quad i = 1, 2, \cdots, m \tag{11.13}$$

$$h_{ks} = KS(h_j, -h_j) \leqslant TOL_{hs} \quad j = 1, 2, \cdots, m_h \tag{11.14}$$

式中：公差 TOL_g 相当于式（11.6）和式（11.7）中的裕度 c。

在上述公式中，h_{ks} 的值需满足小于或等于 TOL_{hs} 但大于 0，因此，可以将其减小到尽可能接近于 0。对于 TOL_{hs}，其会随着优化的进行自适应地减少，直到减少到不能满足 h_{ks} 约束为止。

11.6　代　理　模　型

代理模型（SM）是用于近似模拟设计问题约束函数和目标函数的解析函数。可以通过调整 SM 解析函数中的常数，使得函数能够匹配设计空间中指定点处的函数近似值。设计问题在这些点的函数值可以通过计算或实验得到，在通过合理的设置后,SM 解析函数只需要花费较低的成本就能在整个设计空间中为设计问题计算合理准确的值。在有关车辆问题的优化分析中,通常用 SM 函数近似模拟目标函数,比如车辆性能评估中的压力检测约束和性能评估约束。泰勒级数的线性部分也可以看作一种最简单的 SM 解析函数,并可以像第 7 章描述的"灵敏度分析"那样,通过计算导数的方法得到:

$$f^a(\boldsymbol{x}) = f(x_0) + \boldsymbol{G}^{\mathrm{T}}(\boldsymbol{x})\Delta\boldsymbol{x} \tag{11.15}$$

式中:f^a 是 f 的近似值;$\boldsymbol{G}$ 是梯度向量。

继续求解二阶导数可以提高其准确性:

$$f^a(\boldsymbol{x}) = f(\boldsymbol{x}_0) + \boldsymbol{G}^{\mathrm{T}}(\boldsymbol{x})\Delta\boldsymbol{x} + \frac{1}{2}\Delta\boldsymbol{x}^{\mathrm{T}}\boldsymbol{H}(\boldsymbol{x})\Delta\boldsymbol{x} \tag{11.16}$$

向量 $\boldsymbol{x}$ 的长度为 n,可以求得 $n \times n$ 阶矩阵 $\boldsymbol{H}$ 的二阶导数,在第 7 章曾提到,如果需要递归计算二阶以上的高阶导数,可以在点 x_0 处求取函数估计值及其导数,所得结果可用于在 x_0 附近以半径 $(x-x_0)$ 展开泰勒级数,且不需要生成大规模矩阵,因为线性外推可以将维度压缩到一维,这种形式的 SM 函数通常称为径向基近似,对比泰勒级数 $n \times n$ 阶的覆盖域,它的维度能够降成一维直线。

二阶泰勒级数展开是 $n \times n$ 阶 SM 函数多项式响应面(Response Surface,RS)的基础,二次多项式的 RS 函数可以写为

$$\mathrm{RS} = a_0 + \sum_i a_i x_i + \sum_i a_{ii}x_i^2 + \frac{1}{2}\sum_i \sum_j a_{ij}x_i x_j \quad i = 1,2,\cdots,n,\text{且}\ j < i$$

$$\tag{11.17}$$

具体示例如图 11.6 所示。

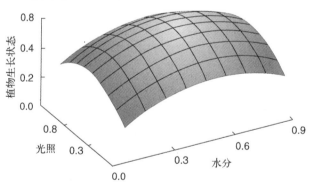

图 11.6 RS 函数示例(植物生长依赖于光照和水分)

式(11.17)中的系数 a 定义了 RS 函数,考虑到 $\boldsymbol{H}$ 矩阵的对称性,可以用长度为 N 的向量 $\boldsymbol{a}$ 表示二次多项式中所有系数 a 的集合,其中

$$N = 1 + \frac{3}{2}n + \frac{n^2}{2} \tag{11.18}$$

根据上式,当 $n = 10$ 时,$N = 66$。

可以通过评估 $f(\boldsymbol{x}_{Tj})$ 得到系数 $\boldsymbol{a}$,其中 $\boldsymbol{x}_{Tj}$ 为一向量,表示第 j 个试验点的 n 维坐标 x_i(其中 $j = 1, 2, \cdots, N_T$),在 $\boldsymbol{x}$ 向量空间中共有 N_T 个试验点。在优化过程中,可以用式(11.17)中的 RS 函数近似地表示约束函数 g 和 h、目标函数 f,以及一般行为变量 y。4.3.2 节中对三个点进行抛物线拟合的过程,可以看作是将二次多项式 RS 函数的维度减小到一维的示例。在 MCDP 环境中,可以同时计算 $f(\boldsymbol{x}_{Tj})$ 所有 N_T 个试验点的值,合理的设置 $\boldsymbol{x}_T$ 的位置是非常重要的,在 11.7.3 节中会对此进行详细讨论。

利用 $f(\boldsymbol{x}_T)$ 函数对试验点 $\boldsymbol{x}_T$ 进行评估后,可以通过以下方式 A 或方式 B 来计算式(11.17)中的系数 $\boldsymbol{a}$:

方式 A:如果试验点的数量 $N_T = N$,即 f 值的数量等于 $\boldsymbol{a}$ 的未知数个数,则可以通过联立求解 N 个线性方程,得到 $\boldsymbol{a}$,即

$$f(\boldsymbol{a}, \boldsymbol{x}) = f(\boldsymbol{x}_T) \tag{11.19}$$

式中:$f(\boldsymbol{a}, \boldsymbol{x})$ 为式(11.16)中定义的 RS 函数;$f(\boldsymbol{x}_T)$ 为试验点 $\boldsymbol{x}_T$ 处的估计值,可作为 $f(\boldsymbol{x})$ 的值。

方式 B:如果 $N_T > N$,则 RS 函数无法精确地拟合每个 $f(\boldsymbol{x}_T)$ 的值,可以进行最小二乘意义上的近似拟合,也叫作差异最小化,即

$$d = \sum_i (f(\boldsymbol{a}, x_i) - f(\boldsymbol{x}_T))^2 \tag{11.20}$$

$f(\boldsymbol{a}, \boldsymbol{x})$ 函数作为式(11.16)中的 RS 函数,将 $f(\boldsymbol{a}, x_i)$ 关于 a_i、a_{ii} 和 a_{ij} 的 N 阶导数设为零,则 d 对式(11.17)中的 a_i 微分可得

$$\frac{\partial d}{\partial a_i} = 2 \sum_k \sum_i \left(\left(\left(a_0 + \sum_i a_i x_i + \sum_i a_{ii} x_i^2 + \sum_i \sum_j a_{ij} x_i x_j \right) - f(\boldsymbol{x}_{Tk}) \right) x_i \right) \quad k = 1, 2, \cdots, N_T$$

$$\tag{11.21}$$

由此可得关于 N 个未知数 a_i 的 N 维线性方程组(原则上,该方法也适用于方式 A 中 $N_T = N$ 的情况,但不是最优的)。

无论 $N_T \geqslant N$ 或 $N_T < N$,都可以通过求解优化问题确定能够使下式平方和取最小的集合 $\boldsymbol{a}$:

$$d = \sum_i (f(\boldsymbol{a}, x_i) - f(\boldsymbol{x}_T))^2 \tag{11.22}$$

可借助 Anonymous(2000)、Matlab 或 Anonymous(2013)及 Excel 等商业软件包中的优化工具来求解此类问题。

与外推法相比,SM 更适合用插值法求解近似值。因此,优化迭代过程中的优势策略是将 $\boldsymbol{x}_T$ 集合的中心保持在设计空间 $\boldsymbol{x}$ 的最优区域或附近。通常在每几次迭代之后更新系数 $\boldsymbol{a}$,以及时反映从设计分析中得到的新信息,该分析是指上一次对

设计问题的完全分析而不是用 RS 函数近似地分析。RS 函数更新包括新的分析数据替换先前的分析数据,并将新的点添加到现有点中。添加的新点可以与现有点相互交错,以增加数据区域的网格密度,也可添加超出现有区域边界 x_{min} 和 x_{max} 的点,如果优化程序追踪的搜索路径,指向了超出原有数据的区域,则优先选择后一种添加方式。

可以借助 Anonymous(2000)等工具实现这些操作,上述两种方式中的方式 B 更为实用化、一般化。

由于式(11.18)中 N 的值随着 n 呈二次递增,这限制了二次多项式 RS 函数的适用性,在不使用 MCDP 的情况下,n 最好小于 20。在 MCDP 环境下,可通过借助更多可用的处理器来放宽这种约束,但可用的处理器数量又成了 MCDP 技术的约束,不过毫无疑问的是,未来 MCDP 技术仍将不断发展(在撰写本书时已经出现了具有 100 万个处理器的计算机)。

11.6 节主要介绍了如何为 RS 函数设置 x_{T} 试验点的问题,下一节将讨论结合低、高级数学模型的近似替代方法。

11.7　高保真度和低保真度数学模型协同分析

工程实践中,对于如何在高保真度(High-Fidelity,HF)的高成本分析和低保真度(Lower-Fidelity,LF)的低成本分析之间取舍,已经具有丰富经验。优化过程中,通常会交替使用这两种分析方式,大部分时间选择 LF 分析,只在校准和检查确认时选择 HF 分析。可以通过 Queipo 等人(2005)介绍的技术改善 LF 分析和 HF 分析的相关性。

11.7.1　用少量的 HF 分析提高 LF 分析精度

将 $f(x)$ 视为优化循环中需要估计求值的目标函数或约束函数,以飞行器动态载荷下的翼尖偏转问题为例。通过符号 $f_{\mathrm{L}}(\pmb{x})$ 和 $f_{\mathrm{H}}(\pmb{x})$ 区分 LF 分析和 HF 分析的函数值,为了将这两个量相互关联,可引入校正因子

$$C_{\mathrm{F0}} = \frac{f_{\mathrm{H}}(x_0)}{f_{\mathrm{L}}(x_0)} \tag{11.23}$$

这样两种分析可以同时进行,并在 x_0 处校准。包含标量 $f(x)$ 的式(11.23),推广到向量 $\pmb{f}(\pmb{x})$ 依然适用。

假设 C_{F} 是常数或者是在 x 和 x_0 之间变化很小的数,可以变换不同的点 x 计算 $f_{\mathrm{L}}(\pmb{x})$ 以获得 $f_{\mathrm{H}}(\pmb{x}) = f_{\mathrm{L}}(\pmb{x}) C_{\mathrm{F}}$ 的零阶估计。假设 C_{F} 是线性变化的,则可通过对式(11.23)进行微分,求得其关于 x 的一阶导数,并在 x_0 处取值,得到一阶的估计

结果：

$$\frac{\partial C_{\mathrm{F}}}{\partial x_i} = \frac{f_{\mathrm{L}}(x_i)\dfrac{\partial f_{\mathrm{H}}(x_i)}{\partial x_i} - \dfrac{\partial f_{\mathrm{L}}(x_i)}{\partial x_i} f_{\mathrm{H}}(x_i)}{f_{\mathrm{L}}(x_i)} \quad x = x_0 \tag{11.24}$$

通过利用第 7 章中讨论的灵敏度分析方法，可以获得导数 $\partial f_{\mathrm{H}}(x_i)/\partial x_i$ 和 $\partial f_{\mathrm{L}}(x_i)/\partial x_i$。为了保持一致性，必须确保上述等式中 x_i 的物理意义是与进行 HF 和 LF 分析时相同的。需要注意的是，由于 x_i 的物理意义取决于构造模型的方式，因此在默认情况下，并无法确保 HF 模型中特定的 x_i 一定会出现在 LF 模型中。例如，飞机机翼的 HF 有限元模型中 $\boldsymbol{x}$ 的元素仅包括翼盖厚度和单独的纵梁横截面积。然而，在相同机翼结构的 LF 模型（梁柱模型）中 $\boldsymbol{x}$ 的元素包括简化后的梁横截面积 A 和惯性矩 I（见图 11.7）。为了统一物理含义，LF 模型中的变量 I 和 A 必须通过转换以与对应的 HF 变量相关联。

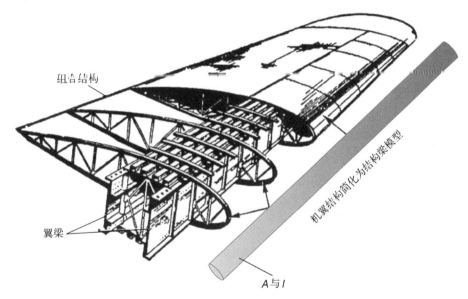

图 11.7　简化为梁柱有限元模型的飞机机翼组合结构

基于上述方程，利用一阶泰勒级数展开的 f_{H} 一阶近似估计外推 C_{F}，有

$$f_{\mathrm{H}\,est} = f_{\mathrm{L}}(x_i)\left(\left(C_{\mathrm{F0}} + \frac{\partial C_{\mathrm{F}}}{\partial x_i}\right)(x - x_i)\right) \tag{11.25}$$

x_i 联立变化时有

$$f_{\mathrm{H}\,est} = f_{\mathrm{L}}(x_i)\left(C_{\mathrm{F0}} + \sum_i\left(\frac{\partial C_{\mathrm{F}}}{\partial x_i}(x - x_i)\right)\right) \tag{11.26}$$

下标 i 表示 x_i 是变化的。

可将多项式响应面(RS)作为 LF 分析的函数,并将利用外推 C_F 得到的 LF/HF 近似估计与 SM 函数相结合,以提高灵活性。

11.7.2 减少近似量化的个数

原则上,SM 函数或 HF/LF 近似(前两项)适用于目标函数和约束函数 g、h。然而,这些函数通常是诸如 $f_1(f_2(f_3(f_i\cdots)))$ 类型的复合函数,每个 f_i 的计算成本评估可能会在较大范围内变化,因此计算工作量便有机会进一步减少。具体示例可见多层建筑的主体框架受力问题(见图 11.8)。

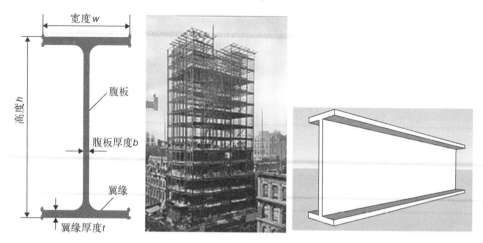

图 11.8 由于内力作用施加在梁横截面上点
(红色)的极限应力约束(见彩图)

假设每个梁都是 I 型梁,在每个梁的不同横截面上对应力约束进行评估,每个横截面上至少选择 5 个点。如果是平面结构,则在每个横截面上仅有 3 个内力:M、T 和 P,分别为弯矩、剪切力和轴向力。右上顶点处的法向应力可表示为

$$\sigma = \frac{Mh}{I} + \frac{P}{A} \tag{11.27}$$

式中:横截面转动惯量 I、横截面面积 A 和距离 h 都可以认为是 x 的元素。评估特定应力约束:

$$g = \frac{\sigma}{\sigma_{\text{allowable}}} - 1 \tag{11.28}$$

式中:$\sigma_{\text{allowable}}$ 为最大许用应力,可以从整个组合结构的有限元分析模块中得到 M 和 P,然后根据上述公式计算出 σ 和 g。完成这些工作的计算成本与整个结构分析的计算成本相比可以忽略不计,因此可以建立 M、T 和 P 的 RS 函数,以取代建立横截面上所有 7 个约束 g 的 RS 函数,并求得这些 x 函数的近似值,进而在上述两个

方程式中使用这些近似值来评估所有应力点处的 g,这样做几乎不会产生额外的计算成本。

正如 Vanderplaats(2007)所指出的那样:结构中的内力(M、T、P)是横截面 x 的相对弱函数,并且在静态结构中是保持不变的。许多情况下,式(11.27)中横截面的转动惯量 I 和横截面积 A 会赋予应力较大的非线性,因此,将基于 σ 的 RS 函数改为基于内力(M、T、P)的 RS 函数(通常称为中间变量或中间响应),不仅可以缩小 RS 函数拟合操作的范围,还能够降低优化问题的非线性。

其他工程分析中涉及的函数关系也可以通过检查,判断其是否具备类似上述示例中节省计算成本的条件。一般可以通过检查复合函数链来判断,即前面提到的需要评估每个 f_i 计算成本的复合函数 $f_1(f_2(f_3(f_i\cdots)))$。

上述示例中的函数 f 仅有 f_1 和 f_2 两项,即对应式(11.27)的 f_1 及代表整个结构有限元分析的 f_2。

这类计算成本评估策略表明,对计算成本较高的 f_i 进行近似可以显著降低总体计算成本,而那些经过评估后被认为计算成本较低的其他 f_j(j 不等于 i)则无需采用近似。

11.7.3　在设计空间 x 中合理选择试验点 x_T

为了进一步确定 RS 函数,必须先确定试验点 x_T 的数量和具体位置,这个问题与如何在有限的数据中尽可能多的提取信息,即规划多变量实验密切相关。在计算机出现之前,这个问题已经是自然科学关注的焦点问题,已产出大量相关的实验设计(Design of Experiments,DOE)文献(Myers 和 Montgomery,1995)。大多数的 DOE 主要针对成本高、持续时间长、自变量个数少的实验,此外,由于无法使用灵敏度分析,且 DOE 对实验可重复性及统计分布极为关注,限制了计算机模拟的应用。举个例子,在研究不同类型人工肥料的效果时,可以在种植相同种类作物的不同地块上施肥,记录其收获情况的同时记录作物产量与肥料类型、温度、浇水频率等因素的关系。

为了从有限的数据点中获得尽可能多的信息,包括变量间的相互作用,DOE 方法开发了多种用于设置独立变量的模式。其中一些模式,如"拉丁方阵",就反映了 DOE 方法在农业方面的有效应用。图 11.9 表示了一种具有三个独立变量的更复杂的 DOE 试验点模式。

将采用物理实验的 DOE 经典方法和采用数值实验的 MDO 方法作对比,可以看出后者具有完全可重复性的优点,且成本较低、交付周期较短。此外,随着计算机技术,特别是 MCDP 技术的进步,数值实验的时间和成本仍在不断下降。同时,由于 MDO 方法自变量的数量级要大于传统的 DOE 方法,这使得在 MDO 设计中几

乎不会使用 DOE 方法,而是期望使用基于以下原则的更简单方法:

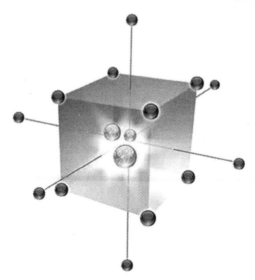

图 11.9　一种标准分布模式的 DOE 实验点(蓝色)3D 表示(见彩图)

如果实验重复次数很多,且没有负面信息[①],则可以通过在空间 x 中均匀地分布试验点 x_T,以从一组实验中提取尽可能多的信息。如果有信息表明空间 x 中的某些特定区域或特定坐标轴的采样密度存在偏差,需要有方法及时应对。

下面介绍一种用于解决此问题的简单算法及其实现的伪代码。

首先,有如下假设:

• N_T 为要放置的试验点个数;

• 每个坐标轴 $x_i(i=1,2,\cdots,n)$ 的下限为 x_{MINi},上限为 x_{MAXi}(针对边界 x_{MINi} 和 x_{MAXi} 的设置需要有足够的知识和经验),在点 x_i 上可以引入任何的边界约束;

• p 为每个坐标轴 x_i 上待定值的数量。

根据 11.6 节的讨论,有 $N_T \geqslant N$,其中基于二次多项式 RS 函数的 N 是由式(11.17)给出的。根据 DOE 的实践经验,通常可设置 $p=3$,x_i 分别取低(L)、中(M)和高(H)三个值。该算法的基本原理是为了获得沿着坐标轴 x_i 的二次函数变化趋势,至少需要三个沿该轴分散的值(与 4.3.1 节中讨论的近似相比)。上述的 $p=3$ 是默认值,可以在这些点处考虑边界约束,即 x_i 的低、中和高(L_i、M_i、H_i)取值。取间隔的宽度为 B_i,有

$$B_i = x_{MAXi} - x_{MINi} \tag{11.29}$$

约束区间被划分为等长的 p 个子区间,并且在每个子区间的中间分别设置低、

---

①　极端的负面示例:如果允许两个试验点占据相同的位置,会使分析工作量加倍,但是信息量没有增加。

中和高值。因此,对于 $p=3$,具有以下对应关系(省略下标 i):

$$x_L = x_{\text{MIN}} + \frac{1}{6}B; \quad x_M = x_{\text{MIN}} + \frac{1}{2}B; \quad x_H = x_{\text{MIN}} + \frac{5}{6}B \qquad (11.30)$$

低、中和高值的选择可以利用第 5 章中提到的遗传算法采用的"电子骰子"来确定。"电子骰子"在区间 $(0,1)$ 中生成均匀分布的随机数 R。区间 $(0,1)$ 相当于 B、R 中的三元组,可以对应的取 L、M 和 H:

$$0 \leqslant R \leqslant \frac{1}{3} \rightarrow L, \quad \frac{1}{3} < R \leqslant \frac{2}{3} \rightarrow M, \quad \frac{2}{3} < R \leqslant 1.0 \rightarrow H \qquad (11.31)$$

这样就使得三个区间中每一个区间被选择的概率都相等。

为了确定试验点 x_i 的位置,需要 n 维坐标值 x_i 以及根据上述定义得到的对应 L、M 或 H 的值。可以对变量 x_i 进行标序(其中 $i=1,2,\cdots,n$),序列不需要是随机的,因为从避免产生偏差的角度考虑,对 L、M 和 H 的选择是随机的。通过这种方式,可设置 $N_T = pN$ 个试验点,对于 $N_T > N$ 也可使用相同的方法生成试验点。用户可能会由于一些原因对 x_i 的坐标作不同的处理,如改变 p 的值或改变 L、M 和 H 的定义方式,为了避免某些 $\boldsymbol{x}$ 的坐标出现偏差,N_T 应当设置为 N 的整数倍。

在接受上述方式生成的试验点之前,必须检查其位置是否与现有(先前放置的)试验点重合。记录每个新确定的试验点的坐标 x_i 和 L_i、M_i 或 H_i 值,然后根据已放置点的记录检查新点,确定没有出现重合后,接受新点;否则,拒绝接受新点并将其坐标从记录中删除;重复循环此过程,直到找到可接受的新点。

该算法能够生成随机且均匀分布的 N_T 个试验点,且任何点与其邻近点的距离不会小于 B/p(除非有意设置),也不会与其他点重合。

从几何层面可解释为,确定了 n 维坐标轴 x_i 上的 p 值后,在每个 x_i 坐标轴上建立由 B_i/p 长度间隔开的 p^n 个点的虚拟网格,这些虚拟网格中点的位置便可能是先前确定的试验点的位置。显然,对于 n 大于 2 和 p 大于 3 的情况,有 $p^n > N$ 且很快上升到 $p^n \gg N$,例如,对于 $p=3$ 和 $n=10$,有 $p^{10} = 59049$,而 $N=66$。当 $n=2$ 和 $p=2$ 时,即将 RS 函数缩减拟合到二维平面的四点网格中,平面 RS 函数仅需要 $N=3$ 个系数,但是网格由 4 个点组成,这表明多数情况下,二次多项式 RS 函数不能拟合分布在网格点上的所有函数值。这一方面是二次多项式 RS 函数固有的局限性;另一方面也保证了选择 $N_T > N$ 的灵活性(在 $N_T < p^n$ 的约束下)。

说明 11.1 将上述的试验点设置算法转换成伪代码的形式。

▷ **说明 11.1**　DOE 实验点的统一设置(伪代码)

确定:p(默认 $p=3$),每个 x_i 的边界 $x_{\text{MIN}\,i}$ 和 $x_{\text{MAX}\,i}$。

准备设置过程中使用的数据：

计算：

- 式(11.18)中的 N；
- 考虑 $N_T > N$ 的情况；
- 针对每个 x_i 计算 $B_i = x_{MINi} - x_{MAXi}$；
- 针对 L_i、M_i 和 H_i 确定式(11.30)中的 x_{Li}、x_{Mi} 和 x_{Hi}；
- 设置计数器，$kp = 1$，$kx = 1$。

#100 生成 kp 个试验点的 x_i 坐标：

- 从 $i = 1$ 开始，滚动"电子骰子"为 x_i 选择 L_i、M_i 或 H_i 的值；
- 令 $i = i + 1$，重复上述过程，直到 $i = n$，即所有的点 x_i 均设置完成，便生成了 kp 个试验点的坐标；
- 记录选择的坐标(L_i、M_i 或 H_i)，并进行检查，确定该坐标是否已被选择，如果没有，则接受该试验点；
- 如果之前已经选中该坐标，则拒绝接受并返回#100(对于 $kp = 1$，即生成第一个点的坐标时，该步骤可以省略)。

第 kp 个点被接受时：

- 当 $kp = N_T$ 时终止程序：输出对应每个 x_i 和 N_T 的坐标 L_i、M_i 或 H_i；
- 否则令 $kp = kp + 1$ 并返回步骤#100，生成下个试验点的 L_i、M_i 或 H_i。

11.8 n 维设计空间

本章主要讨论的是优化任务的规模问题，设计变量的数量是问题的主要关注内容，其可用于确定设计人员决策中可能涉及的备选方案数量。在本节中，将从另一方面来研究维度的影响：当空间维度增加时，设计点之间的影响会变得疏远。由于在优化搜索时所依赖的信息仅来自于对应分析的设计点，这些设计点之间有可能存在重要的甚至关键的"隐藏"信息。

从几何角度看 n 维空间中具有 p^n 个点的网格，可以看作是边长归一化的 n 维立方体，边长被分割为 p 个区间，每个区间的长度为 b，则有 $b = 1/p$，在每个区间的中点处进行试验点分析，由此便确定了具有 p^n 个分析点的网格。

网格的稀疏度可以通过测量分析点到其最远相邻点的距离来度量，即边长为 p 的 n 维立方体中的最长对角线 d_{max}，根据欧几里得几何可得

$$d_{max} = (nb^2)^{1/2} = n^{1/2}b$$

例如,令 $n=100$, $p=10$,即沿每个坐标轴进行单位间隔的划分,将整个区间划分为 $p=10$ 个分区,有 $d_{max}=10\times(1/10)=1$。在沿着某一轴观察时,网格较为密集,但是在沿着某一穿过立方体内部的方向观察时,网格则相对稀疏。由于网格的间隔较为松散,因此有足够的空间掩盖掉有用的函数特性,如最小值、最大值、拐点、不连续点等,这就是搜索最小值难度非常大的原因。

不同于从某一单轴观察,通过遍历观察 $n-D$ 维空间内部,可看到除了前面提到的数值特征以外的 $f(\boldsymbol{x})$ 的定性行为。例如,考虑沿着第 i 轴变化的函数 $f=1\cdot\sin(\mathrm{sqrt}(\sum(x_i^2)))$(其中 $0\leq x_i\leq 2\pi$, $i=1,2,\cdots,n$), j 不等于 i 时保持所有的 x_i 恒定,可以得到具有单波峰和单波谷的简单正弦曲线 $f=1\cdot\sin(x_i)$(其中 $0\leq x_i\leq 2\pi$)。n 维空间中的 f 超曲面可能会存在较大差别,沿着某个方向 $\boldsymbol{s}$ 穿过 $n-D$ 维空间立方体的内部,许多 $\boldsymbol{x}$ 会同时发生变化。最大长度对角线就是这样一个沿着某方向 $\boldsymbol{s}$ 前进的示例,可将此方向 $\boldsymbol{s}$ 定义为在空间 $\boldsymbol{x}$ 中以相同速率前进的所有 x_i 的矢量和。

将该 $\boldsymbol{s}$ 代入之前的方程式 f 中,简单正弦函数可变换为 $f=1\cdot\sin(\mathrm{sqrt}(n)(\boldsymbol{x}))$(其中 $0\leq x_i\leq 2\pi$),由于 $\mathrm{sqrt}(n)$ 项的存在,使得单波峰和单波谷变为连续的波峰波谷。这两个函数在本质上并不相同,后者在坐标轴上 $0-2\pi$ 区间的相同 x 间隔内有多个最大值和最小值。例如,对于 $n=16$,它是具有四次谐波的正弦函数。

实际上,在进行优化设计和分析、开发 SM 模型确定网格密度时,$n-D$ 维空间与三维是完全不同的。

总之,目前已经提出了一些以各种度量指标来衡量的用于减少优化计算成本的技术。这些技术相互独立,可以单独选择使用,同时这些技术之间又具有潜在的协同性,因此可以根据实际问题进行合理的匹配组合。全面、系统地了解问题维度和试验点的稀疏性,对于节省成本的技术匹配、对过程和结果的解释以及故障排除都十分重要。

参 考 文 献

Anonymous(2000). *Using MATLAB*. Natick, MA: The Math Works, Inc.

Anonymous(2013). *Microsoft Excel*. Chevy Chase, Maryland, MD.

Kreisselmeier, G., & Steinhauser, R. (1979). Systematic Control Design by Optimizing a Vector Performance Index. In: *Proceedings of IFAC Symposium on Computer Aided Design of Control Systems*, Zurich, Switzerland, pp. 113-117. Computer-Aided Design, 11(6), November 1979, Elsevier Publ.

Morris, A. J., ed. (1982). *Foundations of Structural Optimization: A Unfied Approach*. Chichester: John Wiley & Sons, Ltd.

Myers, R. H., & Montgomery, D. C. (1995). *Response Surface Methodology*. New York: John Wiley & Sons, Inc.

Queipo, N. V. , Haftka, R. T. , Shyy, W. , et al. (2005). Surrogate-Based Analysis and Optimization. *Progress in Aerospace Sciences* , 41(1) , 1-28.

Sobieszczanski-Sobieski, J. (1991). A Technique for Locating Function Roots and for Satisfying Equality Constraims in Optitruzation. *Structural Optimization* , 4(3) , 241-243.

Vanderplaats, G. N. (2007). *Multidiscipline Design Optimization* (self-published). Monterey, CA : VRAND.

附录 A KBE 在 MDO 系统中的应用

A.1 引 言

正如第 9 章所述,KBE 是一种能够支撑亦或模拟设计团队及 MDO 系统中复杂任务的技术和方法论。将 KBE 系统所需具备并使用户能够从中获益的部分特性和功能总结如下:

- 数据组织及其储存/检索(体现了第 8 章所述 N 方图及数据依赖矩阵的概念);
- 调用并执行主流的计算机程序,包括将它们作为子程序序贯执行;
- 脚本化上述执行序列以实现本书所述方法;
- 实现计算机与个人、计算机与人类组织、个人与团队、团队与团队之间的交互;
- 数据和函数的可视化展示;
- 数据及分析细节水平的自适应性,以完整反映从概念设计到详细设计的时间展开过程;
- 支持计算机层面和人类迭代层面的并行操作。

鉴于第 9 章已对 KBE 进行了定义并阐述了其在最优化设计中对 MDO 方法的支撑作用,本附录主要关注多模型生成器(MMG)的性能实现。在介绍其基本原理之后,将通过几个高级案例阐述 KBE 系统对大型并行多模型生成器的支持,进而实现需要多视图生成模型的复杂几何产品设计。本附录旨在给具有以下需求的作者提供帮助:

(1) 在商业或内部 MDO 系统架构中应用基于 KBE 系统的多模型生成器;

(2) 构建自己虽原始但综合性的工程设计引擎(见第 9 章)以取代商业(如 ModelCenter® 或 Optimus)或开源(如 NASA 推出的 OpenMDAO)形式的 MDO 架构。

本附录包含从问题分析到工作框架的每一个必要步骤。为了不使本附录太过冗长,每个应用示例都比较简单,读者可自行决定是否在基本材料的基础上添加从已有 MDO 项目中捕获的几何或物理细节。简而言之,相对于 MDO 问题本身,将更多地专注于 IT 和软件方面,即进一步关注 MDO 背景下的 KBE 技术实施细节,而不是关注如何解决实际的设计问题。

本附录的结构如下：

（1）A.2 节和 A.3 节介绍开发 KBE 支撑系统的第一阶段，即基本知识的捕获。

（2）第二阶段是将 KBE 应用中的产品知识和不同学科观点加以汇编，并以此作为一种阐述如何构建学科单元模块（Building Blocks，BB）的方式（见 8.3 节），这部分内容主要在 A.4.2 节和 A.4.3 节讨论。专门用一个独立的章节，即 A.4.1 节，来介绍开源 KBE 平台 Gendl 软件（Generative Programming and Knowledge-Based Language，基于知识的生成式编程语言）的安装。

（3）最后一个阶段的工作是利用第二阶段中的 KBE 应用，并和工作流管理及数据管理/交互应用程序一起来建立 DEE，这将在本附录结尾部分的 A.4 节中介绍。使用 Matlab 软件展示每个基本的工作流管理方式，数据通信则通过 Matlab 和 KBE 平台间的文件读写来实现。更高级的数据通信可采用 Gendl 提供的客户端-服务器架构（又称为主从式架构），这样一来，Gendl 软件中建立的模型还可通过基于网络的应用程序访问。

DEE 的不同开发阶段均以示例形式呈现，所有示例均用到了一个由长、宽、高定义的几何箱。开源 Gendl 软件运用了一系列简单的几何图元，"箱"模型是其中之一。如果读者想要创建真实的翼箱，则需应用 Gendl 免费版本之外的高级几何建模功能来实现。A.4.4 节中对简单"箱"模型优化问题的解答，进一步阐述了如何将所有步骤结合起来以创建 DEE。第 8 章定义的优化 BB（即 OPT，见 8.3.3 节）及其优化过程均可由 Matlab 优化工具箱中的 fmincon 函数进行管理控制。Matlab 的 system 函数调用 Gendl KBE 应用的过程，阐述了如何基于 Matlab 实现基本的工作流管理及其"启动并等待任务完成"的功能。基于前面提到的文件通信，我们知道在 Matlab 和 Gendl 交换数据时，需要将设计向量 x 的值传递给基于 KBE 的约束函数进行评估，并将约束函数的评估结果 y（见 8.2 节和 8.3.1 节）传递给 Matlab 优化工具箱。通常，向量 x 的元素来源于"箱"的长、宽、高值。在这种情况下，y 仅仅是一个取决于 x 并用来表示箱子容积的标量。以上内容虽比较基础，但希望能够给对 MDO 架构中底层工作内容感兴趣的读者提供一定的帮助。

构建一个 KBE 应用需要结构化方法，其中最适用的是 MOKA 方法（Oldham 等，1998）。它定义了 KBE 应用的开发周期，并结合不同开发阶段针对该做和不该做的事情提出了实质性意见。这部分我们研究 MMG 的开发，其是一款 KBE 应用程序，能够生成产品模型并提供该产品模型的不同视图，以满足 MDO 问题设计团队中各个学科专家的数据和信息需求。我们跳过 MOKA 循环中商业案例的部分，将视线聚焦到知识捕获阶段、知识形式化阶段和程序实现阶段。

A.2 阶段 1:知识捕获

KBE 应用的成功实现取决于相关知识捕获的完整性。在知识捕获阶段,我们必须明确设计团队想要探索哪个设计空间以及在搜索时需要量化哪些行为。知识捕获一般是由知识工程师和学科专家(设计师和分析人员)在贯穿整个设计问题及其解决过程的周期中,以专题研讨会或访谈的形式来完成。一般来说,首先很有必要举办一系列针对性的会谈和研讨会。在随后的每次会议中,知识工程师向设计团队汇报反馈他尝试形式化的已捕获知识,允许设计团队对其进行适当地修正和增减,以使知识内容更加精确和完整。知识工程师必须具备坚持不懈的精神和足够的耐心,并且有能力让学科专家表达他们真实的想法和做法。

捕获的知识可以图表、规则、报告、图画及其他任何形式进行归档,但这种形式必须能够明确地存储相关的产品和过程知识。请做好经历一段艰难并有可能是挫败时期的准备。设计团队中可能有很多成员不愿意与他人分享知识或信息,还有很多成员无法清楚地表达自己的想法和做法。但凡事付出总有回报,即使从来没有成功构建过 KBE 应用,许多神奇事情的出现也会给提升产品知识或改进工作方式提供机会,这也不失为一种收获。

如果想要了解有关知识捕获的更多实用指南,请参考 Milton(2007)出版的专著。

A.3 阶段 2:知识形式化

在实际的编程开始之前,知识需要形式化为工程师及软件开发人员均能够理解和接受的样子。统一建模语言(Unified Modeling Language,UML)就是形式化的方法之一。其中需要生成的最重要元素是用例图、类图和活动图。用例图文件能够辨别系统的使用者以及他们期望的功能。此外,用例图还展示了各期望功能之间的关系。如图 A.1 所示进行举例说明。

类图展示了单个类的定义及类与类之间的联系,如图 A.2 所示进行举例说明。

顺序图和活动图展示了一个示例或一种方法中的事件顺序。我们在这里不做过多阐述,但它们对捕获存在于工程过程中的默认步骤很有帮助。

鉴于很多优秀的专业书籍已经详尽地介绍了 UML 图,本附录不再做过多赘述。然而我们还是想要强调知识形式化的重要性,尽管 KBE 系统允许软件开发者使用声明式编程,但对"一般"工程师而言,读懂程序能做什么以及如何做是非常重要的。在形式化过程中,存在许多知识和信息遗漏、不合乎逻辑、不完整甚至不正确的地方,在此阶段做更改相对容易,而代码一旦编写完成,再想要修改就需要花费很多时间。

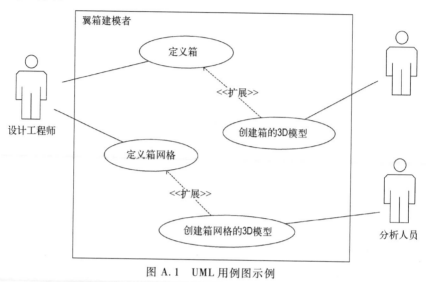

图 A.1　UML 用例图示例

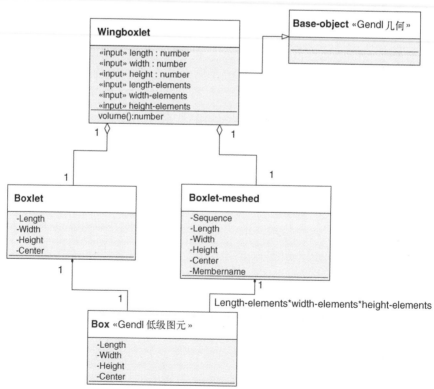

图 A.2　UML 类图示例

如果我们考虑一个 MMG 的形式化步骤,并在随后对产品本身及其每个组成部分进行优化。类图就需要涵盖描述产品及其各个组成部分的全部参数(即在 8.2 节中定义的向量 p 和 x)。类图还同时描述了基于这些参数将设计出的对象,包括基本平面模型、网格面、实体、点云、相交线及其长度列表和知识捕获阶段中 MDO 项目团队所需要的任何相关信息及数据。

类图还会展示哪些计算和方法将应用于这些参数和创建的对象。所以,类图展示了评估哪些方程来获取导出信息(来源于参数表和创建的对象),以及选择哪些步骤应用于这些参数和创建的对象。用于评估的方程可以是重量计算、体积或面积计算的几何分析,选择的步骤可以是网格化、切割、将信息写入文件或端口,或者 MDO 项目所面临的其他任何需求。

类图中的方法可以是类主体的一部分,也可以是"混入"的,即导入其他类的定义,这些类可以访问继承类中的参数和方法。举例来说,如果我们定义一个知道如何对曲面进行网格化的类,那么将这个类"混入"所有需要生成网格化曲面的类中就很有意义。

我们通常需要将所有类和类图做一个概述(我们并不希望将整个产品仅仅定义为一个类,而更愿意将产品看作由多个类实例来描述其各组成部分及组合部件的集合体)。类与类之间均有联系,这种联系定义了对象间(类实例)的层次结构和层次结构中与其他对象相关联的对象数量。层次结构和其中各层对象的变化决定了所构建模型允许的拓扑结构及其变化,并在某种意义上决定了 MDO 系统的解空间。

高级图元翼干的定义可以用来建立升力面的参数化模型,这部分内容在第 9 章中有所阐述。

值得强调的是,形式化步骤是用作记录软件背后的知识,并不是代码本身的一个详细规范。大多数 KBE 系统,尤其是建立在 Lisp 上的 KBE 系统都允许在没有详细规范的情况下进行声明式的灵活编程,但设计保障性却要求提供关于所设计产品的明晰可懂的知识文档。下一代 KBE 系统很可能基于代码或其他形式来生成 UML 图,即一种基于 UML 图的代码。这允许我们通过在 KBE 应用中所需的功能和实现的功能之间做一个简单的对比,就有机会在校核过程中降低代码验证和代码确认的工作量。

读者阅读本附录之前需要对 Lisp 有一个基本的了解,文本框 A.1 给出了几个基本的代码介绍,后续讲述 KBE 应用开发的部分将做更详细介绍。

> **文本框 A.1   几个基本的 Lisp 命令**
>
> **(in-package name)**
> 较大的程序一般划分为多个包(packages)。如果每一部分程序都有各自的

包,那么程序员在编写某一部分程序时就可以用一个符号作为某个函数或变量的名称,而不必担心重名。

将当前包(in-package name)设置为以 name(字符串或符号)表示的程序包。接下来所有紧跟(in-package name)操作符的代码都将成为 name 程序包的一部分。

```
(setq{ symbol value } * )
```

给每一个变量 symbol 赋予对应于 value 表达式的值。如果一项值表达式引用了之前任一个 symbol 所表示的变量,则该变量将得到新的 value,并将最后的 value 返回。

```
(let({(symbol[value])} * )
```

```
[body of code])
```

务必将每一个符号与表达式的值相对应,以此评估代码主体,表达式没有值则为零。

A.4　阶段 3:KBE 应用的代码实现

A.4.1　Gendl 系统的构建和运行

我们首先要做的第一件事情就是能够访问 KBE 系统。Genworks® International 公司(www. genworks. com)为获取开源 Gendl 代码提供了巨大便利,这有助于我们对 KBE 的原理更加熟悉,并可以通过建立一些模型来理解这一方法以及体验掌握 KBE 语言过程中所带来的挑战。如果用户决定在解决包含复杂几何操作的 MDO 问题时应用 KBE,那么就可能需要一个正式版的 Genworks GDL 许可(商业 Gendl 版本),或者通过市场调研获得一个现代的真正基于 NURBS 的几何内核。

在假设使用 Gendl 软件进行实验的情况下继续我们的内容。读者可以自行前往 www. gendl. org 网站免费下载 Gendl 软件,也可以前往 www. genworks. com 网站获取购买商业版 Genworks GDL 许可的信息。最快捷的手段是在 Gendl 网站上寻找预编译安装的链接进行下载。有经验的 Common Lisp 用户也可以选择使用 Quicklisp-enable CL 安装包下载 Gendl 软件,以下两条命令可供使用:

```
(ql:guickload:gendl)
```

```
(gendl:start-gendl!)
```

如需更多关于 Quicklisp 的信息,读者前往 www. quicklisp. com 网站查询即可。

MacOS 软件包是一个允许拖动安装的标准 Mac 格式的 dmg 文件,Windows 软件包是一个自解压的安装程序。Linux 版本的软件包则是一个标准的压缩文件。完成安装之后,Gendl 软件编译环境可以从应用程序文件夹(Mac 平台)、开始目录或"程序文件(Program Files)"文件夹(Windows 平台)中选择运行。如果用户使用的是一个不显示开始目录的 Windows 界面,那么注意启动器就是一个名为 run-gdl. bat 或类似的批处理文件。使用过程中请确保使用 Gendl 和 Genworks 网站上的最新文件及参考资料等。

运行该程序就可以看到 Gendl 软件的 GUI(见图 A. 3),其基本是在 GNU (Gnu's Not Unix) Emacs(见 www. gnu. org)环境下运行。GNU Emacs 环境乍一看并没有那么成熟,但它是一款经过测试的真正的编辑器,而且还是一个对 Lisp 和 Gendl 软件开发具有深度及可扩展性支持的开发环境。Emacs 面向键盘输入,但同时它也允许通过鼠标单击不同的菜单选项来运行应用。大多数下拉菜单内容都一目了然,只有"缓冲(buffer)"菜单需要一些解释。我们简单地将缓冲看作窗口,即用户可以在多个窗口中输入代码,但在一个窗口中运行代码。

如果用户想要打开或创建一个文件,那么需要在一个新窗口(缓冲)中输入或编译代码。高级 Lisp 交互模式("SLIME①")窗口带有提示符 GDL-UESR>,在其中既可以运行代码,也可以输入直接评估后进行模型创建或交互的 Gendl 命令(或任何 Lisp 命令)。在 KBE 软件包中运行代码意味着用 make-object 操作符实例化程序中定义的类,我们稍后将进行详述。实例化生成的对象可以直接从命令行、脚本文件或网页浏览器中查看。用户可以前往浏览器地址栏输入网址 http://localhost:9000/tasty(见图 A. 4),然后在 ClassPackage:Type 区域(见图 A. 5)指定希望查看的对象,建模结果将显示在一个新打开的图形界面中。

现在,我们假设系统已经启动并开始运行,再来看看如何关闭和重启动该软件。用户可以在提示符 GDL-USER>后输入","(仅一个逗号)来停止 Gendl 软件运行,之后会带来所谓的小缓冲区(在显示屏底部的小窗口)。接着,输入"q"并按<enter>键。在 Gendl 软件停止运行之后,可以选择 Emacs 下拉菜单中的<quit>按钮终止 Emacs 运行。如果用户想让系统恢复运行,按下屏幕上的 Gendl 图标即可。如果想要重启 Gendl 软件但不退出和重启 Emacs,输入 M-x(也可能是 Alt-x),进入小缓冲区,然后输入"gdl"并按<enter>键。

现在,已经在 Emacs 编辑器中建立了一个新文件,下面尝试运行一些在 Gendl 文档中介绍的示例。确保每一个新建的 Gendl 文件均具有 . gdl、. gendl 或 . lisp 三者之一的后缀(扩展名),否则,Emacs 不知道它是 Gendl 类型的文件而拒绝编译。这因为 Emacs 本身是一个多用途环境,它能基于所编辑的文件类型而在不同的窗

---

① SLIME 是高级 Lisp 交互模式(Superior Lisp Interaction Mode)英文的首字母缩写,它还是 Common Lisp 中的 Emacs 模式。它具有一系列的代码评估、编译和校验功能。

口中指定其行为响应,而所编辑文件的类型通常由文件名后缀来指明。

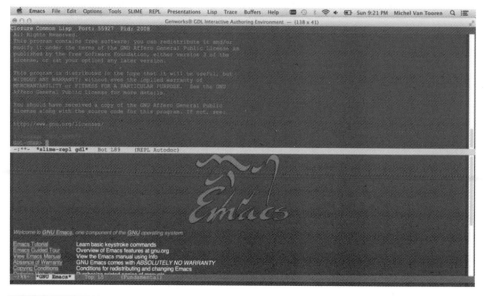

图 A.3　Gendl KBE 平台下作为 GUI 运行的 GNU Emacs 环境

图 A.4　调用 Gendl 软件的 Tasty 环境

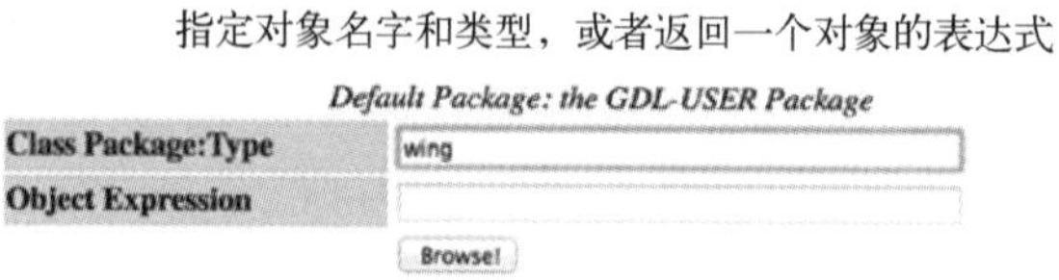

图 A.5　在 Tasty 环境中指定查看和检查的对象

　　输入代码后,用户可以在 SLIME 菜单中选择 Compile/Load 选项编译和加载代码,注意确保光标在 Gendl 的代码窗口中,这条命令的快捷键就紧挨着该菜单项(对于大多数菜单命令来说均是如此)。将代码编译加载完之后,可以在 SLIME 窗口中创建一个对象实例(即"运行"代码),方式之一是在窗口中输入操作符 make-object,另一种方式是直接利用基于网络的测试跟踪平台"Tasty",http://localhost:9000/tasty 来查看结果。现在对这些步骤不熟悉还没有关系,接下来的示例中将详述每一个步骤中的命令细节。

　　我们现在来构建翼箱非常基础的部分,将其称作 wingboxlet。这个示例介绍如何构建一个集各部分于一体的组合模型,且其中每一个组成部分的尺寸及组成部分的数量都是参数化的。举这个例子的用意是说明建立参数化模型十分容易,而 KBE 的强大功能则体现在不丢失各组成部分关联性的前提下改变模型的拓扑结构(这里是改变组成部分的数量)。

我们有必要在建立模型之前定义一组条理分明的对象,即为对象构建类或模板。为此,需要在源代码文件中使用 Gendl 的宏指令 denfine-object。然后编译/加载这些定义(既不在批处理中也不会随着开发过程逐步增长)。宏指令 denfine-object 的规范定义及解释见文本框 A.2。

▷ **文本框 A.2**　Gendl 宏指令 denfine-object 的基本语法

```
(define-object<name><mixin-list><spec-plist>)
```

<spec-plist> 是一个由关键词符号和表达式交替组成的参数列表(Lisp 程序的关键结构之一)。关键词符号以":"开头,规范列表(specification plist)中通用的关键词符号有:

```
:input-slots,
:computed-slots,and
:objects.
```

紧随每个关键词符号之后的是不同类型槽的槽规范列表(例如输入槽、计算槽或对象)。

```
Value Slots(e.g.,input-slots,computed-slots):
```

例如,如果需要构建一个长度默认值为 20、宽度默认值为 2、高度默认值为 1 的输入槽,则可以输入:

…

```
:input-slots((length 20)(width 2)(height 1))
```

…

普通数值(如输入槽、计算槽)不需要强调数据类型,可以从实际数值中进行推断(上述示例中它们都是数字,更确切地说是整数)。未来的 Gendl 版本可能会允许指定"hint"型来向编译器提供信息,以进一步优化代码。

子对象槽

子对象(子对象本身也是一种 Gendl 类型,同时根据自身的定义对象形式而定义)由它们跟随在对象名称之后的自身参数表(交替排列的关键词符号和表达式)所指定。参数表为特殊的子实例提供已命名的输入槽和数值。不同于输入槽、计算槽等普通值槽,子对象必须明确数据的类型,这由对象参数表中的关键词符号:type 来提供。举例来说:

```
…
:objects((brick:type 'box
    :width(the width)
    :length(the length)
    :height(the height)))
…
```

由于 Gendl 中的类型名称通过文字符号表示,必须使用单引号来指明'box 为一个文字符号。需要注意的是,:type 也可以采用基于表达式的方法给出,它能够根据需要动态地推断类型,而不是在定义时将其硬编码为一种特定类型。

观察上述示例我们可以发现,子对象有三个输入槽,且其名称与父对象(width、length、height)相同,故数值简单地传递下来即可。针对这种情况,我们有一种快捷方法,即用关键词符号 pass-down 表示。所以上述示例可改写为:

```
…
:objects((brick:type 'box
    :pass-down(width length height)))
…
```

最后一点,针对'base-object 型对象(它事实上包含了所有几何实体),有专门定义为"trickle-down"的槽。若想了解更多信息,请查看正文。

我们来看一段包含由 define-object 宏指令定义对象的程序(见文本框 A.3),其中,wingboxlet 是一个由长、宽、高定义的简单箱。

▷ 文本框 A.3　Gendl 示例 1

```
(in-package :gdl-user)
(define-object wingboxlet (base-object)
  :input-slots
  ((length 10 :settable) (width 5 :settable) (height 2
    :settable))

  :computed-slots
  ((volume (* (the length) (the width) (the height))))

  :objects ((boxlet :type 'box
                    :center (translate (the center) :rear 5))))
```

我们能从这个例子中看到什么？这部分代码使用 Lisp 扩展集-Gendl 语言提供的 define-object 宏指令定义了 wingboxlet 类。wingboxlet 类从基础对象（base-object，在宏指令名称后的混合列表中指定的类）中继承了 Gendl 中的低级别几何图元，如直线、箱等。描述 wingboxlet 的参数（长、宽、高）在 input-slots 中定义，一个数值和关键词：settable 紧跟在它们的名称之后。虽然添加数值并且将槽变为可设置状态不是必需的，但赋予参数默认值并允许它们进行交互式改变（例如：使它们"可设置"）会带来很大的便利，因此，我们添加了这些数值和关键词。

现在，在 Emacs 中创建一个包含上述代码的新文件（务必以 .gdl、.gendl 或 .lisp 形式的后缀保存），并选择 SLIME 下拉菜单中的编译/加载选项编译之（确保光标停留在程序窗口中）。

A.4.2 对象实例化

在完成对象的定义、编译/加载之后，就可以运行它们。在 KBE 环境中运行一个对象通常包含两个步骤：

步骤一：实例化所定义的对象。

步骤二："询问"对象来获取信息（在 KBE 术语中，这是给对象"发送信息"的意思）。

实例化和询问所定义的对象主要有三种机制：

1）交互式

在 SLIME 窗口的命令行中，在 GDL-USER>提示符处使用 make-object 函数，the 和 the-object 指代宏指令，如：

在 GDL-USER>提示符处输入（setq my-wingboxlet（make-object 'wingboxlet））来实例化对象。

输入（the-object my-wingboxlet volume）来询问 wingboxlet 的容积。

这些可以简化为：

```
(setq self(make-object 'wingboxlet))
(the volume)
```

甚至更简短：

```
(make-self 'wingboxlet);shorthand for (setqself(make-object…))
(the volume)
```

在使用 Gendl 和 Lisp（同样见文本框 A.1）方面更有经验之后，就能明显地分辨出以上两种写法的不同之处，所以暂时感到迷惑是正常现象。

2）批处理式

这种情况下的程序通过优化框架或诸如 Matlab 之类的程序进行调用。有多种方法可以从外部系统调用 Gendl 程序,包括通过命令行从单独的程序调用 Gendl,或者调用由长期运行的 Gendl 服务器进程发布的 HTTP 服务。在此,我们仅简单介绍如何通过命令行从单独的程序调用 Gendl。具体细节将作为案例的一部分呈现在本附录结尾。

首先,需要准备一个包含对象定义、预编译和预加载的自定义 Gendl 可执行文件。Gendl 可执行文件和其他可执行文件一样,但运行可执行文件所需的命令行参数取决于所用的特定平台(即不同的 Common Lisp 引擎和操作系统)。对于开源 Gendl 发行版使用的 Clozure CL(见图 A.3)来说,"-load"参数允许在可执行文件运行时加载文件。"-load"可缩略为"-l"(字母"L"的小写形式,不是字母"i"的大写)。使用"-l"参数时,可以加载一个能够实例化对象并获得期望输出的"脚本"文件(此时不必担心其中的具体细节,随后我们会逐步阐述)。假设使用通过 Gendl KBE 评估约束和/或目标函数的 Matlab 程序来解决一个优化问题,那么就需要给 KBE 应用程序提供一些输入,建立这种通信的方法之一是通过文件。Lisp/Gendl 脚本文件从 Matlab 文件中读取对象实例化所需的输入,然后"使"对象包含文本框 A.4 所示脚本文件的内容。

> ▷ **文本框 A.4** 用于 Gendl 通信的 Lisp 脚本文件:MDO 应用程序
>
> ```
> 文件名:instantiate-wing-write-outputs.lisp
> (let((inputs(read-matlab-inputs-from-file "input.dat")))
> (let((self(apply 'make-object 'testbox inputs)))
> (print(the results))))
> ```

上述内容假设用户定义了一个"read-matlab-inputs-from-file"函数,它将从一些 Matlab 代码生成的文件中读取值并作为测试箱(test-box)的输入,同时将输入格式化为一个标准的参数表(一个关键词和其对应值的列表,如(:length 5))。同时假设,"test-box"对象回答了包含给定输入下所有关联输出值的"results"信息。例如,如果通过 KBE 应用程序来计算成本、容积、重量等信息,那么对象在发送指令时应该这样表述:"对象的容积是多少"(若询问对象容积)。

获取包含对象定义的自定义 Gendl 可执行文件有以下要求:

(1)在 CCL 中编译和加载对象定义(如前面所述,CCL 是作为 Gendl 预编译的一部分发布的 Lisp 实现,详见 ccl.clozure.com)。

(2)使用 ASDF 工具中(Another System Definition Facility,见 commom-lisp.net/project/asdf/)的宏指令转存预编译的可执行文件。Lisp 宏指令进行转存时类似于(uiop:dump-image "~/gendl-with-wing")将图片转存入主目录。Uiop 是 Common Lisp 的便携式封装块,也是预编译 Gendl 的一部分,所以在使用这些命

令时无须做任何特殊改动。

现在,可以从外部系统调用"gendl-with-wing",并援引 instantiate-wing-write-outputs.lisp 脚本如下:

(1) 从外部系统(例如 Matlab 或第 8 章的 MDO BB)写入一个想要输入给 Gendl 对象的格式正确的文件。

(2) 从外部系统调用命令行来实例化对象并获取结果,从 Matlab 调用的命令如下:

```
Status = system('gendl-with-wing-1 instantiate-wing-write-out-
puts.lisp')
```

商业版 Genworks GDL 存在更多复杂的方式生成运行时应用程序,这将更适合在工业环境中创建产品运行时的可执行文件。

3) 图形化式

即通过自托管的"Tasty"网络应用(开发浏览器)或自定义的网页版用户界面来实现:

(1) 访问网址:http://localhost:9000/tasty。

(2) 在输入框中指定"wingboxlet"。

(3) 单击树根部悬停的"pencil"图标。

需要注意的是,在 Tasty 中实例化对象之前,没有必要在命令行进行创建对象或自我创建的操作。因为 wingboxlet 对象一旦定义(在 define-object 命令后通过编译/加载文件),用户立即就可以访问 Tasty 应用并从输入栏进入 wingboxlet 对象。

A.4.3　对象查询

现在,我们基于 wingboxlet 类(见文本框 A.3)实例化一个对象,在显示 GDL-USER>提示符的窗口中输入"(setq myfirst-wingboxlet(make-object 'wingboxlet))",或输入之前提到过的其他等效命令,并借助一些信息(the-object 或 the)从命令行中查询模型。接着,前往网页浏览器输入网址 http://localhost:9000/tasty 跳转到 GDL 提供的对象浏览器。在 Class Package:Type 区域输入"wingboxlet",会弹出零件树和对象检测器。用户可以利用零件树下拉菜单中的 add leaves 和 inspect object 按钮来操作自己的第一个对象(见图 A.6)。在一个叫作"settables"的区域中,用户可以找到长、宽、高的参数,进而可以通过改变长、宽、高的参数值来观察对象所发生的变化。

用户也可以从 GDL-USER>提示符入手查看和改变 wingboxlet 的参数。如果需要 wingboxlet 的长度,则可以输入:

```
(the-object myfirst-wingboxlet length)
```

如果想要改变 wingboxlet 的长度,则可以输入:

```
(the-object myfirst-wingboxlet(set-slot! :length 5))
```

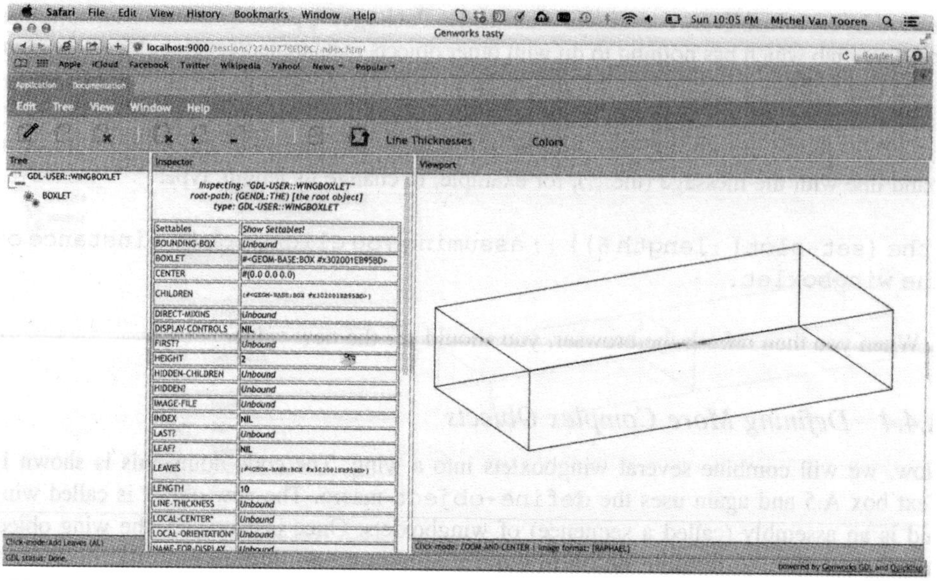

图 A.6　文本框 A.3 定义的 wingboxlet 在 Tasty 中的视图

注意：如果需要 Tasty 中展示的对象随以上输入而改变，用户必须确保 Tasty 中的对象与其尝试在 GDL-USER> 提示符处访问的对象是所创建类的同一个实例。在命令行中修改的对象通常与在 Tasty 中创建的实例不同。当在 Class Package：Type 字段中以初始 Tasty 形式输入对象类型时，它为 Tasty 选项卡实例化一个对象，且该对象与在命令行中全局实例化/设置的其他对象无关。如果想要获得 Tasty 对象在命令行操作的"句柄（handle）"，可以基于 Tasty 通过菜单或工具栏图标单击"Set Self!"，然后单击 Tasty 树中的对象。这个对象/实例就设置为"自身"模式并能够通过命令行和消息（the…）一起寻址，例如要改变长度，则输入：

```
(the(set-slot! :length6));;assuming you clicked on the instance of
the wingboxlet.
```

新的数值可以通过刷新浏览器得到。

A.4.4　更复杂对象的定义

现在，我们要将多个翼箱组合成为一个机翼。文本框 A.5 展示了实现这一过程的代码，可以看到这里再次使用了 define-object 宏指令。这个叫作机翼（wing）的新对象是一个翼箱类的组合（也称为一个序列）。机翼对象实例化之后就会创造出许多由：objects 定义的子对象。这种情况下，子对象就是翼箱，每一个翼箱包含一种称为"箱（box）"的低级图元，其跟子对象一样是基础对象的一部分。严格说来,"箱"是专门研究基础对象的低级几何图元之一。

⌖ 文本框 A.5　Gendl 示例 2

```
(in-package :gdl-user)


(define-object wing (base-object)


:input-slots ((number-of-sections 2 :settable)
             (length-default 10)
             (width-default 5)
             (height-default 2))


:computed-slots ((length (sum-elements (the boxlets)
                                       (the-element length)))
                (width (the width-default))
                (height (the height-default))
                (volume (sum-elements (the boxlets)
                                      (the-element volume)))
                (root-point
                  (translate (the center)
                             :front (half (the length)))))
:hidden-objects ((reference-box :type 'box))


:objects ((boxlets :type 'wingboxlet
                  :sequence (:size (the number-of-sections))
                  :length (the length-default)
                  :width (the width-default)
                  :height (the height-default)
                  :root-point
                  (if (the-child first?)
                      (the root-point)
                      (translate (the-child previous
                                  root-point)
                                 :rear
```

315

```
                                    (the-child previous
                                        length))))))

(define-object wingboxlet (base-object)

:input-slots (length width height root-point)

:computed-slots ((center (translate (the root-point)
                                      :rear (half (the length))))
               (volume (the boxlet volume)))
:objects ((boxlet :type 'box)))
```

这个示例展示了如何从 base-object 中移动几何图元,比如空间中的 box 对象。操作符 translate 用于将(the center)指定的箱中心放置在期望的位置。操作符通过识别一些关键词,如:rear 和:front 来指定移动的方向。更多的几何操作可以从 Gendl 文件中找到。请注意在一个典型的 Gendl 产品树中,真正的几何实体出现在"树叶"层,这一点能够在图 A.7 所示的 Tasty 环境中得到印证。

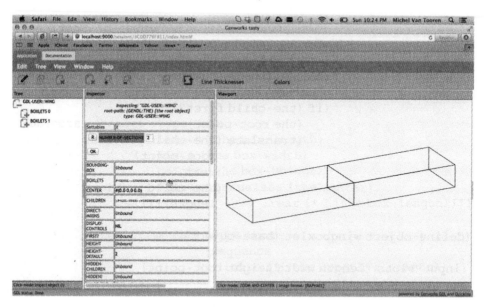

图 A.7　Tasty 中文本框 A.5 的机翼视图

这个例子展示了(the-child first?)和(the-child previous)的用法。下面介绍一些与序列中元素一起工作的其他常见信息(当然,在:object 规范下,这些信息与称为当前子对象的子对象一起工作）：

```
(the…first?)-->Boolean t/nil
(the…last?)-->Boolean t/nil
(the…previous)-->previous child (if we're not the first)
(the…next)-->next child (if we're not the last)
```

另一种可行的方法是运用序列中的索引查询特定子对象：

```
(the (wingboxlet 0)),(the (wingboxlet 1)) etc.
```

我们在第 9 章曾介绍过 MMG 这一赋能模块的概念,在下一个例子中,将会具体讲解如何应用这一模块背后的基本原理。文本框 A.5 中的示例展示了如何获得"设计产品"的特征参数,如评估状态变量、约束或目标函数所必需的长度、容积及部件数量等。下一个例子将展示如何发掘"模型"中不一样的学科"视图"。假设我们想用 FEM 对箱子做一些计算工作,FE 专家希望已经将箱模型网格化为许多小箱。现在我们可以很容易地通过 KBE 见证这一过程的实现,仅需将另一个子对象添加到翼箱的定义中即可(见文本框 A.6)。这个新的子对象称作 boxlet-meshed,是多个网格化或离散形态的小箱(boxlet)集合。因为 boxlet 与 boxlet-meshed 共享同一父对象,所以它们对于同一对象形成一致的视图,这里讨论的对象就是翼箱。尽管这个示例很简单,但它赋有希冀地阐述了在探索设计空间时,KBE 应用如何向 MDO 引擎持续地提供多样化的视图或模型(见图 A.8)。

> ▷ **文本框 A.6**　Gendl 示例 3

```
(in-package :gdl-user)

(define-object wingboxlet (base-object)

:input-slots ((box-length 100 :settable) (box-width 10
                                          :settable)
              (box-height 5 :settable) (length-elements 12
                                        :settable)
              (width-elements 5 :settable)
              (height-elements 2 :settable))

:computed-slots ((volume (* (the box-length) (the box-width)
                            (the box-height)))))
```

```
:objects ((boxlet :type 'box
                  :length (the box-length)
                  :width (the box-width)
                  :height (the box-height)
                  :center (translate (the center)
                           :rear (* 2 (the box-length))))

          (boxlet-meshed :type 'box
                  :sequence
                    (:size (* (the length-elements)
                             (the width-elements)
                             (the height-elements)))
                  :length (/ (the box-length)
                            (the length-elements))
                  :width (/ (the box-width)
                           (the width-elements))
                  :height (/ (the box-height)
                            (the height-elements))
                  :center
                  (translate (the center)
                    :rear
                    (* (the-child length)
                    (floor
                      (/ (the-child index)
                        (* (the width-elements)
                          (the height-elements)))))
                    :left
                    (* (the-child width)
                      (floor
                      (/ (rem
                        (the-child index)
                        (* (the height-elements)
                          (the width-elements)))
                        (the height-elements))))
                    :up
```

```
(* (the-child height)
(rem (the-child index)
(theheight-elements)))))))
```

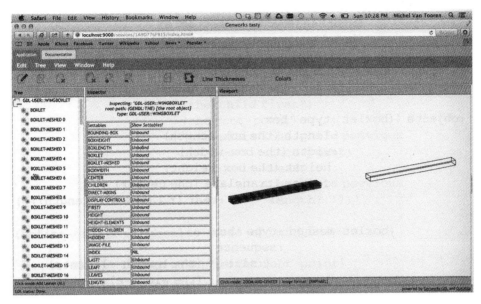

图 A.8　箱子的两种视图:基础几何视图(右)和网格化视图(左)

现在是时候介绍一些 Gendl 的附加信息了,length、width 及 height(包括 center 和 orientation)都是为基础对象而定义的涓滴槽(trickle-down-slots),这些记录在 base-object 的参考页中,见 http://genworks.com/yadd(链接到主索引中的基础对象)。涓滴槽的含义是指具有相同槽名称和数值的信息将会自动传递到子对象。最常见的涓滴槽是基础对象的长、宽、高、中心和方位(继承自箱和其他几何图元)。这会使每个子对象均默认与其父对象使用相同的坐标系,而不需要开发人员额外编写任何其他代码。当然,任何数值都可以被子对象的输入值所取代,或在子对象中自行计算以匹配局部坐标系。新数值最好根据同胞子对象值或父对象值计算,从而保证当移动(通过其中心)或重构(通过其方位)父坐标系时,依然能够在相对坐标系中进行正确设置。

A.4.5　基于 MDO/KBE 的计算设计引擎配置

在本附录的结尾,我们将解释如何基于前序章节讲述的原则和示例,来构建或配置一个计算设计引擎(Computational Design Engine,CDE)或工程设计引擎(DEE,见 9.3 节)。我们以解决一个简单的设计问题为例,并将其定义于文本框 A.7。设计任务是计算由长、宽、高所定义箱子的最小成本,其顶部、底部和侧面的成本不同,且箱子的尺寸大小受最小需求容积的约束。

▷ 文本框 A.7　优化问题示例

给定:

顶部成本:€ $10/\mathrm{m}^2$

底部成本:€ $20/\mathrm{m}^2$

侧面成本:€ $30/\mathrm{m}^2$

变量:

x, y, z

目标函数为"最小成本":

$$f(x) = 30xy + 60(xz + yz)$$

约束条件为"容积至少为 $4\mathrm{m}^3$":

$$h(x) = xyz = 4\mathrm{m}^3$$

解析最优结果为:

$$f_{\min} = € 360$$

$$x = y = 2\mathrm{m}, z = 1\mathrm{m}$$

文本框 A.8 中定义了用于计算容积约束的 Gendl 对象 test-box。我们假设在 Matlab 中运行优化程序并评估目标函数,并利用 Gendl 的 test-box 对象返回容积值,每一个容积值均与一个由长、宽、高所组成的设计向量 *x* 值相对应。文本框 A.9 展示了 CDE 中的 Matlab 部分代码,它运用了 Matlab 优化工具箱中的 fmincon 函数。函数 fmincon 需要两个 Matlab 函数,其中之一返回目标函数值 *f*,另一个返回约束函数值 [*c*,ceq],读者可以通过 Matlab 手册查阅具体细节。在本示例中,我们有一个关于箱子容积的约束函数,其调用 Gendl 的 test-box 对象进行评估并返回当前设计向量 *x*(包含长、宽、高)所决定的箱子容积值。具体实现过程是,约束函数首先将一个参数表(:length x1 :width x2 :height x3)写入文本文件,Gendl 对象读取这个文件继而计算容积。

接下来,Matlab 约束函数调用名为 MDOKBE 的 Gendl 对象,其命令如下:

```
status=system('~/test-box-image--eval"(gdl-user::run-box-test)"
-eval"(uiop::quit)"')
```

这条命令中的"test-box-image"是图片的名字,通过在 Apple 终端窗口中输入下述命令创建:

```
gdl-ccl64—load~/test-box/dump-image.lisp
```

文本框 A.8　Gendl 的 Test-Box 对象

```
(in-package :gdl-user)

(defparameter *input-file* "~/test-box/designvector.txt")
(defparameter *output-file* "~/test-box/volume.txt")


;;
;;Simple box which computes a cost and a volume.Volume is already
;;built-in to primitive box so we don't need to redefine it here.
;;
(define-object test-box (box)
:input-slots (length width height)
:computed-slots (volume (* (the width) (the height) (the
length)))
:objects ((testbox :type'box)))


;;
;;Read the inputs from a text file,make an instance of our test
-box,
;;then write the computed results to an output file.
;;
(defun run-box-test (&key (input-file *input-file*)
                          (output-file *output-file*))
  (let ((dim-plist (with-open-file (in input-file)
                      (read-safe-string (read-line in)))))
    (let ((self (make-object'test-box
                  :length (getf dim-plist :length)
                  :height (getf dim-plist :height)
                  :width (getf dim-plist :width))))
      (with-open-file (out output-file
              :direction :output
              :if-exists :supersede
              ::if-does-not-exist :create)
        (format out "~a~%" (the volume)))))))
```

程序 gdl-ccl64 是 Gendl 预编译项目中的一部分,其具体安装位置取决于 OS 平台。在 MacOs 平台上,它可能位于/Applications/gendl. app/Contents/Resources/genworks 目录里。由 Matlab 命令 system 所调用的外部程序部分--eval"(gdl-user::run-box-test)"-eval"(uiop::quit)",用于指示转存(dump)评估 Gendl 的 run-box-test 函数(见文本框 A.8)。

通过运行 Matlab 脚本(确保 Matlab 的目标函数和约束函数在不同文件中),展示了如何综合运用 MDO 和 KBE 两种工具,来解决一个简单的箱子优化问题(见文本框 A.9)。

▷ **文本框 A.9　箱子优化示例的 Matlab 代码**

```
global minvol Ct Cb Cs;
x0 = [1,1,1];
A = [];
b = [];
Aeq = [];
beq = [];
lb = [0,0,0];
ub = [100,100,100];
minvol = 4;
Ct = 10;
Cb = 20;
Cs = 30;
x = fmincon(@ costs,x0,A,b,Aeq,beq,lb,ub,@ boxvol)

function f = costs( x)
% The function costs returns the cost of a box with different
  cost per
% surface for the xy,yz and xz surfaces
global minvol Ct Cb Cs;
  f = x(1) * x(2) * (Ct +Cb)+(x(2) * x(3)+x(1) * x(3)) * 2 * Cs;
end

function [c,ceq] = boxvol(x)
% This function calculates the volume constraint on the box
global minvol;
```

```
% Write designvector x to file for use by KBE System
  designvector_fid = fopen('~/designvector.txt','w');
  fprint(designvector_fid,'(:length ');
  fprint(designvector_fid,'% 12.8f',x(1));
  fprint(designvector_fid,' :width ');
  fprint(designvector_fid,'% 12.8f',x(2));
  fprint(designvector_fid,'(:height ');
  fprint(designvector_fid,'% 12.8f',x(3));
  fprint(designvector_fid,') \n');
  status = fclose(designvector_fid);
  % Invoke the KBE model to calculate the volume
  status = system('~/testbox/MDOKBE')
  volume_fid = fopen('~/volume.txt','r')
  c(1) = minvol-fscanf(volume_fid,'% g')
  status = fclose(volume_fid);
  ceq = [];
end
```

A.5　一些先进理念

此部分将通过了解一些更先进的理念,来扩展 DEE 的性能和功能。本节特别强调了通信和先进曲面建模两个部分,其中,先进的曲面和实体建模部分需要商业 KBE 权限。下面,首先来了解一些更先进的理念。

A.5.1　基于网络的通信

如果用户想要建立一个分布式的优化框架,那么将参数化模型 MMG 作为 MDO 系统内其他 BB 的服务器会大有帮助。为了阐述这个原理,同样以 Gendl 为例,原因是其具有一个内置的 web 服务器。Gendl 系统中的 HTTP 服务器,可以作为一个可编程 API 给网络上任何地方的"客户端"应用提供服务。假设 MDO 系统具有向"http"地址发送请求的标准 HTTP 客户端功能,那么 MDO 系统中的 BB 就可以向 Gendl 会话发送通用请求,如从新的或修改后的对象实例中获取信息,该对象可能正处于基于更新的设计向量或为评估约束及目标函数的优化进程中。

文本框 A.10 中的 make-and-send.lisp 代码是一个通用的 HTTP URL 实现,其

可以通过接受请求为任一给定输入列表的已定义 Gendl 对象创建实例,并针对任何特定的信息(例如一个输出请求)进行评估,随后作为 HTTP 请求的响应返回输出值。

例如,制作一个长为 10、宽为 20、高为 30 的箱子并求解其容积,用户可以用以下形式的 URL 语句构成 HTTP 请求:

```
http://localhost:9000/make-and-send?object-type=geom-base:
box&length=10&width=20&height=30&message=volume
```

上述请求假设 Gendl 会话在端口地址为 9000 的本地主机上启动并运行。当然,用户也可以通过替换本例中的主机和端口 localhost:9000,与网络上通过任何端口有权访问的任何主机上运行的 Gendl 会话一起工作。

如果仅仅为了测试,Gendl 自身就可以完成任务,因为其除了内置的网络服务器以外,还同样包含了一个内置的网络客户端。网络客户端的主函数为:

```
(net.aserve.client:do-http-request…)
```

这个函数可以接受任何有效的 URL 来作为其参数并返回四个值:

(1) HTTP 响应的内容。

(2) 响应代码(200 代表成功)。

(3) 从服务器返回的 HTTP 消息头。

(4) URL 对象(一个内置的 Lisp 对象,有时用于调试或其他方面)。

若打算测试以上示例,用户可以进行如下操作:

```
(net.aserve.client:do-http-request
"http://localhost:9000/make-and-send?object-type=geombase:
box&length=32&width=10&height=10&message=volume")
```

注意要将"http:/…"全部写在同一行中,运行之后得到第一个(也是用户最关心的)返回值是 3200。调用 read-safe-string 函数可将其转化为 Lisp 数据对象(这种情况下,它就变成了数字 3200):

```
(read-safe-string(net.aserve.client:do-http-request
"http://localhost:9000/make-and-send?object-type=geombase:
box&length=32&widhth=10&heigt=10&message=volume"))
```

Read-safe-string 是 CL 函数 read-from-string 的封装,但顾名思义,它更加安全,因为其可以防止无意中从正在读取的字符串中评估代码(可能为一个安全漏洞)。

▷ **文本框 A.10** MMG 环境下的通用 HTTP URL 实现

```
(in-package :gwl-user)
```

```
(net.aserve:publish :path"/make-and-send"
                     :function 'make-and-send)

(defparameter * inst * nil)

(defun query-to-plist (query)
(mapcan #'(lambda(cons)
            (list (make-keyword (first cons)) (cdr cons)))
        query))

(defun read-number (value)
 (let ((possible-number (read-safe-string value)))
  (if (numberp possible-number)
    possible-number
    value)))

(defun make-and-send (req ent)
 (let * ((query (request-query req))1
        (plist (query-to-plist query))
        (object-type (getf plist:object-type))
        (message (getf plist:message))
        (inputs (remove-plist-key
                (remove-plist-keyplist:object-type):message)))

(let ((result
    (multiple-value-bind (value error)
        (ignore-errors
        (let ((instance
            (apply#'make-object
                (read-safe-string object-type)
                (mapcan#'(lambda(key val)
                        (list key (read-number val)))
                    (plist-keys inputs)
                    (plist-values inputs)))))
            (setq * inst * instance)
```

```
        (the - object instance (evaluate (make - keyword mes-
sage)))))
      (if (null error) value error))))
(with-http-response (req ent)
 (with-http-body (req ent)
  (format * html-stream * "~a" result))))))
```

A.5.2　大规模并发的多模型生成

　　MDO 的发展很大程度上得益于大规模并发数据处理(Massively Concurrent Data Processing,MCDP)技术。为了实现复杂产品的设计(复杂性体现在几何操作要跟随设计向量的变化而变化),MDO 系统需要采用大规模并发的多模型生成方法。大多数 CAD 软件面向分布式团队中的个体用户,分布式团队对部分 CAD 工作环境的支持则侧重于配置方案的操控,留给多模型生成的空间很小甚至几乎没有。幸运的是,KBE 的出现挽救了这个局面,这从下面将要介绍的 Gendl 示例中可以看到。Gendl 具备一个将不同子对象分置于不同 Gendl 进程的内嵌机制,从而使其可以在本地主机上运行,也可以在远程主机上运行。这一模式可使操作并行化或将一个大问题分解为许多小问题,以避免其中任一进程的内存需求过大。

　　文本框 A.11 中名为 remote-drilled.lisp 的代码,是有两个子对象 drilled-block 的示例实现,每个子对象均运行在独立的 Gendl 会话中。将一个子对象指定于远程主机包含以下三个步骤:

　　(1) 将子对象的类型(:type)指定为远程对象(remote-object)。

　　(2) 指定一个有效的主机(:host,可以是 localhost)。

　　(3) 指定一个有效的端口(port)。

▷ 文本框 A.11　并行 MMG

```
(in-package :gdl-user)

(defparameter * source-file * (glisp:source-pathname))

(eval-when (:compile-toplevel :load-toplevel :execute)
 (setq * compile-for-dgdl?* t))

(define-object dgdl-test (base-object)
```

```
:input-slots
((length 10)
 (width 20)
 (height 30)
 (hole-radius 2 :settable)
 (hole-length 35)
 (quantity 2 :settable))

:objects
((drilled :type 'drilled-block
      :sequence (:size (the quantity))
      :pass-down (length width height hole-length hole-radius))
(remote-drilled :type 'remote-object
                :sequence (:size (the quantity))
                :remote-type 'drilled-block
                :host "localhost"
                :port (+ (the-child index) 9001)
                ;;:port 9000
      :pass-down (length width height hole-length hole-radius)))

:functions
((set-hole-radius!
 (value)
 (the (set-slot! :hole-radius value)))))


(define-object drilled-block (base-object)
 :input-slots
 (length width height hole-radius hole-length)
 :computed-slots ((volume (progn (sleep 2) (the result volume)))

                  (c-of-g (the result center-of-gravity)))
:objects
((result :type 'subtracted-solid
         :pass-down (brep other-brep))
 (brep :type 'box-solid
```

```
                :display-controls (list :color :green))
    (other-brep :type 'cylinder-solid
                :radius (the hole-radius)
                :length (the hole-length)
                :display-controls (list :color :green)))


  :functions ((recompile!
                ()
                (load (compile-file *source-file*)))))


(eval-when (:compile-toplevel :load-toplevel :execute)
  (setq *compile-for-dgdl?* nil))
```

目前,尚没有一个机制能够自动化地为 Gendl 进程分配某个指定的主机和端口,而是必须由用户管理。所有常见的 Gendl 缓存和依赖跟踪工作都会按照既定的方式在分布式 Gendl 会话中执行。为了说明这一点,用户可以通过下述语句来修改孔半径:

```
(the (set-hole-radius! 5))
```

然后,重新评估:

```
(the (remote-drilled 1) volume)
```

CommonLisp 语言的 lparallel 软件包提供了若干实用的并行编程方式,并可以与 dgdl 一起使用。例如,lparallel:pmapcar 就是 mapcar 操作符的并行版本。因此,在以并行模式评估每一个子对象 drilled-block 的"volume"信息时,可以这样操作:

```
(lparallel:pmapcar #'(lambda (obj) (the-object obj volume))
                  (list-elements (the remote-drilled)))
```

实际上,此处的 lparallel:pmapcar 同样对本地对象有效,如果用户在 CommonLisp 的对称多处理技术(Symmetric Multiprocessing,SMP)实施中运用 Gendl 或 GDL,将极大的缩短项目的运行时间。

可以使用以下命令获取 Gendl 或 GDL 中的 lparallel 库:

```
(load-quicklisp)
(ql:quickload :lparallel)
```

A.5.3 更复杂对象的定义

对于先进的曲面和实体建模来说,由于 Gendl 并不具备运行本节示例所必需的 NURBS 功能,故我们需要寻求一个商用的 KBE 框架。这里使用 Genworks 公司的 KBE 系统 GDL 来阐述 KBE 环境中的复杂几何操作,GDL 是 Gendl 的商用版本。

A.5.3.1　翼型剖面示例

这个示例说明了,如何在 GDL 中通过一系列点,来构建一个基于 NURBS 的翼型模型。示例选用 NACA SC-0174 超临界翼型,其弦向和厚度坐标存储于一个在 GDL 代码中称为"airfoil1.dat"的文件中。

▷ **文本框 A.12　读取翼型数据**

```
(in-package :gdl-user)
(define-object profile-curve (fitted-curve)
 :input-slots (points-data)
 :computed-slots ((point-coordinates (rest (rest (the
points-data))))

      (x-coords (plist-keys (the point-coordinates)))
      (y-coords (plist-values (the point-coordinates)))

      (x-max (most 'get-x (the points)))
      (x-min (least 'get-x (the points)))

      (chord (- (get-x (the x-max))
              (get-x (the x-min))))

      (y-max (most 'get-y (the points)))
      (y-min (least 'get-y (the points)))

      (max-thickness (- (get-y (the y-max))
                      (get-y (the y-min))))

      (points (mapcar #'(lambda (x y) (make-point x y 0))
                    (the x-coords)
                      (the y-coords)))))
```

首先从 .dat 文件中读取翼型坐标,包含文本框 A.12 所示的那些数据点,并创建一个名为 profile-curve 的对象。对象 profile-curve 从 GDL 的图元 fitted-curve 处继承而来,而 fitted-curve 则继承自图元 curve,即 GDL 的通用 NURBS 曲线。接着,利用这些点拟合生成一条曲线(见文本框 A.13)。

对象 profile-airfoil 通过两个定义的子对象 root-airfoil 和 root-profile 而创建。

其中,对象 root-profile 是从 profile-curve 类中实例化而来,它是一个隐藏对象,目的是防止翼型对象在任何图形化表示中以点云的形式出现。

通过计算槽可以设置翼型的弦长和厚度,这些参数能够将标准化翼型缩放至所需的尺寸。这里的翼型是 boxed-curve 类型,它允许在 x 和 y 方向上进行缩放,并严格限制在一个指定的方框中,且这个方框由 GDL 命令:center 和:orientation 来确定。最终得到的曲线如图 A.9 所示。

> **文本框 A.13　GDL 示例 1**
>
> ```
> (in-package :gdl-user)
> (define-object profile-airfoil (base-object)
>
> :input-slots ((base-path "C:\\Users\\username\\Documents\
> \LISP\\code\\")
>         (root-points-file-name "airfoil1.dat" :settable)
>         (root-chord 5.44 :settable)
>         (root-t-over-c 0.13 :settable))
>
> :computed-slots((root-points-file-path
>         (merge-pathnames (the root-points-file-name)
>                 (the base-path)))
>         (root-thickness (* (the root-chord)(the root-t-over-
> c))))
>
> :objects ((root-airfoil
>     :type 'boxed-curve
>     :curve-in (the root-profile)
>     :scale-y (/ (the root-thickness)
>             (the root-profile max-thickness))
>     :scale-x (/ (the root-chord) (the root-profile chord))
>     :center (the (edge-center :left :front))
>     :orientation (alignment
>             :top (the (face-normal-vector :right))
>             :right (the (face-normal-vector :rear))
>             :rear (the (face-normal-vector :top)))
> ```

```
              :display-controls (list :color :blue :line-thickness 2)))

:hidden-objects ((root-profile
                     :type 'profile-curve
                     :points-data (with-open-file
                                      (in (the root-points-file
-path))
                     (read in)))))
```

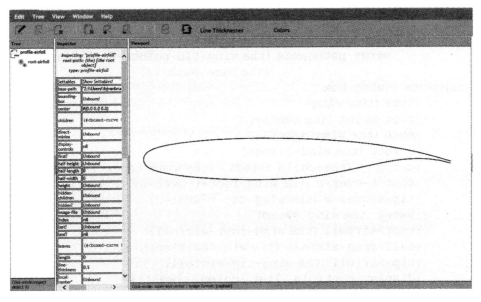

图 A.9　通过 .dat 文件里的翼型坐标生成的翼型剖面侧视图

A.5.3.2　直边放样机翼

下一个例子展示如何使用 GDL,创建一个包括三种不同翼型且前缘和后缘均为直线的飞机机翼。与前面示例相同,三种不同翼型的坐标均从 .dat 文件中读取。首先,创建一个继承自基础对象(base-object,见文本框 A.14)的新组件 profile-wing。组件 profile-wing 包含 wing-box、wing-root-airfoil、wing-half-span-airfoil 和 wing-tip-airfoil 四个子对象,隐藏的翼型对象包含翼型剖面曲线。机翼的形状参数在:input-slots 中进行设置,并和翼型曲线一起传递至 wing-box。然后,实际的机翼在 box-wing 类型的 wing-box 对象中定义(见文本框 A.15)。box-wing 类从 box 类中继承而来,其响应为了将机翼放置在指定位置所需的 GDL 关键词:center 和:orientation。机翼的尺寸大小在 wing-box 类中的:computed-slots 处计算得到,机翼中

331

心定义在翼展长度一半的位置。接下来,定义包括三种翼型和一个翼面在内的四个子对象,同样使用关键词:scale-x 和:scale-y 将机翼大小缩放至所需尺寸,并使用 translate 命令对机翼进行定位。

机翼外表面在 lofted-surface 类型的放样对象中进行定义。本例中的输入曲线包括翼根处的翼型、半翼展处的翼型和翼梢处的翼型,除此三者外再无其他控制工具,结果如图 A.10 所示。

> ▷ **文本框 A.14 GDL 示例 2**
>
> ```
> (in-package :gdl-user)
>
> (define-object profile-wing (base-object)
>  :input-slots ((base-path "Z:\\Users \\username \\Documents \
> \LISP \\code \\")
>         (wing-root-points-file-name "airfoil1.dat" :settable)
>         (wing-half-span-points-file-name "airfoil2.dat" :
> settable)
>
>         (wing-tip-points-file-name "airfoil3.dat" :settable)
>         (wing-span 28.4 :settable)
>         (wing-c-root 5.44 :settable)
>         (wing-root-t-over-c 0.13 :settable)
>         (wing-tip-t-over-c 0.08 :settable)
>         (wing-taper-ratio 0.196 :settable)
>         (wing-sweep 24.5 :settable)
>         (wing-dihedral 1.5 :settable))
>
> :computed-slots((wing-root-points-file-path
>         (merge-pathnames (the wing-root-points-file-name)
>                     (the base-path)))
>         (wing-half-span-points-file-path
>          (merge-pathnames (the wing-half-span-points-file-
>                     name)
>                     (the base-path)))
>         (wing-tip-points-file-path
> ```

```
                  (merge-pathnames (the wing-tip-points-file-name)
                                   (the base-path))))
:objects ((wing-box
      :type 'box-wing
      :root-point (the center)
      :span (the wing-span)
      :c-root (the wing-c-root)
      :c-tip (* (the-child c-root) (the wing-taper-ratio))
      :root-t-over-c (the wing-root-t-over-c)
      :tip-t-over-c (the wing-tip-t-over-c)
      :sweep (the wing-sweep)
      :root-airfoil (the wing-root-airfoil)
      :half-span-airfoil (the wing-half-span-airfoil)
      :tip-airfoil (the wing-tip-airfoil)
      :display-controls (list :color :green)))


:hidden-objects ((wing-root-airfoil
          :type 'profile-curve
          :points-data
          (with-open-file
            (in (the wing-root-points-file-path))
          (read in)))

          (wing-half-span-airfoil
           :type 'profile-curve
           :points-data
          (with-open-file
            (in (the wing-half-span-points-file-path))
           (read in)))
           (wing-tip-airfoil
            :type 'profile-curve
            :points-data
            (with-open-file
              (in (the wing-tip-points-file-path))
            (read in)))))
```

333

文本框 A.15　GDL 示例 2

```
(in-package :gdl-user)

(define-object box-wing (box)
 :input-slots (root-point span c-root c-tip root-t-over-c tip-t-
over-c
          sweep root-airfoil half-span-airfoil tip-airfoil)
 :computed-slots ((width (the span))
       (length (the c-root))
       (height (* (the root-t-over-c)(the c-root)))
       (taper (/(the c-tip) (the c-root)))
       (c-half-span (half (+ (the c-root) (the c-tip))))
       (root-thickness(* (the c-root) (the root-t-over-c)))
       (half-span-thickness
       (* (the c-half-span)
          (half (+ (the root-t-over-c) (the tip-t-over-c)))))
       (tip-thickness (* (the c-tip) (the tip-t-over-c)))
       (sweep-LE
          (atan (+ (tan (degrees-to-radians (the sweep)))
             (* 0.5 (/ (the c-root) (the span))
                (- 1 (the taper)))))))
 :hidden-objects((box
          :type'box
          :display-controls
          (list:color:orange:transparency0.7)))
 :objects ((loft
   :type 'lofted-surface
   :end-caps-on-brep? T
   :curves (list (the root-profile)
          (the half-span-profile)
          (the tip-profile)))
   (root-profile
   :type 'boxed-curve
```

```
:curve-in (the root-airfoil)
:scale-y (/ (the root-thickness)
            (the root-airfoil max-thickness))
:scale-x (/ (the c-root) (the root-airfoil chord))
:center (the (edge-center :left :front))
:orientation (alignment
                :top (the (face-normal-vector :right))
                :right (the (face-normal-vector :rear))
                :rear (the (face-normal-vector :top)))
:display-controls (list :color :blue :line-thickness 2))
(tip-profile
 :type 'boxed-curve
 :curve-in (the tip-airfoil)
 :scale-y (/ (the tip-thickness)
            (the tip-airfoil max-thickness))
 :scale-x (/ (the c-tip) (the tip-airfoil chord))
 :center (translate
     (the (edge-center :right :front))
     :rear (* (tan (the sweep-LE)) (the span))
     :up (* (tan (the sweep-LE)) (the span)))
 :orientation (the root-profile orientation)
 :display-controls (list :color :blue :line-thickness 2))

(half-span-profile
 :type 'boxed-curve
 :curve-in (the half-span-airfoil)
 :scale-y (/ (the half-span-thickness)
            (the half-span-airfoil max-thickness))
:scale-x (/ (the c-half-span) (the half-span-airfoil chord))
 :center (translate
     (the (edge-center :left :front))
     :right (half (the span))
     :rear (* (tan (the sweep-LE)) (half (the span)))))
```

```
:orientation (the root-profile orientation)
:display-controls (list :color :blue :line-thickness 2))))
```

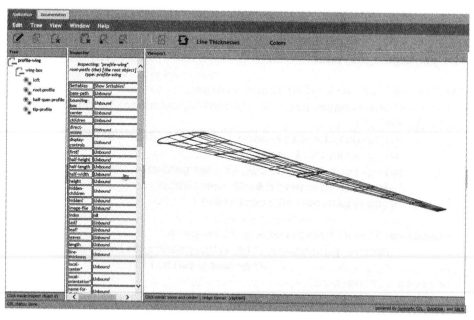

图 A.10 由三种不同翼型直边放样生成的机翼斜轴测图

A.5.3.3 曲线放样机翼

最后一个示例展示如何使用所谓的放样路径来创建一个前缘和后缘为曲线形状的飞机机翼。说得再清楚一些,这种做法只用到了一种翼型,且与前面示例相同,其剖面由 .dat 文件中的坐标进行定义。

定义的新对象 rail-wing 同样从基础对象(base-object)继承而来(见文本框 A.16)。和前面示例类似,组件 profile-wing 包括两个子对象 wing-box 和 wing-airfoil,子对象 wing-airfoil 同样是隐藏类型,形状参数在 :input-slots 处设置,并和翼型曲线一起传递至翼箱,实际的机翼在 rail-box-wing 类的实例化对象 wing-box 处生成(见文本框 A.17)。

rail-box-wing 类是 box-wing 类的改进形式。这里只用到一种翼型,放样曲面由两条曲线路径决定,翼型沿着这两条曲线扫描形成机翼的外表面。为此,首先需要创建放样路径,在本例中是通过控制点生成 b-样条曲线。接着,创建放置在两条放样路径之间的剖面线。将对象 wing-stations 的参数传递至翼箱(wing-box)来设置剖面线的尺寸。注意,至少需要三个 wing-stations,即至少三个剖面线,才能有效创建放样曲面,且剖面线的定位必须确保放样曲面外边缘与放样路径一致。使用 translate 命令将机翼置于我们希望的位置。最终结果如图 A.11 所示。

文本框 A.16　GDL 示例 3

```
(in-package :gdl-user)

(define-object rail-wing (base-object)
 :input-slots ((base-path "Z:\\Users \\username \\Documents \
\LISP \\code \\")
        (wing-points-file-name "airfoil3.dat" :settable)
        (wing-span 28.4 :settable)
        (wing-root-t-over-c 0.13 :settable)
        (wing-tip-t-over-c 0.08 :settable)
        (wing-stations 20 :settable))

 :computed-slots((wing-points-file-path
          (merge-pathnames (the wing-points-file-name)
                           (the base-path))))
 :objects ((wing-box
            :type 'rail-box-wing
            :root-point (the center)
            :span (the wing-span)
            :root-t-over-c (the wing-root-t-over-c)
            :tip-t-over-c (the wing-tip-t-over-c)
            :wing-stations (the wing-stations)
            :airfoil (the wing-airfoil)
            :display-controls (list :color :green)))

 :hidden-objects ((wing-airfoil
        :type 'profile-curve
        :points-data
        (with-open-file
          (in (the wing-points-file-path))(read in))))
    (read in)))))
```

文本框 A. 17　GDL 示例 3

```
(in-package :gdl-user)

(define-object rail-box-wing (box)
  :input-slots (root-point span root-t-over-c tip-t-over-c
                           wing-stations airfoil)

  :computed-slots ((width (the span))
                   (length (abs (get-y (subtract-vectors
                       (the rail1 (point 0 0))
                       (the rail2 (point 0 0))))))
          (height (* (the root-t-over-c) (nth 0 (the chords))))
          (center (translate
              (the root-point)
              :front (half (get-y (subtract-vectors
                                (the rail1 (point 0 0))
                                (the rail2 (point 0 0)))))
              :right (half (the width))))
          (stations (the wing-stations))
          (station-index (let ((result nil))
                  (dotimes (i (the stations))
                     (push i result))
                     (nreverse result)))
          (span-fracs (mapcar
                  #'(lambda (i) (/ i (- (the stations) 1)))
                     (the station-index)))
          (rail-fracs (list 0 (/ 1 3) (/ 2 3) 1))
          (rail1-control
          (list (make-point (* (nth 0 (the rail-fracs))
                                 (the span)) 0 0)
               (make-point (* (nth 1 (the rail-fracs))
                                 (the span)) 1.5 0)
               (make-point (* (nth 2 (the rail-fracs))
```

```
                                  (the span)) 1.5 0)
              (make-point (* (nth 3 (the rail-fracs))
                              (the span)) 4.5 0)))


          (rail2-control
            (list (make-point (* (nth 0 (the rail-fracs))
                                  (the span)) 7 0)
                  (make-point (* (nth 1 (the rail-fracs))
                                  (the span)) 6 0)
                  (make-point (* (nth 2 (the rail-fracs))
                                  (the span)) 5 0)
                  (make-point (* (nth 3 (the rail-fracs))
                                  (the span)) 6 0)))
          (chords (mapcar
              #'(lambda (span-frac)
                (abs (get-y
                (subtract-vectors
                (the rail1 (point span-frac))
                (the rail2 (point span-frac))))))
              (the span-fracs))))
:objects ((rail-loft :type 'lofted-surface
                      :end-caps-on-brep? t
                      :curves (list-elements (the profiles))
                      :rail-1 (the rail1)
                      :rail-2 (the rail2)
                      :display-controls
          (list :color :green :line-thickness 1))
    (rail1 :type 'b-spline-curve
            :control-points (the rail1-control)
            :degree 2
            :display-controls
            (list :color :red :line-thickness 2))
    (rail2 :type 'b-spline-curve
            :control-points (the rail2-control)
```

```
        :degree 2
        :display-controls
        (list :color :orange :line-thickness 2))

(profiles
:type 'boxed-curve
:sequence (:size (the stations))
:curve-in (the airfoil)

:scale-y (/ (* (nth (the-child index) (the chords))
               (+ (the root-t-over-c)
                  (* (-(thetip-t-over-c)(theroot-t-over-c))
                     (nth (the-child index)
                          (the span-fracs)))))
            (the airfoil max-thickness))
:scale-x (/ (nth (the-child index) (the chords))
            (the airfoil chord))
:center
(translate
  (the (edge-center :left :front))
  :right
  (get-x (the rail1
              (point
               (nth (the-child index) (the span-fracs)))))
  :rear
  (get-y (the rail1
              (point
               (nth (the-child index) (the span-fracs))))))
  :orientation (alignment
                :top (the (face-normal-vector :right))
              :right (the (face-normal-vector :rear))
              :rear (the (face-normal-vector :top)))
  :display-controls (list :color :blue :line-thickness 1))))
```

340

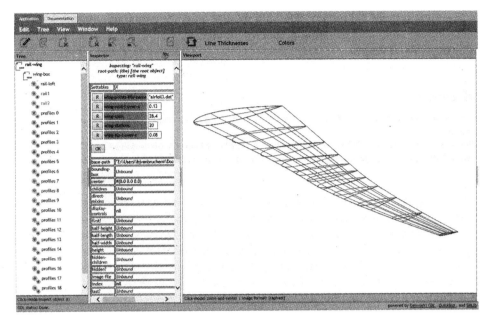

图 A. 11 由一种翼型和放样路径放样生成的机翼斜轴测图

A. 6 结论和展望

　　本附录中的示例旨在说明 KBE 可以作为 MDO 的支撑工具来创建分布式环境中并行使用的 MMG。强大的几何操作功能使其能够相对容易地生成复杂产品的多个视图。KBE 将成为产品开发领域中进一步接纳 MDO 的关键赋能者之一。

　　尽管当今见识广博且思维敏捷的工程师能够方便地访问最先进的 KBE 引擎，但对工程师在培训和教育方面的进一步细化以及工具的使用便捷化，均将有助于拓宽 KBE 的应用领域和影响范围，并使其更贴近人类的日常工作生活。

　　除了使用更为便捷化的 KBE 工具，一些不断涌现的技术也在建立和使用MDO/KBE 系统时，降低了对工程师所必须掌握的编程知识细节要求，使用者只需提供正确的输入即可收获大量有用的输出。这些技术可能包括图形数据库（实现RDF 标准下"语义网（Semantic Web）的"三倍储存）、本体建模以及利用一些标准进行基于规则的推理，这些标准包括网络本体语言（Web Ontology Language, OWL）和产品规则交换格式（如 RIF-PRD）等，XML 的分支如数学标记语言（Mathematical Markup Language, MathML）也证明是有用的。倘若将这些技术合理结合并与 KBE引擎联动，则可能在工程师和设计者之间建立一个以更自然方式进行直接交流的设计支撑系统，相比较而言，现有设计支撑系统则要求更专业化的编程技能和数学知识。遗憾的是这类系统在本书撰写时尚处于研究阶段,我们也无法推荐一个具体的组合方案或配置策略,也因此寄望于有需要的读者能够自行寻找并实现这样的拓展研究。

参 考 文 献

Milton, N. R. (2007). *Knowledge Acquisition in Practice: A Step-by-Step Guide (Decision Engineering)*. London: Springer.

Oldham, K., Kneebone, S., Callot, M., & Brimble, A. (1998). Moka-A Methodology and Tools Oriented to Knowledge-Based Engineering Application. *In: Conference on Integration in Manufacturing*, Goteborg, Sweden.

附录 B　MDO 应用指南

B.1　引　　言

在第 8 章中,我们介绍了构造多学科设计和优化系统的概念和方法,它适用于大部分工程产品的优化设计问题。本章所介绍的数学流程需转换成相关的计算工具,从而组成一个有效的 MDO 系统。在第 9 章和附录 A 中,我们将这个系统命名为工程设计引擎(Design and Engineering Engine,DEE),它调用并管理第 8 章中以数学形式定义设计过程的软件工具。该系统的运行随着时间进程而发生变化,因为软件工具在需要时才投入使用,在设计开始时需要一些软件工具,随着设计进程的推进,可能需要增加或者替换一些软件工具。本附录的目的是帮助 MDO 工程师或设计团队向 IT 专家提出 DEE 的软件需求,并由 IT 专家负责给出能够运行 DEE 正常功能的软件。下面的一些概念虽然已经在前面介绍过了,尽管与其他章节的内容有所重复,但仍然有必要将实施 MDO 相关的所有问题进行归纳。本质上说,本附录的目的是让工程师们对创建一个 MDO 实例的过程有所了解,因此,它更像是一个任务概述而不是一个详细的框架介绍。

若要应用 MDO 设计系统,则应该利用知识工程(Knowledge – Based Engineering,KBE)工具来提升其可用性,这意味着附录 A 和附录 B 应该是一个统一的文档。然而,截至目前,有许多 MDO 的实现并不十分依赖于直接使用 KBE,因此将 MDO 与 KBE 分开讨论也是恰当的。尽管如此,我们仍基于第 9 章的内容在附录 A 中进一步讨论了 MDO 的应用过程。

构建和应用 DEE 需要一个多技能团队,每个学科或方法领域都应由专业人士来掌控。首席设计师或者说设计方向的主要任务是选择一个技能均衡的团队,并允许该团队选择适合自己的工具。将这些工具整合构成一个有效的 DEE 需要相当长的时间,这将在下一节中介绍。

在下述章节中,我们将列出一个有效 DEE 的基本要求,为便于对要点进行说明,我们以翼身融合体飞机这个典型的 MDO 项目为例,如图 B.1 所示。举这个例子是因为存在一套详细且系统的参考文献,对该项目已经进行了完整描述。该项目由欧盟资助,并由来自四个国家的 15 名成员组成设计联盟,包括航空公司、研究机构和大学,其设计涉及结构、空气动力学、气动弹性、飞机飞行品质及其他一些学科。然而,在使用该项目说明 DEE 框架的相关内容时,我们不会对设计本身或设计过程进行详细介绍,对此感兴趣的读者可以参考以下文献:Engels、Becker 和 Morris(2004), Morris(2002), Vankan(2002), Laban 等(2002), La Rocca、Krackers 和 van Tooren(2002),Qin(2002),Stettner 和 Voss(2002)及 Bartholomew、Lockett 和 Gallop(2002)。

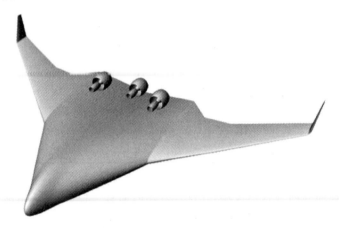

图 B.1　翼身融合体飞机

B.2　阶段 1:定义一个 DEE

实现一个有效的 DEE 需要设计团队和 IT 专家通力协作,设计团队要对设计问题本身及解决问题的方法了然于胸,IT 专家参与其中并负责实施。最初,设计团队的规模可能很小,但将随着 DEE 定义过程的推进而扩展,并展现出全部所需的技能。对于一个大型产品而言,所需的技能集合可能会很大,设计团队里的专家最终可能会分散到众多合作伙伴中。为了使 IT 专家融入这个过程,设计团队要对软件的工作原理有所了解,且必须制定一个完备的 DEE 设计规范。在这短短的一节,我们来看看生成一个 DEE 规范需要做些什么,具体怎么做将在后续章节中介绍。

设计工程师要充分意识到设计始于一系列的商业和设计目标(Business and Design Objectives,BDO),这些目标设定了一个基本概念并形成设计流程的初始框架,进而逐渐形成一个可以制造和投入使用的成熟设计。从这个起点开始,设计团队需要达到一个可以向软件供应商或内部 IT 开发团队提供完备规范的水平。大体上来说,配置 DEE 需要完成一系列的任务,这些任务可大致描述如下(读者无须将此视为必须完成,也不必严格按顺序进行):

（1）从基本设计大纲出发，定义解决设计问题所需的一套适当工具和方法。

（2）将这套工具和方法集合配置成一组相互作用的模块，包括分析、优化、数据处理和其他模块。

（3）在这一步骤中，将揭示系统模块之间的相互作用。例如，在翼身设计中，尽管输入不同模块的数据形式不同，但空气动力学、结构和优化模块必然将相互作用。考虑到组件模块的类型、性质和相互作用，应该让设计和实施团队清楚所需的专业知识和技能。

（4）因为我们在管理一个多学科设计团队，哪怕这个团队不是全球分布的，也有必要明确各种数据集的存放位置，由谁负责管理数据，以及需要哪些安全和数据保护协议。在管理分布在多家大公司的团队时，如何满足不同公司的安全和保护要求可能会给 IT 供应商造成一个难以解决的重大障碍。

（5）最后，设计团队必须定义接口需求：一个分布式的设计团队如何来操作系统，以及如何查看模型和数据。

在结束本节之前，值得回顾一下，设计初始阶段的分析模型可能相对简单，因此可以快速评估一系列设计选项。在此之后，需要更复杂的模型才能进行更详细的检查。这种逐渐成熟的设计流程在实际工程中是常见的。然而，正如本书中多处强调的那样，在设计流程的早期阶段，MDO 工具和方法的应用允许在初步模型和详细模型间进行切换，以便最大限度地利用高质量信息来加速设计进程，避免因应用不完整的建模信息而造成错误。负责实施 DEE 的工程师必须牢记如何平稳地提升分析模型中的细节水平，以及怎样解决优化和数据处理过程中越来越多和越来越大的困难，这是核心要求。正如在第 11 章所讨论的那样，从较低精度的模型开始，随着设计进程的发展提高精度，这可以节约成本。

现在，我们将更详细地讨论前面几个要点中提出的一些问题，以便读者更全面地了解制定一个实施方案时所需考虑的因素。

B.3　阶段 2：产品数据模型

运行一个 MDO 设计系统，实际上就是处理一个捕获、创建、管理以及传输知识和信息的过程。这可能涉及到用于分析或基于算法模块的输入输出数据，来自设计团队所掌握信息以外的输入数据，以及代表产品实例化的顶层数据，例如汽车、舰船或者飞机。该过程对 DEE 结构增加了框架要求，用来保存由产品数据模型（Product Data Model，PDM）提供的产品信息和过程信息。产品数据模型在保存产品数据和设计信息之外，还需要建立这些数据之间的联系，有关 PDM 功能的详细解释请参见 Bartholomew 等（2002）写的论文。对多模型生成器（Multi Model Generator,MMG)的需求同样由此产生,从当前带有完整设计规范的顶层实例到较低级别对象的所有数据模型和级联信息,MMG 都要能够以一致的方式进行处理。想要更详细地了解 MMG 所扮演的角色及其行使的功能,请参见 9.2 节、9.3 节以及附录 A。

这些管理数据流的模块通常既不在单个计算机内也不在同一个公司当中。但是,设计方案的所有历史版本必须要保存在数据库中,以便在设计迭代中无法生成改进设计时,允许合理地返回到早期的设计实例当中,即便这可能不是设计的最终版本。毫无疑问,读者会想到一个有效的 PDM 需要大量复杂的软件,来确保产品数据在整个设计过程中都能够始终如一地保存和交换,这可能需要基于超出了本书范围的一系列 STEP[①] 应用程序协议来实现。尽管如此,设计团队仍然有责任定义 PDM 的需求。本章的其余内容基本上是完成一些由 PDM 管理的流程和数据配置,并从中生成一个有效的 DEE。

尽管本书所描述的 MDO 设计过程看起来很全面,但值得在更广泛的设计环境中明确其定位。本质上讲,一个封装在 DEE 中的 MDO 设计系统会试图生成一个最优的 PDM,用于指导特定环境中的设计问题。从图 B.2 中可以看到,DOC 是设计的目标和约束,MOC 是制造目标和约束。为简单起见,我们认为制造活动参与MDO 流程,但未直接将其合并。事实上,如果需要的话可以包括专业的制造工具,这种情况下,产品开发过程就不仅要提供产品设计,还要提供生产系统设计,甚至可以扩展到包括一个供应链的设计交付。然而,值得注意的是,我们有必要对各学科模块的应用范围及设计选项涵盖的范围做出限制,尤其是当设计流程已经进行到使用高精度并且计算复杂的专业模型时更应如此。实际上,如何控制设计流程的复杂性是一个关键问题。

图 B.2 清楚地表明,我们正在使用狭义上的"设计团队"一词,该团队负责创建一个源于 BDO 信息的产品定义并根据"下游"团队的输入(约束)来配置产品,这些"下游"团队负责生产制造并投入使用。专业工程师可能会熟悉图中的内容,但我们认为值得强调的是,MDO 所在设计环境的动态性质和流动性质。显然,在这个过程中所有工作人员之间都有相当紧密的联系,任何一个 DEE 都必须是开放的,并能够实施可能需要修改 BDO 的设计变更。正如前面章节中所强调的,在设计早期阶段有效使用 MDO 的优势之一就是,在它们的影响变得非常昂贵之前,识别出可能导致高昂代价的 BDO 修改。

图 B.2 和本节所讨论的内容清楚地表明,一个有效的 MDO 系统,其工作过程比较复杂,涉及大量任务模块和数据源直接或间接地交互。这需要某种形式的过

---

① 为了解决工程设计工具的互操作性问题,提出了各种解决方案,其中口口相传中表现最突出的是产品模型数据交换标准(STEP)。当然,不排除有些供应商并不信奉这种标准也不会采用与其互补的替代品。

程或工作流工具来处理和控制流程,并根据所采用 MDO 方法的要求动态地给各个模块分配任务。负责创建一个有效 MDO 系统的工程师或团队需要确保对此管理任务有一系列要求,至少包括:

● 在 MDO 进程中动态地调度任务和操作。

● 两个方面的版本控制,一方面是在设计过程中确保不同时间和不同阶段的最佳设计方案不会被混淆,另一方面是随着设计精度的提高检查版本是否兼容。

● 变革管理方式,以确保一个团队对设计方案做出的变更能够被所有相关团队所吸纳,这项工作一部分由软件控制,另一部分则由工程师控制。

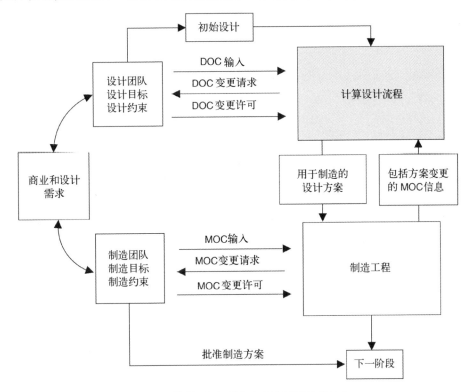

图 B.2　设计/生产环节中 DEE/PDM 的地位

B.4　阶段 3:数据配置

在这一阶段,工程师正努力根据阶段 1、阶段 2 所讨论步骤中生成的信息来定义 MDO 的基本需求,这意味着需要明确需求什么样的模型和数据,可使用第 8 章所介绍表格形式的 N-方图(N-Square Diagram,NSD)对其进行组织并可视化。

翼身融合体飞机部分 MDO 流程的简单 NSD 如图 B.3 所示。该流程对其结构、空气动力和气动弹性三个方面进行分析,每项分析都有各自的计算和建模需求。为了解决这个问题,就需要一个可以为这些分析单元模块创建模型的 MMG,即图 B.3 中标记为 MMG 的模块。其中两个分析模块是直接相连的,因为我们想在得到一个最小重量结构的同时,也能得到升阻比最大的空气动力学性能,也就是说,我们想要在不增加机翼空气阻力的情况下提升机翼产生的升力。因此,正如 NSD 中所示的那样,这两个分析单元模块与优化模块间存在直接联系。当飞机要维持升力和重力之间的平衡状态时,就存在另一个更深入的联系,这个过程并非易事,因为在优化器减少结构重量的同时,空气动力中的升力也必须做出改变以平衡减少的重量。在这个例子中,气动弹性充当了评审员的角色,根据一组受气动弹性影响的约束条件,在结构和空气动力学模块的相互作用中检验所提出的设计方案。如果不满足这些约束条件,则必须重新运行相关程序以使设计方案符合气动弹性的要求。

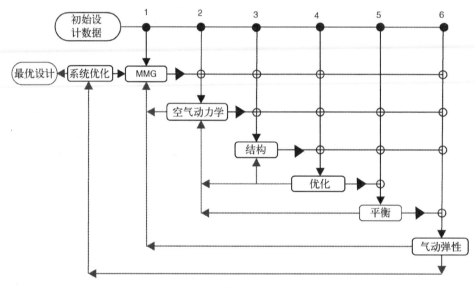

图 B.3　用于翼身融合体 MDO 设计过程的原始 NSD

为了完成数据配置任务,MDO 工程师需要进行评估,并要求软件提供一些可用的功能:

(1) 允许用户对位于 NSD 行/列数据交叉点处的数据文件标识符进行“拖放”操作来创建一个 NSD。

(2) 允许文件内容在黑箱之间传输,可以通过单击 NSD 中的数据连接点(行/列交叉点)进行检查。这个任务通常借助图形界面来完成(参见阶段 6)。

(3) 用户可以使用数据处理语言(Data Handling Language,DHL)来操作合并到整个作业控制系统中的数据(语言)。

(4) DHL 应该内置面向 NSD 的数据组织能力,或者有能力构建它。

(5) DHL 能够对输入数据进行系统地检查,以确保第 8 章 MDO 配置描述中提到的每个分析模块的完整性和唯一性。

(6) DEE 需要能够根据设计属性来定位和检索数据。我们在第 9 章介绍了设计属性,并在附录 A 中做了进一步讨论。它必须能够提供设计实体的不同"视图"。例如,在进行热分析时,往复式发动机中的活塞和连杆的组合视图可以采用复杂的有限元模型,但如果正在进行动态质量平衡的计算,则可能需要另一个更简单的视图,其中活塞/连杆组合可能由弹簧和质心模型表示。

(7) 它可以支持虚拟数据的储存以允许分散作业(例如"云"储存)。

读者可在第 9 章图 9.5 中找到将 NSD 转换为 DEE 框架的说明,该图所描述的范例最初是为 MOB 项目设计的,并在随后被广泛使用。

B.5　阶段 4:模块和模块交互

从阶段 3 描述内容的角度来看,MDO 流程可以看作各个模块和各种方法之间的动态交互,这些模块和方法均具有明确定义的输入和输出。负责实施和操作 MDO 设计流程的工程师有责任定义流入和流出所连接模块的信息及其数据形式。考虑一个包括结构分析及空气动力学压力和阻力计算的优化设计问题,这种情况在设计飞机、汽车或桥梁时都会存在。结构分析模块的输入将采用一种使其与有限元应用程序兼容的形式,流场计算的输入则要与 CFD 代码的输入要求兼容。如前面所述,MMG 在这一过程中扮演着重要角色,KBE 工具(Rocca,2011)的作用也在不断提升(参见附录 A)。前面章节中也曾提及,负责这项任务的工程师需要注意,不同的优化软件需要不同的输入,具体要求则取决于采用了什么样的算法。基于这些工程知识,可以定义一组支持交互模块操作的软件需求。

这些需求可以概述如下:

(1) 在 MMG 内部需要一个模块组织代码,以允许用户实现本书中各章节介绍的任何方法、算法或流程。这就要求:

① 在不同的分析/操作模块之间和不同的精度水平之间,要保持同一物体或现象的数学数据一致;

② 能够识别一个具体的 BB 或一组相关联的 BB 所使用的特定设计属性。

(2) 在"一个子程序"是主要代码的情况下,需要几个其他级别的子程序相互嵌套。

(3) 现代设计通常涉及到分布式团队和分布式计算机(处理器),软件必须支持分散在不同位置的计算机上的代码,我们将在下一节中介绍这一点。阶段 2 中描述的工作流管理软件对分布式系统至关重要,因为分布式系统增加了与模块控制和任务交互相关的问题。在 Vankan(2002)的论文中可以找到一个分布式管理系统的例子,但这也只是提供了一种管理设备的方法。

(4)参与 DEE 工作的交互模块需要具有迭代的能力,包括有条件参与迭代的能力。

(5) MDO 系统中的模块通常以集群形式运行;因此,需要允许对各模块进行分类归并,以使它们可以在"超级模块"(包括前处理器与后处理器)中共同运行。

B.6　阶段 5:支持使用多台计算机

正如本书所指出的那样,MDO 的现代化应用很可能由一个分布式设计团队来承担,该团队成员可能来自于全球范围内的不同公司。分布式团队必将使用一组分布式计算机,这对任务的实施过程有很大影响。尽管分布式计算机具有很多优势,但是如果没有经过适当考虑,就会引起混乱。在本节中,将强调一些需要考虑的问题。

此外,我们也意识到工程师们使用 MDO 时可能会采用具有大量处理器的计算机,这些处理器可能不是通过网络物理分布的,而是一些并行处理器。因此,在 B.6.2 节中,会讨论与这类计算机技术相关的问题。

B.6.1　支持计算机独立运行

在分布式设计环境中,必须有软件能够支持远程团队访问和使用非本地计算机上的现成程序和数据。本书其他章节已经指出,参与分布式设计工作的专家团队需要有一定程度的独立性。管理人员对 MDO 系统中的工具管理也是分散式的,但同时又需要严格的控制和协调,这就可能会产生冲突。因此需要一个有效的管理系统,通过数据交换将许多运行不同算法和采用不同方法的独立计算机关联起来。在一个分布式环境中实现一个有效的 DEE 需要协调大量工具:

(1) DEE 工作时使用的所有模块对设计团队的所有相关人员都是可见的,即可以看到所有组件和它们的数据源。

(2)用户可以通过有效的拖放操作将模块和数据源进行连接来构建一个DEE,一旦建立起这种连接,所有参与者都可以清楚地看到它们之间的联系。

(3)流程一旦就绪,这些数据和方法的所有者可以保留其所有权,并在相关的安全要求下操作。

(4)如果在 DEE 中发生两个或者更多的数据冲突就会被自动检测出来并得

以解决。将一组分散在所有 DEE 用户中互相独立的计算机连接到一个多处理器计算机上,就需要数据访问协议,以便多个用户共享相同的数据版本,并控制用户不干扰设计团队中其他成员当前正在使用的数据。例如,当一个空气动力学团队正在开发一款航空模型以处理特定的设计问题时,他们当然不希望当前工作版本的数据遭到破坏。

(5) 数据库管理员可以处理在不同服务器上工作的应用程序集,这些服务器可能采用了多个应用集中数据的实例。

B.6.2　支持使用大量并行处理器

显然,计算机技术正朝着大规模并行计算的方向发展,在第 8 章中讨论了这种技术在 MDO 中的应用。目前,处理器的数量已达到 10^6 量级,并且还在不断增加。支持这一发展趋势对设计和实现一个有效的 DEE 至关重要。需要做到:

(1) 通过大量并行处理器发送和接收数据以及控制信息。

(2) 允许用户使用可视化工具将正在发生的事情可视化,并在需要的时候与程序进行交互,这种操作比使用单个处理器时的等效操作过程更为困难。

(3) 具有创造力。如果需要,可以将分布在 DEE 所有用户中相互独立的计算机连接到一个多处理器计算机中构成一个混合系统。

B.7　阶段 6:作业控制和用户界面

实现一个 DEE 需要作业控制语言(Job Control Language,JCL)和用户界面(User Interface,UI)紧密相连。本质上讲,这个作业控制软件允许在运行环境中管理工作流程,以便在 DEE 实施多学科设计问题的解决方案时能够解释并自动执行命令。在早期时候,这一任务可以由一名操作员人为逐步完成。今天,这类软件的引入允许设计团队通过 DEE 来解决问题,即使用相对简单的软件来操作和驱动系统。因此,一个设计工程往往需要来自软件供应商或内部 IT 团队的 DEE 作业控制工具,以便通过其模块、数据库及数据传输的一致性来运行一个特定 MDO 系统所需的全部操作序列。此类软件承担的复杂运行流程必须遵循"天鹅原则"①,即这些流程一旦建立起来,用户将看不见任何细节。

本质上讲,UI 是工程师操作 JCL 的方式。为了使其有效,界面必须符合这样的原则——"工程设计是一个创造性的、由人脑主导的群体过程"。因此,对任何

---

① 当人们观察湖面上的天鹅时,它是在以平缓的姿态移动,但在湖面之下却是未被观察到的激烈运动,这就是基于工程的软件系统应该具有的表现形式。

一个用于操作有效 DEE 的 UI 设计都应该遵循人类的思维方式,而不是将其取代。为此,通过建立 DEE 来应用 MDO 方法设计产品的工程师必须寻求一种具有以下功能的 UI:

（1）人机交互时允许加入人为的判断,并允许工程师覆盖数据和程序式的执行决策。

（2）由指定的专门小组审查设计过程及相关问题,同时允许"小组"在地理上分散。

（3）可以监视系统状态,以识别执行中的模块、等待数据的模块和正在处理的数据。更新数据时,将突出显示受更新影响的数据。

（4）对软件的操作进行记录以供需要时显示。

前面几项要点表明,对动态 DEE 的管理需要图形用户界面(Graphical User Interface,GUI)的支持。事实上,如果一个团队获得了一个专有的 DEE 而没有 GUI 来支持,这将令人感到惊讶。团队需要确保用于"驱动"DEE 的前端 GUI 可以与系统内的其他 GUI 集成,例如那些运行各种分析和优化模块的 GUI。

B.8 小　　结

对于一个参与创建 DEE 的团队来说,想要把软件系统的开发交给 IT 专家其实很简单,只要告诉他们你想要什么,他们便会提供! 这很具诱惑力。的确,他们确实能做到;但除非团队制定了与所面临的 MDO 问题直接相关的详细规范,否则,最终通常会发现该 DEE 并非完全适合他们的设计问题。本附录概述了设计团队在寻求 IT 解决方案之前必须解决的一些关键问题和注意事项。设计团队为创建或购买 DEE 而生成 IT 规范的过程可归纳为以下相互关联的三个任务:

（1）分析设计优化问题并确定 DEE 必须支持的操作集,包括在数据结构中插入数据、选择用于分析和优化模块的数据、保存历史数据以及识别数据源等。

（2）定义数据结构和数据传输要求,以最大程度地满足优化设计问题以及专业技能和设计团队分布式的需要。

（3）量化每个操作的资源约束,这是一项基本任务,以便使最终的执行时间和成本符合预期。

参 考 文 献

Bartholomew,P. ,Lockett,H. ,& Gallop,J. (2002). The Development of the MOB Data and Product Management System. In:*9th AIAA/ISSMO Symposium on Multidisciplinary Analysis and Optimization*. AIAA-2002-5497. Atlanta,

GA:AIAA.

Engels, H., Becker, B., & Morris, A. (2004). Implementation of a Multi-level Optimization Methodology within the e-Design of a Blended Wing Body. *Aerospace Science and Technology*, 8, 145-153.

La Rocca, G., Krackers, L., & van Tooren, M. (2002). Development of a CAD Generative Model for a Blended Wing-Body Aircraft. In: *9th AIAA/ISSMO Symposium on Multidisciplinary Analysis and Optimization*. Atlanta, GA: AIAA.

Laban, M., Andersen, P., Rouwhorst, W. F., & Vankan, W. J. (2002). A Computational Design Engine for Multi-disciplinary Optimization with Application to a Blended Wing-Body Configuration. In: *9th AIAA/ISSMO Symposium on Multidisciplinary Analysis and Optimization*. AIAA-2002-5446. Atlanta, GA: AIAA.

Morris, A. (2002). MOB a European Distributed Multi-Disciplinary Design and Optimization Project. In: *9th AIAA/ISSMO Symposium on Multidisciplinary Analysis and Optimization*. AIAA 2002-544. Atlanta, GA: AIAA.

Qin, N. (2002). Aerodynamic Studies of a Blended Wing-Body Aircraft. In: *9th AIAA/ISSMO Symposium on Multidisciplinary Analysis and Optimization*. AIAA-2002-5448. Atlanta, GA: AIAA.

Rocca, G. L. (2011). *Knowledge Based Engineering Techniques to Support Aircraft Design and Optimization*. Delft: Delft University of Technology.

Stettner, M., & Voss, R. (2002). Aeroelastic Flight Mechanics and Handling Qualities of MOB BWB Configuration. In: *9th AIAA/ISSMO Symposium on Multidisciplinary Analysis and Optimization*. AIAA-2002-5449. Atlanta, GA: AIAA.

Vankan, W. J. (2002). A SPINEware Based Computational Design Engine for Integrated Multi-disciplinary Aircraft Design. In: *9th AIAA/ISSMO Symposium on Multidisciplinary Analysis and Optimization*. Atlanta, GA: AIAA.

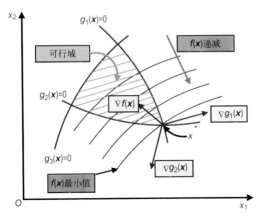

图 3.6   出现在约束交点处的最小值

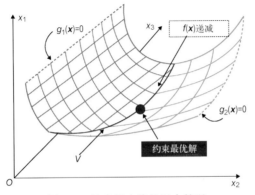

图 3.7   约束最小值的混合情况

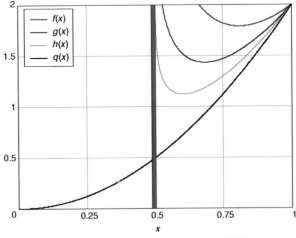

图 4.3   式(4.25)在不同 r 值下的曲线

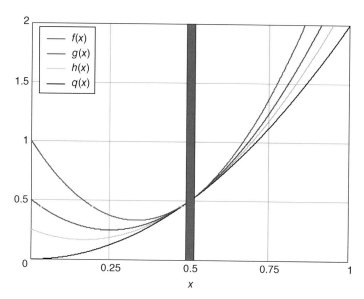

图 4.4 式(4.29)在不同 r 值下的曲线

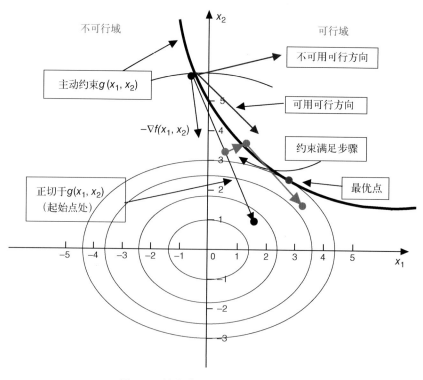

图 4.6 约束满足和可用的可行方向

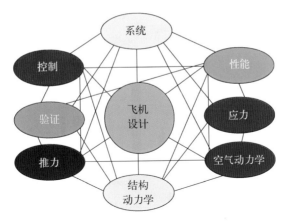

图 8.2　飞行器设计中涉及的大量学科

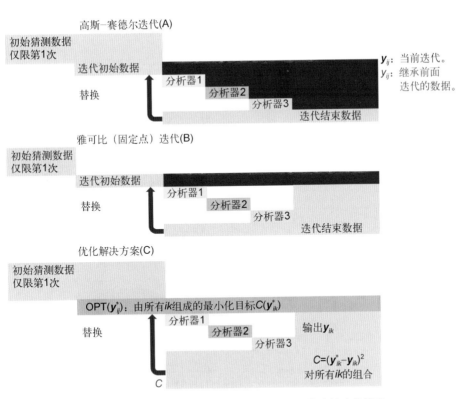

图 8.7　三个模块组成的耦合系统：三种不同模式的迭代算法

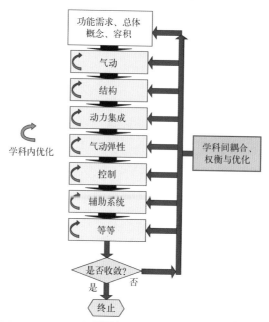

图 8.8 通过内部和跨学科优化增强飞行器设计过程

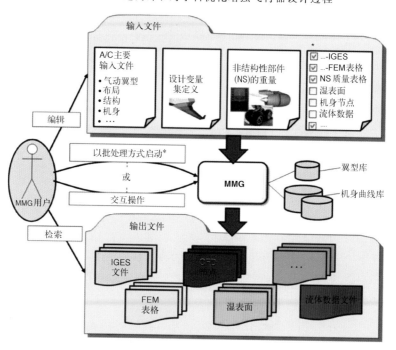

图 9.1 飞机生成模型(MMG)的操作方法及其输入/输出架构。生成模型可以通过交互式和批处理的方式进行操作。在批处理的情况下,用户必须提供输出文件列表作为输入(参见输入文件夹中的第四个文件)

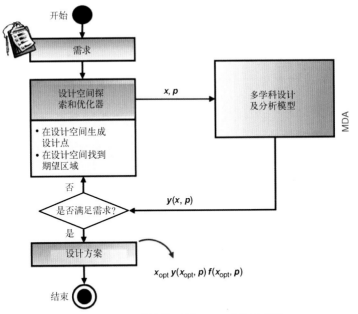

图 9.2　工程设计的通用 MDO 系统示意图

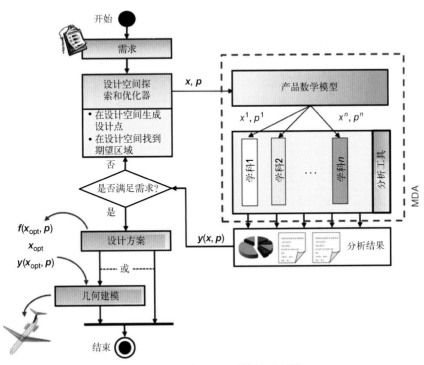

图 9.3　无几何 MDO 系统的示意图

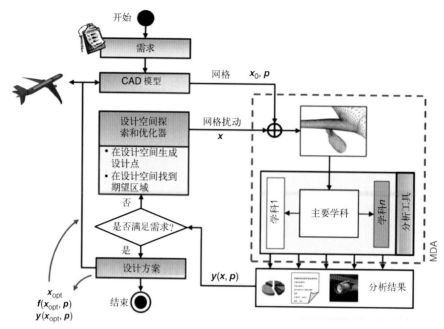

图 9.4 基于网格扰动的 MDO 系统示意图

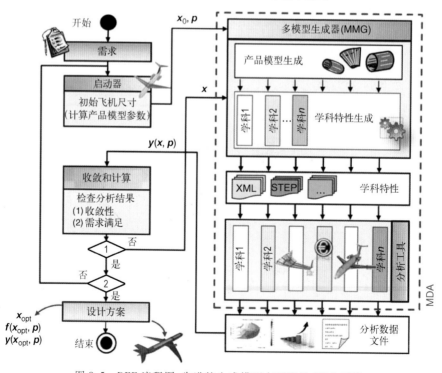

图 9.5 DEE 流程图:先进的生成模型在环飞机 MDO 系统

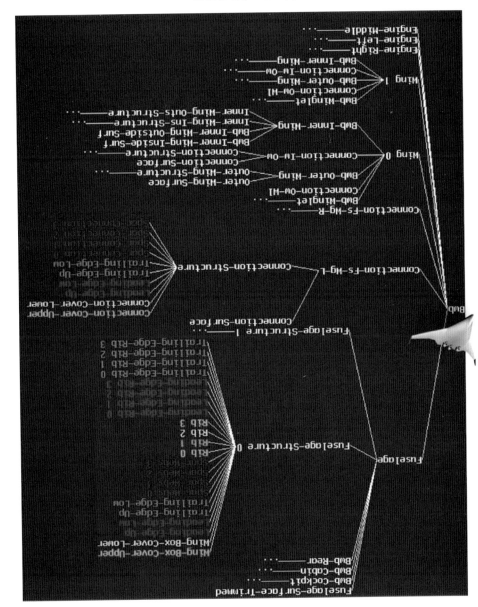

图 9.7 产品树示例